工业控制
与智能制造
丛书

机电一体化
系统设计 （原书第2版）

Mechatronics System Design Second Edition

[美] 戴夫德斯·谢蒂（Devdas Shetty）
理查德 A. 科尔克（Richard A. Kolk） 著

薛建彬 朱如鹏 译

U0190823

机械工业出版社
CHINA MACHINE PRESS

图书在版编目（CIP）数据

机电一体化系统设计（原书第2版）/（美）谢蒂（Shetty, D.），（美）科尔克（Kolk, R. A.）
著；薛建彬，朱如鹏译 . —北京：机械工业出版社，2016.3（2023.3 重印）
（工业控制与智能制造丛书）
书名原文：Mechatronics System Design，Second Edition

ISBN 978-7-111-52923-1

I. 机… II.①谢… ②科… ③薛… ④朱… III. 机电一体化－系统设计－研究 IV. TH39

中国版本图书馆 CIP 数据核字（2016）第 028779 号

北京市版权局著作权合同登记 图字：01-2014-7785 号。

本书详细介绍机电一体化系统设计方法，共分8章。第1章讨论机电一体化设计过程的关键内容，探讨其发展方向；第2章重点讲解系统建模和仿真；第3章讲述几种传感器与换能器的基本理论和概念；第4章讨论直流电机、步进电机、流体动力设备等驱动系统；第5章介绍控制和逻辑方法，包括数字化技术的基本原理、数字化理论以及 PLC 等；第6章介绍机电一体化系统中的控制设计，并讲述根轨迹法和伯德图设计方法，以及 PI、PD、PID 等设计过程；第7章讨论实时数据采集的理论和实践；第8章给出几个利用 LabVIEW 和 VisSim 的案例。

本书适合作为机械工程、电子工程、工业工程、生物医学工程、计算机工程，以及机电一体化工程等学科高年级本科生和研究生的教材，也可供相关专业人士参考。

出版发行：机械工业出版社（北京市西城区百万庄大街 22 号 邮政编码：100037）
责任编辑：王 颖 责任校对：殷 虹
印　　刷：固安县铭成印刷有限公司 版　　次：2023 年 3 月第 1 版第 7 次印刷
开　　本：186mm×240mm 1/16 印　　张：22.75
书　　号：ISBN 978-7-111-52923-1 定　　价：89.00 元

客服电话：(010) 88361066 68326294

版权所有·侵权必究
封底无防伪标均为盗版

机电一体化(mechatronics)是将机械工程、电子工程、控制工程、电气工程、计算机科学以及信息技术协同组合为一体的新兴交叉学科。机电一体化技术极大地推进了经济、社会的发展与进步,不断刷新着人们的观念。不论是大型的航空航天器、轨道交通设施、海工装备、智能机器人,还是小型的智能洗衣机、电饭锅、微波炉、电子表,这些设备都是机电一体化的产品,机电一体化技术对我们的生活产生的影响日新月异。自20世纪80年代以来,许多高等院校开设了机械电子工程专业,讲授机电一体化课程,并为此编写了一些机电一体化技术与系统的教材。本书则是从国外引进的专业教材。

本书作者是美国康涅狄格州哈特福大学的Devdas Shetty教授和美国宾夕法尼亚州费城Pace Controls公司的Richard A. Kolk技术副总裁,他们在机电一体化设计领域积累了丰硕的教学和科研成果。本书作为大学教材被美国、加拿大、中国、印度、韩国及许多欧洲国家的大学使用。

本书涵盖了实际系统的建模和仿真,基于可视化的框图对机电一体化系统进行物理系统动态建模,建模环境直观、灵活、更易理解。通过系统建模技术将复杂的机电一体化技术用清楚和简洁的方式组合起来,进而选择与设计传感器、执行器、控制器、接口硬件以及信息处理系统软件。书中所有案例都可用GPIO板,必要的设备和可视化的仿真软件来实现。本书的编写思路明晰、技术内容详细,融合了系统建模、仿真、传感器、驱动器、计算机实时接口和控制等机电一体化相关内容,适合作为高校本科生或研究生课程的教材,同时也可供相关专业工程技术人员参考。

在机械工业出版社编辑王颖的安排下,南京航空航天大学机电学院薛建彬副教授将本书翻译成中文,朱如鹏教授也参与了部分翻译工作,以让更多的读者分享本书的成果。薛建彬副教授长期承担高校研究生课程的双语教学工作,在科技专业语言上积累了丰富的经验和知识。在翻译本书过程中力求语言精炼,语序符合我国的使用习惯,通俗易懂。中文版对原著中的部分图表做了删减,改正了原著中的瑕疵,单位基本上使用国际标准。另外,由于VisSim和LabVIEW等软件版本的升级,因此实际应用界面有所不同,请读者在阅读本书时注意。

衷心感谢机械工业出版社的编辑为本书出版所做出的辛勤工作,感谢参与本书翻译和审校的同仁,他们完成了大量繁琐而又十分严谨的工作。

由于译者水平有限,书中难免存在错误与疏漏,敬请广大读者批评指正,欢迎大家通过meejbxue@nuaa.edu.cn给本书提出宝贵的意见,以让本书再版时进一步提升质量。

薛建彬

第 2 版前言 | Preface to the Second Edition |

　　全球市场的竞争需要采用现代化技术来生产灵活的、功能丰富的产品，使其比现有的产品更好、更便宜、更智能。我们日常所使用的无数的智能产品，从汽车的导航控制系统到先进的飞行控制系统，从洗衣机到多功能的精密机器，已经证实了机电一体化的重要性。数字工程、仿真与建模、机电运动设施、电力电子、计算机和信息学、MEMS、微处理器以及DSP等技术的发展，给工业界和学术界带来了新的挑战。

　　机电一体化是机械和电子工程、计算机科学以及信息技术的协同组合，包含采用控制系统、数字方法来设计具有内置智能的产品。

　　机电一体化领域允许工程师将机械、电子、控制工程和信息技术集成到整个产品设计过程中。建模、仿真、分析、虚拟原型以及可视化等都是开发先进的机电一体化产品的关键因素。机电一体化设计注重系统优化，以保证创造与时俱进的合格产品。为了让机电一体化产品设计一次成功，需要团队合作以及多部门、多工程学科之间的协调。通过引入新的软件仿真工具和系统串接起来工作，促进了系统集成，创造了一条有效的机电一体化工作道路。

　　本书第 1 版是面向高年级本科生或研究生的，涵盖的专业包括机械工程、电子工程、工业工程、生物医学工程、计算机工程以及机电一体化工程。本书被广泛应用于美国、加拿大、中国、欧洲、印度和韩国。根据本领域内专家或使用本书的教师的反馈，本书第 2 版已经进行了大幅扩展和修订，所以本书不仅仍旧适合于原来的用户，而且适应于其他新出现的课程。

　　当前，有一种趋势是将机电一体化包含进传统的课程体系中，其目的是给即将毕业的工程师们提供一些综合的设计经验。这种经验来自于使用测量原理、传感器、驱动器、电子线路以及耦合了设计、仿真和建模的实时接口。有些课程以案例分析作为结尾，通过一个统一的设计项目，将各种各样的学科集成到一个成功的设计产品中，以便在实验室环境下就能快速地装配和分析这个产品。

　　本书第 2 版已经全部升级了。目标是全面覆盖多个领域，从而让读者理解工程学科的范围，将这些学科合在一起形成机电一体化的新领域。本书中所用的跨学科方法为机电一体化产品设计提供了技术背景。

　　本书第 2 版可作为如下课程的教材或参考书：

- 独立的机电一体化课程。
- 现代仪器和测量课程。
- 混合电子和机械工程课程，涵盖传感器、驱动器、数据采集和控制。
- 跨学科的工程课程，包括建模、仿真和控制。

本书特色

- 全面覆盖传感器、驱动器、系统建模，并且将经典的控制系统设计与实时计算机接口相结合。

- 工业实际案例分析。
- 深入讨论物理系统的建模和仿真。
- 包含框图、改进的模拟建模方法和最新的可视化仿真软件的使用。
- 展示如何在图形环境下利用可视化表示方法进行交互式建模，其对设计过程非常重要。
- 详细的机电一体化系统设计方法。
- 展示如何实现设计过程的一次性成功。

第 2 版新增内容

- 众多的设计例子，每一章后面都增加了习题，帮助学生理解基本的机电一体化方法。
- 实现了一个简单的运动控制模型，其贯穿于全书 8 章内容，逐步地涵盖了机电一体化系统的各个部分。
- 使用 LabVIEW 和 VisSim 软件进行仿真和实时接口。
- 包含当前机电一体化和智能制造的发展趋势。
- 在实施案例分析时，结合框图进行描述，强调广泛应用数学分析、建模仿真、控制和实时接口等工具。
- 包含传感器、实时接口、多输入和多输出系统。
- 从日常生活中碰到的情况中提取设计例子和习题。
- 描述机电一体化的协同性及其对设计的影响。
- 半实物仿真例子以及图解优化设计。
- 对多输入和多输出情况下的控制系统分析。
- 全面展示永磁直流电机与霍尔效应传感器的集成，以及其数学分析和位置控制。
- 机电一体化虚拟原型系统的创建。

第 1 章深入讨论机电一体化设计过程的关键内容，并探讨其发展方向。此外，还介绍近年来在智能制造领域机电一体化技术的发展，并讨论利用机电一体化方法对传统设计的改进。

第 2 章重点讲解系统建模和仿真，学生将学习如何利用改进的类比方法从图形或其他信息中创建精确的计算机动态模型，这里将传递函数变换成框图模型的过程分成了 6 步，这种方法将标准的模拟方法和框图建模方法相结合，其主要的不同之处在于本方法可以直接处理非线性问题，而不需要引入线性化。第 2 章还介绍在机电一体化中许多常见的物理系统，这些系统包括机械元件、电子元件、热元件、流体元件和液压元件，该章所开发的模型和技术将按机电一体化设计过程的顺序用于后续章节。

第 3 章讲述传感器与换能器的基本理论和概念，包括测量仪器的原理、模拟和数字传感器、位置传感器、力传感器、振动传感器，以及温度、流体和距离传感器。

第 4 章讨论几种类型的驱动设备，包括直流电机、步进电机、流体动力设备和压电驱动器。

第 5 章介绍系统控制和逻辑方法，包括数字技术和数字理论的基本原理，诸如布尔逻辑运算、模拟和数字电子学以及 PLC。

第 6 章介绍机电一体化系统中的控制及其设计。重点关注真实环境的约束，包括时滞和非线性。详细介绍根轨迹法和伯德图设计方法，同时还介绍几个通用控制结构的设计过程，包括 PI、PD、PID、滞后、超前和纯增益。

第 7 章讨论实时数据采集的理论和实践。利用可视化编程方法解决信号处理和数据解释的问题，举了几个利用 LabVIEW 和 VisSim 的例子。还利用案例分析一个永磁 DC 齿轮电机位置控制系统的 PI 控制器输出的脉宽调制功能。

第 8 章列举一系列适合实验室研究的案例。所有案例都通过使用通用的输入/输出板、可视化仿真环境以及应用软件来实施，图形环境的关键因素在于机电一体化应用中参与和交互系统的可视化表示。

结合课堂讨论、仿真实验和实验室的实验设计，向学生展示一个实际的机电一体化平台。编写本书的真正挑战在于将那些复杂的、看上去毫无联系的话题清楚而准确地联系起来，这些都是理解机电一体化所必需的。希望本书的读者能给予反馈意见，让我们进一步提高本书的质量。

对于学生：通过访问本书对学生开放的配套网站，下载 VisSim 试用版的说明，网址：www. cengage. com/engineering/shetty。

对于教师：通过访问本书对教师开放的配套网站，可以获取更多的资源，网址：www. cengage. com/engineering/shetty。

本书单位说明

本书第 2 版在全书中采用国际单位制(SI)。

美国惯用的单位制(USCS)采用 FPS(英尺-磅-秒)单位，也称英制单位。SI 单位主要是 MKS(米-千克-秒)单位。然而 CGS(厘米-克-秒)单位也常被认为是 SI 单位，特别是在教科书中。

本书中既用 MKS 单位，又用 CGS 单位。在本书中，正文和习题中的所有 USCS 单位或 FPS 单位都已经转换成 SI 单位。但是在数据源自手册、政府标准以及产品手册的情况下，如果将所有的数据转换成 SI 单位，不仅非常困难，而且会侵犯数据源的版权问题。因此，图、表和参考文献中的一些数据仍旧采用 FPS 单位。不熟悉 FPS 单位和 SI 单位关系的读者可以参考有关的转换表。

为了解决需要使用源数据的问题，在使用源数据进行计算之前，可以将 FPS 单位转化成 SI 单位。

采用 SI 单位的教师版习题答案手册⊖可以通过销售代表或登录本书的网站(www. cengage. com/engineering)来获取。

欢迎读者提出关于本书 SI 版的反馈意见，这将长期帮助我们提高后续版本的质量。

致谢

本书中的内容浓缩了作者在哈特福大学、库珀联盟学院和劳伦斯理工大学多年的教学和研究成果，也展示了和 United Technologies 公司、McDonnell Douglas 公司及其他企业紧密合作的心得体会。

⊖ 关于本书教辅资源，用书教师可向圣智学习出版公司北京代表处申请，电话：010-82862096/95/97，电子邮件：kai. yao@Cengage. com 或 asia. infochina@Cengage. com。——编辑注

很多评阅书稿的同行为本书做出了巨大的贡献。首先感谢上过本课程的几百个学生，在该课程教学过程中，我们测试了教学材料。其次感谢多位教授，他们在本项目的各个阶段提供了评论和建议，帮助我们修改草稿。还要感谢哈特福大学的 Claudio Campana 教授、多伦多大学的 Ridha Ben Mrad 教授、北卡罗里纳州立大学的 M. K. Ramasubramanian 教授，以及劳伦斯理工大学的 George Thomas。

特别感谢哈特福大学的校长 Walter Harrison 博士、劳伦斯理工大学的校长 Lewis Walker 博士、阿尔比恩学院的院长 Donna Randall 博士、劳伦斯理工大学的教务长 Maria Vaz 博士、哈特福大学的 Lou Manzione 主任和 Ivana Milanovic 博士，感谢他们的鼓励。还要感谢 Visual Solutions 公司和 National Instruments 公司，感谢他们为本书的相关部分提供实时接口的帮助。

感谢美国国家科学基金会和机电一体化联合技术基金会为本项目提供的资助。同事们给予的巨大支持和鼓励也是无价的。

——Devdas Shetty

Richard Kolk

目 录 Contents

机电一体化系统设计概述

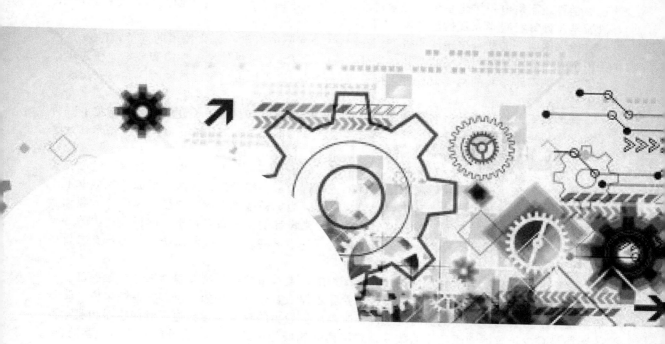

本章概述了机电一体化设计过程以及机电一体化所采用的技术。首先介绍机电一体化系统的关键组成、技术和设计过程，接着给出机电一体化的定义，讨论几个的重要设计问题，然后介绍信息系统、电气系统、机械系统、计算机系统、传感器和驱动器以及实时接口等，从这些基本原理出发，找出和机电一体化相关的特征。虽然这些支撑技术的历史经验非常有帮助，但并不是必需的。最后描述机电一体化的设计过程，并讨论一些关于仿真、建模以及智能制造的发展趋势。

1.1 机电一体化的概念

机电一体化是一种用来优化设计机电产品的方法。

所谓**方法**是指一个有关于实践、过程以及规则的集合，由工作在某一个特殊的知识领域或**学科**的人所使用。大家都熟悉的技术学科包括热力学、电气工程、计算机科学以及机械工程等学科。而机电一体化系统是**跨学科**的，不单是一门学科，包含了四门基础学科：**电学、机械学、计算机科学以及信息技术**。

美国国防部的联合攻击战斗机 F-35 就是一个实际的机电一体化技术的例子，F-35 是由美国洛克希德马丁公司开发的，其在设计上强调可靠性、可维修性、性能和成本。在初步设计阶段，就将跨学科的功能设计进飞机系统中，包括在飞机上预测零故障时间和驾驶员座舱技术等。

跨学科系统已不是什么时髦的名词，其已被成功地设计和应用了许多年。最常见的一种系统就是**机电**系统，通常使用计算机算法来改进一个机械系统的性能。电子学则用来在计算机科学和机械学科之间进行信息转换。

机电一体化系统和跨学科系统之间的不同点并不是它们的组成，而是**设计这些组成元素的顺序**。根据历史经验，跨学科系统设计采用串行的**按学科**设计的方法。例如，机械电子系统的设计通常在三步内完成，首先设计机械系统。当机械系统设计完成后，再设计电源和微电子系统，然后再设计控制算法并实施。按学科来设计的主要缺点在于，串行设计中的各个不同点处都固化了设计，新产生的约束传递给下一个学科。许多控制系统工程师非常熟悉如下的讥讽话语。

设计并建立好机械系统，然后让油漆工刷漆，最后由控制系统工程师来安装控制器。

由于新产生的额外约束，控制设计通常并不那么有效率。例如，对多数系统来说，降低成本是一个主要因素，在机械和电子设计阶段所要做出的权衡通常会包括对传感器和驱动器的选择。减少传感器和驱动器的数目，采用精度偏低的传感器，或采用功率偏小的驱动器，成了降低成本的某些标准方法。

机电一体化设计方法基于并行方法（而不是串行）来进行学科设计，从而使产品具有更多的协同性。

工程中有一个分支称为**系统工程**，采用并行方法进行**初步设计**。在某种程度上，机电一体化就是系统工程方法的一个延伸，但其外加了信息系统来指导设计并应用于所有的设计阶段，不仅仅是初步设计阶段，从而使其更加**全面**。在设计和制造产品以及工艺过程中，关于机械、电气和计算机系统的集成，存在这样一种协同性。这种协同性来自于正确的组合参数，最终产品会比那些仅将所有零件组合在一起的产品好得多。机电一体化产品表现出了在以前没有协同组合设计时难以实现的性能特征。机电一体化方法的关键元素如图 1-1 所示。

虽然文献中经常采用这一精确的表达方法，一个更清晰但更复杂的表述方法如图 1-2 所示。

机电一体化是将信息系统施加到物理系统的结果。物理系统（图 1-2 中右边虚线框中的部分）由机械、电气和计算机系统组成，还包括驱动器、传感器和实时接口。在某些文献中，这个方框称作机械电子系统。

机电一体化系统不是一个机械电子系统，而是一个控制系统，甚至更复杂。

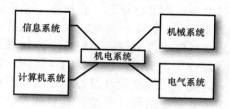

图 1-1　机电一体化组成

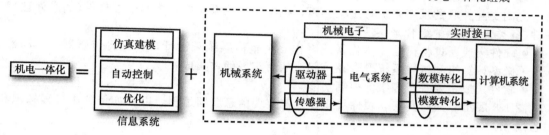

图 1-2　机电一体化关键元素

实际上，机电一体化只是一个良好的设计思想，其基本思路就是应用新的控制使机械装置获得更高水平的性能。传感器和驱动器常常用来将高功率（通常是机械的）的能量转化成低功率（通常是电气和计算机方面的）的能量。标有"**机械系统**"的方框通常不仅包含机械元件，还可能有流体的、气动的、热的、声学的、化学的以及其他一些学科的元器件。传感技术的最新发展已经融合进对特定监控应用解决方案不断增长的需求。人们开发了微传感器来测量某些物理量、化学物质和生物成分的存在（诸如温度、压力、声音、核辐射和化学成分等）。这些传感器都是以固态形式实施的，因此如果将若干传感器集成在一起，则它们的功能也将组合在一起。

控制是一个通用的术语，可发生在有机生命体内，也可发生在机器里。术语"**自动控制**"则描述一台机器由另一台机器所控制的情形。不管是什么应用（诸如工业控制、制造、测试或者军事应用），传感技术正在日新月异地发展。

1.2　机电一体化综合设计

机电一体化方法本身具有并行性或者同步性，主要由于从产品设计到原型系统的各个阶段中，机电一体化方法都大量采用系统建模和仿真的方法。因为这些模型要由来自多个学科的工程师们使用或更改，所以将这些模型放在一个可视化的环境中进行编程处理就显得尤为重要。这样的可视环境包括框图、流程图、状态变换图以及键合图。相比于传统的编程语言，如 Fortran、Visual Basic、C++ 和 Pascal，可视化建模环境不需要太多的培训，因为这种环境本来就非常直观。如今，用得最多的可视化编程环境就是**框图**。这个环境特别灵活、廉价，而且还包含一个**编码产生器**选项，该选项能将框图转化成高级的 C 语言（或类似的其他语言），以适合目标系统的实施。许多供应商提供基于框图建模和仿真的软件包，如 MATRIXx、Easy5、Simulink、Agilent VEE、DASYLab、VisSim 以及 LabVIEW。

机电一体化是一种设计理念，是一种集成的工程设计方法。贯穿整个设计过程所涉及的各个领域的基本因素，在机电一体化设计中都要考虑。通过使用一种跨学科的思想和技术的仿真机制，机电一体化提供了理想的环境来提高协同性，从而有助于在技术复杂的情况下得到新的解决方案。因为机电一体化通过将机械和电子工程、实时编程紧密结合，并集成在设计过程中，从而产生一种内置智能，这是机电一体化装置或系统一个非常重要的特征。机电一体化尽可能在设计过程中让驱动器、传感器、控制系统及计算机有机结合在一起。

从基本的设计开始，直至进入制造阶段，在每一阶段，机电一体化设计通过优化参数，在很短的周期内就生产出一个合格的产品。机电一体化利用控制系统提供一个能显示各类元器件之间交互关联的框架来进行系统分析，机电一体化系统的集成是通过软件（信息处理）和硬件（各类元器件）的结合来实现的。

- 硬件集成通过将机电一体化系统看作一个整体系统来设计，并且将传感器、驱动器、微型计算机和机械系统融合在一起，从而实现硬件集成。
- 软件集成主要基于高级的控制功能。

图 1-3 展示了如何实现软硬件集成，如何实现信息反馈过程，以及如何利用过程知识和信息处理。

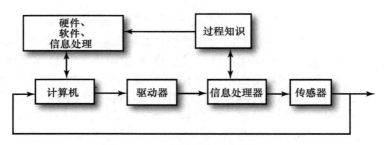

图 1-3　软硬件集成的通用方案

机电一体化系统开发的第一步是分析客户的需求，确定系统集成所需要的技术环境。为了解决某些具体问题，必须设计复杂的系统，这些系统往往需要用数字量或模拟量形式的硬件来组合机械、电气、流体力和热动力各个组成部分，并由复杂的软件来协调。机电一体化系统利用传感器从工作环境中采集和获取数据。下一步就是在集成的方式下使用详尽的建模和描述方法以涵盖系统的所有子任务，这也包括早些时候有效描述各子系统之间的必要接口，然后进行数据处理和解释，最终促使驱动器执行动作完成任务。机电一体化系统的优越之处就在于开发周期较短、费用较低和质量较高。

机电一体化设计支持并行工程的概念。

在机电一体化产品的设计过程中，不同的专家组之间必须进行有关的知识交流和必要的信息交互协调。并行工程是一种设计方法，利用该方法将产品的设计和制造通过某种特殊的方法融合在一起。其想法就是如果人们为了实现一个共同的目标进行合作，那么就可以做得更好。这可能部分地受到了人们的某种认识的影响，人们认识到制造阶段的许多高费用是由产品设计阶段决定的。并行工程的特征如下。

- 更好地定义产品，以免后面更改。
- 在早期设计阶段，采用面向制造和装配的设计。
- 好好地定义产品开发的工艺流程设计。

- 更好地估算费用。
- 减少设计和制造间的障碍。

　　然而，由于缺乏通用的交互语言，在并行工程中的信息交互还存在困难。只有协调足够的信息交互，处理好跨功能模块间合作的组织障碍，才有可能成功实施并行工程。

　　以并行工程原理为指导，设计出来的产品往往满足如下需求：

- 高质量
- 鲁棒性
- 低成本
- 快速上市时间
- 客户满意度高

　　由于集成了并行工程管理的策略而产生的益处就是更高的生产效率、更高的产品质量，以及因为引入了一个智能的、自我校正的传感和反馈系统而获得的可靠性。在一个复杂的系统中将传感器和控制系统集成，减少了资金投入，维持了高度的柔性，并导致了较高的设备利用率。

1.3　机电一体化的设计过程

　　传统的机电系统设计方法试图在机械产品的开发阶段向系统的机械部分注入更多的性能和可靠性然后再设计系统的控制部分，两者相加以提供更多的性能或可靠性，并用来修正设计过程中未发现的错误。因为这些设计步骤是按顺序发生的，所以传统的方法称为**串行工程**方法。由 Standish Group 完成的一项有关软件项目的调查发现：

- 软件开发项目的取消率是 31.1%。
- 已完成项目的超时率达 222%。
- 软件项目能及时完成并且在预算范围内的只有 16.2%。
- 对已发布软件的维护费用，超出初始开发费用的 200%。

　　总部位于波士顿的技术智囊团 Aberdeen Group 提供了关于机电一体化系统设计的关键信息，引入正确的设计过程是非常重要的。Aberdeen Group 的研究人员利用 5 个关键的产品开发性能条件，来区分有关机电一体化设计的顶级公司。这些关键的标准分别是年收入、产品费用、产品上市日期、质量以及开发费用。顶级公司的年收入目标是垃圾公司（最差劲公司）的 2 倍，产品费用也差不多是 2 倍关系，而产品上市时间则达到 3 倍关系，质量也是 2 倍，开发费用也是 2 倍关系。Aberdeen Group 的研究还揭示出：

- 顶级公司在跨学科间关于设计变化而认真进行的交流，比垃圾公司多 2.8 倍。
- 对某些特定系统、子系统和零部件所分配的设计需求，也比垃圾公司多 3.2 倍。
- 采用集成的机械、电子和软件进行仿真来以数字化方式验证系统的性能，比垃圾公司多 7.2 倍。

　　在串行设计方法中一个重要的因素就是复杂性，这是设计一个多学科系统所固有的。从本质上说，机电一体化设计是对当前现有的冗长而昂贵的设计过程的一种改进。各个学科的工程师们为某一具体的项目而同步合作研究，这样就省去了由于设计不兼容而带来的问题，因为几乎没有返工，所以设计的时间也缩短了。设计时间的缩短也得益于那些强大的计算机仿真软件的广泛使用，减少了对原型系统的依赖。通过对照可以看出，越是传统的设计过程，越是将工程学科分离，越是没有能力适应设计中间的变化，从而越是依赖于多个物理原型系统。

机电一体化设计方法不仅关心要生产出高质量的产品，还要维护这些产品，这称为**生命周期设计**(life cycle design)。生命周期设计的几个重要因素如下：

- **可交付性**：时间、费用和交付方式。
- **可靠性**：故障率、材料和公差。
- **可维修性**：模块化设计。
- **可服务性**：在线诊断、预测和模块化设计。
- **可升级性**：未来的设计与当前设计的兼容性。
- **可回收性**：有毒材料的回收和处置。

我们不会详细描述生命周期的各项要素，只是想指出**传统的生命周期设计方法**，它从一个产品**开始**，直至设计与制造出该产品**以后**。在机电一体化设计中，生命周期的各项要素包含在产品设计的各个阶段，从产品的**概念设计**直至**产品报废**都要考虑这些要素。机电一体化设计过程如图 1-4 所示。

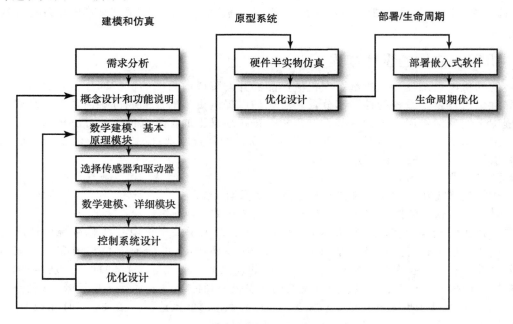

图 1-4　机电一体化设计过程

机电一体化设计过程包括建模和仿真、样机原型系统和部署三个阶段。所有的建模，不论是基于原理的(基本方程)，还是更详细的物理原理，其在结构上都必须模块化。一个基于原理的模型是反映某子系统的一些基本行为的简单模型。一个详细模型是基本原理模型的扩充，比基本原理模型提供更多的功能和精度。将各个模块(或方框)连在一起，就会形成复杂的模型。每一方框表示一个子系统，每一子系统对应一些物理上或功能上可实现的操作，还能**封装**成一个带输入/输出的模块，该模块的输入端仅限于输入信号、参数，输出端则限于输出信号。当然，这种限制不可能每次都是可行的或者所想要的，但这种限制的使用能生成模块化的子系统模块，而这些子系统模块便易维护、独立运用，还可以相互替代(基本原理模块可以替代详细的模块，反之亦然），并且还可以重用于其他的应用中。

因为机电一体化系统的模块化，它们非常适合用于一些需要重构的应用。这些产品可以在设计阶段通过替换各种子系统模块实现重构，也可以在产品的生命周期内进行重构。由于机电一体化设计过程的许多环节依赖于基于计算机的任务（如信息融合、管理、设计测试等），因此一个高效的计算机辅助原型开发环境就显得非常重要。

重要特征

- **建立模型**：利用框图或者可视化界面来创建一些物理现象或抽象现象的模型，这些模型是直观的、易于理解的，并且能表现行为性能。那种封装复杂性和保持几级子系统复杂性的能力非常有用。
- **仿真**：求解模型的数字方法包含微分方程、离散化方程、混合方程、偏微分方程及隐式的非线性（或线性）方程。仿真必须要有一个执行实时操作的**锁存器**，以便能够让仿真比实时更快地执行。
- **项目管理**：维护项目信息和子系统模型的数据库，以供最终的重用。
- **设计**：基于模型参数和信号对性能函数进行约束优化的数字方法。类似于蒙特卡罗的计算方法也是所期望的。
- **分析**：关于频域、时域和复数域的设计。
- **实时接口**：用一种插入式的实际硬件卡来代替部分模型，使用驱动器和传感器来与之交互，常称为**硬件半实物仿真**，或**快速原型**，必须实时运行。
- **编码生成器**：从框图或可视化建模界面生成有效的高级源代码。编译控制代码，并用于嵌入式处理器。通常使用 C 语言。
- **嵌入式处理器接口**：嵌入式处理器安装在最终产品之中。本特征提供处理器和计算机辅助样机原型环境之间的通信，这个通常称为**完整的系统原型**。

因为没有一个模型能够完全无误地复制现实，所以在产品模型和实际产品的性能之间总存在一些误差，这些误差称为**未建模误差**，这正是许多**基于模型的设计**被部署到实际产品时失败的原因。机电一体化设计方法也使用基于模型的设计方法，因此建模和仿真非常关键。然而，在样机**原型系统**阶段考虑**未建模误差**，将它们的影响纳入设计阶段，这样就大大地提高了成功部署产品的概率。

　　硬件半实物仿真　在样机原型系统阶段，模型中许多非计算机子系统用实际硬件来代替，而传感器和驱动器提供必要的接口信号来连接硬件子系统和模型。这样的**模型**一部分是数学模型，一部分是实物。因为模型中的实物那一部分本来就是实时运行的，而数学模型中的那一部分是基于仿真时间运行的，所以两部分的同步就显得尤为重要。将数学模型、传感器和驱动器信息进行同步和融合的过程称为**实时接口**或**硬件半实物仿真**，这是建模和仿真环境的重要组成部分。

　　至此已经讨论了硬件半实物仿真的一种配置。本模型和其他可能的模型都归纳在表 1-1 中。表 1-1 假设有如下 6 种功能。

表 1-1　硬件半实物仿真的不同配置

实际硬件元件	数学模型中的元件	描述
● 传感器 ● 驱动器 ● 处理过程	● 控制算法	面向未建模的传感器、驱动器和机械误差，修改控制系统设计

（续）

实际硬件元件	数学模型中的元件	描述
● 传感器 ● 驱动器 ● 控制器（包含嵌入式计算机）	● 处理过程	评估处理过程模型的有效性
● 协议（对于分布式应用）	● 控制算法 ● 传感器 ● 驱动器 ● 处理过程	评估所设计的数据传递的效果
● 信号处理硬件	● 控制算法 ● 传感器 ● 驱动器 ● 处理过程	评估实际的信号处理硬件的效果

- **控制功能**：以可执行软件形式表示的控制算法。
- **计算机功能**：产品中用到的嵌入式计算机。
- **传感器功能**
- **驱动器功能**
- **处理功能**：除了传感器、驱动器和嵌入式计算机以外的产品硬件。
- **协议功能**（可选的）：基于总线的分布式控制应用。

机电一体化系统的综合开发起始于建模和仿真，为静态的和动态的模型建模，转换成仿真模型，然后再编程并基于计算机控制，最后实施。在这样的氛围下，硬件半实物仿真占据了一大部分工作。在实时环境下使用可视化仿真工具，机电一体化产品的主要部分可以通过硬件半实物仿真方法来仿真。

图 1-5 所示的硬件半实物仿真模型，给出了机电一体化系统的不同组成部分。如果机械部分、传感器和驱动器都是实际的硬件，那么这个模型就可以用来仿真电子系统。另一方面，如果机械系统、驱动系统，以及传感器系统都有合适的模型，那么电子系统就是仅有的硬件了。硬件半实物仿真中有不同的仿真方法，如电子仿真、驱动器和传感器仿真或单独的机械系统仿真等。

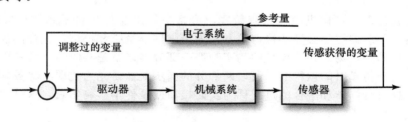

图 1-5　硬件半实物仿真模型

1.4　机电一体化关键组成

1.4.1　信息系统

信息系统包括信息传递所有的方面：从信号处理到控制系统，以及到分析技术。一个信息系统是四门学科的组合：通信系统、信号处理、控制系统和数字方法。在机电一体化应用中，我们最关心的就是建模、仿真、自动控制，以及数字优化方法。

　　建模和仿真　**建模**就是用一组数学方程和逻辑表示实际系统行为的过程。术语**实际系统**是**物理系统**的同义词，也就是其行为都基于物质和能量的一个系统。模型可以宽泛地分为两类，**静态的**或**动态的**。在静态模型中，没有能量转换。静态系统不产生机械运动、热传递、流体运动、行波或其他变化。与之相反，动态的模型就有能量转化，从而导致功率流动。功率，也就是能量变换的速率，产生了机械运动、热传递以及其他随时间变化的现象。这些现象可通过各种信号来观测，因为时间通常是自变量，所以大多数的信号都用时间作为自变量。

　　模型是因果结构的，模型接受外部信息，并运用其特有的逻辑和方程处理，产生一个或多个输出。提供给模型的外部信息可以是固定值，也可以是变化的值。外部有固定值的信息单元称为**参数**，而外部有可变值的信息单元称为**输入信号**。一般地，假设所有模型的输出信息都是变化的，因而称为**输出信号**。

　　因为模型是数学和逻辑表达式的集合，所以可以将其表达成基于文字的编程语言。但是，一旦用编程语言描述表达了模型，人们为了理解模型就得熟悉某一特定的语言。因为大多执业工程师并不熟悉编程语言，所以证明基于文字的模型是一个不太适合机电一体化的模型。理想的模型最好是图形化的或者可视化的模型，而不是基于文字的，理想的模型应是非常直观的。

　　所有的框图语言均由两种基本的对象组成：信号线和方框。信号线传递信号或传递从原点（通常是一个方框）到终点（通常是另一个方框）的数值。信号线上的箭头定义信号流的方向。一旦确定了某一信号线上的信号流方向，那么信号流只能沿着正向流动，不能反向。方框是一个处理元素，用于操作输入信号和参数（或常量）以产生输出信号。因为方框的功能可以是非线性的，也可以是线性的，所以这些特殊功能方框实际上是无限的，并且在不同的供应商之间几乎都不同。不过，任何框图都拥有三个基本模块：求和连接模块、增益模块和积分器模块。这些模块及其功能如图 1-6 所示，求和连接器在国内也称比较器。

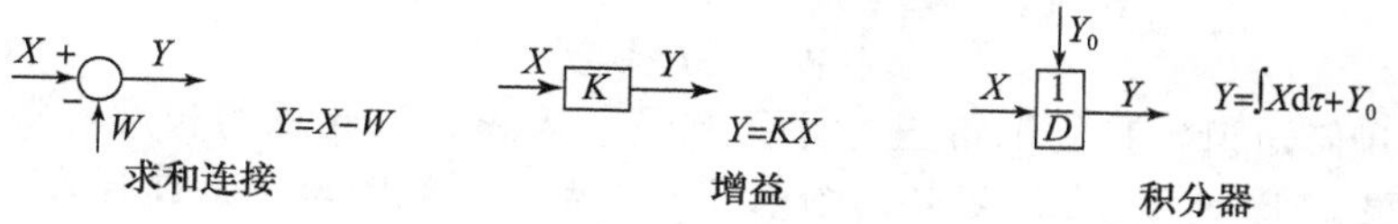

图 1-6　基本的模块

　　仿真是在计算机上**求解**模型的过程。尽管仿真可以在模拟计算机上完成，但是更常见的是在数字计算机上实现。仿真过程可以分成三部分：初始化、迭代和结束。如果起始点是基于框图的模型描述，那么在初始化阶段，每一个模块的方程必须根据模块连接的顺序方式来进行索引排序。

　　在迭代阶段使用微分/积分方法求解模型中的所有微分方程。常微分方程通常是非线性方程，其中包含关于函数（仅有一个自变量）的一个或多个求导项。对于大多仿真，这个自变量就是时间。常微分方程的阶数等于所有列出的导数项里最高阶导数项的阶数。多数用来求解常微分方程的方法都使用**近似多项式**，其适合用于常微分方程截断的泰勒级数展开式。一般需要三个步骤。

　　第 1 步，写出常微分方程关于初始条件的解的函数形式的泰勒级数展开式。由于考虑的自变量是时间，所以级数里所有的导数项都是关于时间的。

第2步，在某个导数项的泰勒级数进行截断，舍去后面的级数项，那么舍项后的级数就成了近似多项式。

第3步，基于初始条件值，计算所有的常数项和导数项，来求解近似多项式。

仿真的显示部分用来展示输出结果。输出可以保存为一个文件，或显示为数字化读数，或者是图形化的图表、条形图、仪表读表，甚至是一个动画。

优化　优化解决了在整个系统中分配有限资源的问题，以使预先指定的性能得到满足。在机电一体化中，优化主要用于确定优化系统的配置。然而优化也要考虑一些其他的问题。

- 优化轨迹的识别
- 控制系统的设计
- 模型参数的识别

在工程应用中，常用一些习惯术语。将资源看作**设计变量**，将系统的性能看作是**目标**，而系统间的相互关系（方程和逻辑）就是**约束**。

为了展示一个优化问题的构建，看如下例子。其系统包括一个盒式旅行箱，通过选择合适的长度、宽度和高度使其体积最大化。

该问题用公式表达如下：

$$设计变量：\quad L（长度）、W（宽度）、H（高度）$$
$$目标：\quad 最大化 V（体积）= \mathbf{V}(L,W,H)$$
$$约束：\quad 系统关系：V = LHW$$

将目标写成函数形式，可以显示出目标函数和设计变量之间的关系，这个问题看上去很容易解决，因为资源无限，体积就无限。当资源有限时，则更加富有挑战意义，而且实际情况也就是如此。考虑将总长度资源（长度＋宽度＋高度）限制为不超过80cm，该问题用公式则表示为：

$$目标：\quad 最大化 V（体积）= \mathbf{V}(L,W,H)$$
$$约束：\quad 系统关系：V = LHW$$
$$资源：\quad L + W + H \leqslant 80$$

根据初等几何知识，我们记得正方体具有最大体积，因此总的长度资源必须等分给长度、宽度和深度。下一步，考虑另外的约束和三个设计变量的每一个都有关，我们将约束盒子的长度小于40cm，宽度小于30cm，高度小于20cm。该问题用公式则表示为：

$$目标：\quad 最大化 V（体积）= \mathbf{V}(L,W,H)$$
$$约束：\quad 系统关系：V = LHW$$
$$资源：\quad L + W + H \leqslant 80$$
$$边：\quad 0 \leqslant L \leqslant 40$$
$$0 \leqslant W \leqslant 30$$
$$0 \leqslant H \leqslant 20$$

系统关系和资源约束常常简称为**约束**。有时会细分为等式约束和不等式约束。系统约束通常是等式约束，而资源约束可能是等式约束和不等式约束的组合。与设计变量有关的约束称为**边约束**。还有，目标就称为**目标函数**，通常，在工程应用中总是最小化目标函数。这是因为目标函数通常与一个误差信号有关，这个误差信号的理想状态应该为零。最大化目标函数则是通过将目标函数取反，从而求最小化目标函数的负数来实现的。

目标函数法是通过选择适当的设计变量，采用优化过程的搜索算法，来最小化目标函数。目标函数没有一个预先定义的必须遵循的通用形式，但是搜索算法的性能（特别是基于梯度的算法），与目标函数的特征息息相关。这些特征包括：（1）函数的总体光滑度；（2）目标函数梯度值的数值相似性；（3）以及目标函数的总体数值斜度。

对于任何应用，基本的优化过程是一样的，需要从如下公式开始。

1. 设计变量：$P = \begin{bmatrix} p_1 \\ p_2 \\ \vdots \\ p_n \end{bmatrix}$，它们的初始**预估值**：$P_0 = \begin{bmatrix} p_1 \\ p_2 \\ \vdots \\ p_n \end{bmatrix}_0$

2. 目标函数：$J = J(P)$

$$F(P) = 0 \quad （系统约束）$$

3. 约束：

$$H(P) \leqslant 0 \quad （资源约束）$$
$$P_{low} \leqslant P \leqslant P_{high} \quad （边约束）$$

接下来，优化过程就迭代方程，$P_{k+1} = P_k + \tau S_k$，其中，k 是迭代次数，S_k 是在 P 空间内的搜索方向，τ 是沿着搜索方向移动的步距。当在空间 P 内的移动不再改进目标函数时，优化过程即停止。这时，$P^* = P$（星号上标表示**优化的**）。目标函数已经被极值化了（通常是最小化），从而得到 $J^* = J(P^*)$。

由于存在不可避免的非线性，大多数的目标函数会有多个**局部最小值**，也许求出的 $J^* = J(P^*)$ 并不是所要的整体最小化（全局最小）。一种获取全局最小值的方法就是多次运行优化过程，每一次使用不同的初始参数向量。假设运行了足够次数后，全局最小值变成了最小值集。也可能创建的一个目标函数没有最小值，这样优化过程可能会产生无意义的结果。必须注意，构建一个目标函数时，要确保该目标函数至少有一个最小值。

1.4.2 机械系统

机械系统关注的是物体在力的作用下的性能。这样的系统可以按性质分为刚体、柔性体和流体。刚体系统假设系统中所有的物体和连接都是完全刚性的，在实际系统中这并不正确，施加了载荷后，总会产生一些变形。通常，变形很小，这并不影响刚体系统的运动。然而如果考虑材料失效，那么柔性体系统就变得重要了。失效分析和材料力学是柔性体系统的主要领域。流体系统包括可压缩和不可压缩的流体。

牛顿力学是大多数机械系统的基础，包括三个独立的绝对概念：空间、时间和质量。第四个概念是力，但它不独立于其他三个概念。牛顿力学的一个基础理论是作用在物体上的力与物体的质量和随时间的速度变化（加速度）有关。在有关高速粒子运动的系统里就必须考虑相对力学（相对论），而不是牛顿力学。在这样的系统中，这三个概念不再相互独立（粒子的质量是其速度的函数）。

许多机电一体化系统是关于刚体系统的，因此研究刚体系统要考虑如下 6 个基本定律。

1. **牛顿第一定律**：如果作用在某物体的力为零，如果该物体原来静止，那么该物体将保持静止；如果该物体原来是运动的，则保持匀速直线运动。

2. **牛顿第二定律**：如果作用在某物体的力不为零，那么该物体将有一个和力的大小成正比的加速度，$F = m \cdot a$。

3. **牛顿第三定律**：两个相互接触的物体的作用力和反作用力大小相等，方向相反，作用在同一直线上。

4. **牛顿万有引力定律**：两个质量分别为 M 和 m 的物体通过大小相等、方向相反的力 F 和 $-F$ 相互吸引，其大小计算公式为 $F = G\dfrac{M \cdot m}{r^2}$，其中 r 是两个物体之间的距离，G 是**万有引力常量**。

5. **力相加的平行四边形法则**：作用在物体上的两个力，可以用一个**合力**表示，该力可以通过画出以两个力为边的平行四边形的对角线来获得。

6. **传递原理**：作用在物体上的外力的作用点可以沿着力的作用方向移动，不会影响其他作用在该物体上外力（反作用或负载）的作用。这意味着如果物体处于平衡状态下，那么静态的作用不会对物体产生新的变化。

工程应用中共有三种常用的单位系统：米-千克-秒（mks）制或者称为 SI 系统、厘米-克-秒（cgs）制或者称为高斯系统，以及英尺-磅-秒（fps）或英制工程系统。在 SI 系统和高斯系统中，千克和克都是质量单位。在英制工程系统中，磅是力的单位。本书全部采用 SI 系统。

1.4.3　电气系统

电气系统关注的是三个基本量的特性，它们是电荷、电流和电压（电动势）。当存在电流时，就有电能从一个点转移到另一点。电气系统有两类，动力系统和通信系统。通信系统用于作为低能量的电信号在不同节点间传递信息。通信系统通常的功能部件包括：信息存储、信息处理和信息传递。电气系统是机电一体化应用的组成部分，如下电气元件常常会出现在机电一体化应用中。

- 电动机和发电机
- 传感器和驱动器
- 固态设备，包括计算机
- 电路（信号调节和阻抗匹配，包括放大器）
- 接触设备（继电器、断路器、开关、集电环、水银触点和熔丝）

机电一体化系统中的电气应用需要理解直流（DC）和交流（AC）电路分析，包括阻抗、功率和电磁，也包括半导体器件（如二极管和三极管）。下面就介绍本领域内一些基本的内容。

直流和交流电路分析　电路是由电流流过的路径组成的一个封闭网络。任何电路都由各种通过电导体（电线）连接起来的电路元器件组成。导线被假设为理想或完美的导体，这意味着如下两个情况。

1. 同一导线上所有点的电势相等。

2. 导线不储存电荷，所以进入导线的电流等于流出导线的电流。

开路是指在电路中两点之间没有被某一分路连接上，这两点之间存在一个开路；如果两点之间由一根导线连接，那么这两点间存在一个**短路**。

节点是两个电路或多个电路连接的点。两个节点之间的通路称为**支路**。

电路分析是指在给定的电路图中，计算电路中所有的电压和电流的过程，并描述每一个元件。该过程基于两个以基尔霍夫（Gustav Robert Kirchhoff（1824—1887））命名的基本原理，电流定律和电压定律总结如下。

基尔霍夫电流定律：流入某节点的电流总和为零。

基尔霍夫电压定律：在某一闭环回路中所有的电压降之和为零。

原则上，任何电路可以直接利用这两个定律来分析。但是，对于一些大规模的电路，代数计算变得非常无聊，通常需要利用计算机方法来求解。

为了描述电气系统元件的特性，一个通用办法就是通过其**阻抗** Z，或者 $V-I$ 特性来描述。为此，一个元器件的阻抗就是**跨越**该元器件的电压降除以**通过**该元器件的电流。电阻的阻抗就是它的电阻值，$Z_R = R$。对于一个电容值为 C 的电容，那么它的阻抗是

$$Z_C = 1/(C \cdot D)$$

其中 D 是图 1-6 所介绍的算子符号。

对于一个电感值为 L 的电感，那么它的阻抗是

$$Z_L = L \cdot D$$

第 2 章将会讲到阻抗的符号是个非常重要的概念，可以被扩展到其他系统学科(如机械学、流体和热学)。

基于基尔霍夫定律，已经发展出了许多技术，这些技术的组合通常用来分析电路。根据电路和时间的关系，可以将这些技术分类。如果电路独立于时间(DC 直流电路)，那么常用如下一些技术。

- 并联和串联支路的简化
- 节点和回路分析
- 电压和电流分配器简化
- 等效电路(戴维南和诺顿等效)

对于基于时间的电路，包括周期性的(AC 交流电路)和非周期性的或瞬态电路，就采用如下一些新增的技术。

- 相量法
- 自然响应和受迫响应。

功率 能量就是物体做功的能力，可以以多种形式存在，如**势能、动能、电能、热能、化学能、核能和辐射能**。仅辐射能可以存在于无物质的状态，而其他的能源形式必须存在于有物质的状态，并且它们之间可以相互转换。功率是能量传递的速度，在 SI 单位制中，能量的单位是焦耳，而功率的单位是瓦特($1W = 1J/s$)。

在电气系统中，功率是电流和电压的乘积。当电流流过一个电路时，功率也流过了该电路，但是不像电流必须**保留**在电路中，功率可以转换成其他形式**离开**或**进入**电路，如热的形式。通常需要计算进入或离开电路某部分的功率的值，来确定到底分配到多少**可用**功率。用于铁路上的柴油发电机车就是一个很好的例子，柴油机用来给发电机提供能量，然后利用一个电动机驱动机车。因为柴油机的扭矩范围比较窄，并不能**直接**用来驱动机车，所以通过将它的能量(由发电机)转换成电能，然后再(通过电动机)传回机械，那么扭矩-速度曲线将被很好地修正而生成了较宽的、更适合于该应用的扭矩范围。能量转换并不是没有造成功率损耗，通常都是以热能形式损耗。在水平或爬坡阶段，机车消耗能量，只有少部分轻微的热损耗。而在下坡阶段，机车产生能量，或被浪费，或被刹车系统再利用，通常称之为再发电刹车或再生制动。柴油发电机车处理浪费的能量，通过将再生的电流流过一个大的电阻，这个电阻一般放在机车顶部，并有一个冷却风扇。风扇用来将电阻上的热能传递到空气中去，而保持电阻的工作温度(保持其功能)。

按原理来讲，电功率可以分成瞬态功率和平均功率，定义如下。

瞬态功率： $P(t) = v(t) \cdot i(t)$

平均功率： $P_{AV} = \dfrac{1}{T} \displaystyle\int_0^T v(t) \cdot i(t) \, \mathrm{d}t$

1.4.4 传感器和驱动器

为了监控机器和过程的性能，必须要有**传感器**。利用一组传感器，可以监控过程中的一个或多个变量。传感系统还能用来评估设备运行操作、机器健康状态、检查进行中的工作状况、识别零件和工具。监控设施通常设置在靠近生产设备的边上，测定表面质量、温度、振动、切削液的流速等。传感器必须用来获取实时信息，帮助控制器识别潜在的瓶颈问题、故障问题，以及其他有关单台机器和整个制造环境的问题。

精准度和重复性是传感器关键的性能，否则传感器不能提供用于高级制造环境所需的工作可靠性。当使用带有智能的处理设备时，传感器必须能够处理微弱的信号，同时仍旧保持对其他的干扰脉冲不灵敏。传感器必须能够快速准确地探明情况，并向系统控制器提供有用的数据信息。

在机电一体化系统中，一些常用的测定变量包括温度、速度、位置、力、转矩和加速度。当测定这些变量时，传感器的几个特征包括动态特性、稳定性、分辨率、精确度、鲁棒性、尺寸以及信号处理能力变得尤为重要。那些价格便宜、精度高、并能将传感器和信号处理集成在一个通用板子或一个芯片上的需要也变得非常重要。

半导体制造技术的发展，使集成多种传感功能变得可能。智能传感器不仅能感知信息，而且能处理信息。

这样传感器通过利用控制算法来促进操作，这些算法包括自动噪声过滤、灵敏度线性化和自整定。微传感器能够用来测定流量、压力或者测定环境或机械系统里的各种化学样本的浓度。

谐振微梁已经被用来测定线性加速和回转加速。传感器附在一个数据手套用来探测人类姿势的特征加速度。很多微传感器，包括生物传感器和化学传感器可以批量生产。能将这些机械结构和电子线路集成到同一块硅片上也非常重要。

驱动器是另一重要的机电一体化系统的部件。驱动包括过程中的物理运动，如将工件从传送系统推出的动作是由传感器触发的。驱动器通常是基于电气、机械和流体力或气动力的。它们将电输入转变成机械输出，如力、角度和位置。驱动器可以分为如下三组。

1. 电磁驱动器（如 AC 和 DC 电机、步进电机、电磁铁）
2. 流体力驱动器（如液压和气动）
3. 特种驱动器（如压电、磁致伸缩、记忆合金）

还有一些特殊的高精度应用的驱动器需要快速响应。通常用来控制摩擦补偿、非线性和限定参数。

微纳制造是指创建微小的结构，小到可以控制和管理单个原子。这种技术还在开发之中，前景可观。微纳制造包含制造和材料处理，微制造和纳米制造，以及原子级的小于一微米的介度。微制造工艺包括光刻技术、刻蚀、沉积、外延生长、扩散、移植、测试、检测和包装。纳米制造包括其中的一些，也包含原子级的材料裁剪和材料图案形成，并利用它们的自然特性以获得想要的结果。

1.4.5　实时接口

数学模型的仿真和实时无关，实时就是指挂在墙头的钟读出的时间。我们通常喜欢让模型运行得快一些，但如果运行得慢也没有什么坏处。考虑一个模型，该模型包括几个子系统，分别是控制算法、传感器、驱动器和过程（机械、热、流体等）。仿真过程需要在仿真之前将模型中所有的因果方程按从左边输入，右边输出进行**排序**。在仿真过程中，随着时间的推移，逐步求解排好序的方程，然后再次求解方程，过程继续。通过求解所有的方程的一个回合称作为一个**环**。

实时接口过程实际上归入电子和信息系统类，但是由于它特殊的功能而当作单独处理的计算机系统硬件。在机电一体化中，实时接口系统的主要目的是为计算机提供一个数据采集和控制功能。采集功能的目的是将一个传感器波形重新构建为一个数字化的序列，从而使计算机软件能够处理。控制功能则将一个近似的模拟量，生成为一系列的小步。这些步子固有的不连续性产生新的不期望的频率，这在原来的信号中是没有的，通常通过使用模拟**光滑**滤波器来衰减。这样对一个机电一体化应用来说，实时接口包括：模数转换（A/D）、数模转换（D/A）、模拟信号调节电路和取样理论。

1.5　机电一体化应用

1.5.1　状态监测

制造工艺自动化的成功与过程监测和控制的有效性紧密关联。一个自动化工厂在生产系统的不同层次都需要有传感器。传感器通过补偿无法预测的干扰、工件的公差变化以及其他由于产品和工艺而造成的变化，来帮助生产过程。智能制造系统使用自动诊断系统来处理机器维护和过程控制操作。

状态监测定义为确定机器的状态或设备的条件及其随时间的变化，从而决定任何给定时间的状态。机器状态可以由物理参数来确定，其中物理参数诸如刀具磨损、机器振动、噪声、温度、油污染和碎片。这些参数的变化将给出一个机器状态变化的指示。

如果对机器状态进行适当的分析，这将成为一个非常有价值的工具，并可用来创建机器维修计划，预防机械故障和停工。在预定义的时间段内，可以连续测定和监控诊断参数。在某些情况下，测定二次参数如压力降、流体和功率，会导致基本参数（如振动、噪声和腐蚀）的信息变化。来自工厂不同层次的数据为自动化制造提供支持。传感器集成了各个层次的自适应过程控制能力，包括工厂级、制造管理级、控制级或传感器级，并处理各种需求。如图 1-7 所示。

在传感器级，生产过程常常需要完成这些任务，如距离测定、轮廓追踪、模式识别、

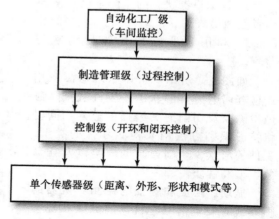

图 1-7　生产中不同层次级别的传感器分布

工艺参数识别和加工诊断。表1-2列出了传感原理选择和监测的参数。

表 1-2　自动化制造中的参数传感例子

测定项目	测定参数	原理
距离测定	● 边界监测 ● 在激光切割加工中，监测刀具和工件之间的距离 ● 机器人防碰撞	● 电位、电感和电容原理 ● 非接触式传感器，如光学的或超声波的 ● 激光干涉仪 ● 激光数字化仪
轮廓测定	● 边界和表面测定 ● 焊接过程中机器人引导工具	● 电感、电容 ● 非接触式传感器，如光学的、光纤的或超声波传感器
模式识别	● 形状信息 ● 物体分类	● 光学的 ● 触觉的 ● 超声波的
机器诊断	● 切削刀具状况 ● 刀具磨损和断裂 ● 机器振动 ● 功率消耗	● 力和扭矩 ● 电流和频率 ● 振幅和加速度 ● 表面粗糙度和圆度

在机械制造场合，传感器可以监测加工操作、切削刀具的状态、原材料的准备情况以及在线工况。传感器可以帮助识别工件、刀具和托盘。也可以在生产车间里监控生产前的情况或者正在进行的制造过程情况。

图1-8展示出了一个生产系统中监测机床状态的监测系统组成。该监测系统可以提供加工过程中的扭矩数据和其他刀具管理数据。状态监测系统可分为两种类型。

1. 显示机器状态的监测系统，使操作者能做出决策。

2. 利用自适应特征的自动状态监测。

如图1-9所示，机床状态监测应用于检查切削刀具的状态、工件装配、碰撞检测以及切削刀具磨损的监测，同时将特征识别方法用来检测零件的类型、工件的形状、切削刀具的配给以及托盘的类型和性质。

振动、温度和磨损的监测　机器的振动或者噪声信号与机器的健康状况紧密相关。轴承座振动水平的精密测量以

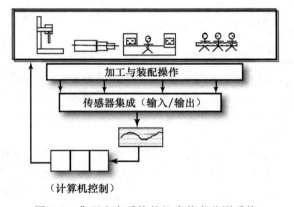

图 1-8　典型生产系统的机床状态监测系统

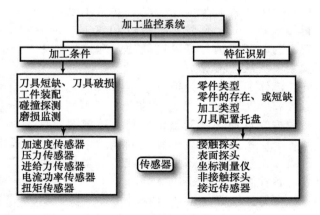

图 1-9　机床监控系统

及在轴和轴承之间的相互移动的测量能提供一些有用的信息，发现机器的某些问题如不平衡、未对准、缺乏润滑或磨损等。在涡轮机械中，谐振和振动分析已成为一种诊断恶化状态的方法。滚珠轴承的振动频谱可用来比较有缺陷的和好的滚珠轴承。振动的级别和出现额外的峰值都表示存在缺陷。

温度也是一个关于机器状态的有用的指示器。在连续生产中，机器故障可以造成温度偏移。热电偶、RTD、光学高温计，以及光纤测温计都是用来测定温度的。热成像是一种利用获取工件的热图像的技术。在这个过程中，红外照相机用来监测涡轮、轴承、管道、炉衬和压力容器的温度模式。在屏幕上获得一个热图像，以显示任何非正常的状态（如绝缘体破损或轴承的局部温度升高）。

刀具磨损也是影响制造过程成本的一项因素。在切削过程中，刀具边缘不断变钝，切削力也不断增大。另外，机床的磨损也能提供机器存在问题状态的信息。监控磨损和用自适应优化方法可以改善制造过程。在汽车应用中，断裂的活塞环或者和缸体接触的滑动元件的磨损都能被检测出来。机床磨损的直接测定可以通过在刀尖上安装一个电传感器，观测电阻率的变化来完成。离线测量常使用声学探测仪、使用位置测定设备的图像仪，以及光纤磨损探测仪。

1.5.2　在线监测

精益制造的重要性已经为智能自主检测、制造和决策系统等创造了一个机会，并且不需要人的干预就能完成任务。目前，产品工程周期内的质量由两个不同的阶段来保证。

- **在产品设计阶段**：为了保证产品的设计质量，使用鲁棒设计方法。
- **在最后的检测阶段**：使用统计过程控制方法。

另一个层面的质量保证是在线质量监测，是对鲁棒设计和统计控制方法的补充。在航空工业中重要的部件以及在微机电一体化制造中的硅加工，都通过在线系统实施连续的质量监测。100%的检测保证所有产品保持一个质量标准，没有一点儿差错。将工艺数据和质量数据联系起来，就实现了自动故障修正。质量监控为工业企业提供一种能针对问题所在快速修正的能力。

现代制造中的状态监测和故障诊断还有巨大的实用性，它们提高了产品质量和生产效率，避免了机械破坏。在典型的状态监测实施中，传感器用来监测一个系统的状态以探测出非正常状态。例如，机器轴承振动产生的频谱特征可以用来指示渐变的轴承磨损。结合该系统的专家知识，观测到的某一部分频谱可以用来探测该系统特殊的失效机理。在线监测装置已经存在好多年了，但在工业中并没有广泛使用，主要问题在于这些设备的功能和可靠性有限，特别是面临快速变化的生产状态。

近年来，制造工艺的优化取得了巨大的进展，相关的工艺包括立体匹配、3D构建以及使用神经元网络。欧洲的 IDMAR 项目（在线和实时监测、诊断和控制加工过程智能设备）努力把科学家、机床制造商、信号处理专家、监控设备和传感器的开发者，以及金属切削工业的终极用户联系在一起。这个网络帮助欧洲工业的某些部分通过缩减费用、提高产品和工艺质量及提供柔性来获得或保持国际竞争能力。

基于证据的诊断　在诸如健康保健领域，基于互联网的系统已经可以帮助医生为病人的症状找到可能的病因。例如有这么一个父亲，他努力想改变原来治疗他女儿（Isabel）的诊断系统，开发了一种名叫"Isabel"统计诊断助手。基本上这个系统是一个直观的系统，利用所有先前的诊断结果，并提供一个统计出来的类似的疾病（故障）和治疗（维修）。

基于状态的维修信息系统也被应用在军队和军事应用中。该系统能够集成来自板上传感器和诊断设备的信息来开发出整个舰队的逻辑和情境意识,实施一个基于状态的维护服务,这极大增强了战术和作战车辆的操作性和有效性。

1.5.3 基于模型的制造

基于模型的制造通常使用一套模型方程和一个估算算法(如状态观测器)来估算那些对加工性能非常重要的信号。在基于模型的监测中,模型的目的是表示该结构的性能及对外界的感知和记录。本地的传感器提供与测量有关的输出信号。模型输出和实际过程输出之间的不同之处在于提供一个精准的机制来合并诊断,这对经验的基于规则的决策系统来说是一个吸引人的选择。图 1-10 显示一个智能的基于模型的制造系统的通用图形。

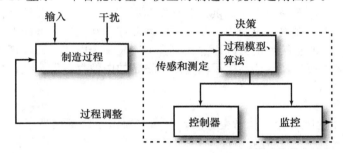

图 1-10　基于模型的监测系统

图 1-10 中还显示了控制器如何给工艺过程发送命令,从而将各种测到的值(与机器或工艺过程有关的)保持(调节)为预定的值。远程传感器可以测定一些难以进入的地方的诊断信号。在某些情况下根据系统的架构和信号,采用估算算法。建模过程(有的是基于以前的知识)用来产生简单的、精确的模型,以便改善估算精度。

开放架构的机电一体化。过程和机床的状态监测是非常关键的,其不但可以提高自动化程度,还能提高制造生产效率。这种功能的先决条件是在 NC 核心的开放接口。如今,市场已有开放 NC 核心的接口,然而这些接口是针对销售商特殊的解决方案,并不允许在别的控制系统中再使用监测软件。模块化开发的、具有开放架构的加工控制器,如图 1-11 所示,已经为现存系统提供改进来克服那些供应商开放实时接口的限制,因为已将监控功能集成进入控制器内。这样的趋势也会促进智能传感器在制造过程中的加速使用。

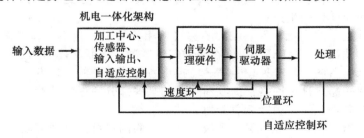

图 1-11　开放架构的机电一体化系统

配有传感器的智能控制系统可以用来估算、控制制造过程,也能向设计提供链接。在一个制造过程的多变量环境中，通常不会产生一个良好的过程分析模型。但是，在一个典型的车间里，引入加工自动化的结果后，通常会获得额外信息，这些信息将为建模提供帮助。仔细收集数据，使用在可视仿真环境下的知识，可以实现将设计、控制和检测，以及计划活动有机集成。图 1-12 显示了一个集成的异构系统的框架，其中包含机床的位置和速度控制、工艺过程的本地监测、全部工艺过程的全局监测，以及最终的分类。

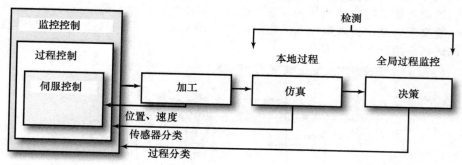

图 1-12　集成的异构系统框架

1.5.4　监控结构

除了影响产品设计的方法，机电一体化的发展还为自主测量和智能制造创造了机会。图 1-12 显示一个递阶控制结构，其中控制器在机器级选出位置和速度、在工艺过程级给出力和磨损，并在产品级给出质量控制问题(如尺寸和粗糙度)。

这个递阶控制结构由伺服控制、过程控制和监控控制组成。

- 最底层是伺服控制，其控制刀具相对于工件的运动，如位置和速度。这个控制的周期大约为 1 毫秒。
- 在过程控制级，其控制工艺变量(如切削力和刀具磨损)，这个控制的周期约为 10 毫秒。控制级的策略指向补偿那些不被伺服和过程控制器考虑的因素。
- 最高级的是监控级，直接测量产品相关的变量，如零件尺寸和表面质量。监控级也执行诸如颤振侦听和刀具监控的功能。监控级的操作周期大约是 1 秒。最后，所有的信息都能用于车间内的以及工厂控制级的加工工艺在线优化。

机电一体化的发展趋势通过将所有的信息集成到一个公共数据库来优化从产品设计到检测所有的制造工艺。例如，包含在 CAD 系统中零件的几何信息可以用来确定工艺变量的参考值。来自各种工艺过程传感器的信息可以集成起来以提高传感器信息的可靠性和质量。这种共享的信息(如 CAD/CAM 数据库中所用的零件材料和零件的几何信息)可以用来选择优化的加工工艺、刀具和精加工工艺。最后，所有的这些信息可以用来进行加工工艺的在线优化。

结合自动刀具磨损监测和质量监测，系统帮助保证有效的制造工艺和较高质量的产品。最终将减少整个生产费用，并且产生更好的利润收益。

1.5.5　机电一体化模型的开放架构事项：速度和复杂性

无论是对单个或多个微处理器处理机床或一个由多个机器人组成的自动装配线，机电一体化都有可能起作用。模拟这样的复杂系统允许设计者开发一个没有最终硬件的系统。在没有实物硬件的情况下，模拟仿真的过程可以用"what if"的场景。有两个关键的问题要考虑：速度和复杂性。大的系统需要更细致的仿真和具体的系统需求。在仿真速度和精度水平的平衡点必须由已有的系统资源来定。用快的处理器，那么仿真速度就快，使用多核系统可以帮助仿真（MacCleery 和 Mathur）。

图 1-13 中，显示一个用在生产线和许多其他工业应用上的平台例子。这种情况下，有两种有效的模型：仿真物理模型和实际应用模型。物理模型依赖于基于物理的仿真环境，应用模型和环境交互，来仿真真实世界的应用。Simulink 和 MATLAB 是常用的基于模型的开发工具，因此该应用就是一个模型。

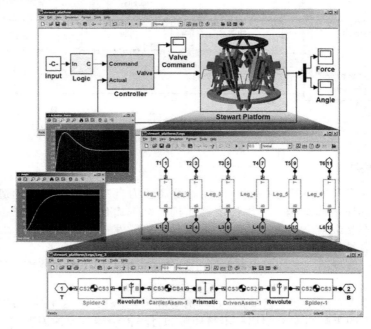

图 1-13　平台的 Simulink 模型

通过 CAD/CAM 软件工具（诸如 CATIA、Autodesk 和 SolidWorks）来表示的物理世界具有更先进的仿真工具，虽然它们面向物理架构，但不是过程控制集成（如图 1-14 所示）。

仿真平台可以检测动态载荷条件下的应力，也能对柔性材料（如泡沫、橡胶和塑料）进行非线性分析（如变形和冲击）。许多情况下，物理实体的仿真和分析对那些没有包含计算机控制器的设计还是非常有用的。国家仪器（NI）公司的贡献促进了主要的集成工作，促使设计工程师引入机械元素（如齿轮、凸轮和驱动器等），从而让程序员集中考虑系统中的反馈和处理电机的控制算法，将各种各样的物体连在一起使模型能交互起来，提供的渲

2. Remn

图 1-14　使用 CAD 模型装配线设计

染功能允许可视化执行中的模型。当创建大的模型时，建模环境可能需要大量的计算能力。创建大型模型对计算来讲，可能是一个挑战。在这个阶段，开放架构的主机可以发挥极大的作用。

几个 CAD 和基于模型的设计系统使用利用多核的界面软件。开发大量的内核和簇系统已经成为先进软件架构的一个挑战。主要的挑战在于内核之间的通信。机电一体化仿真最基本的要求就是在分布式环境下多个物体之间的时间同步。在多核环境下，当共享内存不能处理同步时，仿真又成为一个挑战。典型地，在物理空间上有很多限制。一个机器人装配生产线的仿真可以在它的范围内很好地完成，但是当它必须和其他单元交互时，它将会在能力上受限。图形化的基于模型的编程可以帮助连接多个单元。

1.5.6　交互建模

图形化环境的关键是将适用于机电一体化应用的图形环境进行区分和交互，并可视化表示。从开发者的角度看，这降低了系统复杂性，更集中关注应用的细节。例如，仿真工具（如 Simscape）用一种声明语言来定义元器件之间的隐式的关系，与其对应，显式的编程语言如 C 和 C++ ，以及图形化数据流语言，如 LabVIEW。Simscape 的目标是想在编程语言和 CAD 交叉的地方进行联合仿真。这个跨多个领域的工具将电子、机械驱动元件和力学及液压工具联系在一起。例如，前面讨论过的 Stewart 平台仿真除了系统的软件控制外，还可以合并电气的、液压的、机械的和信号流支持。

通过减少开发机电一体化应用所需的专门知识的量，开发者可以在其他领域花费时间和努力，在这些领域内他们已经有了专门知识。由此有一个模型环境可以更好地交换理念和产品。不同的是，近来那些被交换的作为一个机电一体化应用中的物体模型的细节已经变得更加高级了。原来只是尺寸的问题，而现在可以用在一个带可编程的反馈仿真中的东西了。如果一个模型包含应用编码，那么其甚至还可以使用应用界面。同样，在设计校验中也可以，其中声明块可以包含在一个模型中，因此系统可以确定该物体在系统中的使用是否正确。

交互建模对设计过程非常关键，其可工作在一个实际和虚拟物体组合的混合环境中。例如，一个机械臂可以和一个虚拟的装配线组合，如果当前的任务是确定机械臂上的手是否能重新定向目标，那么机械臂可能要用作激光焊接端极。关键是获得虚拟的物体和它们的控制配对物来与实际物体的交互，并采用运行在遥控设备上的代码。机电控制系统一旦为某个车间设计好后，那么其就变得无所不在了。例如，设计者可以回答一个关于增加一个加强筋来处理振动问题。但是在集成的机电一体化过程中，很小的机械变化可能会增大零件的质量，也可能影响控制系统提升电动机速度的快慢，以及零件在返回之前保持在原位的时间长短。

许多顶级的机电一体化表演者也使用软件来制订路线、跟踪和共享工作。大多数是工作流工具，能自动编排工作包，并呼叫合适的人注意交货日期或交货期的变化。许多公司利用产品数据管理工具来管理多部门的物料清单。

1.5.7　第一次就正确——虚拟机器原型

硬件半实物仿真促进了用数字设备代替传统的机械运动控制装置。机械系统不断地由复杂的电动机驱动，这些驱动通过在嵌入式处理器上运行软件来获得数字智能。为了让机电一体化设计正确，需要有多学科的团队合作以及在团队成员间的交流。诸如选择一个丝杠驱动器特征的决定，会连锁反应影响到整个设计，而且还会影响其他系统的性能。为了帮助促进更加集成的设计过程，需要将运动仿真的能力加入到 CAD 环境中来创造一个更加统一的机电一体化工作流。

CAD 中集成运动仿真简化了设计，因为仿真使用 CAD 模型已有的信息，诸如装配配合、耦合和材料质量特性。加上高级功能的方框语言编制运动控制语言，使得更容易控制这些装配件。

这个概念称作虚拟机器原型。同时提供运动控制软件和仿真工具，来创建一个运作中的机电一体化机器的虚拟模型。虚拟原型帮助设计者减少风险，通过定位系统级的问题，找出相互间的依存关系，并评价性能权衡。

1.5.8　评估权衡

仿真使每个人都能在第一个原型系统完成之前从事开发工作。工程师可以使用仿真得来的力和扭矩的数据进行应力和应变分析，来验证机械零件是否具有足够的刚度处理运作中的载荷。也可以通过控制系统逻辑和时间驱动仿真来验证机器的整个操作周期，可以为周期时间性能（这是典型的机器设计最佳性能指示器）计算一个实际的估算值，并将针对电动机和零部件传动的实际限制的仿真的力和扭矩数据进行比较。这个信息可以帮助识别错误，并在 CAD 环境下循环往复驱动设计。仿真也简化了在不同的概念设计中评估工程权衡。

例如，一个 SCARA 机器人比一个四轴笛卡尔桁架机器人系统好吗？无论何时改变设计，仿真都很快，而且可以再运行一次。考虑一个关于丝杠驱动的底部扭矩载荷的分析，利用仿真软件，你可以发现加载在丝杠上的所有零部件的质量，通过在丝杠工作台的中心，创建参考坐标系确定最终的质心，并且计算针对该坐标系的质量特征。根据这些信息，你可以计算由于悬挂载荷产生的重力而形成的丝杠静态扭矩。如果超出了制造商定义的极限，那么机械传动系统的零件将不会维持到它们既定的生命周期。

预估由运动产生的动态扭矩非常重要，因为这往往会大大超过静态的扭矩载荷。实际运动包络帮助我们仿真逆车辆运动学。根据运动包络和质量、摩擦和齿轮比等传动特性，这能提供更加精确的扭矩和速度需求。

有时候，设计者在设计装配件时会考虑顺从问题，但是关于操作力和扭矩等不正确的假设会造成问题。机电一体化系统中，顺从问题包含两种形式：回转顺从和直线顺从。回转顺从受影响于机械传动零部件的柔性，如连接棒和联轴器。每一个回转运动的零件动作起来都像一根具有特定刚度的弹簧。而整个传动系运作起来就像一系列的串联在一起的弹簧。**直线顺从**问题主要由于机械装配的柔性，如在抓取机器中的钳子臂，运动臂的长度、有效负荷的大小以及运动速度都将起到一定的作用。

另一个现象是**反向间隙**，这主要是由于相配合的零件（如齿轮的齿）之间的间隙在改变方向的时候出现的一种现象。顺从和反向间隙问题会使得比例－积分－微分反馈设施难于或根本不可能调谐，使系统在操作过程中会发出嗡嗡声。如果系统通过降低 PID 的增益而不需调谐来避免这个问题，那么系统在整个周期的性能就会受到影响。

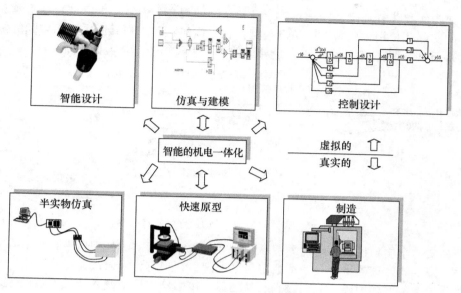

图 1-15 智能制造系统的图片

1.5.9 嵌入式传感器和驱动器

MEMS 技术、无线技术、信息技术和其他使能技术的发展促进新的传感器系统功能，并允许获得更精准的测量。片上智能传感的概念包括板上校正和温度补偿、自测定能力、嵌入式数据分析软件，以及无线通信接口，在适合作用在检测到的数据时就提供一个有用的输出信号。一个智能传感器系统具有为存在的生物和化学代理测定数据，以及处理数据来评估代理的集中性的能力。

结合其他的片上软件，控制算法组成一个模型，该模型可以通过从同一片上的多个传感器监测到的数据来更新升级。此外，通过和相邻的智能传感器进行无线数据融合，智能传感器能产生一个恰当的输出来激发多个动作。若干基于网络的智能传感器共享信息，假如其中一个网络元件坏了，那么它们有内置的系统重构的机制。这种技术的例子就是在精密运动控制的工作夹具中嵌入压电膜，或者是装在刀柄里的涡流探测器来监测刀具磨损。MEMS 直线电动机可在精度为纳米级的水平上控制热变形误差。随着数字化电子带宽的不断提高，以及互联网通信应用的不断深入，制造车间和工艺监控系统的连接已经不再是必需的了。

1.5.10 机电一体化产品的快速原型

快速原型和硬件半实物仿真是如今产品开发过程的主要方法。硬件半实物仿真测试提供给设计者重新确认施加在工程模型上的任何假设都是对的。基于 PC 的系统集成，从各类软件中获利，这些软件常常使用图形化编程来创建虚拟仪器。硬件半实物仿真也是一个在虚拟环境下执行系统测试划算的方法。其展示了与系统模型交互的水平，这种交互是在编码直接拷入最终目标平台时所不能实现的。

将要被测的元件插入闭环系统，大多数系统环境的元器件由数学模型代替。如果任何假设有误，那么设计者在真正构造实际的硬件平台前，还有机会继续优化设计。目前，有两种方法来完成半实物仿真环境，一种是基于虚拟仪器的用户界面，加上标准数据采集和控制界面。工厂的实际环境用来代替车间仿真模型，在车间实物和用户界面之间用实际的传感器和驱动器连接起来。图1-16所示就是一个典型的硬件半实物仿真环境的配置。

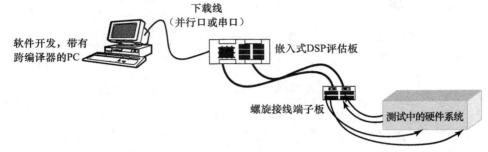

图 1-16 典型的基于 PC 的硬件半实物仿真

另一种实施半实物仿真环境的方法是针对某一嵌入式的实时处理器平台，引入交叉编译控制算法。嵌入式处理器平台是一个数字信号处理器，带有为嵌入式系统产品客户化的 I/O 接口。然后将交叉编译编码下载到嵌入式处理器，传感器连接上嵌入式处理板的输入口，而驱动器则连接到嵌入式处理板的输出口。

机电一体化设计的走动康复步行者　康复步行者设备（如图1-17所示）是一个为了帮助医院里病人学习走路而开发的康复装置。该设备和控制系统都是工业级的质量，并且使用全部的零部件完全可以再生产一个。康复走路者背后的思想是它将通过绑在起重机上的马甲提起病人，释放一定百分比的体重。起重机使用应变计传感器的反馈信息主动控制。当病人在指定的房间大小的悬架下走动，起重机就跟在病人后头。头上的悬架可以在 x 和 y 方向移动（如图1-18所示）。闭环控制的电动机控制根据来自起重机线上多个轴倾斜的传感器反馈作用。如果病人要摔倒了，那么起重机系统将反应，去除病人的所有体重。控制系统的基本元件包括国家仪器的（压缩的可重构的输入输出可编程自动化控制器，Compact Reconfigurable Input Output Programmable Automation Controller，CRIO）。CRIO 系统基于区域可编程门阵列（Field Programmable Gate Array，FPGA）底板和一个实时控制器。

图 1-17 康复装置的机电一体化应用

FPGA 底板接纳各种模块，这些模块可执行各种各样的 I/O 功能。选择这些模块与康复走路者传感器交互，同时也处理电动机驱动器的输出信号。电动机由工业放大器来驱动，而位置则由正交相位编码器反馈来跟踪。

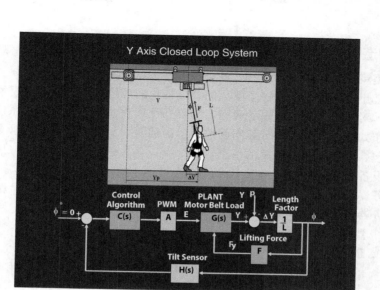

图 1-18　康复设备中 Y 轴监测例子

1.5.11　光机电一体化

　　近年来，光学技术已经快速和机电一体化系统紧密联系在一起，形成了大量的智能产品，光学集成技术提供了增强的特征。如图 1-19 所示，箭头线的上部分是机电一体化技术的发展，而箭头线的下方是光学工程的发展。根据有效的选择阵列，测量关键的尺寸、非接触技术，从视觉到高科技的激光技术不断地提供给测量和材料加工。三维的五轴激光加工通过先进的控制系统和编程，已经变得吸引人了。

图 1-19　光机电一体化的历史

1.5.12 e制造

网络监控是将实时信息传送到网上最快速的方法，从工厂车间的生产线上直接提供实时数据到网上。基于网络的平台是一个集成的、可视化的环境，支持实时信息系统，并允许柔性监测和分析。对于一个普通的设备模型，需要开发远程监控设备接口和系统技术，主要目的是最小化分布式应用的开发和分配问题的斗争的需要，而允许工业工程师集中考虑应用的功能。该平台包含所有与监控有关的信息。

- 机器、设备和安装的数目。
- 数据服务器。
- 应用服务器。
- Web 服务器。
- Web 浏览器。

所有从设备和机器上获取的数据将储存在数据库里，这个数据库可以由其他不同的系统集成。

e制造是一个可以通过使用因特网结合非接触技术（诸如无线网、互联网等）和预测技术，使制造工序能成功地和一个企业的功能目标相集成的方法学系统。e制造包括监控车间设备资产、预测变化和性能丢失、动态再调度生产和维修操作，并同步有关的和后续的动作来完成制造系统和上一级企业应用之间的集成。Rockwell 自动化年报指出一个世界级企业所需的资格声明，就是设计、操作、维修和同步。e制造还应包括智能维修、性能评价系统，以提供可靠性、可信性和最小化故障时间，允许设备在最佳状态下平稳运行。

1.5.13 实用机电一体化系统

在许多领域都能发现机电一体化系统在工业中的实用例子。机电一体化监测系统已经应用于各类产品，如飞机、机床和汽车。设计这些系统用来测定设备参数（如合规性和惯性）、设备状态（如电流和电压），以及生产状态（如力和磨损）。图 1-20 显示了一个最近开发的机电一体化应用，这是一个六自由度的液压扩展器，用于飞机的装卸工作。

图 1-20　实验环境下的飞机装卸用的六自由度液压扩展器

值得注意的机电一体化应用

汽车工业

- 车辆诊断和健康监测。用各种传感器来监测环境和路况、用传感器来监测发动机冷却液的温度和质量、测量发动机的油压、机油液位和质量以及测量轮胎压和刹车力的大小。
- 各种发动机和动力传动部位的压力和温度感知。进气管的压力控制、尾气分析与控制、曲轴定位、燃油泵压力、燃油喷射控制，及传动力和压力控制。
- 安全气囊系统。安装在汽车底盘的微加速度计和惯性传感器测量汽车在 x 和 y 方向的减速情况，来帮助确定安全气囊是否打开。

- 防抱死刹车系统、巡航控制。用于触发防抱死系统的位置传感器、悬挂系统的位移和位置传感器。
- 为了使座位舒适和方便，有座位控制系统用的位移传感器和微驱动器。空气质量、温度和湿度的传感器、挡风玻璃除雾传感器。

医疗工业

- 医用诊断设备、无损探测，如超声波探头。一次性血压传感器、生孩子时的子宫内压监测器。
- 几种诊断探头的压力传感器。控制静脉血流和药物流的系统、导尿管尖端压力传感器。
- 内窥镜和整形外科。血管成形术压力传感器、呼吸机，及肺活量计。
- 其他产品，如肾透析设备、核磁共振照影（MRI）设备。

航空工业

- 起落架系统、驾驶员座舱仪表系统、航空机油、燃料的压力传感器、传动系统、空速计、高度确定和控制系统。
- 燃油效率和安全系统，使用压力传感器的推进控制，化学物质泄漏探测器，热监视和控制系统。
- 惯性导航系统、加速度计、导航和监控用的光纤陀螺仪。
- 通信和雷达系统、高带宽、低阻力的无线电频率开关和使用激光通信的光学仪表。

家电工业

- 消费品，如自动对焦的照相机、摄像机和 CD 播放器。家用电子产品、用户友好的洗衣机，包含有水位控制、洗碗机，以及其他的家用产品。
- 视频游戏娱乐系统、家庭娱乐用的虚拟仪表。
- 家庭支持系统、车库门、加热传感器、通风系统、空调系统和家庭安防系统。

工业系统和产品

- 制造过程监测与控制、CNC 机床、高级的高速加工和质量控制、智能加工、在线质量检查、数字扭矩扳手、变速度钻孔和其他手工工具。
- 快速成型系统、采用集成的 CAD/CAM 软件快速建模和快速原型设备节省制造成本。
- 基于图像识别的自动化生产单元，柔性制造系统以及其他工厂自动化系统。
- 特殊的制造过程，如焊接机器人的使用、从 CAD 数据实现自动编程和控制机器人工作的过程以及核监测和航天应用的机器人学。
- 自动导引小车（automatic guided vehicle，AGV）、航天应用、NASA 项目的自动导航系统以及用于水下监测和控制自动系统。

其他应用

- 遥感通讯。
- 在环境控制应用中利用生物功能的生物机器人。
- 磁悬浮机车。
- 扫描仪、复印机，及其他办公设备。

数字计算、仿真、计算机辅助设计，以及实验验证都是非常重要的技术，当评估一个复杂的机电一体化系统的可行性时，必须考虑这些技术。其他的一些技术还包括人工智能、专家系统、模糊逻辑、神经网络以及纳米技术等，这些技术预计会在加工过程控制体系结构中更高级的地方使用。

例 1-1 **基本的机电一体化设计**

我们用一个简单的机电一体化系统来演示如何将本书中各章的内容用于设计机电一体化系统，该系统由一个永磁直流齿轮电动机和一个霍尔效应传感器组成。其目的是让读者理解在设计机电一体化系统时所遵循的方法和步骤。然而，也必须明白，针对不同的系统，其设计方法也有所不同。图 1-21 显示了某个机电一体化系统的组成元器件，该系统通常用于PM-DC 齿轮电动机的位置控制。表 1-3 给出了这些组成元器件是如何涵盖在书中的各个章节的，以及如何完成这个简单的机电一体化系统的设计任务的。

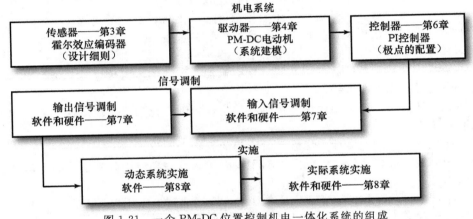

图 1-21 一个 PM-DC 位置控制机电一体化系统的组成

表 1-3 直流电机例子中的元器件在各章节中的分布

直流电机(DC)例子中的机电一体化系统元器件	章号
霍尔效应传感器的理论和设计细节	3
PM DC 齿轮电动机及整体系统的数学建模	4
根据所需的性能特征设计电动机轴精确定位的 PI 控制器	6
霍尔效应传感器的应用	7
在硬件和软件层面上调制 PI 输出数据	7
动态系统和实际系统的实施	8

1.6 本章小结

成功的机电一体化设计将使产品在质量和成本上特别吸引消费者的青睐。相反，以比较传统的顺序设计方式设计的产品并不具有优化设计的特征，也得不到消费者的喜爱。开发一个智能的灵活的机电一体化系统的主要因素是同步使用传感器自动监测系统来处理机械维修和工艺过程控制操作。融入传感器的智能控制系统可用来评估和控制制造工艺，并能提供对基础设计的连接。对机床生产能力不断增长的需求以及其不断增长的技术复杂度，在将来的产品开发过程中迫切需要可行的方法。机电一体化也受到在线实时监测智能设备的影响，包含过程的诊断和控制。

习题

1.1 什么是机电一体化？机电一体化设计和传统的设计方法有何不同？描述使用机电一体化设计方法学的好处？

1.2 在机电一体化系统中，传感器和驱动器的功能是什么？列出不同类型的传感器和驱动器，每种类型最少举两个例子。

1.3 理解下列机电一体化系统的目的，推荐合适的传感器和驱动器来完成指定的任务。

（a）温度控制系统

　　目的：保持某一密闭空间内的温度为指定的温度。

　　（提示：确定如何测量温度、如何提高和降低温度的方法。）

（b）防抱死刹车系统

　　目标：在紧急制动情况下，通过自动调节刹车力来防止车轮被锁死。

　　（提示：确定如何感知车轮被锁死了？也就是如何感知车轮不转了？确定如何施加刹车力和如何释放刹车。）

参考文献

Aberdeen Group., "System design: New product development for mechatronics." Boston, MA, January 2008 and *NASA Tech Briefs*, May 2009. (www.aberdeen.com)

Ali, A., Chen, Z., and Lee, J., "Web-enabled platform for distributed and dynamic decision making systems." *International Journal of Advanced Manufacturing Technology*, August 2007.

Brian Mac Cleery and Nipun Mathur. "Right the first time" *Mechanical Engineering*, June 2008.

Bedini, R., Tani, Giovanni, et. al., "From traditional to virtual design of machine tools, a long way to go- Problem identification and validation." *Presented at the International Mechanical Engineers Conference (IMECE)*, November 2006.

Pavel, R., Cummings, M., and Deshpande, A., "Smart Machining Platform Initiative." *Manufacturing Engineering*, 2008.

Cho Hyungsuck. "Optomechatronics—Fusion of Optical and Mechatronic Engineering". *Taylor and Francis & CRC Press*, 2006.

Fan, H. and Wu, S., "Case Studies on Modeling Manufacturing Processes Using Artificial Neural Networks," *Neural Networks in Manufacturing and Robotics*, ASME, PED-Vol. 57, 1992.

Furness, R., "Supervisory Control of the Drilling Process," *Ph.D. Dissertation, Department of Mechanical Engineering and Applied Mechanics*, University of Michigan, Ann Arbor, MI, 1992.

Gopel, W., Hesse, J., and Zemel, J.N. "*Sensors, A Comprehensive Survey*, (Vol.1) VCH Publishers Inc, 1989.

Jay Lee. "E-manufacturing—fundamental, tools, and transformation." *Robotics and Computer Integrated Manufacturing*, 2003.

Landers, R.G. and Ulsoy, A.G., "A supervisory machining control example." *Recent Advances in Mechatronics*, ICRAM 1995, Turkey, 1995 .

Nise, Norman S., *Control Systems Engineering.* Benjamin/Cummings Publishing Co., Redwood City, California, 1992.

Ryoji Ohba., *Intelligent Sensor Technology.* John Wiley & Sons, 1992.

Philpott, M.L., Mitchell, S.E., Tobolski, J.F., and Green, P.A., "In-process surface form and roughness measurement of machined sculptured surfaces," *Manufacturing Science and Engineering*, Vol. 1, ASME, PED-Vol. 68-1,1994.

Rockwell Automation e-Manufacturing Industry Road Map. http://www.rockwellautomation.com

Stein, J. L. and Huh, Kunsoo, "A design procedure for model based monitoring systems: cutting force estimation as a case study." *Control of Manufacturing Processes*, ASME, DSC, Vol. 28/PED-Vol.52, 1991.

Stein, J. L. and Tseng, Y. T., "Strategies for automating the modeling process." *ASME Symposium For Automated Modeling* , ASME, New York, 1991.

Shetty, D. and Neault, H., "Method and Apparatus for Surface Roughness Measurement Using Laser Diffraction Pattern." United States Patent, Patent Number: 5,189,490, 1993.

NI LabVIEW-SolidWorks Mechatronics Toolkit, http://www.ni.com/mechatronics.

Shetty, D., *Design For Product Success* Society of Manufacturing Engineers, Dearborn, Michigan, 2002.

Sze, S.M., *Semiconductor Sensors*. John Wiley & Sons, Inc., 1994.

Tarbox, G.H. and Gerhardt, L., "Evaluation of a hierarchical architecture for an automated inspection system." *Proceedings of Manufacturing International*, ASME, Vol. V, pp. 121–126, 1990.

Ulsoy, A.G. and Koren, Y., "Control of Machining Processes," *Journal of Dynamic Systems, Measurement, and Control*. Vol. 115, pp. 301–308, 1993.

Van de Vegte, John., *Feedback Control Systems*, Second Edition, Prentice Hall, Englewood Cliffs, New Jersey, 1990.

William Wong. "Muticore matters with mechatronic models," *Electronic Design*, October 23, 2008.

机电一体化系统建模与仿真

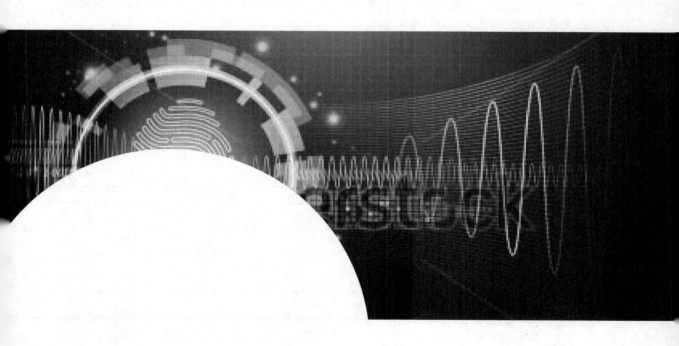

在机电一体化系统设计阶段，元件建模起了非常重要的作用，它们是数学方程式的衍生物，适合用于计算机仿真。除了最简单的系统，对于几乎所有系统，诸如传感器、驱动器和机械几何等元件的性能以及它们对系统性能的影响，只能通过仿真来评估。

任何建模任务需要构建适合计算机仿真和求解的数学模型，术语上称为模拟。本章讲述一种方法：**模拟方法**，它可以用来完成建模任务。该方法由电气工程师开发，用来为机械、热力和流体等建模，以便在模拟计算机上仿真。因为在仿真环境中采用了模拟计算机，所以该方法适合用于使用诸如电阻、电容和电感等标准电气元件所构建的模型。

模拟计算机仿真环境有两个吸引人的特点：精确集成和实时操作，但是它们表达和求解复杂的非线性方程的能力是有限的。例如，一个非线性的表函数不能使用标准的电气元件来处理，而必须将该函数通过截断**幂级数**来近似表示成一个多项式。通过一系列的相乘和相加，该多项式才可以用标准的电气元件来表示。如果表中的某个条目改变了，那么该近似的多项式必须全部重新生成，这是一个费时的过程。如今数字计算机广泛用于仿真，不用标准的电气元件和电路，而是使用框图元素就可以构建数字计算机模型，并把模型表示成**框图**。框图比电路模型更加强大、灵活和直观。

本章将讲述从系统图开发框图模型的两种方法：(1)直接法；(2)改进的模拟方法。

2.1 算子符号和传递函数

为了方便书写线性集总参数微分方程，特别引入 D 算子。只需简单地用合适的算子代替微分或积分运算，任何线性集总微分方程就都可以转换为算子形式。表 2-1 总结了微分和积分的算子，并列出了若干例子。

表 2-1 微积分用的 D 算子

类型	运算	算子	算子形式的例子
连续的	微分	$D = \dfrac{\mathrm{d}()}{\mathrm{d}t}$	$\ddot{x}(t) - 3\dot{x}(t) + x(t) = \dot{r}(t) - 1$ $\Rightarrow D^2 x(t) - 3Dx(t) + x(t) = Dr(t) - 1$
连续的	积分	$\dfrac{1}{D} = \displaystyle\int_{t_0}^{t}()\mathrm{d}\tau$	$\dot{x}(t) + x(t) - \displaystyle\int x(\tau)\mathrm{d}\tau + r(t) = 0$ $\Rightarrow Dx(t) + x(t) - \dfrac{1}{D}x(t) + r(t) = 0$

通常不仅要正确地写出微分方程，还要求解并分析其特性。为了表达一个连续时间域的系统 $f(t)$，常采用拉普拉斯变换，利用一个形式为 e^{st} 的复指数函数的连续和来表达，其中 s 是一个复变量，定义为 $s \equiv \sigma + j\omega$。复频域(或通常称为 s 平面)是一个包含直角 x-y 坐标系的平面，其中 σ 是实数部分，ω 是虚数部分。对一个时间域的微分运算进行拉普拉斯变换，结果就变成了一个频域内的乘法运算，其中 s 就是算子。拉普拉斯 s 算子和先前介绍的 D 算子是一样的，只是当微分方程写成 s 算子或者拉普拉斯格式，将不再属于时域范围，而是在频域(复变量的)范围内了。

许多系统的因果关系可以近似地写成一个线性常微分方程。例如，假设某二阶动态系统，只有一个输入 $r(t)$ 和一个输出 $y(t)$，表示如下：

$$\ddot{y}(t) - 2\dot{y}(t) + 7y(t) = \dot{r}(t) - 6r(t)$$

这类系统称为单输入单输出(SISO)系统。传递函数是用来描写 SISO 系统的另一种方法。传递函数就是输出变量和输入变量的比值，可表示为两个用 D 算子或 s 算子表示的多项式比值。

任何线性常微分方程都可以通过如下三个步骤变换成传递函数形式。为了演示这个过程，将上述二阶常微分方程转换成它的传递函数形式。

第 1 步，用算子符号重写常微分方程。

$$D^2 y(t) - 2Dy(t) + 7y(t) = Dr(t) - 6r(t)$$

第 2 步，将输出变量放于方程左边，输入变量放于方程右边。

$$y(t) \cdot (D^2 - 2D + 7) = r(t) \cdot (D - 6)$$

第 3 步，求解输出信号和输入信号的比值获得传递函数。

$$传递函数 = \frac{y(t)}{r(t)} = \frac{(D - 6)}{(D^2 - 2D + 7)}$$

传递函数中包括两个关于 D 或 s 算子的多项式，一个是分子多项式，另一个是分母多项式。**首一**(monic)多项式是首项系数为 1 的多项式，也就是 D 或 s 的最高次幂的系数为 1。为了最小化传递函数系数的个数，通常将分子、分母多项式写成首一形式，这将增加一个额外的增益系数。例如，若将下面的传递函数改写为首一形式，将分子中的 16 和分母中的 5 提出来，形成新的增益系数 16/5，而括号内的分子、分母都变为首一形式，其最高幂次的系数为 1。

$$\frac{16D - 4}{5D^2 + 3D + 1} \overset{首一形式}{\Rightarrow} \frac{16}{5} \cdot \left(\frac{D - \dfrac{4}{16}}{D^2 + \dfrac{3}{5}D + \dfrac{1}{5}} \right)$$

2.2　框图、操作和仿真

仿真是一个在计算机上求解框图模型的过程。通常，仿真可以求解任何模型，但是由于框图应用广泛，本书中所有的建模任务都用框图来描述。框图一般是较大的**可视化编程环境**的一部分，其他部分还包括**积分数字算法**、实时接口、编码生成，以及高速应用的硬件接口。很多销售商均可提供可视化编程环境，根据供货商不同，提供的编程环境也各不相同。

2.2.1　框图简介

框图模型由两个基本要素组成：信号线和方框(或模块)。信号线的功能是从起点(通常是一个方框)向终点(通常是另一个方框)传递信号或数值。信号的**流动**方向用信号线上的箭头表示，一旦确定了某一信号线上的信号流向，那么经过该信号线的所有信号都沿着既定的方向流动。**模块**是将输入信号与参数进行处理和操作，然后产生输出信号的处理单元。因为模块的功能可能是非线性的，也可能是线性的，所以实际上对特殊功能的方框集合是不加限制的，甚至在提供框图编程语言的供应商之间几乎都不相同。然而，所有的框图语言系统，包含三个最基本的模块，它们是求和连接器、增益和积分器。图 2-1 所示为一个包含这三个基本模块的例子。

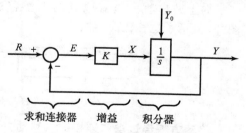

图 2-1　包含三个模块的系统例子

从顶部输入积分器的垂直向下的信号 Y_0 表示积分器的初始状态。如果不考虑这个信号，那么其初始状态为 0。

初始状态也可以表示成在积分器下游的某个求和连接器，如图 2-2 所示。

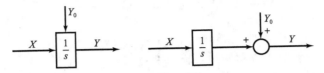

图 2-2　框图中积分器初始状态的表示方法

本书将广泛应用框图来表示各种系统模型。用框图表示的系统可以用来分析和仿真。框图系统的分析一般通过简化来获得信号间的传递特征，这将在下一节讲述。

2.2.2　框图操作

框图很少表示成标准化形式，通常都要化简成更有效的或更易于理解的形式。化简框图是理解该框图的功能和特性非常关键的一步。本节将介绍几个用于化简框图的基本规则。

串联框图的化简（见图 2-3）。

并联框图的化简（见图 2-4）。

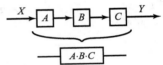

图 2-3　串联操作——串联模块相乘

移动截取点　截取点是指某些信号线的起点，该信号线以某个模块的输出为起点，信号线方向和模块的输出方向相反。当某个信号被截取时，该信号和被截取的信号是一样的。通常，截取点要沿着信号线向上游或向下游移动来创建并行的方框配置，从而可以利用并联框图化简规则进行化简。

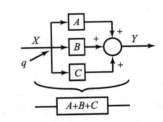

图 2-4　并联操作——并联模块相加

向下游移动　当截取点向下游移过一个方框时，那么该方框的倒数将出现在反馈路径上，图 2-5 显示了这种简化方法。

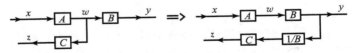

图 2-5　截取点向下游移动

向上游移动　当截取点向上游移过一个方框时，那么该方框将出现在反馈路径上，图 2-6 显示了这种化简方法。

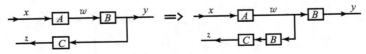

图 2-6　截取点向上游移动

移动方框经过求和连接器　移动方框经过求和连接器基于求和运算的分配律性质，$y=k(A+B)=kA+kB$。必须注意，保持正确的符号约定。通常需要考虑两种类型，一种是向

上游方向移动方框经过求和连接 器（见图 2-7），另一种是向**下游**方向移动方框经过求和连接器（见图 2-8）。

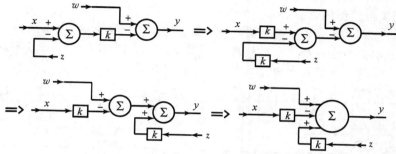

图 2-7　向上游方向移动方框经过求和连接器

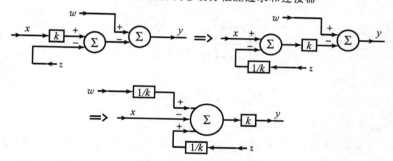

图 2-8　向下游方向移动方框经过求和连接器

基本反馈系统形式　自动控制的一个重要组成部分是反馈。反馈提供了一种机制来衰减因参数变化和干扰造成的影响，以及增强动态跟踪的能力。如图 2-9 所示的**基本反馈系统**（BFS）是表示反馈系统基本的框图。

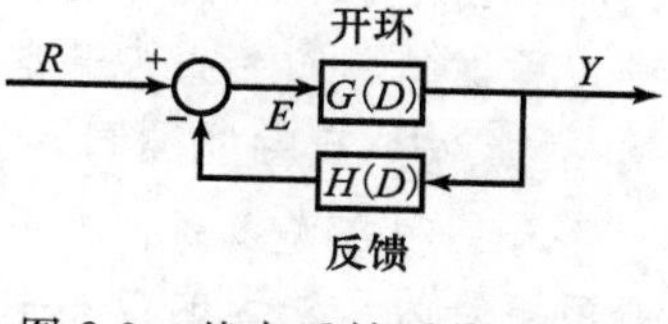

变量 R 是 BFS 的输入，E 是控制变量或称为误差变量，而 Y 是系统的输出。该 BFS 的闭环传递函数用两个方程（其中包含 3 个变量 R、E 和 Y）求解，通过联立方程消去 E，并求解比值 Y/R。具体步骤如下。

第 1 步，　　　　　　$E = R - H(D) \cdot Y$

第 2 步，　　　　　　$Y = G(D) \cdot E$

将第 1 步代入第 2 步，$Y = G(D) \cdot (R - H(D) \cdot Y)$

$$Y + G(D) \cdot H(D) \cdot Y = G(D) \cdot R$$

$$Y \cdot (1 + G(D) \cdot H(D)) = G(D) \cdot R$$

$$\frac{Y}{R} = \frac{G(D)}{1 + G(D) \cdot H(D)}$$

图 2-9　基本反馈系统（BFS）的框图

函数 $G(D) \cdot H(D)$ 表示围绕这反馈系统环的传递函数，称为环路传递函数（loop transfer function，LTF）。若某一系统是 BFS 形式，那么它的闭环传递函数（closed loop transfer function，CLTF 或 T）可以直接改写为：

$$T(D) = \frac{\text{正向开环传递函数}}{1 + \text{环路传递函数}} = \frac{G(D)}{1 + G(D) \cdot H(D)}$$

T 的分母称作**返回偏差**，定义为 1＋环路传递函数。

为了描述使用刚才所讨论的框图化简技术，这里举几个使用所有这些操作的例子。

例 2-1 **简单反馈图的化简**

框图模型常常会包括一系列嵌套的反馈环路，每一个反馈信号线的起点都来自不同的截取点，但是终点都汇集在一个求和连接器上。例如，图 2-10 所示的质量块–弹簧–阻尼系统模型具有两个反馈环，分别表示由阻尼和弹簧产生的反作用力。

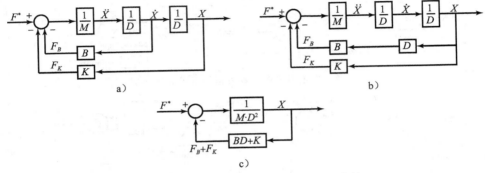

图 2-10 质量块–弹簧–阻尼系统的框图化简

解：（a）初始框图。

（b）通过将截取点 $\dot{X}$ 移动至 X 来化简框图，并作适当的比例调整，在 F_B 路径上乘以 D。

（c）这样，两个反馈环都源于同样的截取点 X，并结束于同一个求和连接器，所以可以将它们看成一个并联组合。同理，整个正向开环也可以化简成一个串联组合。

本例中，化简所付出的代价就是损失了 $\ddot{X}$ 和 $\dot{X}$ 的信号。通常情况下，当化简一个框图时，可以预测到会丢失某些信号。 ◀

例 2-2 **高性能控制**

有一种在许多高性能系统中采用的控制结构，它包含一个前馈回路和一个反馈回路。前馈回路是为了快速响应，而反馈回路是为了在较低频的情况下保持精度。这样的控制结构的框图如图 2-11 所示，该框图可以用来控制一个对象 $G(s)$。

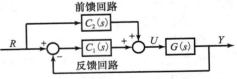

图 2-11 高性能的前馈和反馈控制系统

解：本例的关键是讲述如何使用前述的各种操作来化简系统框图的控制部分。我们这样开始，滑动反馈传递函数 $C_1(s)$ 到右边的第二个求和连接器的下游，并对前馈路径作适当的修改，乘以 $C_1^{-1}(s)$。结果如图 2-12 所示。

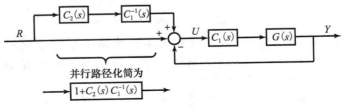

图 2-12 框图化简的第一步

这两个求和连接器现在可以合并成一个超级求和连接器，并在它与输入截取点之间创建了两个并联路径。框图化简的最后结果如图 2-13 所示。

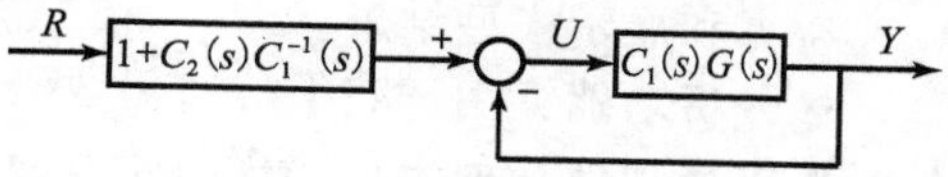

通过选择前馈环路的传递函数，使得 $C_2(s) \approx G^{-1}(s)$，那么输入 R 对输出 Y 的影响接近于 1，这就意味着在**给定点 R 处的变化将立即被输出点 Y 感知**。通常选择反馈回路传递函数来跟踪精度，而且常常是比例类型的(PI 或 PID)形式。

图 2-13　框图简化的最后结果

例 2-3　反馈加并联正向环路框图的化简

本例展示的是串联、并联和截取点移动的操作组合。如图 2-14 所示的框图将化简为两个方框，一个是正向环路，另一个是反馈环路。化简的系统将会是 BFS 形式。

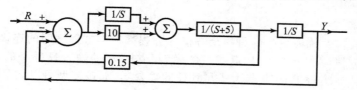

图 2-14　框图化简

解: 将子框图看成是若干可以使用操作规则的组，如图 2-15 所示。

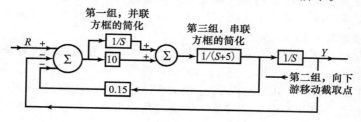

图 2-15　子框图

第一组是一个并联框图操作，第二组是向下游移动一个截取点的操作，而第三组是一个串联了 $1/(S+5)$ 和 $1/S$ 两个方框的框图组合。注意，各组的操作是按一定顺序进行的。在本例中，第二组在第三组之前执行，因为中间那个截取点在第三组的串联操作中消失了。还要注意，将第一处的截取点往右移动的原因是创建两个并联的反馈环路。当执行完上述的三组操作后，框图就化简成如图 2-16 所示的化简图了。

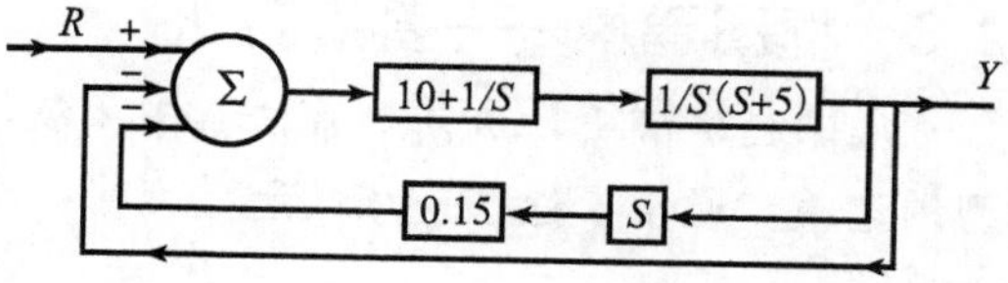

正向环路和反馈环路可以利用并联与串联规则来化简以获得 BFS 形式，如图 2-17 所示。

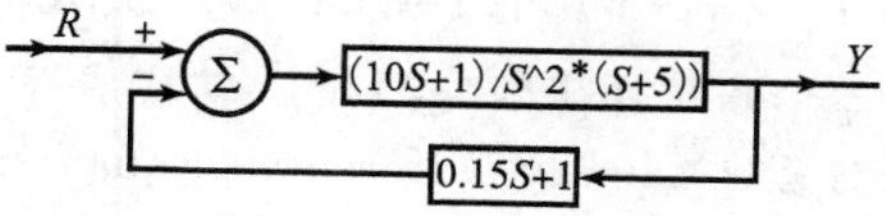

图　2-16

图　2-17

2.2.3　仿真

大多数可视化仿真环境具备三个基本功能。

- **图形编辑功能**：用来创建、编辑、存储和取出模型。也可用于创建模型输入、编排仿真和展示模型结果。
- **分析功能**：用于获得传递函数、计算频率响应，以及估算对干扰的灵敏度。
- **仿真功能**：用于求解框图模型的数字结果。

在可视化仿真环境下的模型都是基于框图的，所以不需要进行基于文本形式的编程。然而，有些环境为了更加灵活，就在框图中增加补充了一些文本语言。由于前面章节已经介绍了框图，所以这里就直接讨论仿真过程。

仿真是一个求解模型方程的数字化过程。

仿真过程包含三个步骤。

第 1 步，初始化。

第 2 步，迭代。

第 3 步，结束。

在初始化阶段，系统模型中的每一个方框的方程都根据方框之间的连接模式来**排序**。例如，一个由三个方框(A、B 和 C)串联组成的模型(方框 A 的输入是外来的，方框 A 的输出就是方框 B 的输入，方框 B 的输出就是方框 C 的输入)，那该模型可以如下排序：方框 A 的方程排第一，然后是方框 B 和方框 C。方框 A 的外来输入放在整个排序表的前面，因为在处理方框 A 时需要这个外来的输入。在迭代阶段，模型中的微分方程使用数字微分和/或积分来求解，同时计算仿真时间。离散方程也在迭代阶段求解。在结束阶段，展示求解的结果以及其他的后置处理计算。仿真输出可以另存为一个文件，可以用数字来显示，也可以用图表、条形图、仪表读数，甚至用动画来表示。

所有的可视化模型环境都包含仿真功能，如下是一些最常用的环境，美国国家仪器公司(NI)的 MATRIXX/System Builds、Mathworks 公司的 MATLAB/Simulink、美国国家仪器公司(NI)的 LabVIEW、Visual Solutions 公司的 VisSim，以及波音公司的 Easy5 等。

本章后续部分将介绍从系统图开发框图模型的两种方法：直接法和改进的模拟法。

2.3 框图建模——直接方法

框图建模的直接方法非常适合用于简单的单学科模型或学科间只有少许耦合的多学科模型的建模。通常，这些应用的起始点是一组线性常微分方程、一个传递函数或者系统本身的示意图。

2.3.1 将传递函数或 ODE 转换成框图

本节将传递函数(或 ODE)转换成框图模型的过程表示成一个包含 6 个步骤的过程。**常微分方程**(Ordinary Differential Equation，ODE)的所有导数都是关于时间的导数。时间是自变量。每一阶导数项都必须定义一个完整的初始条件集。通常假设传递函数是真分数形式，也就是分子多项式的阶数小于或等于分母多项式的阶数。

已知：一个传递函数输入是 r，输出是 y，以及所有所需的初始条件。为了更好地演示这个过程，将该过程应用到下述传递函数 $T(s)$ 上。

$$T(s) = \frac{Y(s)}{R(s)} = \frac{s^2 - 3s + 4}{s^4 + 2s^3 - 5s^2 + 2s - 9};$$

$$y(0) = 1, \quad \dot{y}(0) = -2, \quad \ddot{y}(0) = 6, \quad \dddot{y}(0) = 3$$

这个传递函数可以写成如下最高等级的框图，来显示分子多项式和分母多项式。

$$r(t) \quad \boxed{T(s) = \frac{\text{Num}(s)}{\text{Den}(s)} = \frac{s^2 - 3s + 4}{s^4 + 2s^3 - 5s^2 + 2s - 9}} \quad y(t)$$

解：第 1 步，创建状态变量 $x(t)$，方法是将传递函数的分子部分移动到一个新的方框，直接放在传递函数分母部分的后面。用一个箭头连接分母和分子功能框，并标上信号 $x(t)$，作为状态变量。传递函数所有的增益项都归分子所有，最终框图如下所示。

$$r(t) \quad \boxed{\frac{1}{s^4 + 2s^3 - 5s^2 + 2s - 9}} \quad x(t) \quad \boxed{s^2 - 3s + 4} \quad y(t)$$

按照分母的阶数计算传递函数的阶数 ny。这里，$ny = 4$.

第 2 步，根据第 1 步将状态方程（State Equation，SE）写成关联输入 $r(t)$ 和状态 $x(t)$ 的微分方程。

$$\text{SE:} \quad \frac{x(t)}{r(t)} = \frac{1}{s^4 + 2s^3 - 5s^2 + 2s - 9}$$

或

$$\frac{\mathrm{d}^4 x(t)}{\mathrm{d}t^4} + 2\frac{\mathrm{d}^3 x(t)}{\mathrm{d}t^3} - 5\frac{\mathrm{d}^2 x(t)}{\mathrm{d}t^2} + 2\frac{\mathrm{d}x(t)}{\mathrm{d}t} - 9x(t) = r(t)$$

第 3 步，开始创建框图，顺序排列 ny 个积分器模块，从左到右连接。最左边的积分器模块的输入具有状态方程最高阶的导数，这里是 $\frac{\mathrm{d}^4 x(t)}{\mathrm{d}t^4}$，而最右边的积分器模块的输出是 $x(t)$。对于上述的例子系统，共有四个积分器模块，如下所示。

$$\frac{\mathrm{d}^4 x(t)}{\mathrm{d}t^4} \quad \boxed{\frac{1}{s}} \quad \dddot{x}(t) \quad \boxed{\frac{1}{s}} \quad \ddot{x}(t) \quad \boxed{\frac{1}{s}} \quad \dot{x}(t) \quad \boxed{\frac{1}{s}} \quad x(t)$$

现在将忽略初始状态，在第 6 步的时候再加进去。

第 4 步，根据第 2 步的状态方程，求出状态变量的最高阶导数。这里求解。

$$\frac{\mathrm{d}^4 x(t)}{\mathrm{d}t^4} = -2\frac{\mathrm{d}^3 x(t)}{\mathrm{d}t^3} + 5\frac{\mathrm{d}^2 x(t)}{\mathrm{d}t^2} - 2\frac{\mathrm{d}x(t)}{\mathrm{d}t} + 9x(t) + r(t)$$

使用求和连接器来表示相等条件，可以将上述的状态方程变成如图 2-18 所示的框图，从第 3 步开始使用现有的状态变量及相应的导数（反馈部分），再加入一个新的外部信号 $r(t)$。

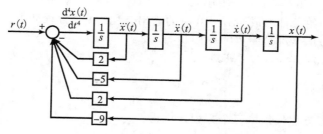

图 2-18　把状态方程转换成框图

由图 2-18 所见，所有的反馈在求和连接器处都是负的，而其他符号信息包含在反馈增益上（也就是 -5 和 -9 中的负号）。

第 5 步，根据第 1 步的后半部分，**将输出方程**（OE）写成一个微分方程，将输出 $y(t)$ 和状态 $x(t)$ 及其导数进行关联。

$$\text{OE：} \quad \frac{y(t)}{x(t)} = s^2 - 3s + 4$$

或者

$$\ddot{x}(t) - 3\dot{x}(t) + 4x(t) = y(t)$$

为了完成这一步，需将第 4 步所得的输出方程的框图与当前的状态变量及其导数，通过合适的增益和新增一个求和连接器组合，从而创建输出信号 $y(t)$，如图 2-19 所示。

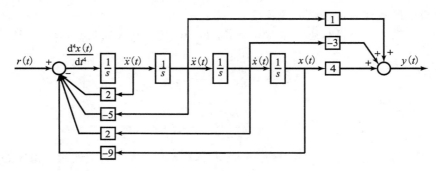

图 2-19　框图中的输出方程

第 6 步，将初始条件加入到第 5 步的框图中。为此必须将初始条件从输出变量 $y(t)$ 转换成状态变量 $x(t)$ 及其相应的导数，也可能是输入项。按正规的定义，**状态**是指一个积分器的输出。在本例中，共有 4 个状态，$[x(t)，\dot{x}(t)，\ddot{x}(t)，\dddot{x}(t)]$。注意，$\frac{\mathrm{d}^4 x(t)}{\mathrm{d}t^4}$ 不是一个状态，但是它可以利用第 4 步所得的状态方程写成包含各个状态和输入项的形式。

$$\frac{\mathrm{d}^4 x(t)}{\mathrm{d}t^4} = -2\frac{\mathrm{d}^3 x(t)}{\mathrm{d}t^3} + 5\frac{\mathrm{d}^2 x(t)}{\mathrm{d}t^2} - 2\frac{\mathrm{d}x(t)}{\mathrm{d}t} + 9x(t) + r(t)$$

转换过程使用输出方程及其导数来实施转换。我们还将使用状态方程来消去所有的 $\frac{\mathrm{d}^4 x(t)}{\mathrm{d}t^4}$ 项，并将它们表示成相应的状态项和可能的输入项。

初始条件是：

$$y(0) = 1，\quad \dot{y}(0) = -2，\quad \ddot{y}(0) = 6，\quad \dddot{y}(0) = 3$$

把这 4 个输出初始条件写成当 $t = 0$ 时的输出方程。4 个方程如下。

1. $\ddot{x}(0) - 3\dot{x}(0) + 4x(0) = y(0) = 1$
2. $\dddot{x}(0) - 3\ddot{x}(0) + 4\dot{x}(0) = \dot{y}(0) = -2$
3. $\frac{\mathrm{d}^4 x(0)}{\mathrm{d}t^4} - 3\dddot{x}(0) + 4\ddot{x}(0) = \ddot{y}(0) = 6$

将 $\frac{\mathrm{d}^4 x(0)}{\mathrm{d}t^4}$ 的状态方程代入第三个方程，可得：

$$[-2\dddot{x}(0) + 5\ddot{x}(0) - 2\dot{x}(0) + 9x(0) + r(0)] - 3\dddot{x}(0) + 4\ddot{x}(0) = \ddot{y}(0) = 6$$

因此有

$$-5\dddot{x}(0) + 9\ddot{x}(0) - 2\dot{x}(0) + 9x(0) + r(0) = \ddot{y}(0) = 6$$

4. $-5\dfrac{\mathrm{d}^4 x(0)}{\mathrm{d}t^4} + 9\dddot{x}(0) - 2\ddot{x}(0) + 9\dot{x}(0) + \dot{r}(0) = \dddot{y}(0) = 3$

再将 $\dfrac{\mathrm{d}^4 x(0)}{\mathrm{d}t^4}$ 的状态方程代入第四个方程，可得：

$$-5[-2\dddot{x}(0) + 5\ddot{x}(0) - 2\dot{x}(0) + 9x(0) + r(0)] + 9\dddot{x}(0) - 2\ddot{x}(0)$$
$$+ 9\dot{x}(0) + \dot{r}(0) = \dddot{y}(0) = 3$$

因此有

$$19\dddot{x}(0) - 27\ddot{x}(0) + 19\dot{x}(0) - 45x(0) + \dot{r}(0) - 5r(0) = \dddot{y}(0) = 3$$

通常，输入及其导数在 $t = 0$ 时都设为 0，所以只需要求解 4 个方程的 4 个未知数 $[x(0), \dot{x}(0), \ddot{x}(0), \dddot{x}(0)]$。如写成矩阵形式，可得：

$$\begin{bmatrix} 0 & 1 & -3 & 4 \\ 1 & -3 & 4 & 0 \\ -5 & 9 & -2 & 9 \\ 19 & -27 & 19 & -45 \end{bmatrix} \cdot \begin{bmatrix} \dddot{x}(0) \\ \ddot{x}(0) \\ \dot{x}(0) \\ x(0) \end{bmatrix} = \begin{bmatrix} y(0) = 1 \\ \dot{y}(0) = -2 \\ \ddot{y}(0) = 6 \\ \dddot{y}(0) = 3 \end{bmatrix}$$

求解状态变量及其导数，可得：

$$\begin{bmatrix} \dddot{x}(0) \\ \ddot{x}(0) \\ \dot{x}(0) \\ x(0) \end{bmatrix} = \begin{bmatrix} 3.4545 \\ 2.6667 \\ 0.6364 \\ 0.0606 \end{bmatrix}$$

将初始条件加入到第 5 步的框图，第 6 步就完成了。最终的框图如图 2-20 所示。

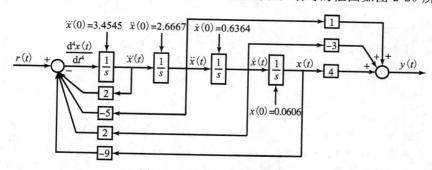

图 2-20　带有初始条件的框图

由于传递函数的阶数，本例多少有点复杂，但是，计算初始条件的过程对任何传递函数来说都是一样的。

例 2-4　将没有输入动态的传递函数变换成框图

本例的传递函数有一个分母多项式，而分子上只有增益项，应用 6 步法将其转换成框图。该传递函数及其初始条件如下。

$$T(s) = \frac{Y(s)}{R(s)} = \frac{3}{5s^2 + 8s + 13} = \frac{\mathrm{Num}(s)}{\mathrm{Den}(s)}; \quad y(0) = 2, \quad \dot{y}(0) = -2$$

解：第1步，对于像这样的问题，可以提出分子分母的首项系数，让分子和分母成为首一多项式。首一多项式中最高阶的系数为1。$T(s)$ 的首一形式可写成：

$$T(s) = \frac{Y(s)}{R(s)} = \frac{3}{5} \frac{1}{s^2 + 8/5s + 13/5} = 0.6 \frac{1}{s^2 + 1.6s + 2.6}$$

接下来，创建状态变量 $x(t)$，将传递函数的分子部分滑向一个新的方框，该方框在传递函数的分母部分的右边。将分母部分和分子部分用一个箭头连接起来，以 $x(t)$ 作为状态变量。最终的框图就是：

这里传递函数的阶数是 $ny = 2$。

第2步，根据第1步所得的图将状态方程（SE）写成微分方程形式，将输入 $r(t)$ 和状态 $x(t)$ 相关联。

$$\text{SE：} \quad \frac{x(t)}{r(t)} = \frac{1}{s^2 + 1.6s + 2.6}$$

或者

$$\frac{\mathrm{d}^2 x(t)}{\mathrm{d}t2} + 1.6\frac{\mathrm{d}x(t)}{\mathrm{d}t} + 2.6x(t) = r(t)$$

第3步，通过顺序放置 ny 个积分器模块，并从左到右连接起来构建框图。最左边的积分器模块的输入是状态方程的最高阶导数，这里是 $\frac{\mathrm{d}^2 x(t)}{\mathrm{d}t^2}$。最右边的积分器模块的输出是 $x(t)$。在上述例子中，系统有两个积分器模块，可以写成。

和以前一样，我们将在最后一步（也就是第6步）加入初始条件。

第4步，根据第2步的状态方程，求解状态变量的最高阶导数，这里，我们求解的是 $\frac{\mathrm{d}^2 x(t)}{\mathrm{d}t^2}$。

$$\frac{\mathrm{d}^2 x(t)}{\mathrm{d}t^2} = -1.6\frac{\mathrm{d}x(t)}{\mathrm{d}t} - 2.6x(t) + r(t)$$

使用求和连接器表示相等条件，将上述状态方程形式转换并施加到第3步的框图上。状态方程的右边总是一个状态变量及其导数，以及输入的函数。状态变量及其导数已经在第3步创建。这一步只需要加入一个新的外部信号 $r(t)$ 作为输入，更新后的框图如图2-21所示。

第5步，根据第1步，输出方程（OE）是输出 $y(t)$ 相对于状态 $x(t)$ 及其导数的微分方程。由于没有动态输入，所以这里的输出方程特别简单，不是一个微分方程，而是一个静态方程。

$$\text{OE：} \quad \frac{y(t)}{x(t)} = 0.6$$

或者

$$0.6x(t) = y(t)$$

将输出方程添加到第 4 步的框图中就完成了第 5 步。由于输出方程仅仅是一个增益，所以实施起来非常直接，如图 2-22 所示。

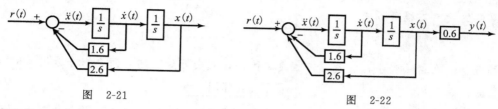

图 2-21　　　　　　　　　　　　　　图 2-22

第 6 步，将初始条件加入到第 5 步的框图中。为此，需要将初始条件从输出变量 $y(t)$ 转换成状态变量 $x(t)$ 及其导数，以及可能的输入。本例有两个状态，$[x(t), \dot{x}(t)]$。注意，$\ddot{x}(t)$ 不是一个状态，但可以通过使用第 4 步的状态方程写成状态和输入项的组合。

$$\frac{\mathrm{d}^2 x(t)}{\mathrm{d}t^2} = -1.6\frac{\mathrm{d}x(t)}{\mathrm{d}t} - 2.6x(t) + r(t)$$

转换过程使用输出方程及其导数来计算状态初始条件。我们也将使用状态方程来消去任何 $\frac{\mathrm{d}^2 x(t)}{\mathrm{d}t^2}$ 项，并将它们表示成状态和输入。

输出的初始条件如下。

$$y(0) = 2, \quad \dot{y}(0) = -2$$

这两个输出初始条件写成使用输出方程及其导数的状态初始条件。这些方程表述如下。

1. $0.6x(0) = y(0) = 2 \rightarrow x(0) = 3.33$
2. $0.6\dot{x}(0) = \dot{y}(0) = -2 \rightarrow \dot{x}(0) = -3.3333$

通过将初始条件加入到第 5 步生成的框图中的积分器中就完成了第 6 步。完整的框图如图 2-23 所示。

本例没有上一个例子那么复杂，因为这里没考虑分子的动态特性。

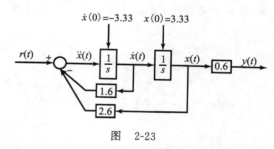

图　2-23

例 2-5　将 ODE 转换成框图

本例应用 6 步法将传递函数转换成框图，然后再转换成微分方程。将一个用由自由体方程定义的质量块-弹簧-阻尼系统进行框图建模。

图 2-24 所示的是质量块-弹簧-阻尼系统，其自由体方程也在其中。在输入信号 $F(t)$ 作用之前，系统处于休止状态，初始条件是 $x(0) = x_0$，$\dot{x}(0) = 0$。

1. 合力方程 $\sum F(t) = M\ddot{x}(t)$
2. 弹簧的弹力 $F_k(t) = K(x(t) - x_0)$
3. 阻尼的阻力 $F_B(t) = B\dot{x}(t)$

解：第 1 步，注意，$\sum F(t) = F(t) - F_k(t) - F_B(t)$，将 $F_k(t)$ 和 $F_B(t)$ 代入方程(1)，即得：

4. $F(t) - B\dot{x}(t) - K(x(t) - x_0) = M\ddot{x}(t)$

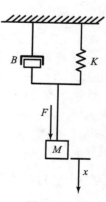

图　2-24

注意：x_0 是弹簧在没有施加力 F 时的初始位移。

第 2 步，在本例中，将质量块的位移 $x(t)$ 作为输出 $y(t)$。通过一些操作，质量块-弹簧-阻尼系统的状态方程可写成

$$\ddot{x}(t) = -\frac{B}{M}\dot{x}(t) - \frac{K}{M}(x(t) - x_0) + \frac{1}{M}F(t)$$

第 3 步，在这一步中，注意，方程是二阶的，我们开始构建由两个积分器组成的框图。

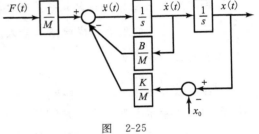

第 4 步，由于已经求解出状态变量的最高阶导数的状态方程，那在本步骤剩下的内容中，可将该状态方程用于第 3 步中的框图中。最终更新后的框图如图 2-25 所示。注意，在进入求和连接器之前，输入已经缩小了 $1/M$，弹簧的输入 Δx 也已经使用求和连接器表示成 $x(t)$ 减去初始位移 x_0。

第 5 步，本例的输出方程（output equation OE）是 $y(t) = x(t)$（见图 2-26）。

第 6 步，在最后一步，将初始条件应用到两个状态的输出方程，$y(t) = x(t)$。计算过程如下。

1. $x(0) = y(0)$，$x(0) = x_0$
2. $\dot{x}(0) = \dot{y}(0)$，$\dot{x}(0) = 0$

将初始条件信息（方程 1 和 2）加入到步骤 5 中的框图，将产生质量块-弹簧-阻尼系统完整的框图，如图 2-27 所示。

图 2-25

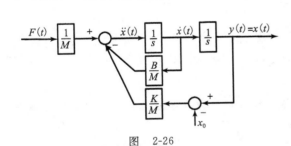

图 2-26

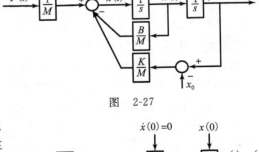

图 2-27

在某些情况下，x_0 的值用来表示弹簧在只受到质量块重力作用时弹簧变形的位移值。在图 2-28 中，重力表示为额外的力输入到求和连接器，位移的初始值为 $x(0)$。在力 $F(t)$ 输入之前，系统是静止的，没有运动（也就是 $\ddot{x}(0) = \dot{x}(0) = 0$）。在这个状态下，求和连接器处的方程和位移的初始条件变成如下所示。

$$\frac{Mg}{M} - \frac{K}{M}x(0) = 0 \quad \rightarrow \quad x(0) = \frac{Mg}{K} \quad \blacktriangleleft$$

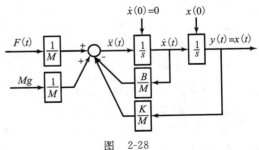

图 2-28

2.3.2　机械图转换成框图

将系统图转换成框图模型的过程通常只能用于单个域系统，如机械平动或机械转动。这种方法利用三个基本机械元件质量块、弹簧和阻尼的受力关系：

已知：系统图的输入 r，输出 y，以及所有的初始条件。就如在传递函数方法中，我们使用一个图例来演示建模的步骤。本例中，我们使用例 2-5 介绍的质量块-弹簧-阻尼系统：把 ODE 转换成框图。该系统如图 2-29 所示，以供参考。

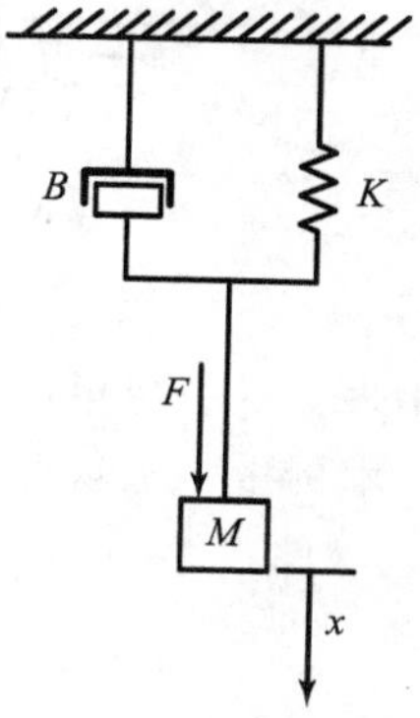

如前所述，输入定义为力 $F(t)$，输出定义为位移 $x(t)$。

解：**第 1 步**，对于图中的每一个质量块，写出方程 $\sum F(t) = M\ddot{x}(t)$，求解特定质量块的加速度。本例中，可以写成：

$$\ddot{x}(t) = \frac{1}{M}\sum F(t)$$

图　2-29

接下来开始创建框图，通过将输入 $\sum F(t)$ 传递过一个 $\frac{1}{M}$ 的增益块来创建 $\ddot{x}(t)$，紧跟着两个串联的积分器来创建质量块的运动变量 $\dot{x}(t)$ 和 $x(t)$。本例中，框图如下。

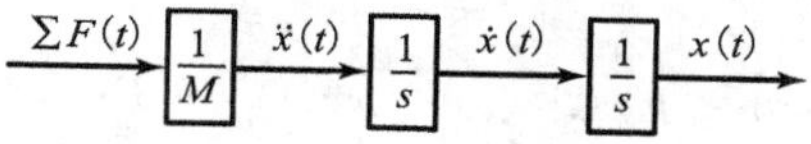

$$\sum F(t) \rightarrow \boxed{\frac{1}{M}} \xrightarrow{\ddot{x}(t)} \boxed{\frac{1}{s}} \xrightarrow{\dot{x}(t)} \boxed{\frac{1}{s}} \xrightarrow{x(t)}$$

第 2 步，对图中的每一个质量块，写出其组成部分的 $\sum F(t)$ 方程、输入(外力)、弹簧力，以及阻力。从力学方程中可知，$F(t)$ 的方向和 $x(t)$ 的方向一致。同样，由弹簧产生的力 $F_k(t)$ 和由阻尼器产生的力 $F_B(t)$ 阻碍了运动(和运动方向相反)。下式表示的是合力的方程式。

$$\sum F(t) = F(t) - F_K(t) - F_B(t)$$

这一步中，我们进一步为每一个质量块定义弹力和阻力的状态。本例中只有一个质量块，状态变量是 $\dot{x}(t)$ 和 $x(t)$。弹力和阻力可定义为

$$F_K(t) = K(x(t) - x_0)$$
$$F_B(t) = B\dot{x}(t)$$

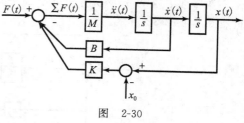

第 3 步，将第 2 步获得的方程应用到第 1 步得到的框图中。你也许会发现，必须重画框图(见图 2-30)以获得最精确的、最可读的形式。所得的框图和前述的例子略微有所不同，前述的是 ODE 直接建模的，但效果是相同的。我们将列出几个例子来描述具有多个质量块的机械系统的建模方法。

图　2-30

例 2-6　具有两个质量块的机械系统

本例描述如何使用前述方法为一个具有两个质量块的机械平移系统建模。该系统如图 2-31 所示。

和前面的一样，输入定义为力 $F(t)$，而输出定义为位移 $x(t)$。

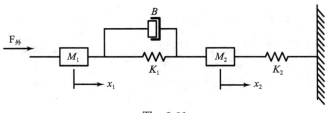

图　2-31

解：第1步，对于图中的每一个质量块，写出方程$\sum F(t)=M\ddot{x}(t)$，并求解特定质量块的加速度。本例中，可以写成：

$$\text{质量块 1：}\quad \ddot{x}_1(t)=\frac{1}{M_1}\sum F_1(t)$$

$$\text{质量块 2：}\quad \ddot{x}_2(t)=\frac{1}{M_2}\sum F_2(t)$$

我们将这两个方程表示成如下框图。

$$\sum F_1(t)\ \boxed{\frac{1}{M_1}}\ \ddot{x}_1(t)\ \boxed{\frac{1}{s}}\ \dot{x}_1(t)\ \boxed{\frac{1}{s}}\ x_1(t)$$

$$\sum F_2(t)\ \boxed{\frac{1}{M_2}}\ \ddot{x}_2(t)\ \boxed{\frac{1}{s}}\ \dot{x}_2(t)\ \boxed{\frac{1}{s}}\ x_2(t)$$

第2步，对图中两个质量块的每一个质量块，写出其组成部分的方程$\sum F(t)$、输入（外力）、弹力，以及阻力。由第1步可以写出下列方程式。

$$\sum F_1(t)=F_1(t)-K_1(x_1(t)-x_2(t))-B(\dot{x}_1(t)-\dot{x}_2(t))$$

$$\sum F_2(t)=K_1(x_1(t)-x_2(t))+B(\dot{x}_1(t)-\dot{x}_2(t))-K_2 x_2(t)$$

注意所使用的符号规则。在第一个方程中，弹力和阻力作用后阻止质量块1的运动，所以是负的。由于质量块由弹簧阻尼器对连接，所以作用在质量块2上的力是等值，而符号却是相反的，因此其是正的。同时注意，在第二个方程中，我们定义弹簧K_2所接的地，接地位移为0。通常，这个可以是任意值。

第3步，将第2步获得的方程应用到第1步得到的框图中。通过一些细微的操作，最终的框图如图2-32所示。

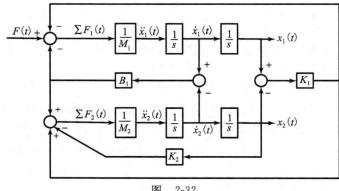

图　2-32

本例和前述的例子一样，使用力作为输入信号。有时候，可能会碰到使用位移或其他运动变量作为输入的模型。下一个例子就展示这样的系统，并且使用直接方法来求解框图模型。

例 2-7 带有位移输入的机械系统

本例描述如何使用例 2-6 中的方法为一个具有两个质量块的机械平移系统建模。该系统如图 2-33 所示。

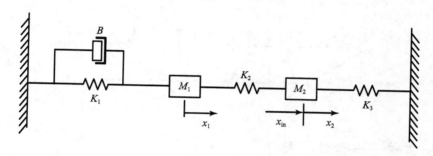

图 2-33

在本图中，输入定义为一个位移 $x_{in}(t)$，而不是一个力。我们将采用直接方法求解本系统的框图。

解：第 1 步，对于图中的每一个质量块，写出方程 $\sum F(t)=M\ddot{x}(t)$，并求解每个质量块的加速度。本例中，两个质量块的方程可以写成：

$$质量块 1：\ddot{x}_1(t)=\frac{1}{M_1}\sum F_1(t)$$

$$质量块 2：\ddot{x}_2(t)=\frac{1}{M_2}\sum F_2(t)$$

和上一个例子一样，将这些方程表示成如下框图。

第 2 步，对图中两个质量块的每一个质量块，写出其组成部分的 $\sum F(t)$ 方程、输入（外力）、弹力，以及阻力。由第 1 步，可以写出下列方程式。

$$\sum F_1(t)=-K_1x_1(t)-B\dot{x}_1(t)-K_2(x_1(t)-x_2(t)-x_{in}(t))$$
$$\sum F_2(t)=K_2(x_1(t)-x_2(t)-x_{in}(t))-K_a(x_2(t)+x_{in}(t))$$

由于输入位移 $x_{in}(t)$ 设为和 $x_2(t)$ 同一方向，因此在第二个方程中使用与 $x_2(t)$ 同样的符号规则。也要注意，两个接地位移都定义为 0。

第 3 步，将第 2 步获得的方程应用到第 1 步得到的框图中。图 2-34 所示的框图和例 2-6 中的非常相似，只是没有输入力信号。

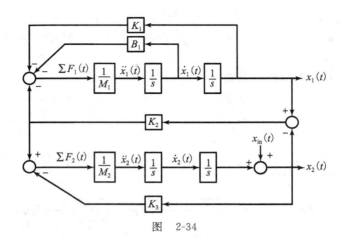

图　2-34

2.4　框图建模——模拟方法

　　所有的工程学科都基于若干基本定律或关系。电气工程依赖于欧姆定律和基尔科夫定律，机械工程基于牛顿定律，电磁学基于法拉第和洛伦兹定律，而流体则基于连续性定律和伯努利定律，等等。这些定律用来预测系统的性能(包括静态的和动态的)。系统可能完全存在于一个工程学科(诸如电路、齿轮系统或供水系统)中，或者在多个学科(如机电一体化系统、电磁系统等)之间耦合。虽然分析结果适合用于单学科静态方程，但实际上往往需要基于计算机的解决方法，特别是当动态特性出现在方程中时。

　　系统建模是推导和表达用来描述一个系统性能的方程式。术语表达用来说明方程已经为计算机方案准备好了一个计算机程序。系统建模需要知道每一个工程学科的基本定律来推导方程。分开来单独应用各种定律是直接的，而有多个工程学科耦合的系统(如机电系统、电热系统或流体机械系统)常常难于组合这些方程。本节提供一种基于模拟电路来推导系统(单个的或耦合的)的基本方程方法，系统包含 5 个工程学科，包括电子、机械、电磁、流体和热。

　　模拟建模方法或通常所说的模拟方法在模拟计算机时代非常流行。虽然该方法原本是为了用在线性系统或线性化的系统中，但也可以用于某些非线性系统。模拟方法在和框图建模联合使用时，甚至会更加强大。通过使用模拟方法，首先推导系统内的基本关系，然后将所得的方程表示成框图形式，允许添加辅助效应和非线性效应。这个两步的方法在利用框图为大型的耦合系统建模时特别有用。

2.4.1　势能变量和流变量

　　系统是由各种元件组成的，如机械系统的弹簧和阻尼器、流体系统的油箱和节流器以及热系统中的绝缘子和热电容。在运动中，系统的能量可以通过系统外的能量源得到**提高**，并在系统内的各元件之间**再分配**，或者通过系统外的能量消耗来**减少**能量。本书中，一个耦合系统成了在系统间传递能量的同义词。

　　由于模拟方法是为了在模拟计算机上使用而开发的，因而适合从基本的电子视角来描述这一方法。电子系统基于三个基本的元件。

- 电阻
- 电容
- 电感

电容和电感可以储存能量。存储在电容中的能量是 $Cv^2/2$，存储在电感中的能量是 $Li^2/2$。电阻不能储存能量，但可以把电能转换成热能。

在一个理想的没有损耗的 LC 电路中，存在一个非零的初始能量，并且所有能量保持在电路中，能量在电感和电容之间来回振荡传递。加入一个电阻，创建一个能量泄漏至周围空气中，从而使得转换成热能造成振荡的幅度衰减，直至最后消失。如果电阻被浸入一种流体中，如水里，那么流体的温度因为有热能传递给它而温度上升。在稳定状态下，电路中的所有电能将转换成流体的热能。再给电路加入一个电压源或电流源，就会给电路提供一个额外的能量源。如果能量源具有一个非零平均值，那么其将持续给流体传递热能。

在 LC 电路中全部能量 E，由势能 U 和动能 K 组成。势能是潜在的用来做功的能量，而动能是用来改变运动或流动的能量。基于这一关系，两种相关的能量定义为。

$$势能变量 = PV$$
$$流变量 = FV$$

对一个给定的系统，势能变量和流变量的选择是不唯一的。例如，在一个 LC 电路中，初始能量可能存在于电容中作为势能，而在电感中作为电流，或者两者兼而有之。如果势能完全储存在电容中，那么电压就自然而然地成为势能变量，而电流就成为流变量。另一方面，如果势能完全储存在电感中，那么电流将用于势能变量，而电压就是流变量了。

由于很自然地将电流看作是流，而电压降作为通过一个电路的累积，所以电路中的流变量是电流，势能变量是电压。

2.4.2　阻抗图

在一个电路中，元器件的阻抗定义为跨越该元器件的电压相量 v 和通过该元器件的电流相量 i 的比值。由于电压和电流都是复数，所以阻抗也是一个复数。一个复数含有一个实数部分和一个虚数部分。虚数部分用 j 来表示，而实数部分就不需要。

一个电路元件的阻抗是一个复数相量值，定义为电压相量除以电流相量的比值。电容、电感和电阻的阻抗相量总结为如图 2-35 所示的粗箭头。当相量按逆时针方向旋转时，从正的实数轴（$0°$ 相位方向）为正相位。当相量指向正的虚轴（垂直向上）时，相角累积到了 $90°$。当相量指向左边时，相角累积到了 $180°$。当相量沿着负的虚轴向下时，相角累积到了 $270°$ 或 $-90°$。

记住，阻抗是电压相量除以电流相量的比值。一个正的虚部表示电压超前电流，而负的虚部表示电压滞后于电流。因为 j 只在电容阻抗的分母出现，所以电容电压滞后于电流 $90°$。同理，因为 j 只在电感阻抗的分子中出现，所以电感的电压超前于电流 $90°$。电阻阻抗的虚数部分为 0，表示电流和电压相互间同相角。

考虑正弦函数，$x(t) = \sin\omega t$。如果以时间 t 对 $x(t)$ 求导，可得：

$$\dot{x}(t) = \frac{\mathrm{d}(\sin(\omega t))}{\mathrm{d}t} = \omega \cdot \cos(\omega t)$$

进一步，由于 $\cos\lambda = \sin(\lambda + 90°)$，$\dot{x}(t)$ 的右侧可以写成 $\omega \cdot \sin(\omega t + 90°)$，或简单地写

成 $j\omega\sin(\omega t)$。这就意味着对频率 ω 的正弦函数求导，就等于将该正弦函数乘以 $j\omega$。

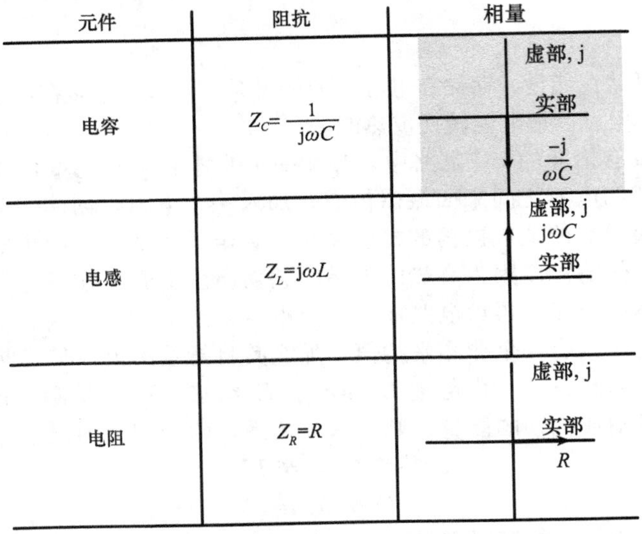

元件	阻抗	相量
电容	$Z_C=\dfrac{1}{j\omega C}$	虚部, j 实部 $\dfrac{-j}{\omega C}$
电感	$Z_L=j\omega L$	虚部, j $j\omega C$ 实部
电阻	$Z_R=R$	虚部, j 实部 R

图 2-35 电容、电感和电阻的阻抗相量

元件的阻抗通常表示为 Z_X，其中 X 表示元件的名称。关于势能变量和流变量，一个元件的阻抗定义成势能变量和流变量的比值，如式(2-1)所示。

$$Z_{元件} \equiv \frac{\Delta PV}{FV} \tag{2-1}$$

例如，考虑图 2-36 所示电路中某元件。
根据式(2-1)，电路元件的阻抗是：

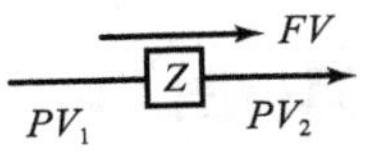

图 2-36 未知电路元件

$$Z = \frac{PV_1 - PV_2}{FV} \equiv \frac{\Delta PV}{FV}$$

例 2-8 并联系统的阻抗计算

本例描述如何计算并联系统的阻抗。如图 2-37 所示，系统有三个阻抗、三个流变量，以及三个势能变量。

解： 利用式(2-1)，计算各类阻抗如下。

$$Z_1 = \frac{PV_1 - PV_3}{FV_2} \equiv \frac{\Delta PV_{13}}{FV_2}$$

$$Z_2 = \frac{PV_1 - PV_2}{FV_3} \equiv \frac{\Delta PV_{12}}{FV_3}$$

$$Z_3 = \frac{PV_2 - PV_3}{FV_3} \equiv \frac{\Delta PV_{23}}{FV_3}$$

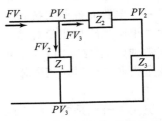

图 2-37 用于计算阻抗的简单电路

PV_3 是电路中一个公共的势能点，通常设置为 0 或某个参考值。设 PV_3 为 0，阻抗公式可以简化为：

$$Z_1 = \frac{PV_1}{FV_2}$$

$$Z_2 = \frac{PV_1 - PV_2}{FV_3} \equiv \frac{\Delta PV_{12}}{FV_3}$$

$$Z_3 = \frac{PV_2}{FV_3}$$

在许多情况下，阻抗图可以通过使用 6 个基本阻抗关系中的任意一个来简化。这些阻抗关系，都基于欧姆定律和基尔科夫定律，如表 2-2 所示。

表 2-2　基本的阻抗关系

阻抗架构	关系（名称）
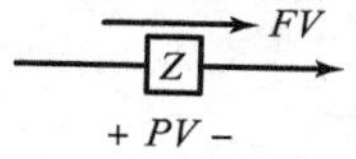	$PV = Z \cdot FV$ 基本的阻抗关系
	$0 = \sum_{k=1}^{n} FV_k$ 流变量 FV 节点
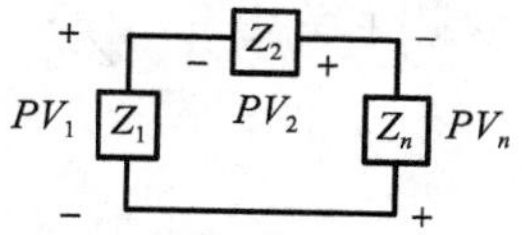	$0 = \sum_{k=1}^{n} PV_k$ 封闭环的势能 PV 变量
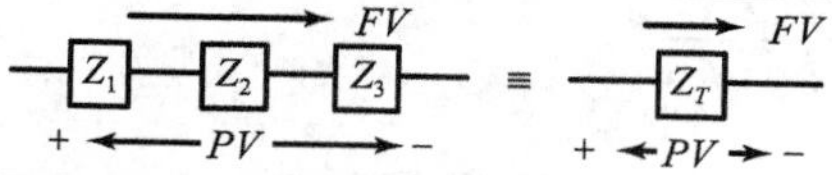	$Z_T = Z_1 + Z_2 + Z_3$ 串联阻抗
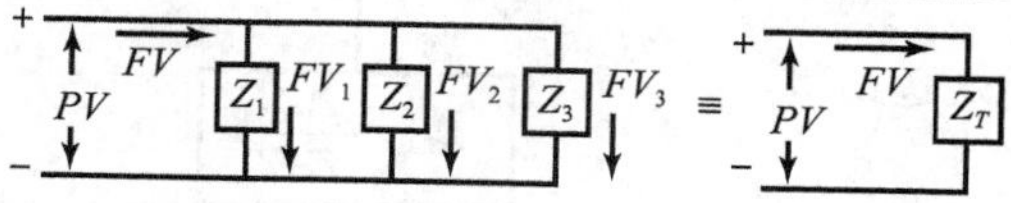	$\frac{1}{Z_T} = \frac{1}{Z_1} + \frac{1}{Z_2} + \frac{1}{Z_3}$ 并联阻抗
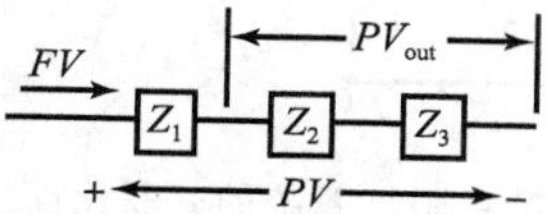	$PV_{out} = \frac{Z_2 + Z_3}{Z_1 + Z_2 + Z_3} \cdot PV$ 势能分配器
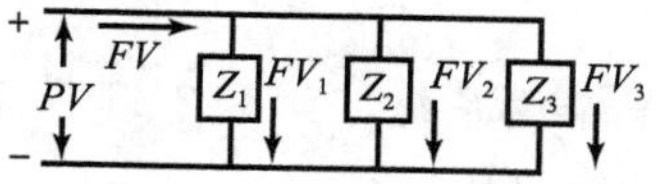	$FV_1 = \frac{Z_2 Z_3}{Z_1 Z_2 + Z_1 Z_3 + Z_2 Z_3} FV$ $FV_2 = \frac{Z_1 Z_3}{Z_1 Z_2 + Z_1 Z_3 + Z_2 Z_3} FV$ $FV_3 = \frac{Z_1 Z_2}{Z_1 Z_2 + Z_1 Z_3 + Z_2 Z_3} FV$ 流分配器

操作中经常要进行并联和串联的阻抗化简。下列性质将被反复使用。

- **串联阻抗相加**：在串联的情况下，总阻抗是各个阻抗值的和。
- **并联阻抗的倒数相加**：在并联的情况下，总阻抗的倒数是各个阻抗倒数的和。

为了展示阻抗关系是如何应用的，这里举几个例子。

例 2-9　阻抗图化简——简单系统

本例描述如何将串联和并联的化简方法用于前述例子，推导整个系统单个阻抗 Z_{Total}。系统如图 2-38 所示，通过两个步骤化简。

第1步，将串联的 Z_2 和 Z_3 的阻抗合并成一个串联阻抗 Z_{23}。

第2步，将并联的 Z_1 和 Z_{23} 的阻抗合并成一个并联阻抗 Z_{Total}。

解：第1步，串联的 Z_2 和 Z_3 的阻抗合并成一个串联阻抗 Z_{23}，根据串联关系，$Z_{23} = Z_2 + Z_3$。阻抗图如图 2-39 所示。

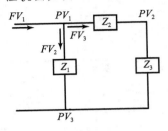
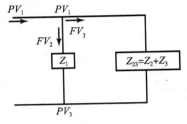

图 2-38　简单阻抗系统　　　　　图 2-39　简单阻抗系统的串联化简

在阻抗图化简过程中，不可避免地会丢失某些信号。这里，PV_2 信号丢失了。

第2步，将并联的 Z_1 和 Z_{23} 的阻抗合并成一个并联阻抗 Z_{Total}。根据并联关系，$\dfrac{1}{Z_{\text{Total}}} = \dfrac{1}{Z_1} + \dfrac{1}{Z_{23}}$。保留这个计算结果是不恰当的，所以进一步化简以求得 Z_{Total}。

$$Z_{\text{Total}} = \left(\frac{1}{Z_1} + \frac{1}{Z_{23}}\right)^{-1} = \frac{Z_1 Z_{23}}{Z_1 + Z_{23}}$$

这个结果非常重要，因为会经常用到它。可总结归纳为：

两个并联阻抗的值等于这两个阻抗值的积除以这两个阻抗值的和。

你将发现，用这个关系代替在表 2-2 中所示的并联关系非常有帮助。这个化简过程最终生成的阻抗图如图 2-40 所示。

必须注意，流经 Z_{Total} 的流变量是 FV_1，而不是 FV_2。同理，在这一步的化简过程中，我们丢掉了流变量 FV_2 和 FV_3。

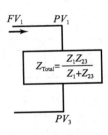

图 2-40　简单阻抗系统的并联化简

◀

例2-10　阻抗图简化——复杂系统

本例描述如何将串联和并联的阻抗简化方法用于一个更加复杂的系统。如图 2-41 所示，系统通常是含有多个质量块的机械系统，目标是化简该图成一个等效的阻抗。

我们将通过 4 个步骤进行化简，具体如下。

第1步，将串联的 Z_5 和 Z_6 的阻抗合并成一个串联阻抗 Z_{56}。

第2步，将串联的 Z_3 和 Z_4 的阻抗合并成一个串联阻抗 Z_{34}。

第3步，将并联的 Z_2、Z_{34} 和 Z_{56} 的阻抗合并成一个并联阻抗 Z_{23456}。

第4步，将串联的 Z_1 和 Z_{23456} 的阻抗合并成一个串联阻抗 Z_{Total}。

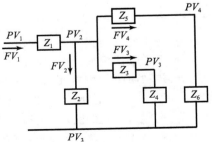

图 2-41　复杂的阻抗系统

解：第 1 步和第 2 步，串联的 Z_5 和 Z_6 的阻抗合并成一个串联阻抗 Z_{56}，根据串联关系，$Z_{56}=Z_5+Z_6$。对串联的 Z_3 和 Z_4 进行类似的操作，将得到 $Z_{34}=Z_3+Z_4$，阻抗图如图 2-42 所示。

在化简过程中，两个势能信号 PV_3 和 PV_4 信号丢失了。

第 3 步，将并联的 Z_2、Z_{34} 和 Z_{56} 的阻抗化简成一个并联阻抗 Z_{23456}。根据并联关系，

$$\frac{1}{Z_{23456}}=\frac{1}{Z_2}+\frac{1}{Z_{34}}+\frac{1}{Z_{56}}$$

$$Z_{23456}=\frac{Z_2 \cdot Z_{34} \cdot Z_{56}}{Z_{34}Z_{56}+Z_2Z_{56}+Z_2Z_{34}}$$

化简的结果造成三个流信号 FV_2、FV_3 和 FV_4 信号丢失了。同时注意，通过整个图的流是 FV_1。

第 4 步，通过将串联的 Z_1 和 Z_{23456} 的阻抗简化成一个串联阻抗 Z_{Total}，就完成了化简过程。化简后的阻抗图如图 2-43 所示。

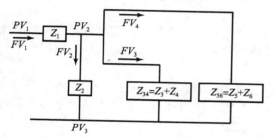

图 2-42 复杂阻抗系统的第 1 步和第 2 步化简

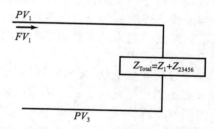

图 2-43 最终化简后的复杂阻抗系统

并非所有的电路元件都有阻抗，例如，一个理想的电压源并没有固定的阻抗。虽然电压值是固定的常数，但电流可以通过所接入的电路来计算，从而增加一个阻抗变量的值。对理想的电流源也是如此。

2.4.3 改进的模拟方法

改进的模拟方法是一个允许你将一个物理系统的图转换成框图模型的过程。该方法基于阻抗的电气概念及本节要讲解的包含 4 个步骤的转换过程。

改进的模拟方法和基本的模拟方法的不同之处在于对非线性的处理方式。在许多文献中描述的基本模拟方法仅限于线性应用。如果存在一个非线性，那么必须在合并入模型前先线性化。线性化仅提供非线性性能的一个近似值。线性化和实际性能之间的差别就形成了一个不想要的建模误差。改进的模拟方法消除了这个局限性，允许实际的非线性合并到模型中。这就产生了一个更加精确的模型、更好的预测性能和更少的建模误差。

给定一个系统图，首先为 PV 和 FV 创建相应的模拟量。一旦创建好模拟量，应用下述包含 4 个步骤的过程可以获得框图模型。

第 1 步，使用表 2-2 列出的操作来创建并化简（如果可能）阻抗图。这种性质的化简包含少量的并联和串联分支，其中这些分支可以很容易化简为单个等效的分支。

第 2 步，圈起阻抗图中所有的节点（FV 和 PV），并标记进入和离开节点的所有信

号。FV 节点是阻抗图中的一个点，该点处有三个或多于三个分支相交。PV 节点是两个或多个阻抗元件串联时存在的点。PV 节点将单个元件的 PV 降和总体 PV 降联系起来。

第 3 步，构建框图，首先从上一步中选择节点（PV 和 FV）作为求和连接点，根据来自阻抗图的信号，标注成输入和输出。一般情况下，通常不必把所有的 PV 和 FV 节点描述出来，因为它们常常相互依赖。选择每一个求和连接点的输出，从而在应用到相应的阻抗块时会产生一个**因果操作**（可能是积分，也可能是一个增益）结果。

例如，某一元件的阻抗是 $Z = D \cdot L = \dfrac{PV}{FV}$，其中（$D \equiv d(\cdot)/dt$）必须将 PV 作为输入，以便有积分因子。同理，一个阻抗是 $Z = \dfrac{1}{D \cdot C} = \dfrac{PV}{FV}$ 的元件必须将 FV 作为输入，以便有积分因子。

必须注意在某些情况下，仅有增益或积分因子是不可能创建框图的。在这种情况下，我们可以尝试对非因子元件直接求导或修改模型以获得积分因子。

第 4 步，通过将每一个元件的阻抗从阻抗图添加到框图，并将它们用求和连接点或其他阻抗的信号连接起来，就完成了框图的创建。其他的中间环节、输入和输出信号在本步中也必须添加到框图中。

这个过程非常复杂，最好通过例子来说明。本章剩余的部分在每一个例子中将应用这个过程来演示创建框图的步骤。随着越来越熟悉这个过程并获得经验，你将会发现直接从系统的示意图转换成框图，变得更容易，而不需要中间的阻抗图。

例 2-11 框图创建—— 并联谐振电路

并联谐振电路展示了一个可控的谐振峰值适合于陷波滤波器。陷波滤波器用于从信号中去除不想要的频率，而留下其他的频率不变。图 2-44 显示了一个并联谐振电路图，用一个电阻串入电感分路。

阻抗变量为 $FV =$ 电流，$PV =$ 电压。

解：第 1 步，创建、化简阻抗图。

电路元件的阻抗归纳如下。

$$\text{电容：} \quad Z_C = \frac{1}{j\omega C} \qquad \text{电感：} \quad Z_L = j\omega L \qquad \text{电阻：} \quad Z_R = R$$

将这些阻抗代入原始电路，生成如图 2-45 所示的阻抗图。使用 D 对时间 t 求导，阻抗图可改写如图 2-46 所示的算子形式。

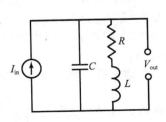

图 2-44 并行谐振电路

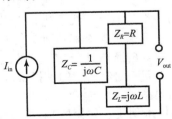

图 2-45 并联谐振电路阻抗图

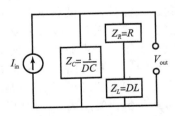

图 2-46 使用 D 算子的并联谐振电路阻抗图

第 2 步，确定阻抗图中所有的独立节点（*FV* 和 *PV*），并标记所有的信号。

一个 *FV* 节点是阻抗图中的一个点，该点是三个或三个以上分支相交的点。*PV* 节点将一系列串联阻抗中各个 *PV* 降和整体 *PV* 降相关联。本图有一个 *PV* 节点和一个 *FV* 节点，如图 2-47 所示。

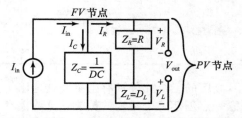

图 2-47　并联谐振电路阻抗图中的节点

第 3 步，将所选节点表示成一个求和连接点，选择求和连接点的输出，以使（在它和相关的阻抗块连接时）有个增益或积分因子。

本例中的两个节点产生两个求和连接点，如图 2-48 所示。在第 3 步中任意选择求和连接点的输出。如果碰到了第 4 步中的因子问题，还需要修改其中一个或两个求和连接点。

第 4 步，增加阻抗块。连接并创建所有的必需的中间和输出信号来完成框图。

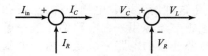

图 2-48　并联谐振电路的部分框图表示

注意，$I_R = I_L$，且 $V_{out} = V_C$，首先通过添加三个阻抗块，框图就建起来了。下一步使用线来连接相应的信号。非常幸运，我们选择的求和连接点输出提供了一个积分因子，所以在第 3 步无需任何修改，最终的框图如图 2-49 所示。

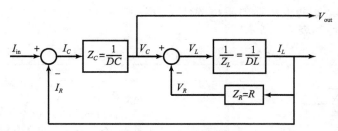

图 2-49　并联谐振电路的完整框图表示

化简框图，可以推导出系统方程。例如，输出电压相对于输入电流的传递函数如式（2-2）所示。

$$V_{out} = \frac{DL + R}{D^2 LC + DRC + 1} I_{in} \text{ 或 } \ddot{V}_{out} LC + \dot{V}_{out} RL + V_{out} = \dot{I}_{in} L + I_{in} R \qquad (2\text{-}2) \blacktriangleleft$$

2.5　电气系统

电路依靠两个变量（电压和电流）来传递能量。由于电流流过一个电路，因此它很自然地关联到流变量，同样电压则关联到势能变量。按照这样的约定，我们讨论 6 个基本的理想电子元件的阻抗：电阻、电容、电感、电压源、电流源和变压器。这些元件的阻抗将为其他学科中的元件提供基本的模拟量。在这 6 个基本电子元件中，只有电阻、电容和电感具有阻抗，这些阻抗并不是它们所在电路的功能。电阻、电容和电感的阻抗特性如表 2-3 所示。

表 2-3 电阻、电容和电感的阻抗

模拟量		元件		
PV＝电压，v	FV＝电流，i	电阻: $+V-$　R　I　$\Rightarrow Z_R=R$	电容: $+V-$　C　I　$\Rightarrow Z_C=\dfrac{1}{CD}$	电感: $+V-$　L　I　$\Rightarrow Z_L=LD$

　　余下的三个元件具有阻抗，这些阻抗是它们所在电路的函数。理想电压源用来在电路的任意一点创建一个指定的势能，这势能存在于电压源的两个端点。通过电压源的电流由电压源连接的电路来决定。由于电流是个未知量，所以在不知道电路的其他部分时是不可能为电压源写出阻抗关系的。有时电压源的电压值会是电路中另一变量的函数(如某个电流或电压)。在这种情况下，电压源称为受控的，因为它的值依赖于电路中的另一个信号。

　　理想电流源用来在电路的任意一点创建一个指定的电流。存在于电流源两个端点的电压由电流源连接的电路来决定。由于电压是个未知量，所以在不知道电路的其他部分时是不可能为电流源写出阻抗关系的。与电压源类似，有时电流源的电压值会是电路中另一变量的函数(如某个电流或电压)。在这种情况下，电流源称为受控的，因为它的值依赖于电路中的另一个信号。

　　变压器是一对电磁设备，由绕在一个封闭的导体心两边的两个线圈组成。一个绕组称为一次绕组(绕组 1)，另一个绕组称为二次绕组(绕组 2)。在一次绕组和二次绕组中的线圈匝数分别是 N_1 和 N_2。理想变压器的阻抗特性是由与其连接的电路决定的。电压源、电流源和变压器的阻抗特性如表 2-4 所示。

表 2-4 电压源、电流源和变压器的阻抗

元件	阻抗关系
I　V_1　$+V-$　V_2　电压源	定义式: $V=V_1-V_2$ $I=f_1$(串联电路) 阻抗: $Z_{VS}=f_2$(串联电路)
V_1　$+I-$　V_2　电流源	定义式: I＝额定电流 V_1，$V_2=f_1$(串联电路) 阻抗: $Z_{CS}=f_2$(串联电路)
I_1　I_2　$+V_1$ N_1　N_2 V_2+　一次侧　二次侧　变压器	定义式: $\dfrac{V_2}{V_1}=\dfrac{N_2}{N_1}$，$\dfrac{I_1}{I_2}=\dfrac{N_2}{N_1}$ 阻抗: $Z_T=f$(串联电路)

　　为了演示模拟方法如何应用到电路中来创建框图，这里举两个例子：一个是桥接电路，另一个是变压器电路。根据要测的物理量，电桥可以全部由电阻或电容来构建。变压器是一个非常重要的电路元件，因为(后面会看到)它可以模拟机械转动系统中的齿轮啮合及机械平动系统中的杠杆臂。变压器应用广泛，包括阻抗匹配、电压提升和电压降低。电力传输系统依赖于提升变压器和降压变压器，以便有效地长距离传递电能。

例 2-12　桥接电路系统

　　热敏电阻是一个半导体设备，其电阻将随温度而变化。用电压来显示的温度可以通过将热敏电阻作为一个电阻安装在桥接电路中来实现。典型的配置如图 2-50 所示。

　　当在电路上施加一个常量电压 V 时，热源变化导致热敏电阻的电阻值变化，这样就有可能创造 A 点和 B 点之间的电压差，这个电压差和温度成正比。

　　本例的目标是应用模拟方法来求解电桥电路的框图模型。

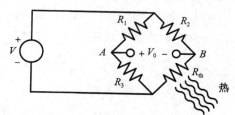

图 2-50　测量温度的桥接电路

　　解：第 1 步，创建、化简阻抗图。

　　该过程的第 1 步就是创建阻抗图。这一步非常直接，所有的流路径、势能和分支保持接触，唯一不同的就是将各元件用相应的阻抗来代替。生成的阻抗图如图 2-51 所示。

　　第 2 步，确定阻抗图中所有的独立节点（FV 和 PV），并标记所有的信号。

　　阻抗图有两个 PV 节点和一个 FV 节点，节点方程如下。

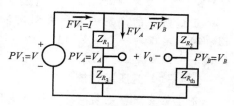

图 2-51　温度测量电路的阻抗图

$$FV \text{ 节点公式：} \quad FV_1 = FV_A + FV_B$$

$$PV \text{ 节点 1 公式：} \quad PV_1 = PV_{R_1} + PV_{R_3}（\text{注意 } PV_A = PV_{R_3}）$$

$$PV \text{ 节点 2 公式：} \quad PV_1 = PV_{R_2} + PV_{R_{th}}（\text{注意 } PV_B = PV_{R_{th}}）$$

　　第 3 步，将所选节点表示成一个求和连接点，选择求和连接点的输出，以使其（在它和相关的阻抗块连接时）有个增益或积分因子。

　　初始的框图由两个求和连接点来为两个 PV 节点建模，如图 2-52 所示。

　　接下来，将框图稍作改变，包含如下定义：$PV_A \equiv PV_{R_3}$，$PV_B \equiv PV_{R_{th}}$ 和 $V_0 = PV_0 \equiv PV_A - PV_B$。加了这些定义以后，框图如图 2-53 所示。

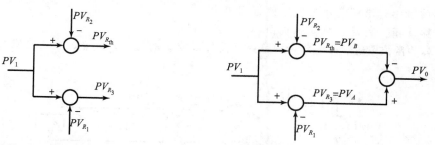

图 2-52　温度测量电路框图的求和连接点　　图 2-53　稍加修改的温度测量电路框图的求和连接点

　　第 4 步，增加阻抗块。连接并创建所有必需的中间和输出信号来完成框图。

　　FV 节点方程没有直接用求和连接点，而是由于 Z_{R_1} 和 Z_{R_3} 同时具有相同的流 FV_A，因此 Z_{R_2} 和 $Z_{R_{th}}$ 同时具有相同的流 FV_B，有如下两个约束关系。

$$FV_A = \frac{PV_{R_1}}{Z_{R_1}} = \frac{PV_A}{Z_{R_3}} \Rightarrow PV_{R_1} = \frac{Z_{R_1}}{Z_{R_3}} \cdot PV_A$$

$$FV_B = \frac{PV_{R_2}}{Z_{R_2}} = \frac{PV_B}{Z_{R_{th}}} \Rightarrow PV_{R_2} = \frac{Z_{R_2}}{Z_{R_{th}}} \cdot PV_B$$

最终的框图如图 2-54 所示，通过向框图中加入这两个关系式定义 PV_{R_1} 和 PV_{R_2} 信号。修正后的框图将适当的电阻值代入，并注明 $V = PV_1$，$V_A = PV_A$，及 $V_B = PV_B$，从而可以获得系统方程。

$$V_A = \frac{R_3}{R_1 + R_3} V$$

$$V_B = \frac{R_{th}}{R_2 + R_{th}} V$$

A、B 间的电压差：$V_{AB} = V_0 = \left(\frac{R_3}{R_1 + R_3} - \frac{R_{th}}{R_2 + R_{th}} \right) V$

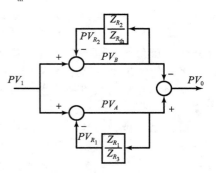

图 2-54　温度测量电路的框图

正如所写的，系统方程表示出输出电压是热敏电阻和输入电压的一个函数，$V_0 = V_0(R_{th}, V)$。输入电压为常数，而输出电压就只是热敏电阻的一个函数了。

例 2-13　变压器系统

基本的变压器电路有一个输入 V 和一个输出 I_2，如图 2-55 所示。

将电压 V_1 加载到变压器的一次绕组，该线圈由串联的电阻 R_1 和电感 L_1 组成。变压器的二次绕组由一个负载阻抗 Z_{load} 组成。

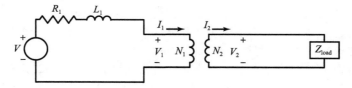

图 2-55　基本的变压器电路

本例的目标是求解变压器电路的框图模型。

解：第 1 步，创建、化简阻抗图。

变压器的阻抗图通过将电路中的每一个元件用相应的阻抗来代替，生成的阻抗图如图 2-56 所示。

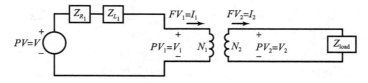

图 2-56　基本变压器阻抗图

第 2 步，确定阻抗图中所有的独立节点（FV 和 PV），并标记所有的信号。

阻抗图有两个 PV 节点，这两个节点表示一次绕组和二次绕组的环路势能降，节点方程归纳如下。

一次绕组环路方程：　$PV - PV_{R_1} - PV_{L_1} - PV_1 = 0$

二次绕组环路方程：　$PV_2 - Z_{\text{load}} \cdot FV_2 = 0$

除了环路方程，辅助变压器方程如下。

$$PV_1 = \frac{N_1}{N_2}PV_2 , \quad FV_1 = \frac{N_2}{N_1}FV_2$$

第 3 步，将所选节点表示成一个求和连接点，选择求和连接点的输出，以使其（在它和相关的阻抗块连接时）有个增益或积分因子。

初始的框图由一次绕组环路 PV 方程得到，如图 2-57 所示。

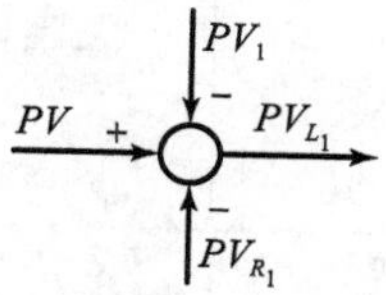

信号 PV_1 可通过变压器方程计算得出，$PV_1 = \frac{N_1}{N_2}PV_2$。一次流通过 Z_{L_1} 的因果阻抗关系计算，Z_{L_1} 产生 FV_1。使用变压器方程，一次流转变成二次流 $FV_2 = \frac{N_1}{N_2}FV_1$。

图 2-57　基于一次绕组环路方程的框图

第 4 步，增加阻抗块。连接并创建所有必需的中间和输出信号来完成框图。

将这些定义加入后，框图就完成了，如图 2-58 所示。

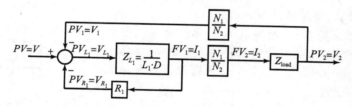

图 2-58　基本变压器框图

这里假设负载阻抗在公式中具有电流因子。如果不这样，例如公式中含有电压因子，那么就需要修改框图。

根据所期望的输出，许多系统关系可以从框图中计算出来。例如，式（2-3）关联了输入电压和二次电流，可以用如下式子计算。

$$\frac{I_2}{V} = \frac{(N_1/N_2)Z_{\text{load}}}{L_1 D + R_1 + (N_1/N_2)^2 Z_{\text{load}}} \tag{2-3}$$

2.6　机械平移系统

机械系统有平移和转动两种类型。虽然两种系统的基本原理都来自于牛顿定律，但是它们还是有诸多不同，必须分开考虑。

机械平动系统分析是基于牛顿定律的，可表述成：

施加到某一物体上所有力的矢量和等于该物体的质量乘以矢量加速度的积。

牛顿定律的公式如式 2-4 所示。

$$F = Ma \tag{2-4}$$

其中，$F=$ 总的力大小（N）；$M=$ 质量（kg）；$a=$ 总的加速度（m/s²）。

机械系统常常碰到的两个元素是线性阻尼和线性弹簧。线性阻尼产生一个力，该力正比于速度。线性弹簧产生一个力，该力正比于位移。

根据系统，速度或位移会用作 PV。不管选择什么为 PV，力都用作 FV。表 2-5 为两个模拟量总结了三种机械平动系统元件的阻抗。

表 2-5 机械系统阻抗模拟量

模拟量		元件		
$PV=$速度(v)	$FV=$力(F)	黏性阻尼器 $+\ V\ -$ B $\Rightarrow Z_B=\dfrac{1}{B}$	质量 $+\ V\ -$ M $\Rightarrow Z_M=\dfrac{1}{MD}$	弹簧 $+\ V\ -$ K $\Rightarrow Z_K=\dfrac{D}{K}$
$PV=$位移(x)	$FV=$力(F)	黏性阻尼器 $+\ K\ -$ B $\Rightarrow Z_B=\dfrac{1}{DB}$	质量 $+\ X\ -$ M $\Rightarrow Z_M=\dfrac{1}{MD^2}$	弹簧 $+\ x\ -$ K $\Rightarrow Z_K=\dfrac{1}{K}$

本章随后的部分将用几个例子讲述如何将模拟方法应用于机械平动系统来求解框图模型。

例 2-14 质量块-阻尼器系统

本例中为基本的质量块-阻尼器系统进行建模。逻辑变量 PV 和 FV 的选择将造成因果问题，这个问题也会讨论。

图 2-59 所示为一个质量块-阻尼器系统图。因为系统的输入 $\dot{x}$ 和输出 $\dot{y}$ 都是速度，没有引入弹簧，所以理所当然选择速度为势能变量，力为流变量。

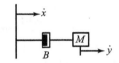

图 2-59 质量块-阻尼器系统图

解：第 1 步，创建、化简阻抗图。

质量块-阻尼系统的阻抗图通过将电路中的每一个元件用相应的阻抗来代替，阻抗定义为：

$$Z_B = \frac{1}{B}$$

$$Z_M = \frac{1}{MD}$$

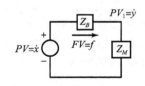

图 2-60 质量块-阻尼器系统阻抗图

阻抗图如图 2-60 所示。

第 2 步，确定阻抗图中所有的独立节点（FV 和 PV），并标记所有的信号。

阻抗图有一个 PV 节点，节点方程表示如下。

$$PV - PV_{ZB} - PV_{ZM} = 0$$

还需要三个辅助方程。

$$PV_{ZB} = Z_B \cdot FV$$
$$PV_{ZM} = Z_M \cdot FV$$
$$PV_{ZM} = PV_1$$

第 3 步，将所选节点表示成一个求和连接点，并选择求和连接点的输出，以使其（在它和相关的阻抗块连接时）有个增益或积分因子。

元件 Z_M 的积分因子需要将 FV 作为其输入。我们的策略是给 PV 节点建模，以使 PV_{ZB} 作为输出。阻抗没有因子的问题，因为势能变量是速度，阻尼器可以用来创建 FV 以用作

Z_M 块的输入。

第 4 步，增加阻抗块。连接并创建所有必需的中间信号和输出信号来完成框图。

完善后的框图如图 2-61 所示。

输出速度 $\dot{y}$ 可以通过化简框图，并代入两个阻抗求得。

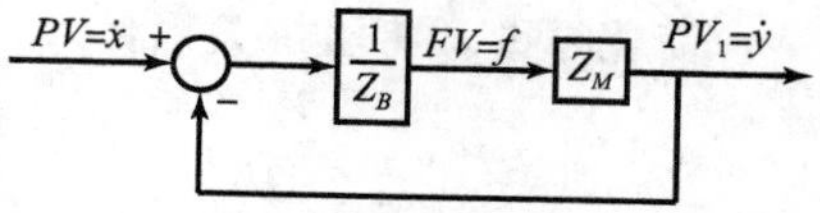

$$\dot{y} = \frac{Z_M}{Z_M + Z_B}\dot{x} = \frac{B}{MD + B}\dot{x}$$

图 2-61 质量块-阻尼器框图

通过系统的力 FV 也可以通过框图来计算。

$$f = \frac{\dot{x} - \dot{y}}{Z_B} = (\dot{x} - \dot{y})B$$

也可以使用位移，而不是速度作为势能变量来求解本题。输入和输出变量为 x 和 y。因为位移是速度的积分，以及积分可用算子表示为 $\frac{1}{D}$，所以在位移-电压模拟系统的阻抗等于速度-电压系统阻抗乘以 $\frac{1}{D}$，这些阻抗变成

$$Z_B = \frac{1}{BD}, \quad Z_M = \frac{1}{MD^2}$$

因为系统是线性的，所以有关 $\dot{x}$ 和 $\dot{y}$ 的传递函数如下。

$$\dot{y} = \frac{B}{MD + B}\dot{x}$$

我们可以通过两边求积分来计算从 x 到 y 的传递函数，这等同于 D 算子的除法。结果传递函数变成。

$$y = \frac{B}{MD + B}x$$

这没什么惊奇的，假设碰到的任务是为一个以位移为势能变量的系统建模，那因子就成为一个问题了。对于积分因子，两个元件 Z_B 和 Z_M 都需要有一个 FV 输入。细看本系统的 PV 节点方程，可以看出这是不可能的，然而，并没有全部丢失。我们认识到真正的问题在于仅有的与因子无关，并能在这种情况下将 PV 转换成 FV 的唯一因果独立元件就是弹簧了，而弹簧没有出现在图中。

我们利用一个近似的系统来解决这个问题，该系统包含一个额外的弹簧，将该弹簧的刚度设为一个非常大的值。近似系统将有一个积分因子，而且近似于实际响应，随着弹簧刚度的提高，越来越近似。设定了这个界限，那么原来的传递函数就有解了。

近似系统的框图如图 2-62 所示。所加的弹簧就放在 PV 节点求和连接处的右边，从而产生所需的 FV 输出。

由于我们关心的是计算从 x 到 y 的系统传递函数，所以在执行任何简化工作前重新绘制框图是有益的，如图 2-63 所示。

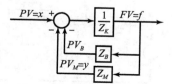

图 2-62 近似系统的框图

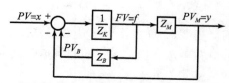

图 2-63 重画的近似系统的框图

由于位移是 PV，阻抗是：

$$Z_K = \frac{1}{K}, \quad Z_B = \frac{1}{BD}, \quad Z_M = \frac{1}{MD^2}$$

简化框图，将阻抗关系代入，得到如下传递函数。

$$y = \frac{\dfrac{KBD}{MD^2}}{1 + BD + K}x = \frac{KB}{MBD^2 + KMD + KB}x = \frac{B}{\dfrac{MB}{K}D^2 + MD + B}x$$

因为弹簧的刚度设为非常大，所以传递函数接近预想的传递函数。

$$y = \frac{B}{MD + B}x$$

像这一类性质的问题在实际系统中经常遇到，请认真对待，可以获得积分因子。

例 2-15 **汽车悬挂系统**

汽车的悬挂系统可以建模成一个基于轮子的两个质量块系统：汽车质量块和轮子质量块。轮胎作为一个弹簧，连接轮胎和汽车的部分是一个弹簧冲击吸收装置（阻尼）。路面的不平提供了系统的位移输入，而输出则是车轴的位移和汽车的位移。

汽车悬挂系统的示意图如图 2-64 所示。

机械示意图如图 2-65 所示。由于输入和输出信号都是位移，所以将位移选作为势能变量，而将力选作为流变量。

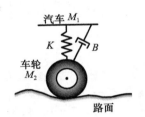

图 2-64　汽车悬挂系统图

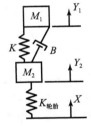

图 2-65　悬挂机械系统图

解：第 1 步，创建、化简阻抗图。

在阻抗图中将用到的阻抗罗列如下：

$$Z_{K_{轮胎}} = \frac{1}{K_{轮胎}}$$

$$Z_{M_1} = \frac{1}{M_1 D^2} \quad Z_{M_2} = \frac{1}{M_2 D^2}$$

$$Z_B = \frac{1}{BD} \quad Z_K = \frac{1}{K}$$

$$\frac{1}{Z_{KB}} = BD + K$$

阻抗图如图 2-66 所示，力也已经标注了。很清楚知道多大的力施加给两个质量块。当需要计算损耗时，阻抗图的特征就特别有用。

第 2 步，确定阻抗图中所有的独立节点（FV 和

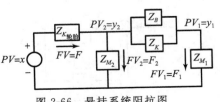

图 2-66　悬挂系统阻抗图

PV），并标记所有的信号。

　　阻抗图可通过将并联的弹簧-阻尼器组合成一个等效阻抗来简化，该阻抗为 Z_{KB}。通过这个简化，阻抗图在 y_2 处有一个 FV 节点，而在 $Z_{K_{轮胎}}$ 和 Z_{KB} 上有两个 PV 节点，这些节点方程总结如下。

$$在\ y_2\ 处节点\ FV：\quad FV - FV_1 - FV_2 = 0$$
$$在\ Z_{K_{轮胎}}\ 处\ PV\ 节点：\quad PV - PV_2 = PV_{K_{轮胎}}$$
$$在\ Z_{KB}\ 处\ PV\ 节点：\quad PV_2 - PV_1 = PV_{KB}$$

　　第 3 步，将所选节点表示成一个求和连接点，并选择求和连接点的输出，以使其（在它和相关的阻抗块连接时）有个增益或积分因子。

　　这些表示节点方程的求和连接点如图 2-67 所示。

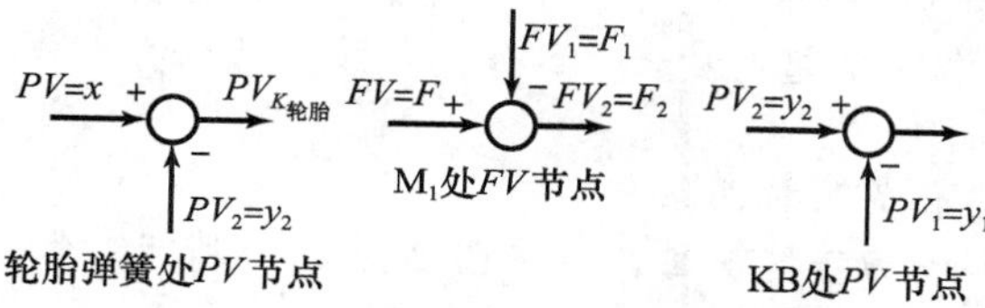

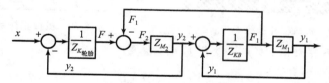

图 2-67　悬挂系统框图的求和连接点

　　第 4 步，增加阻抗块。连接并创建所有必需的中间和输出信号来完成框图。

　　因为积分因子，Z_{M_1} 和 Z_{M_2} 的输入必须是 FV 信号。由于只有一个 FV 节点方程，我们必须使用 Z_{KB} 来产生一个额外的 FV 信号以符合 Z_{M_2} 的需要。为了简明起见，使用普通的 PV 和 FV 符号。完善后的框图如图 2-68 所示。

图 2-68　悬挂系统的框图

　　系统方程可以通过操作框图来推导，几个传递函数的计算如表 2-6 所示。

表 2-6　通过框图操作的传递函数

从 Y_2 求 Y_1	$Y_1 = \dfrac{BD+K}{M_1D^2+BD+K}Y_2$
从 X 求 Y_2	$Y_2 = \dfrac{K_{轮胎}(M_1D^2+BD+K)}{M_1M_2D^4+(M_1+M_2)BD^3+[(M_1+M_2)K+M_1K_{轮胎}]D^2+(BD+K)K_{轮胎}}X$
轮子质量力，F_1	$F_1 = \dfrac{Y_1}{Z_{M_1}}$
汽车质量力，F_2	$F_2 = \dfrac{Y_2}{Z_{M_2}}$
通过将两个传递函数相乘，y_1 可以直接从 x 求得	$\dfrac{Y_1}{X} = \dfrac{Y_1}{Y_2}\dfrac{Y_2}{X}$ $= \left(\dfrac{K_{轮胎}(BD+K)}{M_1M_2D^4+(M_1+M_2)BD^3+[(M_1+M_2)K+M_1K_{轮胎}]D^2+(BD+K)K_{轮胎}}\right)$

系统方程表示成微分方程如下所示。

$$\ddot{Y}_2 M_1 M_2 + \ddot{Y}_2 (M_1 + M_2)B + \ddot{Y}_2[(M_1 + M_2)K + M_1 K_{轮胎}] + \ddot{Y}_2 B K_{轮胎}$$
$$+ Y_2 K K_{轮胎} = \ddot{X} M_1 K_{轮胎} + \ddot{X} B K_{轮胎} + X K K_{轮胎}$$

和

$$\ddot{Y}_1 M_1 M_2 + \ddot{Y}_1 (M_1 + M_2)B + \ddot{Y}_1[(M_1 + M_2)K + M_1 K_{轮胎}] + \ddot{Y}_1 B K_{轮胎}$$
$$+ Y_1 K K_{轮胎} = \ddot{X} B K_{轮胎} + X K K_{轮胎}$$

例 2-16 机械杠杆系统

最后一个例子是将变压器模拟方法应用到一个使用杠杆臂的机械系统。杠杆系统如图 2-69 所示。

输入力 f 施加到杠杆臂的一端，产生一个垂直偏移 x。箭头方向表示所有信号的正方向。选择合适的杠杆支承点，保证其起到放大力的作用，放大后的力就作为施加到接地的弹簧-阻尼的载荷。

解：第 1 步，创建、化简阻抗图。

在阻抗图中使用位移作为势能变量，阻抗图如图 2-70 所示。

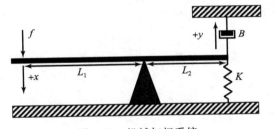

图 2-69　机械杠杆系统

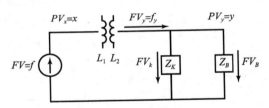

图 2-70　机械杠杆系统阻抗图

变压器通过如下关系将 PV 从一次侧变为二次侧。

$$PV_2 = \frac{N_2}{N_1} PV_1$$

其中 N_1 和 N_2 分别是杠杆比 L_1 和 L_2 的模拟量。

由于位移是势能变量，弹簧-阻尼器的阻抗表示如下。

$$Z_K = \frac{1}{K}, \quad Z_B = \frac{1}{BD}$$

第 2 步，确定阻抗图中所有的独立节点（FV 和 PV），并标记所有的信号。

阻抗图有一个 FV 节点，其方程是：

$$FV_y - FV_K - FV_B = 0$$

杠杆比的辅助方程。

$$FV_y = \frac{L_1}{L_2} FV$$

第 3 步，将所选节点表示成一个求和连接点，并选择求和连接点的输出，以使其（在它和相关的阻抗块连接时）有个增益或积分因子。

由于积分因子，Z_B 块必须有输入 FV。由于 Z_K 块没有因子，所以 FV 节点方程的求和连接点应该以 FV_B 作为输出。

第 4 步，增加阻抗块。连接并创建所有必需的中间和输出信号来完成框图。

按照杠杆比将阻尼和弹簧的阻抗添加到第 3 步创建的求和连接点，产生最终的框图如图 2-71 所示。

更进一步，操作框图计算一些内部的系统特征。例如，施加给载荷的力 f_y 可以使用变压器关系计算。

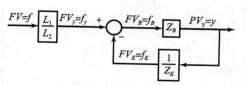

$$fL_1 = f_y L_2 \Rightarrow f_y = \frac{L_1}{L_2} f$$

载荷处的垂直位移 y，通过闭环传递函数计算如下。

图 2-71　机械杠杆系统框图的求和连接点

$$y = \frac{\dfrac{L_1}{L_2}}{BD + K} f$$

在源头处的垂直位移，通过从载荷处的位移，以及如下变压器关系计算。

$$xL_2 = yL_1 \Rightarrow x = \frac{L_1}{L_2} y = \frac{\dfrac{L_1^2}{L_2^2}}{BD + K} f$$

关于输入力对载荷和位移关系的整个系统方程表示如下。

$$f_y = \frac{L_1}{L_2} f , \quad \dot{y}B + yK = \frac{L_1}{L_2} f$$

◄

在更为复杂的应用中，使用如上所述的线性的弹簧和阻尼模型可能无法提供足够的精度来描述整体系统性能。在这些情况下，我们将探求这些元件的非线性模型。

2.7　机械转动系统

机械转动系统分析也是基于牛顿定律，但是这里的定律略作改变，因为这里是转动，而不是平动。牛顿定律如下。

施加到物体上所有力矩的矢量和等于该物体的矢量角加速度和它的转动惯量的积。

转动系统符合式(2-5)。

$$T = J\ddot{\theta} \tag{2-5}$$

在 SI 单位制中，各单位定义如下。

T = 全部扭矩(N·m)

J = 物体关于其质心的转动惯量(kg·m²)

$\ddot{\theta}$ = 角加速度$\left(\dfrac{\text{rad}}{\text{s}^2}\right)$

在机械转动系统中常见的两个元素是线性扭力阻尼和线性扭力弹簧。阻尼产生一个和所施加的角速度成正比的扭矩，而弹簧产生一个和所施加的角度成正比的扭矩。

类似于机械平动系统，对转动系统也有一个模拟模型，该模型采用角度代替位移，角速度代替速度，以及扭矩代替力。同时质量由转动惯量代替，平动的弹簧常量变成了扭矩弹簧常量了，以及平动阻尼变成了转动阻尼。阻抗模拟量在形式上和平动系统有所区分。流变量定义为扭矩，并将势能变量定义为角速度或角度。

关于转动系统的模拟量和阻抗归纳如表 2-7 所示。

表 2-7　关于转动系统的模拟量和阻抗

模拟量		元件		
PV=速度($\dot{\theta}$)	FV=扭矩(T)	阻尼 $\Rightarrow Z_B = \dfrac{1}{B}$	转动惯量 $\Rightarrow Z_M = \dfrac{1}{JD}$	弹簧 $\Rightarrow Z_K = \dfrac{D}{K}$
PV=位移(θ)	FV=扭矩(T)	阻尼 $\Rightarrow Z_B = \dfrac{1}{DB}$	转动惯量 $\Rightarrow Z_M = \dfrac{1}{JD^2}$	弹簧 $\Rightarrow Z_K = \dfrac{1}{K}$

机械转动系统的 SI 单位如表 2-8 所示。

表 2-8　转动系统单位

系统	T	$\ddot{\theta}$	K	B	J
SI 单位	nt·meter	$\dfrac{\text{rad}}{\text{sec}^2}$	$\dfrac{\text{kg}\cdot\text{meter}^2}{\text{sec}^2}$	$\dfrac{\text{kg}\cdot\text{meter}^2}{\text{sec}}$	kg·meter²

本章节剩下的部分展示一个例子，其为关于一个复杂的转动系统的建模应用，演示如何将齿轮传动比和转动惯量、弹簧和重力等在机械转动系统中建模。步骤与机械平动系统类似。

例 2-17　电梯系统

绳驱动的电梯提升系统由一个驱动滑轮（驱动绞缆滑轮）连接一个由电动机驱动的变速箱。驱动绞缆滑轮由一根线缆（通常是 6 股或以上，以防止打滑）包裹住，一端系着配重，另一端系着电梯轿厢。

图 2-72 显示了该电梯提升系统。假设线缆用作弹簧，没有阻尼。为了建模方便，滑轮两边线缆的重量分半。一半合并为滑轮的一部分重量，而另一半合并为轿厢和配重。

驱动滑轮的半径为 r，变速箱的齿轮传动比为 $1:N$（电动机转 N 圈，驱动滑轮转 1 圈）。

由于提升系统包含弹簧，所以逻辑上就选择位移为势能变量。

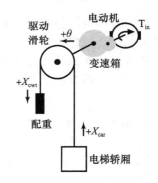

图 2-72　齿轮驱动的电梯提升系统图

解：第 1 步，创建、简化阻抗图。

创建如图 2-73 所示的阻抗图。

因为重力而产生的力包含在配重和轿厢上，方向与轿厢定义的方向以及配重的方向一致。变量 x 表示驱动滑轮的线性位移，与 θ 的关系是

$$\frac{2\pi r}{2\pi}\theta = x \ \text{或} \ x = r\theta$$

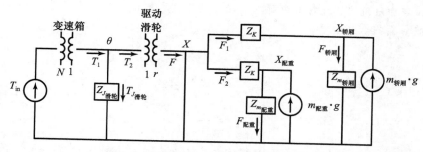

图 2-73　齿轮驱动的电梯提升系统阻抗图

图 2-73 中的阻抗如下。

$$Z_{J滑轮} = \frac{1}{J_{滑轮}D^2}; \quad Z_K = \frac{1}{K}; \quad Z_{m配重} = \frac{1}{m_{配重}D^2}; \quad Z_{m轿厢} = \frac{1}{m_{轿厢}D^2}$$

第 2 步， 确定阻抗图中所有的独立节点（FV 和 PV），并标记所有的信号。
阻抗图有六个节点。其中四个是 FV 节点，两个是 PV 节点，其方程是：

$$\theta 处 FV 节点： \quad T_{J滑轮} = T_1 - T_2$$

$$x 处 FV 节点： \quad F = F_1 + F_2$$

$$x_{轿厢} 处 FV 节点： \quad F_1 = F_{轿厢} + m_{轿厢} \cdot g$$

$$X_{配重} 处 FV 节点： \quad F_2 = F_{配重} - m_{配重} \cdot g$$

$$轿厢穿过 Z_K 的 PV 节点： \quad x - x_{轿厢} = F_1 \cdot Z_K$$

$$配重处穿过 Z_K 的 PV 节点： \quad x - x_{配重} = F_2 \cdot Z_K$$

几个有关齿轮传动比的辅助方程也是必需的，罗列如下。

$$齿轮传动比： \quad T_1 = NT_{in}$$

$$驱动滑轮比： \quad F = \frac{T_2}{r}$$

　第 3 步， 将所选节点表示成一个求和连接点，并选择求和连接点的输出，以使其（在它和相关的阻抗块连接时）有个增益或积分因子。
　构建框图起于将 FV 和 PV 方程变成求和连接点。还包括辅助方程。初始的框图如图 2-74 所示。

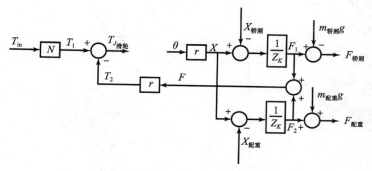

图 2-74　齿轮驱动的电梯提升系统求和连接框图

第4步，增加阻抗块。连接并创建所有必需的中间和输出信号来完成框图。将三个质量阻抗代入。

$$Z_{J_{滑轮}} = \frac{1}{J_{滑轮}D^2}$$

$$Z_{m_{配重}} = \frac{1}{m_{配重}D^2}$$

$$Z_{m_{轿厢}} = \frac{1}{m_{轿厢}D^2}$$

代替弹簧阻抗，$Z_K = \dfrac{1}{K}$ 允许我们完善框图。最终的框图如图 2-75 所示。

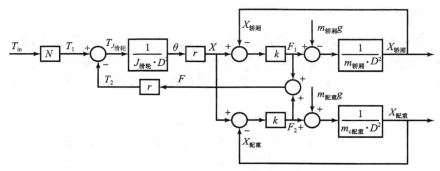

图 2-75　齿轮驱动的电梯系统框图

在例 2-17 中，并没有考虑轿厢和配重对电动机的反作用扭矩。这个影响非常重要，因为建模时负载的影响或对电动机的反作用扭矩。这个影响可以很容易加入，只要列出两个基本机电关系：洛伦兹定律和法拉第定律。这个关系将在下一节讲述。

在某些机械转动应用中，转动惯量值可能未知，因此必须计算。表 2-9 列出了几个常见几何形状的转动惯量计算。

表 2-9　几个常见几何形状的转动惯量

水平的环 $J = mr^2$	垂直的环 $J = \frac{1}{2}mr^2$
水平的实体柱 $J = \frac{1}{2}mr^2$	垂直的实体柱 $J = \frac{1}{4}mr^2 + \frac{1}{12}ml^2$

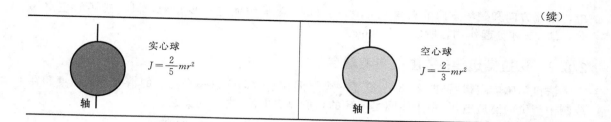

（续）

实心球
$J = \dfrac{2}{5}mr^2$

轴

空心球
$J = \dfrac{2}{3}mr^2$

轴

2.8　机电耦合

电动机、发电机，以及许多传感器耦合了电系统和机械系统。机电耦合基于两个基本定律：描述从电子到机械耦合的洛伦兹定律，以及描述从机械到电子耦合的法拉第定律。

2.8.1　洛伦兹定律——由电向机耦合

洛伦兹定律，如图 2-76 所示，用来描述在一个磁场中流过一根导线的电流，和由此导线产生的力的关系。

$$F = ilB（洛伦兹定律）$$

其中，F＝力（牛顿）i＝电流（安培＝库仑/秒）；l＝导线长度（米）；B＝磁场（特斯拉＝牛顿/（安培·米））。

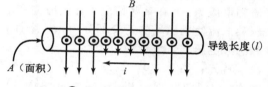

◉　流出纸张面

图 2-76　洛伦兹力定律

由导线产生的力是从纸面向外的，符合右手法则：食指指向电流的方向，中指指向磁场的方向，拇指的方向就是力的方向。磁场的方向和流过电线的电流方向成直角关系。在某些情况下，也有不是 90°角的，这时力的计算就要使用磁场的正交部分，$F＝ilB\sin\varphi$。

洛伦兹定律关联了在一个磁场中流过一根导线的电流和由此导线产生的机械平移力。一个更加有用的定律形式，如图 2-77 所示，关联了线圈中的电流和由线圈产生的机械力矩。

由电流环产生的力矩是许多设备的工作原理，包括电动机和大多数电子仪表。

$$T = NiAB\sin\varphi（洛伦兹原理）$$

其中，T＝扭矩（牛顿·米）；N＝线圈的匝数；i＝电流（安培）；A＝线圈面积（平方米）；B＝磁场（特斯拉＝牛顿/（安培·米））；φ＝电流和磁场 B 的角度。

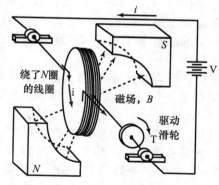

图 2-77　线圈的电流-扭矩关系

一个外部电压源 V 用来产生流过线圈的电流。由线圈产生的力矩 T（可以通过驱动滑轮获取）是顺时针方向，符合右手规则：食指指向电流的方向，中指指向磁场的方向，拇指的方向就是力的方向。磁力线跟随旋转的线圈扫过的半径是整个周期的一部分，在这个部分中，电流方向和磁场方向的夹角是 φ，等于 $90°$。随着线圈进一步转动，只有磁场的正交部分，$B\sin\varphi$ 才会起作用，所以要有 $\sin\varphi$。

2.8.2 法拉第定律——由机向电耦合

法拉第感应定律（见图 2-78）关联了一个线圈在它运动通过一个磁场的情况下的速度和在线圈中产生的感应电压（由于线圈是闭环的，所以有电流）之间的关系。

$$V = Bl\dot{x}（法拉第定律）$$

$$i = \frac{V}{R}（欧姆定律）$$

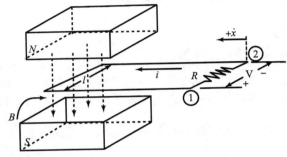

图 2-78 法拉第感应定律

其中，$V=$ 感应电压（伏特）；$B=$ 磁场（特斯拉=牛顿/（安培·米））；$l=$ 导线长度（米）；$\dot{x}=$ 导线圈的水平速度（米/秒）；$i=$ 电流（安培=库仑/秒）；$R=$ 线圈的电阻（欧姆，Ω）。

根据法拉第定律，当存在运动时，闭环的线圈中感应生成电流和电压，否则感应电流和电压为 0。在某些情况下磁场方向和电流方向存在一个不是 $90°$ 的角度 φ，产生的感应电压和电流使用磁场的正交部分 $B\sin\varphi$ 来计算。运动的两个方向 $\pm\dot{x}$ 用来确定感应电流的方向和感应电压的正负极性。

首先，当 $\dot{x}>0$，线圈自右向左进入磁场 B。假设线圈的运动是由外部力 f_{in} 施加到图 2-78 中的点 2 处，沿着 $+\dot{x}$ 的正方向，由法拉第定律可知，线圈中感应生成一个电流。根据洛仑兹定律，这个感应电流有一个方向，致使由它产生的净反作用力（根据洛仑兹定律的性质）$f_{reaction}$ 和所施加的外力（在线圈两边产生的反作用力一般大小相等，方向相反，从而产生的净作用力为 0）方向相反。洛伦兹定律要求 $f_{reaction}$ 沿着 $+\dot{x}$ 的方向向右，由于磁场 B 的方向是向下的，所以感应电流必须逆时针方向流动（如图所示），满足右手规则。结果跨越电阻的感应电压变成 $V=Bl\dot{x}$（根据法拉第定律），从点 1 到点 2 沿着电流方向，产生一个电压降。

其次，当 $\dot{x}<0$，线圈自左向右进入磁场 B。和前述一样，假设线圈的运动是由外部力 f_{in} 施加到图 2-78 中的点 2 处，沿着 $+\dot{x}$ 的正方向。洛仑兹定律要求因感应电流产生的反作用力 $f_{reaction}$ 沿着 $+\dot{x}$ 的方向（向左）。因为磁场 B 的方向是向下的，所以感应电流必须顺时针方向流动，满足右手规则。结果跨越电阻的感应电压变成 $V=Bl\dot{x}$（根据法拉第定律），从点 2 到点 1 沿着电流方向，产生一个电压降。

法拉第定律关联了通过某磁场的一个封闭线圈的运动和导线中的电流。如果一个负载阻抗加入到闭环内（如一个电阻），那么也会产生一个电压。一个更有用的定律形式关联了一个线圈的回转运动和线圈中的电流。这是交流发电机的基本工作原理，如图 2-79 所示。

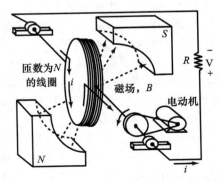

图 2-79 电子交流发电机的基本工作原理

$$V = NAB\dot{\theta}\sin\dot{\theta}t(法拉第定律)$$

$$i = \frac{V}{R}(欧姆定律)$$

其中，V=感应电压(伏特)；N=线圈匝数；A=线圈的面积(平方米)；B=磁场(特斯拉=牛顿/(安培·米))；$\dot{\theta}$=线圈的角速度(弧度/秒)；i=电流(安培=库仑/秒)；R=线圈的电阻(欧姆)。

图 2-79 中的电动机提供一个逆时针的输入扭矩 T_{in} 使线圈按逆时针方向旋转。产生反作用扭矩 $T_{reaction}$(由线圈中的感应电流产生的)按顺时针方向，需要感应电流沿着逆时针方向(从线圈的左边看去)流动。如果线圈绕组连接了一个负载电阻，感应电压将等于跨越电阻的电压降，方向为图示极性。随着线圈的旋转，磁场和电流之间的角度会变化，当不是 90°时，磁场的正交贡献变成了所示的 $B\sin\dot{\theta}t$，结果就是一个正弦变化的交流电流和电压。

2.8.3 机电耦合线性关系

通常，电动机和发电机具有足够多的极数，足够宽磁铁，从而正弦部分平滑地过渡到那些可以被忽略的点。在这种情况下，洛伦兹定律和法拉第定律可以近似线性化。其线性关系总结为式(2-6)和式(2-7)。

洛伦兹定律由电向机械线性关系

$$T = K_t i，\quad 其中 \quad K_t \equiv NAB \frac{牛顿·米}{安培} \tag{2-6}$$

在式(2-6)中，通常情况下，磁场单位是特拉斯，特斯拉=牛顿/(安培米)。面积的单位是平方米。

法拉第定律由机械向电线性关系

$$V = K_{bemf}\dot{\theta}，\quad 其中 \quad K_{bemf} \equiv NAB \frac{电压}{角度/秒} \tag{2-7}$$

(注：bemf 是指反电动势)

在式(2-7)中，通常情况下，磁场单位是 $\frac{伏特·秒}{米^2}$，和式(2-6)中的不同。然而因为 伏特 $\equiv \frac{焦耳}{库仑} = \frac{牛顿·米}{库仑}$ 和电流 $= \frac{库仑}{秒}$，很容易看出，这两个磁场单位是一致的。

例 2-18 DC 电动机

DC 电动机是一个将电能转换成机械能的驱动器。它能产生高扭矩和精确的速度。电动机由加载到电枢线圈上的直流电压来控制，该电压造成一个电枢电流。根据洛伦兹定律，电枢电流在转子上产生一个电磁力矩。为了防止转子速度在常量扭矩输入的情况下走向无限，设置一个电子阻尼，根据法拉第定律，产生一个反电动势。反电动势的效应将减少电枢线圈的电压降，这样也就降低了电流及扭矩。

DC 电动机的电路图(包括其转动惯量 J_m)如图 2-80 所示。根据前述用于所有模拟量建模方法相同的四个步骤创建了框图。

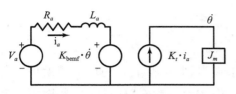
图 2-80 DC 电动机模型电路图

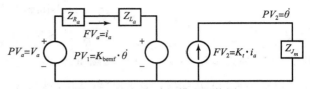
图 2-81 DC 电动机模型阻抗图

解：第 1 步，创建、化简阻抗图。

直接创建 DC 电动机的阻抗图，如图 2-81 所示。

第 2 步，确定阻抗图中所有的独立节点（FV 和 PV），并标记所有的信号。

阻抗图有两个 PV 节点，其方程是：

$$PV \text{ 节点方程：} \quad PV_a - PV_{R_a} - PV_{L_a} - PV_1 = 0$$

$$PV \text{ 节点方程：} \quad PV_2 = FV_2 \cdot Z_{J_m}$$

电动机和发电机的辅助方程也是必需的，如下。

$$PV_1 = K_{\text{bemf}} \cdot PV_2$$

$$FV_2 = K_t \cdot FV_a$$

第 3 步，将所选节点表示成一个求和连接点，并选择求和连接点的输出，以使（在它和相关的阻抗块连接时）有个增益或积分因子。

因子对 Z_{L_a} 和 Z_{J_m} 来说是个问题，而对 Z_{R_a} 块却没有影响。由于积分因子，Z_{L_a} 块必须有一个 PV 输入，为此第一个 PV 节点方程表示成一个求和连接点，输出为 PV_{L_a}。Z_{J_m} 块必须有一个 FV 输入作为积分因子。第二个 PV 节点方程由 FV_2 来完成。

第 4 步，增加阻抗块。连接并创建所有必需的中间和输出信号来完成框图。

框图中的阻抗总结如下。

$$Z_{L_a} = L_a D$$

$$Z_{R_a} = R_a$$

$$Z_{J_m} = \frac{1}{J_m D}$$

将这些加入到最终结果中去，最终的框图如图 2-82 所示。根据 DC 电动机的框图，可知如下几个特征。传递函数将输入电压 x_a 和转动速度 $\dot{\theta}$ 联系起来，该传递函数可以从框图推导而来，只要将实际的阻抗代入阻抗方框。所得的传递函数如下。

$$\dot{\theta} = \frac{K_t}{J_m L_a D^2 + J_m R_a D + K_t K_{\text{bemf}}} x_a$$

电动机的电枢环由一个电阻和一个电感组成，分别是 R_a 和 L_a。电枢环的时间常量可由如图 2-83 所示的子图计算。

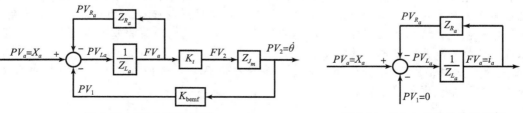

图 2-82 DC 电动机框图　　　　　图 2-83 DC 电动机的电枢子图

设 PV_1 为 0，从 x_a 到 i_a 的传递函数变成。

$$i_a = \frac{1}{L_a D + R_a} x_a = \frac{\dfrac{1}{R_a}}{\dfrac{L_a}{R_a} D + 1} x_a$$

对于小型电动机(低于 1 或者 2 马力)，电枢线圈的时间常量通常在接近于 $\dfrac{L_a}{Ra} \approx 0.01$ 秒内。

反电动势常量 K_{bemf} 近似于电动机的铭牌数据 $\dfrac{\text{额定电压，V}}{\text{额定速度，rpm}}$，乘以 $\dfrac{60}{2\pi}$ 这个数据可以变换成其他单位如 $\dfrac{\text{V} \cdot \text{s}}{\text{rad}}$。

电动机扭矩常量 K_t 可以设为反电动势常量，除非有更精确的转子数据。这个信息将变化的电枢电流和转子扭矩联系起来，并包括所有的动态损耗和饱和效应。

2.9　流体系统

流体是流动的物质，可以是液体，也可以是气体。气体(如空气)通常认为是可压缩的，因为它们扩散开来以适应它们的容器，而液体(如水和油)通常认为是不可压缩的。

一个力施加到一个流体会产生一个反作用力，其中这个反作用力由流体产生，并传递到与之接触的表面。一个力可以由两种方法施加到流体上。

1. 在一个面积上施加一个外来的压强。

2. 上面一段高度流体的重力加压到下面的流体上，称之为压头(高度)。

压强和流体的高度有关。

$$P = \rho g H$$

其中，$P=$压强(Pa)；$\rho=$质量密度(kg/m^3)；$g=$重力加速度$\left(\dfrac{\text{m}}{\text{s}^2}\right)$；$H=$流体高度(m)。

类似于电路中的基尔科夫电流定律，质量守恒定律认为流体的流动是稳定的、无漩涡的和非黏性的。质量守恒定律可由连续方程表示，其中总的质量流入速度等于总的质量的流出速度。

在图 2-84 中，质量流量表示为 m，流体速度为 v，流体密度为 ρ，而流经的管子在位置 i 处的横截面积为 A_i。

质量流速：

在节点 A_1 处流进：$m_1 = \rho_1 A_1 v_1$

在节点 A2 处流出：$m_2 = \rho_2 A_2 v_2$

连续性需求：

$$m_1 = m_2 \Rightarrow \rho_1 A_1 v_1 = \rho_2 A_2 v_2$$

或者，以一般形式。

$$\rho A v = \text{常量}$$

对于不可压缩的流体，密度 ρ 是一个常量，连续性方程可以写成流体速度的方程。

$$q_1 = q_2$$

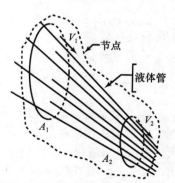

图 2-84　质量守恒定律连续性方程

其中，$q \equiv Av =$ 体积流速（m³/s）。

对于可压缩的流体，密度 ρ 会变化，连续性方程必须写成流体质量流速的方程 $m_1 = m_2$。

其中，$m \equiv \rho Av =$ 质量流速（kg/s）。

实际上，重量流速 w，单位为 N/s，常常用来取代质量流速。后面的章节就使用重量流速。

能量守恒是流体系统的第二个重要的定律。对应用于稳态的、不可压缩的和无黏性的流体来说，产生的能量方程称为伯努利方程。伯努利方程指出，在一个流线型流中两个位置的能量不同，其差别在于一个净能量的增加（能量供应减去能量损耗）。

以图 2-84 作为参考，位置 1 和 2 处的伯努利方程可以写成。

$$\frac{P_1}{w} + \frac{v_1^2}{2g} + H_1 + E_{net} = \frac{P_2}{w} + \frac{v_2^2}{2g} + H_2$$

其中，$H_i \equiv$ 位置 i 的高度（m）；$E_{net} \equiv$ 增加的能量—流失的能量。

忽略净能量 E_{net} 项，方程的两边包含两部分：一个依赖速度的部分（$v^2/2g$）和一个静态的部分（$P/w + H$）。这两个部分引出了动态压力和静态压力两个定义。

$$P_{\text{动态}} \equiv \frac{v^2}{2g} \cdot \rho g = \frac{\rho v^2}{2}$$

$$P_{\text{静态}} \equiv \frac{P}{w} \cdot w + H \cdot \rho g = P + \rho g H$$

还有一个经常碰到的第三个压力，称为驻点压力。驻点压力是静态压力和动态压力之和。

例 2-19　皮托管

伯努利方程用来确定流体通过一个管子时的速度。该原理的一个常见应用就是皮托管，如图 2-85 所示，这是一个用来测量不可压缩流体的速度的设备。

根据图 2-85，管 1 内流体的高度是静态的高度，而管 2 内流体的高度是静态的高度加上动态的高度（驻点压力）。假设在位置 1 和 2 之间的净能量贡献是 0，再假设管子处于水平位置。伯努利方程简化为：

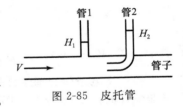

图 2-85　皮托管

$$\frac{P_1}{w} + \frac{v_1^2}{2g} + 0 = \frac{P_2}{w} + \frac{v_2^2}{2g} + 0$$

速度 v_1 和 v_2 是在管子入口处流体的速度。管 1 入口处的流体速度是 $v_1 = v$，管 2 入口处的流体速度是 $v_2 = 0$（驻点）。将这些速度代入伯努利方程，产生一个与流体速度和压力高度有关的方程。

$$v = \sqrt{2g\left(\frac{P_2}{w} - \frac{P_1}{w}\right)} = \sqrt{2g(H_2 - H_1)}$$

使用本章前述的模拟方法，流体系统可以建模成框图。表 2-10 中的模拟量 PV 和 FV 就是为流体系统设置的。大多数流体系统由导管、节流（孔口）和油箱组成。节流孔可以看成是导管在横截面上面积的变化，还包括节流孔、阀和喷嘴。下面就讨论节流孔和油箱的阻抗特性。

表 2-10　流体系统的阻抗模拟量

不可压缩流体	可压缩流体
$PV=$ 压力或高度	$PV=$ 压力
$FV=$ 体积流速 q	$FV=$ 重力流速，w

　　流体系统的节流孔类似于电路系统中的电阻。节流孔可以看成是导管截面积的变化，如图 2-86 所示。

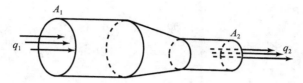

图 2-86　流体的节流孔

　　对于一个不可压缩的流体，连续性需要 $q_1 = q_2$ 或者 $A_1 v_1 = A_2 v_2$。假设节流孔是水平的，伯努利方程变为：

$$P_1 + \frac{\rho v_1^2}{2} = P_2 + \frac{\rho v_2^2}{2}$$

　　求解连续方程中的 $v_1 = \dfrac{A_2}{A_1} v_2$，将结果代入伯努利方程，在图 2-86 的位置 2 处的流体的速度变成：

$$v_2 = \sqrt{\frac{2(P_1 - P_2)}{\rho(1 - A_2/A_1)^2}}$$

或

$$q_2 = A_2 \cdot \sqrt{\frac{2(P_1 - P_2)}{\rho(1 - A_2/A_1)^2}}$$

　　节流孔方程是非线性的，常被写成一个更加通用的形式。

$$q = C_d A \sqrt{\frac{2(P_1 - P_2)}{\rho}} \tag{2-8}$$

或

$$q = C_d A \sqrt{2g\Delta H}$$

其中，$C_d \equiv$ 释放系数$(0 < C_d \leqslant 1)$；$A \equiv$ 节流面积 A_2。

　　对于可压缩流体，也有一个类似的方程，只是使用重量流速，而不是体积流速。

　　可压缩流体的通用节流方程如下。

$$w = w_s K A Y \sqrt{\frac{2p(P_1 - P_2)}{w_s}} \tag{2-9}$$

其中，$w \equiv$ 重量流速；$w_s \equiv$ 流体的指定重量；$Y \equiv$ 扩充系数$(=1$ 不可压缩，< 1 可压缩$)$；$K \equiv \dfrac{C_d}{\sqrt{1 - (A_2/A_1)^2}}$。

　　基本了解流体的阻力特性，我们就可以利用压力作为 PV，而用体积作为 FV 为各元件创建阻抗关系。由于流体节流孔方程符合非线性关系，所以需要先线性化计算一个线性阻抗。先从不可压缩流体的普通节流孔方程开始，写在下面。

$$q = C_d A \sqrt{\frac{2(P_1 - P_2)}{\rho}}$$

　　该方程的函数形式是：

$$q = q(A, P_1, P_2)$$

在某个特定的操作条件下，$(A_0，P_{1_0}，P_{2_0})$，不可压缩流体节流方程可以通过如下的线性化来近似。

$$\Delta q = \frac{\partial q}{\partial A}\Big|_{\substack{A_0 \\ P_{1_0} \\ P_{2_0}}} \cdot \Delta A + \frac{\partial q}{\partial P_1}\Big|_{\substack{A_0 \\ P_{1_0} \\ P_{2_0}}} \cdot \Delta P_1 + \frac{\partial q}{\partial P_2}\Big|_{\substack{A_0 \\ P_{1_0} \\ P_{2_0}}} \cdot \Delta P_2$$

偏微分估算如下

$$\frac{\partial q}{\partial A}\Big|_{\substack{A_0 \\ P_{1_0} \\ P_{2_0}}} \equiv K_a$$

$$\frac{\partial q}{\partial P_1}\Big| \equiv K_p$$

$$\frac{\partial q}{\partial P_2}\Big| \equiv -K_p$$

节流方程的阻抗就是 PV 和 FV 的比值，它是第三个偏微分的倒数。

$$Z_R \equiv \frac{\partial P_2}{\partial q} = \frac{\rho q_o}{(C_d A)^2}$$

油箱

在流体系统中的油箱类似于电路系统中的电容。油箱阻抗根据流体的可压缩性可以有两种形式。为了简化分析，我们使用体积流速作为 FV，并且通过使用弹性体的体积弹性模量来近似可压缩效应。也可以将整体体积流速看作由两部分组成。

$$q \equiv q_{\mathrm{com}} + q_{\mathrm{inc}}$$

其中，$q_{\mathrm{com}} \equiv$ 可压缩部分；$q_{\mathrm{inc}} \equiv$ 不可压缩部分。

对于一个不可压缩的流体，整体流就是 $q = q_{\mathrm{inc}}$。将这个流体注入一个截面积为 A 的油箱，油箱液位高度的变化速度为 $\dot{H}$ 可由如下方程确定。

$$\dot{H} = \frac{1}{A}(q_{\mathrm{in}} - q_{\mathrm{out}})$$

或者使用符号算子表示如下。

$$H = \frac{1}{AD}\Delta q$$

使用压力为 PV，及体积流速作为 FV，油箱的阻抗变成：

$$Z_T \equiv \frac{1}{AD}$$

对于可压缩流体，体积流速为 $q = q_{\mathrm{com}}$。可压缩效应使用弹性体的体积弹性模量 β 表示。体积弹性模量或者流体刚度定义为：

$$\beta(\mathrm{Pa}) \equiv \frac{\Delta P(\mathrm{Pa})}{\Delta V(\mathrm{m}^3)/V(\mathrm{m}^3)}$$

求解体积的变化，可得。

$$\Delta V = \frac{V}{\beta} \cdot \Delta P$$

两边求导（将 V 和 β 看作常量），代入 $q = \Delta\dot{V} = \dot{V}$，产生体积流速关系。

$$q = \frac{V}{\beta} \cdot \Delta\dot{P}$$

或使用符号算子表示，得：

$$q = \frac{VD}{\beta} \cdot \Delta P$$

使用压力为 PV，及体积流速作为 FV，油箱的阻抗变成。

$$Z_T = \frac{\beta}{VD}$$

表 2-11 总结了可压缩和不可压缩流体的流体节流孔和油箱的阻抗。

表 2-11　流体系统模拟

模拟		元器件	
可压缩 PV＝压力，P	FV＝体积流速或重量流速，q，w	节流孔 $\Rightarrow Z_R = \dfrac{\rho q_0}{(C_d A)^2}$	油箱 $\Rightarrow Z_T = \dfrac{\beta}{VD}$
不可压缩的 PV＝压力，P	FV＝体积流速，q	节流孔 $\Rightarrow Z_R = \dfrac{\rho q_0}{(C_d A)^2}$	油箱 $\Rightarrow Z_T = \dfrac{1}{VD}$

本章节的剩余部分通过几个例子展示如何使用改进的模拟方法创建各种流体系统的框图。简单起见，将每一个例子中使用问题特定的变量取代通常的 PV 和 FV 标记。

例 2-20　水箱的框图模型

一个装有水的水箱从一个水龙头里流出出水，由一个开关阀控制。流体体积流速 q 单位是体积/时间并且是流变量，而水箱的液面高度 H 是势能变量。

该水箱系统的示意图如图 2-87 所示。本例的目标是使用模拟方法推导该水箱系统的框图。

水箱是圆柱形的，截面积为 A。箱中的水面高度由下式表示。

$$H = H_0 + \frac{1}{A}\int q = H_0 + \frac{1}{DA}q$$

H_0 项是指水箱中初始水面高度。水箱的阻抗就是流过的 PV 和 FV 的比值，表示如下。

$$Z_{\text{tank}} = \frac{\Delta PV}{FV} = \frac{H - H_0}{q} = \frac{1}{DA}$$

解：第 1 步，创建、化简阻抗图。

从示意图到阻抗图，输入选为体积流速。这在阻抗图中表

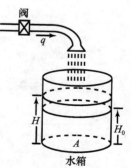

图 2-87　流体水箱系统示意图

示为 FV 源。所有从源发出的水都流进水箱，没有滴漏。水箱液面高度从初始高度开始累积。阻抗图如图 2-88 所示。

第 2 步，确定阻抗图中所有的独立节点（FV 和 PV），并标记所有的信号。

阻抗图有一个 PV 节点，将水箱的高度通过一个函数来表示，该函数包括初始水箱高度和流进水箱的水流。

$$H = H_0 + \frac{1}{DA}q$$

第 3 步，将所选节点表示成一个求和连接点，并选择求和连接点的输出，以使（在它和相关的阻抗块连接时）有个增益或积分因子。

PV 节点的求和连接点如图 2-89 所示。

第 4 步，增加阻抗块。连接并创建所有必需的中间和输出信号来完成框图。

油箱阻抗已经包含在 PV 节点方程中，且没有其他的阻抗存在，所以最终的框图如图 2-89 所示。

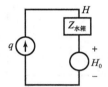

图 2-88　流体水箱系统阻抗图

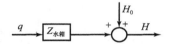

图 2-89　完善的水箱系统的框图表示 ◀

例 2-21　三个水箱液体系统

本例表示一个水箱系统的性能，该水箱加入了一个不可压缩的流体，没有主动压力（诸如泵），所有的压力都是因为大气压和液位高度。该系统由三个油箱组成，通过一个管子串联起来。这种类型的系统可以抽象成在一个大的容器中用挡板隔开并搅动流体，这个在轮船和飞机的油箱里常见。图 2-90 所示为三个油箱的系统示意图。

每一个水箱都是圆柱形的，截面积为 A，并且各水箱中的初始水面高度不同，分别是 H_{1_0}、H_{2_0} 和 H_{3_0}。水管连通三个水箱，具有同样的节流孔 R。本例的目标就是使用模拟方法推导三个水箱系统的框图。

解：第 1 步，创建、化简阻抗图。

使用体积流速作为流变量，水面高度作为势能变量，系统阻抗图如图 2-91 所示。

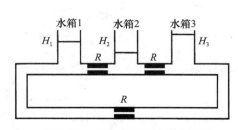

图 2-90　三个油箱的系统示意图

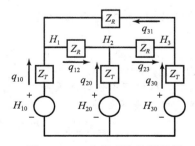

图 2-91　三水箱系统的阻抗图

第 2 步，确定阻抗图中所有的独立节点（FV 和 PV），并标记所有的信号。

阻抗图有三个 FV 节点和三个 PV 节点。这些方程总结如下。

$$H_1 \text{ 处 } FV \text{ 节点：} \quad q_{10} + q_{31} - q_{12} = 0$$

$$H_2 \text{ 处 } FV \text{ 节点：} \quad q_{12} + q_{20} - q_{23} = 0$$

$$H_3 \text{ 处 } FV \text{ 节点：} \quad q_{23} + q_{30} - q_{31} = 0$$

阻抗总结如下。

$$Z_R \equiv R = \frac{\rho q_0}{(C_d A)^2} \text{ 和 } Z_T \equiv \frac{1}{VD}$$

第 3 步，将所选节点表示成一个求和连接点，并选择求和连接点的输出，以使（在它和相关的阻抗块连接时）有个增益或积分因子。

因子只是油箱系统的一个问题，因为这些元素中，输入必须是一个流变量（体积流速）作为积分因子。这意味着为三个 FV 节点方程所求的三个求和连接点必须以 q_{10}、q_{20} 和 q_{30} 为输出。

第 4 步，增加阻抗块。连接并创建所有必需的中间和输出信号来完成框图。

将第 2 步所得的阻抗和第 3 步所得的节点方程包括进来，最终的框图如图 2-92 所示。

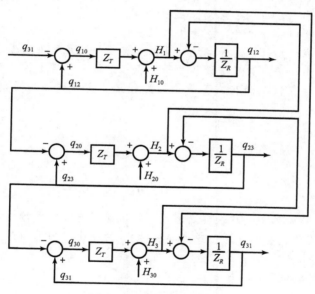

图 2-92　三水箱系统框图

这个框图初看起来非常复杂，但是通过观察，很明显地看出这只是一组基于一个反馈系统模式，且连接在一个菊花轮链式的拷贝。这种配置也出现在三个质量块提升模型中，当然在多个质量或多个体积系统中常常碰到。在该菊花轮链中的反馈回路是反作用信号，而前馈回路是施力信号。

例 2-22　液压调压阀

液压系统是强有力的和极快速的。它们通常使用油作为工作流体，然而因为响应速度，油的可压缩性形成了一个问题，并且在建模中必须考虑。

在本例中，我们考虑一个调压阀，其功能就是在某一负载下保持一个常量压力，而不管载荷上油流的波动。调压阀可以用于许多液体，包括水和油。这种类型的调压阀常常用于家用油加热系统，用来调节加热过程中水的压力。调压阀的示意图如图 2-93 所示。

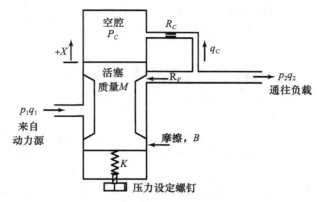

图 2-93　调压系统的示意图

调压阀工作原理如下，当一个波动造成载荷 P_2 提高了，腔内压力 P_c 提高了，则使活塞下调，从而减少了阀门的开口度、流量和负载压力。当一个波动造成载荷降低了，相反的事情发生，那么则造成增加阀门的开口度、从源处流来的流量和负载压力。

腔的体积等于一个油箱，并且假设和管子体积相比可以忽略不计，其中该油箱连接到负载。从而流体可压缩性仅仅包含在载荷管子的油箱里。有腔的油箱可以抽象成不可压缩的部分。

解：第 1 步，创建、化简阻抗图。

系统阻抗图由三部分组成。

- 阀流速图
- 油箱图
- 力平衡图

阀流速图可从系统示意图创建，观测通过阀的流速正比于阀两端的势能（压力）差。对于实际的阀的特征（我们将代替二次近似或者非线性）使用一个通用的阻抗，阀流速图的电路可按欧姆定律来写。

调压系统的阻抗图如图 2-94 所示。

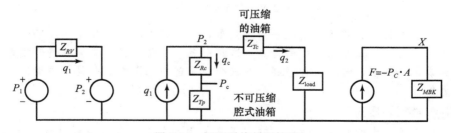

图 2-94　调压系统的阻抗图

油箱图是从阀门下游的分流器开始画的。在这一点，液体流的一部分通过阀门流进空腔，一部分分流到负载上。在每一个分流器的分支上的流量由分支阻抗确定。流首先经过空腔，碰到一个阻力（节流口），而后是一个油箱（空腔）。虽然空腔油箱的体积随着活塞位置的变化在变化，但在任意一个时刻，它都是一个常数。液体流的剩余部分从分流器流向载荷，首先碰到管子，而后碰到负载阻抗。管子抽象成一个可压缩的流体油箱，因为已知管子的容积比空腔大许多。负载阻抗未知，但是可以是任意有理数字。

力平衡图将流体能转换成机械能，一个法向的力作用在空腔边的活塞上。这个力（压强乘以面积）作用在活塞质量，以及在活塞和腔壁的阻尼和弹簧上。由于质量，阻尼和弹簧都有一个共同的接地点（腔壁），它们的阻抗电路由三个并行的分支组成，其中每一个都接地。弹簧接地后，假设活塞的初始位置为 0，所以增加的弹簧位移就是位移。力平衡图中的活塞位移，用第一个子电路中阀门的阻抗来创建一个来自负载的反馈效果。

两个油箱和一个活塞的阻抗如下。

$$Z_{Tc} = \frac{1}{AD}$$

$$Z_{Tp} = \frac{\beta}{VD}$$

$$Z_{MBK} = \frac{1}{MD^2 + BD + K}$$

由于积分因子，油箱的阻抗必须有一个流输入，并且机械阻抗必须有一个力输入。

第 2 步，确定阻抗图中所有的独立节点（FV 和 PV），并标记所有的信号。

两个节流阻抗保持通用形式 Z_{Rv} 和 Z_{Rc}。系统方程从阻抗图推导如下。

通过阀门的流： $q_1 = (P_1 - P_2)/Z_{Rc}$

流向油箱腔的流： $q_c = q_1 - q_2 = (P_2 - P_c)/Z_{Rv}$

油箱腔的压强： $P_c = q_c Z_{Tc} = q_c \frac{1}{AD}$

流向载荷的流： $P_2 = q_2 Z_{Tp} = q_2 \frac{\beta}{VD}$

活塞平衡力： $F = x Z_{MBK} = -P_c A = x(MD^2 + BD + K)$

由于造成节流的腔的面积是固定的，所以这个节流孔的阻抗也被认为是个常量。另一方面，阀门的面积是根据活塞位置变化的，变化方式关系如下 $q_1 = C_d A \sqrt{2(P_1 - P_2)/\rho}$。应用二次近似，假设 P_1 保持常量，线性化的关系变成 $\Delta q_1 = K_x \Delta x - K_p \Delta P_2$。将此代入系统方程，简化结果如下一组线性化方程组，可得：

通过阀门的流： $\Delta q_1 = K_x \Delta x - K_p \Delta P_2$

流向油箱腔的流： $\Delta q_c = \Delta q_1 - \Delta q_2 = (\Delta P_2 - \Delta P_c)/R_c$

油箱腔的压强： $\Delta P_c = \Delta q_c \frac{1}{AD}$

流向载荷的流： $\Delta P_2 = \Delta q_2 \frac{\beta}{VD}$

活塞平衡力： $\Delta F = -\Delta P_c A = \Delta x(MD^2 + BD + K)$

剩下的两个步骤完成框图的构建，作为练习，课后完成。 ◀

例 2-23 **液压驱动器**

液压驱动器常常用于需要高驱动力的应用之中，这种类型的驱动器可见于商业航空中作为舵面控制、建筑设备、机床、重机枪及机车动力转向等。液压的主要优点是其大的功率–尺寸比、快速响应和高的扭矩。缺点在于需要安装和维护高压液体管线，管线的泄漏会引起火灾，以及温度的影响导致工作液的黏性变化(引起控制增益的明显变化)。

图 2-95 显示了一个液压驱动器的示意图。

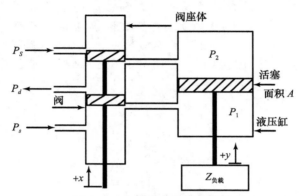

图 2-95 液压驱动器的示意图

高压油供给通过两根管路阀座，剩余的中间管路作为让油流回油箱的通路。给阀驱动杆施加低增益命令信号，使其在±x 轴移动。根据方向，阀口流入活塞的上部或下部，并且获得高增益的负载在±y 轴的运动。我们将推导一个+x 运动导致流向液压缸下腔的阻抗图。

解：第 1 步，创建、化简阻抗图。

如图 2-96 所示的阻抗图，其构建方法与阀是一样的，有一个空腔 2 在顶部，空腔 1 在底部，活塞在右边。空腔 1 的阻抗图构建如下：供压源和空腔 1 之间的压力差创建了一个通过阀阻抗 Z_{R_v} 的流，这个流流进空腔 1。空腔 1 的所有表面都是固态的，除了活塞可以上下移动。活塞向上移动，$\dot{y}$ 等于负的流速 $\dot{y}A$(输出流)，使流体压缩。记空腔 1 的阻抗为 $Z_{T_1} = \beta/V_1 D$，进入腔 1 的净流量是 $q_1 - \dot{y}A$，当它通过腔 1 时，产生了压力 P_1。

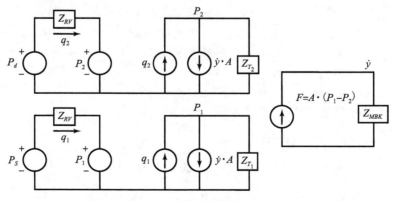

图 2-96 液压驱动器的阻抗图

如何推导框图，将作为作业练习，课后完成。

第 2 章的附录描述了具有多个输入输出的系统，称为多输入多输出（Multi-Input Multi-Output，MIMO）系统，还提供了一个使用状态空间方法的 MIMO 系统。

2.10　本章小结

在机电一体化系统设计阶段，需要理解各门学科各类系统元件的性能特性，以及整体组合系统的特性。元件和系统建模在机电一体化开发过程起着非常重要的作用，它允许在不同的学科领域中迭代权衡功能性和复杂性，从而获得一个优化的系统架构。

本章介绍了两种基于模型的框图方法：直接法和改进的模拟方法。直接法最适合用于单个学科的建模，而改进的模拟方法更适合于跨学科（机电）建模。图 2-97 总结了存在于 5 个学科的基本 PV 和 FV 耦合方程。

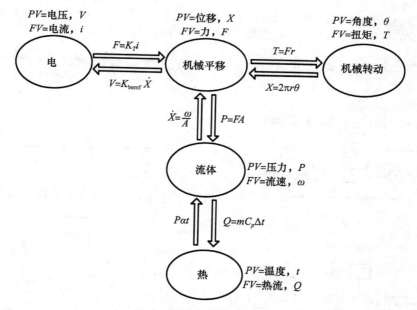

图 2-97　基本的多学科耦合

图 2-97 显示了所选学科间的耦合——实际上，还存在着其他的耦合路径。例如，如果正在观测一个印刷电路板的热加工，则在不同的应力条件下，电-热学科的耦合就出现了。

习题

2.1　写出下列微分方程的 D 算子形式。

　a. $\ddot{x}(t) + r(t) = 2x(t)$

　b. $\ddot{x}(t) + x(t) = 0$

　c. $\dot{x}(t) + \int x(\tau)\mathrm{d}\tau = x(t)$

　d. $\dddot{x}(t) + 2\ddot{x}(t) + x(t) = \dot{r}(t) + 3r(t)$

2.2 下列方程代表系统，输入为 $r(t)$，输出为 $x(t)$。计算传递函数 $T(D) \equiv \dfrac{x(t)}{r(t)}$。写出各系统使用 D 算子的首一形式。

a. $3\dot{x}(t) + x(t) = 2r(t)$

b. $\ddot{x}(t) + \dot{x}(t) = 7\dot{r}(t)$

c. $2\dot{x}(t) + \displaystyle\int x(\tau)\mathrm{d}\tau = r(t)$

d. $4\ddot{x}(t) + 7\dot{x}(t) - x(t) = 4\dot{r}(t) + r(t)$

2.3 计算并写出下列框图的环路传递函数(LTF)、闭环传递函数(CLTF)和回差(RD)。

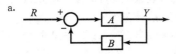 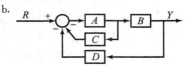

图　P2-3

2.4 为了说明反馈是如何抑止参数扰动对被控制变量的影响，计算下列开环和闭环控制系统的传递函数 Y/R。控制变量是方框 K，而仪器是方框 G。参数变化表示成附加的干扰 ΔG。

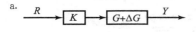 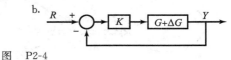

图　P2-4

2.5 用框图操作计算下列框图的传递函数。

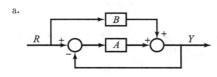 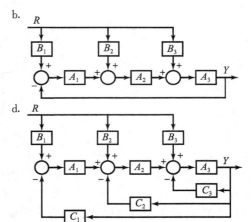

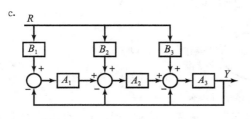

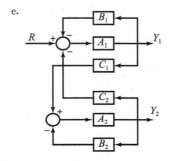

图 P2-5

2.6　为下列机械系统构建一个框图方框模型，并找出传递函数 $\dfrac{x}{F}$。

2.7　为下列机械系统构建一个框图模型，并找出传递函数 $\dfrac{x}{F}$。

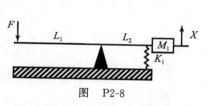

图　P2-6

图　P2-7

2.8　为下列机械杠杆系统构建一个框图模型，并找出传递函数 $\dfrac{x}{F}$。

2.9　下列机械系统可以用来测定加速度。构建一个框图模型，并找出传递函数 $\dfrac{x_1}{F}$、$\dfrac{x_2}{F}$ 以及 $\dfrac{x_2}{x_1}$。

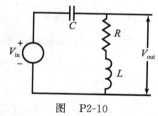

图　P2-8

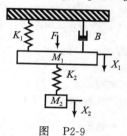

图　P2-9

2.10　为下列电子线路构建一个框图模型。

2.11　为下列电子线路构建一个框图模型，并计算传递函数 $\dfrac{V_C}{V_{in}}$、$\dfrac{V_R}{V_{in}}$、$\dfrac{V_L}{V_{in}}$，以及 $\dfrac{V_{out}}{V_{in}}$。

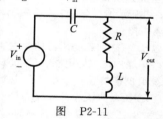

图　P2-10

图　P2-11

2.12　干摩擦片离合器常常用于汽车驱动应用中，从发动机传递动力到车轮，如图 P2-12 所示为这样的离合器。

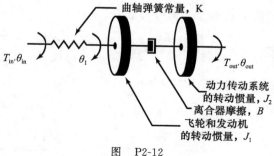

图　P2-12

离合器的输入是扭矩 T_{in}，输出是速度 $\dot{\theta}_{out}$。阻抗是基于扭矩作为流变量，角度作为势能变量。速度就是势能变量的微分。

a. 构建阻抗图，标出所有信号。

b. 计算传递函数 $\dot{\theta}_{out} / \dot{\theta}_{in}$。

2.13 本章讨论的电枢受控的直流电机会有一个固有的反电动势（back emf）反馈环出现。另一种配置叫做场控制。在这个配置中，反电动势 back emf 反馈就不出现。场控 DC 电机的电路图如图 P2-13 所示

电机的输入是场电压 V_f，输出是电磁扭矩 T_e。阻抗是基于电气方面的电流（FV）和电压（PV），以及机械方面的扭矩（FV）和角度（PV）。K 是电流–扭矩常量。

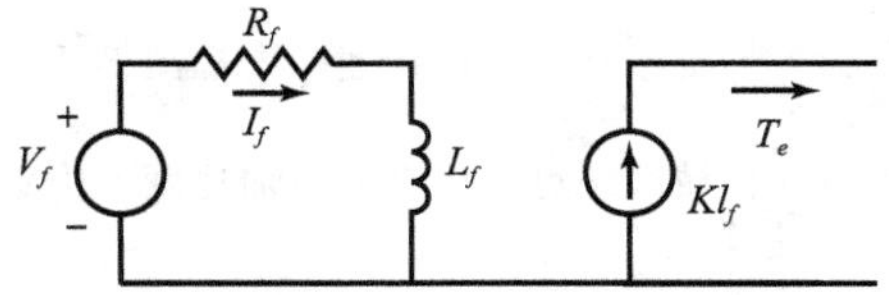

a. 构建场控 DC 电机的阻抗，标出所有信号。

b. 在机械方面加上一个由转动惯量 J 和摩擦力 B 组成的载荷，计算传递函数 $\dot{\theta}_{out} / V_f$ $\dot{\theta}_{out}$ 是转动惯量 J 的角速度。

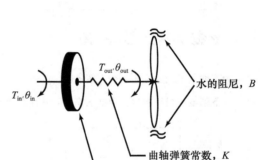

图　P2-13

2.14 一个水下螺旋桨推进系统如图 P2-14 所示。

推力系统的输入是扭矩 T_{in}，输出是推进速度 $\dot{\theta}_{out}$。阻抗是基于扭矩且作为流变量，而角度则作为势能变量。

a. 构建阻抗图，标出所有信号。

b. 计算传递函数 $\dot{\theta}_{out} / T_{in}$。

2.15 图 P2-15 所示为一个用来说明磁化和铁心损耗的变压器电路。

电压 V_{in} 施加到变压器的一次绕组，该线圈包含一串联的电阻和电感，R_1 和 L_1。变压器的二次绕组也建模成一个串联的电阻和电感，R_2 和 L_2。变压器的铁心的磁化和铁心损耗建模

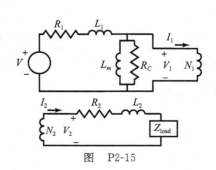

图　P2-14

为 L_c 和 R_m。变压器的阻抗图通过将每一个电路元件用与其相关的阻抗来代替而创建。每一个电阻 R_i 的阻抗表示成 Z_{Ri}；每一个电感 L_i 的阻抗表示成 Z_{Li}；

a. 画出该变压器系统的阻抗图。

b. 画出阻抗图的框图。

c. 从框图中计算有关输入 V_{in} 相对于输出 I_2 的系统方程。

2.16 一个 DC 电动机用来驱动一个齿轮式的电梯系统。改进的阻抗图如图 P2-16 所示。

使用角度作为势能变量，图中的阻抗定义如下。

$$Z_{J_{滑轮}} = \frac{1}{J_{滑轮} D^2}; \quad Z_k = \frac{1}{k};$$

$$Z_{m_{配重}} = \frac{1}{m_{配重} D^2}; \quad Z_{m_{桥厢}} = \frac{1}{m_{桥厢} D^2}$$

a. 计算系统框图。

b. 从框图中，计算如下关系：

图　P2-15

- 电动机电枢电流和反电动势。
- 电磁扭矩和电枢电流。
- 齿轮扭矩传递。
- 施加在驱动滑轮上的力。

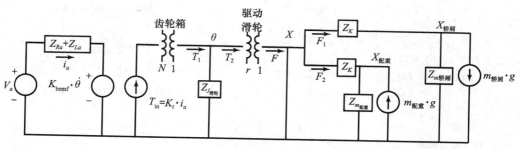

图　P2-16

参考文献

Kuo, Benjamin C., *Automatic Control Systems, Third Edition*. Prentice-Hall Inc., New Jersey, 1975.

D'Azzo, John J. and Constantine, Houpis H., *Linear Control System Analysis and Design Conventional and Modern, Third Edition*. McGraw-Hill Book Co., New York, 1988.

Raven, Francis H., *Automatic Control Engineering, Third Edition*. McGraw-Hill Book Co., New York, 1978.

Haliday, David and Resnick, Robert, *Fundamentals of Physics*. John Wiley & Sons, Inc. New York, 1970.

Rizzoni, Giorgio, *Principles and Applications of Electrical Engineering, Third Edition*. McGraw-Hill Book Co., New York, 2000.

Schwarz, Steven and Oldham, William. *Electrical Engineering—An Introduction*. Holt, Rinehart, and Winston, New York, 1984.

U.S. Navy Bureau of Naval Personnel, *Basic Electronics*. Dover Publications, Inc. New York, 1973.

Irwin, J. David, *Basic Engineering Circuit Analysis, Fourth Edition*. Prentice-Hall Inc., New Jersey, 1994.

Lennart Ljung, *System Identication Theory for the User*. Prentice-Hall Inc., New Jersey, 1987.

http://en.wikibooks.org/wiki/Control Systems/MIMO Systems

Underwood, C. P., *HVAC Control Systems*. Taylor and Francis Group, 1998.

Romagmoli, Jose A. and Palazoglu, Ahmet, *Introduction to Process Control*. Taylor and Francis Group, 2005.

http//en.wikipedia.org/wiki/State space (controls)

Bugeja, M., "Non-linear swing-up and stabilizing control of an inverted pendulum system," 2003.

Proceeding of IEEE International Conference, EUROCON 2003. Computer as a Tool The IEEE Region 8, 22-24 Sept. 2003, Vol.2, pp. 437–441.

第 2 章附录

多输入多输出系统

　　多输入多输出系统就是系统含有多于一个输入和/或多于一个输出的系统，它们常常被称作缩写的 MIMO。MIMO 系统的输入和输出一般会交互作用。一个 MIMO 的例子就是闭环控制的空调中同时控制温度和湿度。

　　在一个 MIMO 系统中，有一个向量输入和一个向量输出。相对于输出向量和输入向量的拉普拉斯变换矩阵被称为传递函数矩阵（Transfer Function Matrix，TRM）。观察图 2-98 中所示的具有两个输入和两个输出的 MIMO 系统。

从图 2-98 可知，系统的输入输出关系表示如下。

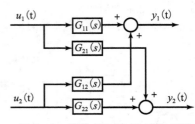

$$Y_1(s) = G_{11}(s)U_1(s) + G_{12}(s)U_2(s)$$

和

$$Y_2(s) = G_{21}(s)U_1(s) + G_{22}(s)U_2(s)$$

上述方程写成如下矩阵形式。

$$\begin{bmatrix} Y_1(s) \\ Y_2(s) \end{bmatrix} = \begin{bmatrix} G_{11}(s) & G_{12}(s) \\ G_{21}(s) & G_{22}(s) \end{bmatrix} \begin{bmatrix} U_1(s) \\ U_2(s) \end{bmatrix}$$

图 2-98　简单的 MIMO 系统框图

或

$$Y(s) = G(s)U(s)$$

其中 G(s)就是该 MIMO 系统的 TFM。

带阻尼的线性 MIMO 系统很容易表示为状态空间方程。这种形式比 n 阶输入输出微分方程更适合于计算机仿真。

状态空间模型

状态空间表示就是将一个物理系统的数学模型作为一组和一阶微分方程相关的输入、输出和状态变量。比如，有两个输出 y_1 和 y_2，及两个输入 u_1 和 u_2。它们与如下的用微分方程表示的系统有关。

$$\ddot{y}_1 + a_1\dot{y}_1 + a_0(y_1 + y_2) = u_1(t)$$

和

$$\ddot{y}_2 + a_2(y_2 - y_1) = u_2(t)$$

现在分配状态变量，产生一阶微分方程。可见有两个二阶微分方程，每一个微分方程需要两个状态变量（共需 4 个）来描述一阶形式的方程。

设

$$x_1 = y_1$$
$$x_2 = \dot{x}_1 = \dot{y}_1$$
$$x_3 = y_2$$
$$x_4 = \dot{x}_3 = \dot{y}_2$$

现在

$$\dot{x}_2 = \ddot{y}_1 = -a_1\dot{y}_1 - a_0(y_1 + y_2) + u_1(t) = -a_1 x_2 - a_0(x_1 + x_3) + u_1(t)$$

和

$$\dot{x}_4 = \ddot{y}_2 = -a_2(y_2 - y_1) + u_2(t) = -a_2(x_3 - x_1) + u_1(t)$$

最后合成一个状态空间方程。

$$\begin{bmatrix} \dot{x}_1 \\ \dot{x}_2 \\ \dot{x}_3 \\ \dot{x}_4 \end{bmatrix} = \begin{bmatrix} 0 & 1 & 0 & 0 \\ -a_0 & -a_1 & -a_0 & 0 \\ 0 & 0 & 0 & 1 \\ a_2 & 0 & -a_2 & 0 \end{bmatrix} \begin{bmatrix} x_1 \\ x_2 \\ x_3 \\ x_4 \end{bmatrix} + \begin{bmatrix} 0 & 0 \\ 1 & 0 \\ 0 & 0 \\ 0 & 1 \end{bmatrix} \begin{bmatrix} u_1(t) \\ u_2(t) \end{bmatrix}$$

或

$$\dot{X} = AX + BU$$

和

$$\begin{bmatrix} y_1 \\ y_2 \end{bmatrix} = \begin{bmatrix} 1 & 0 & 0 & 0 \\ 0 & 0 & 1 & 0 \end{bmatrix} \begin{bmatrix} x_1 \\ x_2 \\ x_3 \\ x_4 \end{bmatrix} + \begin{bmatrix} 0 & 0 \\ 0 & 0 \end{bmatrix} \begin{bmatrix} u_1(t) \\ u_2(t) \end{bmatrix}$$

或

$$Y = CX + DU$$

这样一个线性系统的通用状态空间表示成含有 p 输入、q 输出和 n 个状态变量

$$\dot{X} = AX + BU$$

和

$$Y = CX + DU$$

其中，X＝状态向量；U＝输入向量；Y＝输出向量；A＝阶为 $n \times n$ 状态矩阵；B＝阶为 $n \times p$ 输入矩阵；C＝阶为 $q \times n$ 输出矩阵；D＝阶为 $q \times p$ 的前馈矩阵。

注：在这个通用公式中，所有的矩阵都假设为非时间变量，也就是没有一个元素依赖于时间。同时为了简化起见，D 通常设为 0 矩阵，也就是系统没有前馈的输入。前馈的输入只有在一个传递函数的输出 y 需要一个输入 u 才能执行，也就是 u 直接影响输出 y。

例　考虑一个 MIMO 系统的例子，试着用状态空间方法给予建模。倒立摆在动态和控制理论中是一个典型的例子，并广泛使作测试控制算法的样板，包括 PID 控制器、神经元网络、模糊控制、遗传算法等。非线性的倒立摆模型把施加给小车的力作为输入，而倒立摆的角度以及小车的位移作为输出。

单杆倒立摆(SIP)包括一个自由回转的杆子，装在一辆小车上，如图 2-99 所示。图 2-100a 和 b 显示出系统的自由体图解。

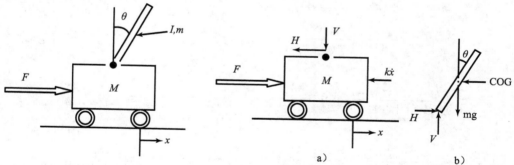

图 2-99　单杆倒立摆系统　　　　　图 2-100　单杆倒立摆系统自由体图解

图中，m＝倒立摆的重心(Center of Gravity，COG)的质量；M＝小车的质量；L＝从倒立摆的重心到转动中心的距离；x＝小车的水平位移；g＝重力加速度；θ＝杆的角位移；k＝小车黏滞摩擦系数；c＝倒立杆的黏滞摩擦系数；I＝倒立摆绕重心的转动惯量；V 和 H 分别是垂直的和水平的杆子的反作用力；F＝施加在小车上的水平力。

倒立摆的重心相对于转动中心的位置向量是 $L\sin\theta i + L\cos\theta j$，其中 i 和 j 分别是 x 和 y 方向的单位向量。但是回转中心也被转换到 x 方向，最后倒立摆重心的结果位置向量是 $(x+L\sin\theta)i + L\cos\theta j$。在倒立摆的重心，沿着水平和垂直方向应用牛顿第二定律，可得：

$$V - mg = m\frac{\mathrm{d}^2}{\mathrm{d}t^2}(L\cos\theta)$$

$$H = m\frac{\mathrm{d}^2}{\mathrm{d}t^2}(x + L\sin\theta)$$

利用重心的转动惯量，产生扭矩方程。

$$I\ddot{\theta} + c\dot{\theta} = VL\sin\theta - HL\cos\theta$$

对小车，应用牛顿第二定律。

$$F - H = M\ddot{x} + k\dot{x}$$

组合以上方程，即可得小车和倒立摆的非线性数学模型，表示如下。

$$\ddot{\theta} = \frac{1}{1 + L^2 m} Lm(g\sin\theta - \ddot{x}\cos\theta) - c\dot{\theta}$$

$$\ddot{x} = \frac{1}{M+m}[F - Lm(\ddot{\theta}\cos\theta - \dot{\theta}^2\sin\theta) - k\dot{x}]$$

然而如前所述，只有线性系统才能用状态空间方程描述，所以必须对上述方程线性化。倒立摆的倾倒位置对应于不稳定平衡点 $(\theta, \dot{\theta}) = (0, 0)$，这正好对应于状态空间的原点。在平衡点边上，$\theta$ 和 $\dot{\theta}$ 都非常小。通常情况下，对于小角度的 θ 和 $\dot{\theta}$，$\sin\theta \approx \theta$，$\cos\theta \approx 1$，并且 $\dot{\theta}^2\theta \approx 0$。使用这些近似简化，数学模型围绕倒立摆倾倒后不稳定平衡点进行线性化，于是可得：

$$\ddot{\theta} = \frac{1}{1 + L_m^2}[Lm(g\theta - \ddot{x}) - c\dot{\theta}]$$

$$\ddot{x} = \frac{1}{M+m}[F - Lm\ddot{\theta} - k\dot{x}]$$

为了将这些方程改成有效的状态空间矩阵，$\ddot{\theta}$ 和 $\ddot{x}$ 必须只能是低阶项的函数。因此将 $\ddot{x}$ 代入 $\ddot{\theta}$，以及 $\ddot{\theta}$ 代入 $\ddot{x}$，上述的方程进一步求解，可得：

$$\ddot{\theta} = \frac{1}{1 + L^2 m}[Lm(g\theta - \frac{1}{M+m}[F - Lm\ddot{\theta} - k\dot{x}]) - c\dot{\theta}]$$

$$\ddot{\theta} = \frac{Lmg}{1 + L^2 m}\theta - \frac{Lm}{(1 + L^2 m)(M+m)}F + \frac{(Lm)^2}{(1 + L^2 m)(M+m)}\ddot{\theta} + \frac{Lmk}{(1 + L^2 m)(M+m)}\dot{x} - \frac{c}{I + L^2 m}\dot{\theta}$$

$$\ddot{\theta} - \frac{(Lm)^2}{(1 + L^2 m)(M+m)}\ddot{\theta} = \frac{Lmk}{(1 + L^2 m)(M+m)}\dot{x} - \frac{c}{1 + L^2 m}\dot{\theta}] + \frac{Lmg}{1 + L^2 m}\theta - \frac{Lm}{(1 + L^2 m)(M+m)}F$$

$$\left[\frac{(I + L^2 m)(M+m) - (Lm)^2}{(1 + L^2 m)(M+m)}\right]\ddot{\theta} = \frac{Lmk}{(1 + L^2 m)(M+m)}\dot{x} - \frac{(M+m)c}{(1 + L^2 m)(M+m)}\dot{\theta} + \frac{(M+m)Lmg}{(1 + L^2 m)(M+m)}\theta - \frac{Lm}{(1 + L^2 m)(M+m)}F$$

$$\left[\frac{I(M+m) + L^2 Mm + (Lm)^2 - (Lm)^2}{(1 + L^2 m)(M+m)}\right]\ddot{\theta} = \frac{Lmk}{(1 + L^2 m)(M+m)}\dot{x} - \frac{(M+m)c}{(1 + L^2 m)(M+m)}\dot{\theta} + \frac{(M+m)Lmg}{(1 + L^2 m)(M+m)}\theta - \frac{Lm}{(1 + L^2 m)(M+m)}F$$

$$[I(M+m) + L^2 Mm]\ddot{\theta} = Lmk\dot{x} - (M+m)c\dot{\theta} + (M+m)Lmg\theta - LmF$$

$$\ddot{\theta} = \frac{Lmk}{I(M+m) + L^2 Mm}\dot{x} - \frac{(M+m)c}{I(M+m) + L^2 Mm}\dot{\theta} + \frac{(M+m)Lmg}{I(M+m) + L^2 Mm}\theta - \frac{Lm}{I(M+m) + L^2 Mm}F$$

设

$$v_1 = \frac{(M+m)}{I(M+m) + L^2 Mm}$$

因此

$$\ddot{\theta} = \frac{Lmkv_1}{(M+m)}\dot{x} - cv_1\dot{\theta} + Lmgv_1\theta - \frac{Lmv_1}{(M+m)}F$$

$$\ddot{\theta} = \frac{Lmkv_1}{(M+m)}\dot{x} + Lmgv_1\theta - cv_1\dot{\theta} - \frac{Lmv_1}{(M+m)}F$$

同理可得：

$$\ddot{x} = \frac{1}{M+m}\left\{F - Lm\left[\frac{1}{I+L^2m}\left[Lm(g\theta - \ddot{x}) - c\dot{\theta}\right]\right] - k\dot{x}\right\}$$

$$\ddot{x} = \frac{1}{M+m}F - \frac{(Lm)^2g}{(1+L^2m)(M+m)}\theta + \frac{(Lm)^2}{(1+L^2m)(M+m)}\ddot{x} + \frac{Lmc}{(I+L^2m)(M+m)}\dot{\theta} - \frac{k}{M+m}\dot{x}$$

$$\ddot{x} - \frac{(Lm)^2}{(1+L^2m)(M+m)}\ddot{x} = \frac{1}{M+m}F - \frac{(Lm)^2g}{(1+L^2m)(M+m)}\theta$$
$$+ \frac{Lmc}{(I+L^2m)(M+m)}\dot{\theta} - \frac{k}{M+m}\dot{x}$$

$$\left[\frac{(I+L^2m)(M+m)-(Lm)^2}{(I+L^2m)(M+m)}\right]\dot{x} = \frac{(I+L^2m)}{(I+L^2m)(M+m)}F - \frac{(Lm)^2g}{(1+L^2m)(M+m)}\theta$$
$$+ \frac{Lmc}{(I+L^2m)(M+m)}\dot{\theta} - \frac{(I+L^2m)k}{(I+L^2m)(M+m)}\dot{x}$$

$$[I(M+m)+L^2Mm]\ddot{x} = (1+L^2m)F - (Lm)^2g\theta + Lmc\dot{\theta} - (I+L^2m)k\dot{x}$$

$$\ddot{x} = \frac{(I+L^2m)}{[I(M+m)+L^2Mm]}F - \frac{(Lm)^2g}{[I(M+m)+L^2Mm]}\theta$$
$$+ \frac{Lmc}{[I(M+m)+L^2Mm]}\dot{\theta} - \frac{(I+L^2m)k}{[I(M+m)+L^2Mm]}\dot{x}$$

设

$$v_2 = \frac{(I+L^2m)}{I(M+m)+L^2Mm}$$

那么

$$\ddot{x} = v_2F - \frac{(Lm)^2gv_2}{(I+L^2m)}\theta + \frac{Lmcv_2}{(I+L^2m)}\dot{\theta} - kv_2\dot{x}$$

$$\ddot{x} = -\frac{(Lm)^2gv_2}{(I+L^2m)}\theta + \frac{Lmcv_2}{(I+L^2m)}\dot{\theta} - kv_2\dot{x} + v_2F$$

至此，状态变量有 θ、$\dot{\theta}$、x 和 $\dot{x}$，两个线性微分方程可以用状态空间形式表示如下。

$$\begin{bmatrix} \dot{x} \\ \ddot{x} \\ \dot{\theta} \\ \ddot{\theta} \end{bmatrix} = \begin{bmatrix} 0 & 1 & 0 & 0 \\ 0 & -kv_2 & -\dfrac{(Lm)^2gv_2}{(I+L^2m)} & \dfrac{Lmcv_2}{(I+L^2m)} \\ 0 & 0 & 0 & 1 \\ 0 & \dfrac{Lmkv_1}{(M+m)} & Lmgv_1 & -cv_1 \end{bmatrix} \begin{bmatrix} x \\ \dot{x} \\ \theta \\ \dot{\theta} \end{bmatrix} + \begin{bmatrix} 0 \\ v_2 \\ 0 \\ -\dfrac{Lmv_1}{(M+m)} \end{bmatrix} F$$

和

$$\begin{bmatrix} x \\ \theta \end{bmatrix} = \begin{bmatrix} 1 & 0 & 0 & 0 \\ 0 & 0 & 1 & 0 \end{bmatrix} \begin{bmatrix} x \\ \dot{x} \\ \theta \\ \dot{\theta} \end{bmatrix} + \begin{bmatrix} 0 \\ 0 \end{bmatrix} F$$

第 3 章 Chapter 3

传感器和换能器

在现代技术领域内，仪器仪表起着非常重要的作用。传感器是机电一体化系统中的一个重要元件，其与仪器仪表紧密相连，它的作用就是

为某一特定工业过程采集不同类型的信息提供一个机制。

传感器常用于检测工作、评价进行中的工作状况，以及通过主计算系统来为上一层的制造工序监控创造条件。它们可以用在工艺过程前、过程工艺中，以及工艺过程后。在某些情况下，传感器用来将一个物理现象转换成可接收的信号，通过分析该信号来做出决策。一些智能系统使用传感器监测那些因环境改变而受影响的特定情况，并用相应的校正动作来控制它们。

实际上，在每一个应用中，传感器都将真实世界的数据转换成电信号。因而传感器可定义如下。

传感器是一种为感知某一物理现象而产生一个输出信号的装置。

传感器也叫作换能器、转换器，其涵盖的活动范围较广阔，甚至能够辨识一些超出人类的感知能力范围的环境输入。若对换能器下个定义，则可以表达为：

换能器是将一个信号从一种物理形式转换成另一个相应的信号的装置，这个信号不同于原来的物理形式。

在换能器中，输入端的物理量和输出端的物理量是不同的。典型的输入信号可以是电气的、机械的、热的和光学的信号。在涉及某些过程自动化的制造工业中，信号探测通常使用电气换能器来处理。换能器是将信息从一种形式转换成另一种形式的元件或装置，其中信息的改变很容易测定。

弹簧就是一个简单的换能器例子。当在弹簧上施加一定量的力，弹簧拉伸，则力的信息转换成位移信息，如图 3-1 所示。不同大小的力产生不同的位移，这就是测定力的一种方法。

位移 y 和力 F 成正比，可以表示为

$$F = ky$$

其中，F＝施加的力；y＝产生的变形；k＝常数。

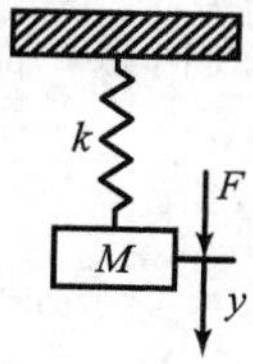

图 3-1　基本传感器

3.1　传感器和换能器简介

传感器和换能器的使用程度可根据控制系统的复杂性和自动化程度来定。对一个复杂的控制系统进行建模，需要引入快速的、灵敏度高的和精确度高的测量装置。基于这些要求，传感器正在不断地**小型化**，通过将若干传感器和数据处理机制组合起来，在微观层面来实施。基于"片上实验室"（lab-on-a-chip）的概念，人们已经建造了许多微系统，可将整个单元全部整合在一个尺寸小于 0.5mm×0.5mm 的硅片上。

传感器或换能器的选择主要考虑：

- 应用和测定的变量
- 精度特性和灵敏度需求
- 动态范围
- 自动化水平
- 控制系统的复杂性和建模要求
- 成本、尺寸、用途和维护的难易程度

现代控制系统(不管是电气的、光学的、机械的，还是流体的)两个重要的元器件就是系统的传感器和换能器。传感器元件探测被测量体(被测量的变量)，并将其转换成可接受的形式，通常是电信号。整个测量系统的最大精度由单独的传感器的灵敏度和传感器自身内部产生的噪声来确定。在测量和控制系统中，任何参数的变化，不管是被测量体，还是信号调节，都将直接影响整个模型的灵敏度。

图 3-2 所示基于传感器的测量系统组成。传感器的功能就是测定感兴趣的信息，并将其通过信号调制器转换成可接收的形式。信号调制器的功能是从探头处接收信号，将其转换成一个显示单元可接收的信号。显示单元的功能是接受从信号调制器输出的信号，并将其显示出来。输出可以输出到显示器，也可以到打印机，或者传给另一个控制器。还可以加以处理，反馈到测定初始信号的信号源那里。

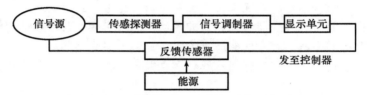

图 3-2　带辅助能源的机电一体化测试系统

图 3-3 所示为一个用作通用测量应用的仪表系统的组成。一个典型的系统由各类初级传感器组成，它们将信息转换成更加合适的形式以供测量系统处理，在信号调制阶段用来处理和修改信息，而在输入输出阶段来和外界过程接口与控制。

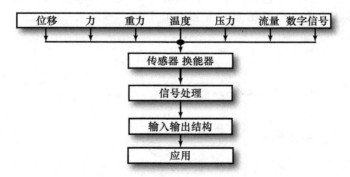

图 3-3　普通仪表系统及其组成

3.1.1　传感器的分类

在机电一体化系统设计中，选择合适的传感器非常重要。表 3-1 总结了一些常用传感器的分类。

根据传感器的输出信号、电源、操作模式和被测量的特性，可将传感器分成两大类：模拟量传感器和数字量传感器。

- **模拟量传感器**：模拟量是一个用来描述连续的、非间断的事件序列的术语。模拟量传感器的输出通常和被测变量成正比。输出的变化是连续的，通过其**振幅**的大小来获取信息。输出通常需要通过 A/D 转换器转换后提供给计算机。

- **数字量传感器**：数字量是指一系列离散的事件。每一个事件和前后事件分离。如果传感器的**逻辑电平**输出具有数字化特征，那该传感器就是数字量传感器。数字量传感器具有较高的准确度和精密度，并且不需要任何转换器就能和计算机监测系统对接。

另一种根据传感器有无自带电源来分，分为有源传感器和无源传感器。

表 3-1 传感器分类表

分　类	传感器类型
信号特征	模拟量 数字量
电源	主动式（有源） 被动式（无源）
操作模式	空类型 偏差式
测量对象所属科目	声学 生物学 化学 电学 磁学 机械学 光学 辐射 热学 其他

- **有源传感器**：有源传感器需要外接电源才能工作。外部信号由传感器修正，从而产生输出信号。需要辅助电源输入的典型例子如应变计和热敏电阻器。
- **无源传感器**：无源传感器的输出直接由输入参数产生。无源传感器响应外界的刺激而（自生式）产生一个电信号。无源传感器的例子包括压电式传感器、热敏传感器和辐照式传感器。

按照仪表系统的操作和显示模式，传感器还可分为偏差式传感器和空传感器。

- **偏差式传感器**：在一个物理设置下，偏差式传感器的输出和显示出来的被测量成正比。
- **空类型传感器**：在空类型检测中，与被测量有关的任何偏差都用反向的校正力来平衡，所以可以探测出来任何不平衡。

最后一个传感器分类方法是基于所测定的对象所属科目，这些科目包括声学、生物学、化学、电学、磁学、机械学、光学、辐射学、热学和其他。

3.1.2　传感器的参数测定

让我们用一般化的方法从功能元素的视角来检查仪表系统的模型。这些功能元素对仪表系统的传感和测定有贡献，同样也影响仪表系统的质量。

图 3-4 显示出某个典型仪表系统的元素框图，其基本的子系统包括如下模块。

- 感知模块
- 转换模块
- 变量操作模块
- 数据传输模块
- 展示模块

所有功能模块综合作用就形成了一个有用的测量系统。下面将各模块做一介绍。

感知模块　首先，从被测量介质中获得信号，并根据测到的数据产生一个输出。在测量过程中，有些需要从测量介质中获取能量。实际上，测到的数据还受到测量动作的影响和干扰，因而执行一个完美的测量理论上是不可能的，好的仪表通常将测量误差设计成最小化。

转换模块　将物理量转换成另一个物理量，也称作换能元素。在某些情况下，输入信号的转换可能会按阶段逐步发生，诸如第一步、第二步和第三步转换。

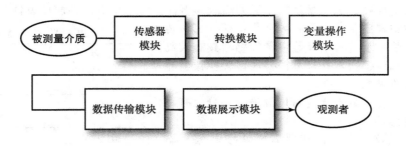

图 3-4　某个仪表系统的组成

变量操作模块　通常，这一模块包含信号调制。变量操作的例子如放大器、连锁机构、齿轮箱变速器、放大镜等。电子放大器将一个低压信号接收为输入信号，产生一个比输入信号大很多倍的信号。

数据传送模块　本模块将信号从一个地方传送到另一个地方。例如，传送系统可以是一个轴和轴承装配，或者是一个复杂的装置，诸如遥感系统将信号从地上传送到卫星上。

数据显示模块　本模块将测量得到的信息数据以某种能被认知的方式显示出来。

例 3-1　**家用取暖系统**

一个典型的家用取暖系统的功能模块如图 3-5 所示。

解： 该框图表示了 6 个主要的系统元件以及它们之间的联系。内部联系完整地定义了每一模块的输入和输出。例如，自动调温器方框有两个输入信号（一个是房间温度，另一个是设定的温度），产生一个输出信号，这个输出信号送到机械的继电器开关。**自动调温器**起了一个基本的传感器和换能器的作用。

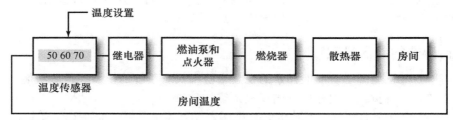

图 3-5　家用取暖系统

例 3-2　**压力传感器**

图 3-6 所示的是一个在弹簧预加载活塞和一个显示机构的形式下的压力传感器。压力探测仪器可以分成几个功能。源头连接一个液压缸。压力作用在活塞和弹簧机构上。弹簧用作一个传感器，并且参与变量变换。弹簧的变形传递到显示装置上，通过一个拨盘指针的运动来显示弹簧的变形。

图 3-6　压力传感器的示意图

3.1.3 质量参数

传感器和换能器常被用于不同的环境条件下。正如人类一样，它们也对环境输入的变化敏感，如压力、运动、温度、辐射和磁场等。

传感器的特征可以用如下七个属性来描述，后续章节将详细描述。

- 灵敏度
- 分辨率
- 精确度
- 精密度
- 间隙度
- 重复度
- 线性度

灵敏度 灵敏度是测量仪器对被测量的变化而产生响应的特性。它也可以表示为输出变化和输入变化的比例，如图 3-7 和图 3-8 所示。

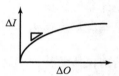

图 3-7　基本换能器模型　　　　图 3-8　输入输出关系

灵敏度通过下式来测定。

$$S = \frac{\Delta O}{\Delta I}$$

其中，S 是灵敏度，ΔO 表示输出变化，ΔI 表示输入变化。例如，在电气测量仪器中，如果 0.001mm 的移动产生一个 0.02V 的电压变化，那么该测量仪器的灵敏度就是 $S = \frac{0.02}{0.001} = 20\text{V/mm}$。

分辨率 分辨率是指能被检测出来的被测量的最小增量，也可以认为是仪器能制造出的优良程度。例如，用最小分隔为 1mm 的直尺来测量一个接近 0.5mm 的尺寸，那么通过插补，分辨率估算为 0.5mm。

精确度 精确度是指被测值和实际值之间的差距。精确度依赖于仪器的内在限制，一个实验如果不受实验误差的影响，那么它就是精确的。±0.001 的精确度是指测量值在实际值的 0.001 的范围内。实际中，准确度定义成实际值的百分比。

$$真实值的百分比 = \frac{测量值 - 真实值}{真实值} \times 100\%$$

如果一个精密的秤读出 1 克，误差是 0.001 克，那么该仪器的精确度就是 0.1%。测定值和实际值之间的差别称作偏差（误差）。

精密度 精密度是仪器能产生某一系列在给定精确度内的读数。精密度依赖于仪器的可靠性。

例 3-3 打靶射击实验

图 3-9 显示了一个打靶射击实验的精确度和精密度。

| 高精密度、低精确度 | 高精密度、高精确度 | 低精密度、高精确度 | 低精密度、低精确度 |

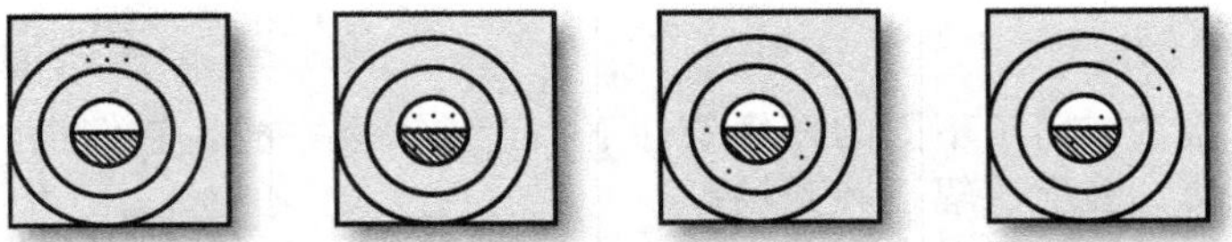

图 3-9　打靶射击例子

解："高精密度、低精确度"情况是指某人射出的所有子弹射中了靶盘的外圈，但都没射中靶心。第二种情况下，是"高精密度、高精确度"，所有的子弹都射中靶心，并且相间的距离非常近。第三种情况下，"低精密度、高精确度"子弹都射中了靶心，但是分布比较分散。最后一种情况是"低精密度、低精确度"，子弹随机射中靶子。　◀

反向间隙（游隙）　反向间隙，又称游隙，定义为在机械系统中，一个零件在某一方向移动，而不造成与之配合的零件运动的最大的距离或角度。游隙是不受欢迎的现象，但对精密齿轮传动链的设计非常重要。

重复度　重复度是指在相同的测试环境下对相同的被测量进行重复测量所能重复产生输出信号的能力。

线性度　精密仪器的特征就是输出是输入的线性方程。但线性从来没有完全实现，而理想的偏差称为线性度容差。线性度可表示为离开线性值偏差的百分比（也就是输出曲线和标定周期内的最佳直线之间的最大偏差）。非线性度通常由非线性元素造成，如机械迟滞、流体黏滞或爬行，以及电子放大器等。

3.1.4　机电一体化建模参数的误差和不确定性

现代机电一体化技术主要依靠使用传感器和测量技术。如果没有传感器和测量系统，那么工业过程和自动化系统的控制将会变得非常困难。机电一体化仪表的经济生产需要合理选择传感器、材料和软硬件设计。为任何特殊的应用选择一个仪表，其最终选择在很大程度上取决于所需的精确度。如果一个较低精确度的仪器也能接受，那么选择昂贵的传感器和精密的测量元件就不是那么经济合算了。但如果仪器用于高精密的应用，那么设计容差必须非常小。

任何依赖于测量系统的系统会引起一些非确定性。这种非确定性可能是由单独的传感器的不确定性、被测量的随机变量或者是环境条件的不确定性造成的。整个系统的精确度取决于元件之间的交互及它们各自的精确度。这对于测量系统是毫无疑问的，同样也适用于生产系统，其精确度取决于很多子系统和元器件。一个典型的仪器可以有很多元器件组成，这些元器件具有复杂的内在关系，并且每一个元器件都会造成最终的整体误差。每个元器件的误差和不精确度的影响是累积的。

3.2　元器件变化的影响——灵敏度分析

在制造环境中，一个复杂的冲压模具的精确度和精密度取决于它的设计以及与它有关的零件的设计容差。同样如果一个实验有许多元器件源，每一个用单独的仪器单独的测量，那么这时就需要来计算总体精确度的过程。从系统总体的视角出发，这一过程必须考虑单个元器件容差的变化。误差分析方法可帮助我们在精确度计算过程中分辨各元器件误差对系统总体误差的影响。如果已知总体设计容差和变化量，那么这一过程也可以帮助我们分配各自的设计容差和变化量。这里给大家举个例子来分析。

考虑这样一个问题，N 是一个含有 n 个独立的变量的函数，x_1，x_2，x_3，$\cdots$，x_n 每一个变量都是由一个仪器测出的量（或者是不同的仪器对同一个系统测出的量），计算 N。

$$N = f(x_1, x_2, \cdots, x_n) \tag{3-1}$$

设 $\pm\Delta x_1$，$\pm\Delta x_2$，$\cdots$，$\pm\Delta x_n$ 是每个变量的误差，这些误差将影响系统整体误差，按式（3-1）计算，可得：

$$N \pm \Delta N = f(x_1 \pm \Delta x_1, x_2 \pm \Delta x_2, \cdots, x_n \pm \Delta x_n) \tag{3-2}$$

我们可以通过从 $N \pm \Delta N$ 中减去 N 获得 ΔN。由于这个过程非常费时，就通过泰勒级数来求近似解。对式（3-2）进行泰勒级数展开，得：

$$f(x_1 \pm \Delta x_1, x_2 \pm \Delta x_2 \cdots x_n \pm \Delta x_n) = f(x_1, x_2 \cdots x_n) + \Delta x_1 \frac{\partial f}{\partial x_1} + \Delta x_2 \frac{\partial f}{\partial x_2}$$
$$+ \frac{1}{2}(\Delta x_1)^2 \frac{\partial^2 f}{\partial x_1} + \cdots + \cdots \tag{3-3}$$

在泰勒级数中，所有的偏微分都估算，由于完成测试后所有的 x_i 是已知的，所以这些值可以代入偏微分的表达式来获得合适的值。

实际上，这些 Δx 是很小的值，因此可以忽略 Δx^2 项。方程（3-3）简化为：

$$f(x_1 \pm \Delta x_1, x_2 \pm \Delta x_2, \cdots, x_n \pm \Delta x_n) = f(x_1, x_2 \cdots x_n) + \Delta x_1 \frac{\partial f}{\partial x_1} + \Delta x_2 \frac{\partial f}{\partial x_2}$$
$$+ \cdots + \Delta x_n \frac{\partial f}{\partial x_n} \tag{3-4}$$

绝对误差 E_a 定义成

$$E_a = \Delta N = \Delta x_1 \frac{\partial f}{\partial x_1} + \Delta x_2 \frac{\partial f}{\partial x_2} + \cdots + \Delta x_n \frac{\partial f}{\partial x_n} \tag{3-5}$$

绝对误差的使用主要是因为有些偏微分的值可能是负的，这就会消去影响。方程（3-5）非常有用，因为它显示出哪一个变量对系统整体精确度产生了最大的影响。

例如，如果项 $\frac{\partial f}{\partial x_3}$ 和其他的偏微分项相比是高的，那么一个小的偏差 Δx_3 将对总体系统误差 E_a 产生一个大的影响。

$$误差百分数\ E_r = \frac{\Delta N}{N} \times 100 = \frac{100 E_a}{N}$$

$$计算结果 = N \pm \frac{\Delta N}{N} \times 100$$

在某些情况下，总的精确度是可知的，但是每一个组成元素的精确度是未知的。这时如果总的精度已知，并且希望找到每个单独元器件所需的精确度，那么常常采用等效法。这就是假设每一个元器件的误差对总体误差的影响是相等的。

$$\Delta N = \frac{\partial f}{\partial x_1}\Delta x_1 + \frac{\partial f}{\partial x_2}\Delta x_2 + \cdots \frac{\partial f}{\partial x_n}\Delta x_n$$

假设每项都是等效的，我们可以写成

$$\frac{\partial f}{\partial x_1}\Delta x_1 = \frac{\partial f}{\partial x_2}\Delta x_2 = \cdots = \frac{\partial f}{\partial x_n}\Delta x_n = \frac{\Delta N}{n} \tag{3-6}$$

既然允许的总体误差 ΔN 是已知的，并且由于 x_1，x_2，x_3，$\cdots$，x_n 也是已知的，所以

$$\frac{\partial f}{\partial x_i}\Delta x_i = \frac{\Delta N}{n}$$

那么在每一个测量中允许的误差 Δx_i 可按下式计算。

$$\Delta x_i = \frac{\Delta N}{n\left(\dfrac{\partial f}{\partial x_i}\right)}, \quad 其中\ i = 1,2,3,\cdots,n \tag{3-7}$$

正如式(3-6)所示的等效法，每一个变量都是用绝对值计算的，分配给每一个被测量的最大不确定性是由 N 来决定的。

另一个方法是平方和的平方根法(square root of sum of squares，SRSS)，它是基于这样的事实，所有的非确定性都在同一置信度水平上评估，如式(3-8)所示。无论何时，当用 SRSS 方法计算，则对于 N 的非确定性置信度和对于 x_i 的非确定性置信度都是一样的。

$$\Delta N = \left\{ \sum_{i=1}^{n} \left(\Delta x_i\ \frac{\partial f}{\partial x_i} \right)^2 \right\}^{\frac{1}{2}} \tag{3-8}$$

下面举三个例子说明前述的非确定性计算。

例 3-4 速度控制系统

一个机电一体化速度控制系统，角速度和施加的力的关系如下。

$$\omega = \sqrt{\frac{F}{mr}}$$

其中，$F=$ 施加的力的大小(N)；$r=$ 回转半径(m)；$m=$ 回转块的质量(kg)。

如果 $m=200\pm0.01$g，$r=25\pm0.01$mm，$F=500\pm0.1\%$(N)，则可确定回转速度的不确定性。

解： 用如下公式计算速度。

$$\omega = \sqrt{\frac{F}{mr}}$$

$$\omega = \sqrt{\frac{500}{0.2\times0.025}} = 316.23$$

考虑每个元器件的误差对角速度测量的影响。

$$E_a = \Delta N = \left[\Delta x_1\ \frac{\partial f}{\partial x_1}\right] + \left[\Delta x_2\ \frac{\partial f}{\partial x_1}\right] + \cdots$$

计算多个偏微分。

$$\frac{\partial \omega}{\partial m} = \frac{-0.5\sqrt{F}}{m^{\frac{3}{2}}\sqrt{r}} = \frac{-0.5\times\sqrt{500}}{(0.2)^{\frac{3}{2}}\times\sqrt{0.025}} = -790.57$$

$$\frac{\partial \omega}{\partial F} = \frac{1}{2\sqrt{F}}\cdot\frac{1}{\sqrt{mr}} = \frac{1}{2\sqrt{500}}\times\frac{1}{\sqrt{0.025\times0.2}} = 0.3162$$

$$\frac{\partial \omega}{\partial r} = -\frac{1}{2}\sqrt{\frac{F}{m}}\cdot\frac{1}{r^{\frac{3}{2}}} = -\frac{1}{2}\sqrt{\frac{500}{0.2}}\times\frac{1}{(0.025)^{\frac{3}{2}}} = 6324.56$$

$$E_a = \Delta N = 0.5\times0.316 + 1\times10^{-5}\times790.57 + 1\times10^{-5}\times6324.56 = 0.229$$

$$误差 = \frac{\Delta N}{N} = \frac{0.229}{316.23} = 0.000725 \approx 0.072\%$$

例 3-5 RLC 电路

在交流电作用下，RLC 电路的阻抗可由下式计算。

$$Z = \sqrt{R^2 + (X_L - X_c)^2}$$

如果每一个 R、L 和 C 的不确定性是 5%，则可计算阻抗 Z 的不确定性。电阻 $R=$ 2KΩ，电感 $L=0.8$H，电容 $C=5\mu$F。

解： 阻抗公式是

$$Z = \sqrt{R^2 + (X_L - X_c)^2}$$

其中，$X_L = \omega L = 2\pi f L$

$X_C = \dfrac{1}{2\pi f C}$

$R = 2k\Omega \pm 5\% = 2000 \pm 100\Omega$

$L = 0.8\text{H} \pm 5\% = 0.8 \pm 0.04\text{H}$

$C = 5\mu\text{F} \pm 5\%$ 或 $5 \times 10^{-6} \pm 0.25 \times 10^{-6}\text{F} = 5 \times 10^{-6} \pm 250 \times 10^{-9}\text{F}$

$f = 60\text{Hz}$

$X_L = 2\pi f L = 2\pi \times 60 \times 0.8 = 301.6$

$X_C = \dfrac{1}{2\pi f C} = \dfrac{1}{2\pi \times 60 \times 5 \times 10^{-6}} = 530.52$

$Z = \sqrt{R^2 + (X_L - X_c)^2} = \sqrt{2000^2 + (301.6 - 530.52)^2} = 2013$

偏导数是 4.96%。

$$\frac{\partial Z}{\partial R} = \frac{R}{\sqrt{R^2 + (X_L - X_C)^2}} = \frac{2013}{\sqrt{2000^2 + (301.6 - 530.52)^2}} = 0.999$$

$$\frac{\partial Z}{\partial X_L} = \frac{X_L - X_C}{\sqrt{R^2 + (X_L - X_C)^2}} = \frac{301.6 - 530.52}{\sqrt{2000^2 + (301.6 - 530.52)^2}} = -0.114$$

$$\frac{\partial Z}{\partial X_C} = \frac{X_C - X_L}{\sqrt{R^2 + (X_L - X_C)^2}} = \frac{530.52 - 301.6}{\sqrt{2000^2 + (301.6 - 530.52)^2}} = 0.114$$

$\Delta N = 0.999 \times 100 + 0.114 \times 0.04 + 0.114 \times 250 \times 10^{-9} = 99.9$

误差 $= \dfrac{\Delta N}{N} = \dfrac{99.9}{2013} = 0.0496 = 4.96\%$

例 3-6 电阻测定

铜镍合金是一种合金(55% 的铜和 45% 的镍)，用来制造应力计。合金的电阻率为 $49 \times 10^{-8}\Omega\cdot\text{m}$，铜镍合金丝的长度使用如下公式计算。

$$L = \frac{RA_c}{\rho_c}$$

其中，$R=90\Omega$；$A_c = 7.85 \times 10^{-7}\text{m}^2$。

如果被测量的不确定度 R、A 和 ρ 都是 10%，则可计算线的长度的测量绝对误差。如果总的误差限制在计算值的一半，那么你该如何将精准度分配给各个测量仪器。

$$L = \frac{RA_c}{\rho_c} = \frac{90 \times 7.85 \times 10^{-7}}{49 \times 10^{-8}} = 144.18$$

其中，$R=90\Omega \pm 9\Omega$；$A_c = 7.85 \times 10^{-7}\text{m}^2 \pm 7.85 \times 10^{-8}\text{m}^2$；$\rho_c = 49 \times 10^{-8}\Omega\cdot\text{m} \pm 4.9 \times 10^{-8}\Omega\cdot\text{m}$。

偏导数为：

$$\frac{\partial L}{\partial R} = \frac{A_c}{\rho_c} = 1.602$$

$$\frac{\partial L}{\partial A_c} = \frac{R}{\rho_c} = 1.84 \times 10^8$$

$$\frac{\partial L}{\partial \rho_c} = -\frac{R A_c}{\rho_c{}^2} = -2.94 \times 10^8$$

$$\Delta N = 1.602 \times 9 + 1.84 \times 10^8 \times 7.85 \times 10^{-8} + 2.94 \times 10^8 \times 4.9 \times 10^{-8}$$
$$= 43.25$$

$$误差百分数 = \frac{43.25}{144.18} \times 100 = 30\%$$

如果误差限制在 15%，那精度该如何分配给各个测量值呢？

解：误差被限制在 15%，各参数允许的变化可由式(3-7)计算。

$$R = \frac{0.15 \times 144.18}{1.602 \times 3} = \pm 4.50\,\Omega$$

$$A_c = \frac{0.15 \times 144.18}{1.84 \times 10^8 \times 3} = \pm 3.92 \times 10^{-8}\,\mathrm{m^2}$$

$$\rho_c = \frac{0.15 \times 144.18}{2.94 \times 10^8 \times 3} = \pm 2.45 \times 10^{-8}\,\Omega \cdot \mathrm{m}$$

◀

3.3 运动和位置测量传感器

一个集成的制造环境通常由如下几部分组成。

- 加工中心/制造单元
- 检测工作站
- 物料运输
- 设备仪器
- 包装中心
- 放置原材料和成品的地方

通过集成系统监测环境来了解产品的生产进程。传感器和控制器交互，提供详细的工艺状态及环境情况。控制器将信号传递到驱动器，而该驱动器根据具体的功能响应。

基于传感器的制造系统包括通过诸多传感器的数据测量、传感器集成、信号处理，以及模式识别等。运动测量（特别是物体的位移、位置和速度）对许多反馈控制应用非常重要，特别是那些用于机器人、工艺和汽车工业。运动传感器是一类用于测量如下机械量的传感器。

- 位移
- 力
- 压力
- 流速
- 温度

初级和次级传感器　有时候，传感器测量一种现象，实际是为了测量另一个变量。初级传感器感知基本的数据，并将其转化成另一种形式，该形式再次被二次传感器转化为一些有用的形式。例如，力的测量使用一个弹簧来测量，而产生的弹簧位移通过另一种电子传感器来测量。力使弹簧变长，机械位移和力的大小成正比。弹簧被认为是初级传感器，它将力转化成位移。弹簧的一端连接另一个电子传感器，该传感器感知位移，并将其转化成一个电信号。这个电子传感器称作二次传感器。在大多数测量系统中，通常都有这种传感器元件的组合，其中初级传感器是机械元件，而次级传感器（在第二阶段作用的）是一个电子传感器。

传感器的选择标准。

- 测量范围（量程）
- 传感器对这种测量的适用度
- 所需的分辨率
- 被测物体的材料
- 许可空间
- 环境条件
- 有效的感知电源
- 成本
- 产量

各类传感器广泛应用于运动测量，如电子传感器、机械电子传感器、光学传感器、气动传感器和压电传感器等。

基于传感器原理的传感器分类

- **电位计：** 电位计传感器采用传感器中材料的电阻变化原理。
- **电容：** 电容传感器应用一组板材之间电容的变化的原理。
- **电感：** 电感传感器基于电感的变化原理，将一个铁心材料插入一个电感线圈，感应变量用来测量位移的变化。
- **压电：** 压电传感器基于压电产生电荷的原理。无论何时，当压电材料晶体受到机械运动，就会产生一个感应电压。这个效应可以通过一个电压和压电材料的变形来实现。

3.3.1 电阻传感器

电位计原理 使用一个回转的或直线形的电位计可以制造出一种利用变阻器原理的位移传感器。

电位计是一种传感器，在该传感器内，将一个旋转的或直线的位移转化成一个电位差。

如图 3-10 所示，电位计的滑片位移造成在电阻的一端和滑片之间的电位差输出。这种设备将线形的或角度的运动转化成电阻的变化，这个变化可以直接转化成一个电压信号或电流信号。电阻上滑片的位置决定电势的大小。对于线形的电位计上滑片处的电压可以通过测量位移 d 来确定，给出如下关系式。

$$V = E\frac{d}{L}$$

这里，E 是电位计上的电压，L 是电位计的整体长度。

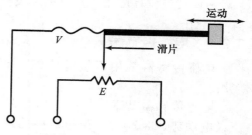

图 3-10 电位计传感器原理

如果滑片的运动是沿着一个电阻元件的圆周路径的，那么回转信息将转化成电位差的信息。回转传感器的输出和角向移动成正比。如果在输出端有负载效应，那么在滑片位置和输出电压之间的线性关系会有所改变。

误差，所谓的负载误差，是由输出设备的输入阻抗引起的。为了减少负载误差，必须使用一个不受负载变化严重影响的电压源（如稳定的电源设备），以及具有高输入阻抗的信号调制电路。另外，我们建议将电位计的滑片和传感器的轴分开。

电位计传感器的缺点就是其缓慢的动态特性、低的分辨率，以及易受振动和噪声的影响。目前已经采用应变片型电阻传感器设计出了一种行程相对小的位移传感器。

总　结　电位计原理

一个将旋转或直线位移转换成一个电位差的传感器。

这种传感器（见图 3-11）将直线的位移或角向的位移转换成变化的电阻，该电阻的变化再直接转换成电压或电流信号。沿着电阻元件滑片的位置确定电位势的大小。用位移 d 来测定跨越线性电位计滑片的电压，给出如下关系式。

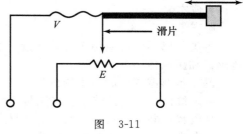

$$V = E\frac{d}{L}$$

其中，E 是跨越电位计的电压，L 是电位计的全程长度。

图　3-11

回转电位计

如果滑片的移动是沿着一个电阻元件的圆周路径，那么可将回转信息转换成电位差形式的信息。回转电位计的输出正比于角向位移。

特点

- 当需要一个电信号正比于位移，而且费用要低，精度要求不太关键时，通常考虑使用线性电位计。
- 典型的回转电位计具有 $\pm170°$ 的量程。它们的线性度在 $0.01\% \sim 1.5\%$ 之间。

应用

- 在装配线上产品的位置监控，以及在质量控制系统中检测产品的尺寸。
- 回转电位计应用于从机床到飞机的回转测量中。

3.3.2　电感传感器

电感传感器常用于接近传感，也可以用于运动位置检测、运动控制和过程控制应用。

电感传感器基于法拉第定律，在线圈中产生电感。法拉第电感定律指出，感应电压或电动势（EMF）等于通过线圈的磁通量的变化速度。如果将变化的磁通量施加到一个线圈，那么线圈的每一匝导线都会产生电动势。如果线圈按这样一个方式绑定，在每一匝导线都有相同的横截面积，那么通过每匝的磁通量也相同，感应电压方程如式 3-9 所示。

$$V = N \frac{\mathrm{d}\varphi}{\mathrm{d}t} \tag{3-9}$$

这里，N＝线圈的匝数；$\varphi = BA$；B 是电磁场，A 是线圈的面积。

电压输出可以根据通过线路的磁通量的变化而变化，这个可以通过改变磁场 B 的强度或线圈 A 的面积来实现。

该方程还可以写成：

$$V = N \frac{\mathrm{d}(BA)}{\mathrm{d}t} \tag{3-10}$$

将式(3-10)重写为：

$$V = \frac{\mathrm{d}(N\varphi)}{\mathrm{d}t} = \frac{\mathrm{d}\psi}{\mathrm{d}t} \tag{3-11}$$

其中，$\psi = N\varphi$。

这里，N 是线圈的匝数，ψ 是相连线路的全部磁通量。

可以得出结论，产生的电压等于相关磁通量的变化速度。也可以得知，在任意电路中一个电流 i 产生磁场 B，该磁场强度正比于电流 i 大小和线圈的几何尺寸。

电路相关的全部磁通量可以表达成一个常量 L，其表示电路的电感。电路的电感定义为单位电流产生的磁通量，如式 3-12 所示。

$$L = \frac{\psi}{i} = \frac{N\varphi}{i} \tag{3-12}$$

磁通量定义为：

$$\varphi = \frac{Ni}{R} \tag{3-13}$$

式中，R 是流通路径的**磁阻**。磁路中的磁阻类比于电路中的电阻。线圈的自感应表示成式(3-14)所示。

$$L = \frac{N}{i}\left(\frac{Ni}{R}\right) = \frac{N^2}{R} \tag{3-14}$$

其中，N＝线圈的匝数；R＝磁路的磁阻。

磁阻可以表示为：

$$R = \frac{l}{\mu A}$$

其中，μ 是线圈周围及内部介质的有效的磁导系数；l 线圈的长度(m)；A 线圈的横截面积(m^2)。

电感的单位是亨利(H)。式(3-15)显示出通过改变线圈的匝数及几何配置来改变线圈的自感应的变化，也可以通过改变磁体材料的磁导系数来改变。

$$L = N^2 \mu \left(\frac{A}{l}\right) = N^2 \mu G \tag{3-15}$$

其中，$G = \frac{A}{l}$＝几何因子。

电感变化可以由如下任何一种变化造成。

● 改变线圈的匝数来改变线圈的几何特征。

● 线圈周围和内部介质的有效磁导。

● 改变磁通路径的磁阻或改变空气间隙。

● 改变互感应（通过增磁场或反磁场改变线圈 1 和线圈 2 的耦合）。

通过改变几何配置造成的自感应的变化是线圈布置变化的结果。有两个线圈的部分加载到铁心上。一部分是静态的，另一部分是可移动的。通过改变线圈中移动的部分改变位移，该位移会产生线圈的自感应的变化。

电感也可以利用线圈的匝数变化来设计，输出关系变为：

$$L \propto N^2 \propto （位移）^2 \tag{3-16}$$

互感的变化　感应传感器基于的原理是使用多个线圈的互感变化。在一个电路中产生的感应电动势完全是因为另一个电路中电流的变化而产生的，称之为互感。

为了说明，请看两个线圈，线圈 1 和线圈 2 分别具有 N_1 和 N_2 匝。电流 i 流过线圈 1 产生了磁通量为 U。如果 R 是磁路中的磁阻，那么在线圈 2 中由于线圈 1 而产生的感应电动势是：

$$e_2 = N_2 \frac{\mathrm{d}(\varphi)}{\mathrm{d}t} = N_2 \frac{\mathrm{d}(N_1 i_1 / R)}{\mathrm{d}t}$$

$$e_2 = \frac{N_1 N_2}{R} \frac{\mathrm{d}i_1}{\mathrm{d}t} \tag{3-17}$$

$$e_2 = M \frac{\mathrm{d}i_1}{\mathrm{d}t} \tag{3-18}$$

其中，互感是：

$$M = \frac{N_1 N_2}{R}$$

以此类同，线圈 2 由于线圈 1 而产生的感应电动势为：

$$e_1 = M \frac{\mathrm{d}i_2}{\mathrm{d}t} \tag{3-19}$$

互感的表达式可修改成如下，通过加入一个因子 K，表示两个线圈之间连接的磁通量损耗。

$$互感 ; M = \frac{N_1 N_2}{R} K \tag{3-20}$$

由式（3-14）可知

$$L_1 = \frac{N_1^2}{R}, L_2 = \frac{N_2^2}{R}$$

$$L_1 L_2 = \frac{N_1^2 N_2^2}{R^2} \tag{3-21}$$

使用式（3-20）和式（3-21），互感可表达成

$$M = K \sqrt{L_1 L_2} \tag{3-22}$$

在式（3-22）中，K 是两个线圈的耦合系数。这样两个线圈之间的互感可以按照自感或耦合系数的变化而变化了。

测量位移的电感传感器使用的原理就是在一个线圈中改变铁心的位置而产生的互感变化。当该铁心居中时，每个二次绕组中感应电压都一样。当铁心改变了位置，磁通量的变化

造成一个二次绕组的感应电压提高，而另一个二次绕组的感应电压降低。二次绕组通常串联**对立**连接，所以在每一个线圈感应产生的电压都是不同相位的。当铁心处于正中央时，则输出电压为 0，当铁心插入或拉出时，则输出电压就会提高。输出电压的幅度和铁心位移在某些范围内呈线性关系，信号调制电路产生一个输出电压，该电压和位移成正比。输出电压的极性和铁心移动的方向有关。

3.3.3 LVDT

线性差动变压器（LVDT）是应用最为广泛的传感器。在许多包含运动的情况下，它们作为一个测量元件用来直接测量位移。LVDT 可以分辨非常小的位移，它们的高分辨率、高精度以及高稳定性使它们成为测量短距离应用的理想设备。

LVDT 包括一个一次绕组 P_1 以及两个二次绕组 S_1 和 S_2。每一个都绑在一个圆柱形的、棒材磁铁心上，居中定位于线圈装配体内，这就提供了一个精细的关联该线圈的磁通路径。将一个振荡的励磁电压施加到一次绕组线圈上。通过一次绕组的电流在二次绕组中产生电压。铁磁体的芯集中磁场。如果铁心靠近某一个二次绕组，那么那个线圈的电压就较高。

设二次绕组 S_1 的输出为 E_{S_1}，二次绕组 S_2 的输出为 E_{S_2}。当铁心处在其空位上时，每个线圈感应的电压相等。当这两个输出电压反相连接起来，如图 3-12 所示，结果电压的值为 0。这就是所谓的空位置，输出的 E_{S_1} 和 E_{S_2} 相等。当移动铁心产生位移，在两个固定线圈之间的互相感应产生变化。LVDT 输出一个和位移成正比的两个极的电压，输出电压是正的，并不显示铁心移动的方向，可以设计合适的信号调制器来给出铁心移动的方向。

在用于动态测量时，LVDT 具有局限性。它们不适合用于频率大于 1/10 的激励频率。另外，铁心的质量还造成一定的机械负载误差。LVDT 的正确选择取决于位移测量的范围。电压相对位移到某一点是线性的，但在其他区域内就是非线性的了。变压器的灵敏度也取决于激励信号频率 f，以及一次电流 I_p。对于好的选择，线性范围应该限制在一次绕组的宽度之内。典型的 LVDT 范围是从 $\pm 2 \sim \pm 400\text{mm}$，约有 $\pm 0.25\%$ 的非线性误差。

信号输出 E_0 与线圈的其他特性的关系可由式（3-23）给出。

$$E_0 = \frac{16\pi^3 f I_p n_p n_s}{10^9 \ln\left(\frac{r_0}{r_1}\right)} \frac{2bx}{3w}\left(1 - \frac{x^2}{2b^2}\right) \qquad (3\text{-}23)$$

其中，$f=$ 激励信号频率；$I_p=$ 一次绕组电流；$n_p=$ 一次绕组的匝数；$n_s=$ 二次绕组的匝数；$b=$ 一次绕组的宽度；$w=$ 二次绕组的宽度；$x=$ 铁心的位移；r_0，$r_1=$ 线圈的外径和内径。

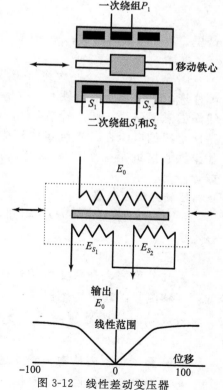

图 3-12　线性差动变压器

3.3.4　回转差动变压器

在测量精密的角向转动时，就可以采用 RVDT。RVDT 的原理和 LVDT 相同，除了它有一个回转的磁铁心。一些回转差动变压器（RVDT）具有一个典型的 $\pm 40°$ 的测量范围，大约 $\pm 0.5\%$ 的线性误差。虽然 LVDT 和 RVDT 用作一次传感器，但它们也可以在测量力、重力、压力和流量时用作二次传感器。

应用电感传感器的典型应用包括：

- 板的厚度的测量
- 产品零件加工后尺寸变化的测定
- 转动设备的角速度测量
- 样品尺寸的精确测定
- 液位测量应用
- 焊接过程中精密间隙测量

总　结　**线性差动变压器**

原理

基于线圈中的法拉第电磁感应定律，指出感应的电压或者电动势（EMF）等于通过一个电路的磁通量变化的速率。

$$V = N \frac{\mathrm{d}\varphi}{\mathrm{d}t}$$

这里，N＝线圈的匝数；$\varphi = BA$；B＝磁场强度；A＝线圈的面积。

描述

图 3-13 包括一个一次绕组 P_1 和两个二次绕组 S_1 和 S_2，每一个线圈都是绕在一个圆柱形的棒材形状的磁铁心，这些磁铁心装配在线圈的正中央，提供了一个精细的连接线圈的磁通路径。将一个振荡电压施加到一次绕组。通过一次绕组的电流在二次绕组中产生电压，铁磁心集中磁场。如果铁心接近某一个二次绕组，那么在该二次绕组的电压就比较高。

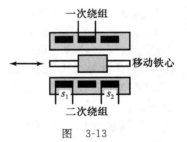

图　3-13

回转差动变压器

RVDT 的原理和 LVDT 相同，除了它有一个回转的磁铁心。

特征

- 高分辨率、高精度和好的稳定性使它们成为短距离位移测量的理想传感器。
- 灵敏的传感器提供低至大约 0.05mm 的分辨率，它们的工作范围从 $\pm 0.1 \sim \pm 300$mm。
- 在整个量程内读数精确度达 ± 0.5mm。
- 对温度的灵敏度低于电位计。

应用

- 在焊接应用中焊接枪和工作表面之间间隙的精密测量。
- 在轧钢过程中测量钢板的厚度。
- 当零件被加工后的不规则表面的检测。
- 回转设备的角速度测量。
- 样本尺寸的精密检测。
- 液位高度测量。

3.3.5 电容传感器

许多物理现象可以用在两片分离的部分(电极)之间的电容变化来测量。电容是一个有关导体的有效面积、两个导体之间的间距,以及材料的**介电强度**的函数。通过改变三个参数中的任意一个就能导致电容的改变。这些变化总结如下。

- 改变两个平行电极之间的距离。
- 改变**电介质**的介电常数,**电容率 ε**。
- 改变电极的面积 A。

图 3-14 显示出使用平行板电容器测量位移的可变电容原理。在图 3-14a 和 3-14b 中,板间间隙改变了,图 3-14c 中展示了将一个介电材料插入平行的板之间的情况。

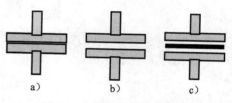

图 3-14 电容传感器原理

存储在一个板上的电荷量和在电容器上施加电压值的比例称为电容。电容直接与板的面积成正比,与两块板之间的距离成反比。所依据的公式如式(3-24)所示。

$$C = \frac{\varepsilon A}{d}$$

$$\tag{3-24}$$

比例常数 ε 称作电容率,是分离两块板材料类型的函数。对一个具有绝缘体材料的电容传感器,两块板之间的电容定义如下。

$$C = \frac{\varepsilon_r \varepsilon_0 A}{d} \text{ 法拉}, \quad F$$

$$\tag{3-25}$$

其中,ε_r=绝缘体材料的介电常数(空气的 ε_r=1);ε_0=空气中或者自由空间(在真空中)的电容率等于 8.85×10^{-12} F/m, 8.85pF/m。A=平板的重叠面积(m^2);D=两个电极板之间的距离(m)。

这个方程建立了平板的面积和平板间距离的关系。改变两者之间的任意一个都能线性地改变电容,该电容可由一个电路测量出来。该方程只对平行板电容器有效,如果电极的几何形状改变了,那么该方程就必须修改。

电容传感器应用于液位测量、化工工厂等领域和某些需要非导体的情况下。设 ΔA、Δd 和 ΔC 分别表示面积、位置和电容的变化,那么 ΔC 可以表示

$$\frac{\Delta C}{C} = -\frac{\Delta d}{d}$$

$$\frac{\Delta C}{C} = \frac{\Delta A}{A}$$

$$\tag{3-26}$$

通过改变板之间距离的电容传感器 图 3-15 显示出一个典型的电容传感器的配置，该传感器利用平板之间距离的变化，从而造成电容的变化。右侧的板是固定的，而左侧的板可以移动一个位移，该位移可以测出来。电容的计算如下。

$$C = \frac{\varepsilon_r \varepsilon_0 A}{d}$$

如果空气就是其介质，$\varepsilon_r = 1$，电容和板间距离成反比。传感器的整体响应不是线性的，正如图 3-16 所示的距离和电容的关系图表。然而这个类型的传感器主要用于测量非常小的位移，在该位移范围内关系接近线性。

图 3-15 由于平板之间距离改变而造成的电容变化

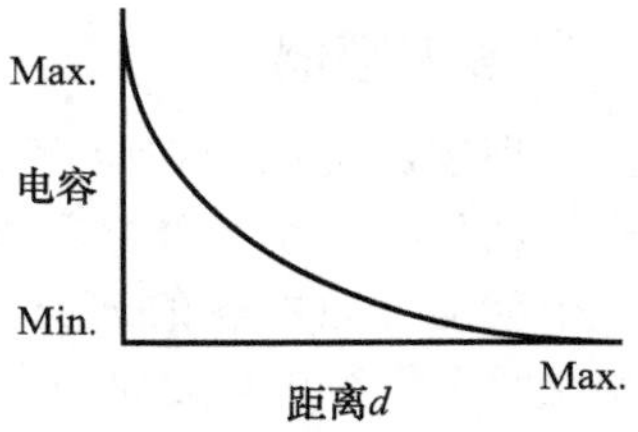

图 3-16 电容和距离的变化关系

灵敏度系数表达为：

$$S = \frac{\partial C}{\partial d} = \frac{-\varepsilon_r \varepsilon_0 A}{d^2}$$

利用平板面积变化的电容传感器 对于平行面板电容器，其电容大小：

$$C = \frac{\varepsilon_r \varepsilon_0 A}{d} = \frac{\varepsilon_r \varepsilon_0 Lw}{d} \tag{3-27}$$

其中，$L =$ 板相互重叠部分的长度；$w =$ 板相互重叠部分的宽度。

电容传感器的灵敏度变为：

$$S = \frac{\partial C}{\partial l} = \frac{\varepsilon_r \varepsilon_0 Lw}{d} \ \text{F/m} \tag{3-28}$$

这里位移和电容之间存在一个线性关系。前述方程显示电容直接正比于平板的面积，并和平板之间的位移变化呈线性关系。这种类型的传感器用来测量尺寸相对大的位移（如图 3-17 所示）。

电容传感器使用面积变化（圆柱面） 一个圆柱形电容器包括同轴的 2 个圆柱面，内部的圆柱体的外径为 D_1，外部的圆柱体的内径为 D_2，长度为 L。考虑一个例子，包含重叠的导体，在这部分导体中，内部的圆柱面可以相对于外部的圆柱面移动，从而造成电容的改变（如图 3-18 所示）。

电容按下式计算。

$$C = \frac{2\pi \varepsilon_r \varepsilon_0 L}{\ln \dfrac{D_2}{D_1}} \tag{3-29}$$

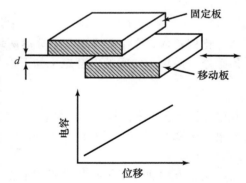

图 3-17 电容随面积改变而变化

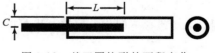

图 3-18 基于圆柱形的面积变化

角向转动的电容传感器 面积变化的基本原理也可用于回转测量。如图 3-19 所示，一个半圆形平板固定，另一个可转动。将要被测量的角度位移施加到可移动的平板上。角度位移改变了两块板之间的有效面积，因而电容也就改变了。当两块板完全相互覆盖时，电容处于最大值。

电容的最大值可由下式计算。

$$C = \frac{\varepsilon A}{d} = \varepsilon_0 \varepsilon_r \frac{\pi r^2/2}{d} \tag{3-30}$$

在角度 θ（如图 3-20 所示）的电容计算如下。

$$C = \varepsilon_r \varepsilon_0 \left(\frac{\theta}{2} \right) \frac{r^2}{d} \quad \text{（单位：F）} \tag{3-31}$$

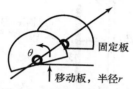

图 3-19　平板的角向旋转

图 3-20　旋转的电容变化

其中，角向位移 θ 的单位是弧度。最大的角向位移是 180 度，角向位移和电容呈线性关系。灵敏度计算如下。

$$S = \frac{\partial C}{\partial \theta} = \frac{\varepsilon_r \varepsilon_0}{2d} r^2$$

使用改变介电常数的电容传感器　电容的改变由改变介质材料的介电常数来实现是另一种用在电容传感器的工作原理。图 3-21 显示出将两块平板由一个不同的介电常数的材料隔开的配置。由于这个材料的移动，改变了在两块电极之间的区域内的介电常数，从而造成电容的改变。

如图 3-21 所示，上板和下板由介电材料部分分离。当介电材料移动了一个如图所示的距离 x，则距离 l_1 减小，而距离 l_2 增大。

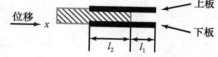

图 3-21　两个由一种不同介电常数的材料分开的平板

假设介电材料的厚度为 d，宽度为 w，则电容的初始值可以如下式描述。

$$C = \frac{\varepsilon_o \varepsilon_r w l_1}{d} + \frac{\varepsilon_o \varepsilon_r w l_2}{d}$$

$$C = \frac{\varepsilon_o w}{d} \{ l_1 + \varepsilon_r l_2 \} \tag{3-32}$$

方程（3-32）有两个部分。一部分表示由两块电极由于空气隔离产生的电容，另一部分表示由两块电极因介电材料的隔离而产生的电容。

如果介电材料移动了一个距离 x，如图 3-21 所示，那么电容从 C 增加到 $C + \Delta C$，电容的变化如下所示。

$$C + \Delta C = \frac{\varepsilon_o w}{d} \{ l_1 - x + \varepsilon_r (l_2 + x) \}$$

$$C + \Delta C = \frac{\varepsilon_o w}{d} \{ \{ l_1 + \varepsilon_r l_2 + x(\varepsilon_r - 1) \} \}$$

$$\Delta C = \frac{\varepsilon_o w x (\varepsilon_r - 1)}{d} \tag{3-33}$$

　　电容的变化和位移 x 成正比。这个原理也可以用于测量非导电液体的液面高度。如图 3-22 所示，电极是两个同心的圆柱面，而非导电的液体提供了一个介电物质。在外圈圆柱面的下端，有几个孔允许液体流过。随着液面的变化，两个电极之间的介电常数也发生改变，这个随后就造成了电容的改变。

　　基于差分配置的电容传感器　差分电容传感器也可用于精密位移测量。图 3-23 所示为两个固定板和一个移动板，将位移施加给那块移动板。

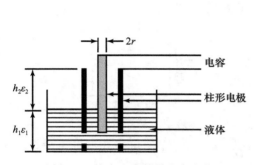

图 3-22　按介电常数的电容变化

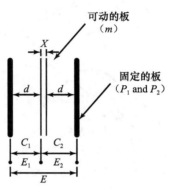

图 3-23　平板的差动布置

　　假设固定的两个板的电容分别是 C_1 和 C_2。平板 m 就是两块板中间的那块板。将一个交流电压 E 施加到两块板 P_1 和 P_2 上，测出两个电容器差动电压。设 $\varepsilon = \varepsilon_0 \varepsilon_r$，可得如下方程。

$$C_1 = \frac{\varepsilon A}{d}, \quad C_2 = \frac{\varepsilon A}{d} \tag{3-34}$$

C_1 的电压：$E_1 = \dfrac{EC_2}{C_1 + C_2} = \dfrac{E}{2}$

C_2 的电压：$E_2 = \dfrac{EC_1}{C_1 + C_2}$

在中间点，$E_1 - E_2 = 0$。如果移动平板的位移是 x，则

$$C_2 = \frac{\varepsilon A}{d - x}, C_1 = \frac{\varepsilon A}{d + x}$$

输出的差动电压是：

$$\Delta E = E_1 - E_2 = \frac{(d + x)}{2d}E - \frac{(d - x)}{2d}E = \frac{x}{d}E$$

　　输出电压随位移 x 而变化。基于差动配置的电容传感器用于检测从 $0.001 \sim 10\mathrm{mm}$ 的范围，提供高达 0.05% 的精确度。该传感器的灵敏度为：

$$S = \frac{\Delta E}{x} = \frac{E}{d} \tag{3-35}$$

　　电容传感器是一个位移敏感的传感器。需要一个合适的处理电路来产生一个随电容变化而改变的电压。电容的通常损耗归结于：

- DC 电阻泄漏
- 绝缘体的介电损耗
- 介电间隙的损耗

电容传感器具有几个优点：操作该传感器所需的力非常小，非常灵敏，并且操作所需的

功率也低，频率响应好，高达 $50\,\mathrm{kHz}$，使它们在动态应用中也能使用。缺点则包括需要将金属零件相互绝缘，以及有关连接传感器和被测点之间的线缆等误差源造成的灵敏度损耗。

其他配置

1. 三种材料配置。

$$C = \frac{A}{36 \times 10^9 \pi \left(\frac{d_1}{\varepsilon_1} + \frac{d_2}{\varepsilon_2} + \frac{d_3}{\varepsilon_3} \right)}$$

对于一个由三种材料配置的电容，用序号 1、2、3 表示不同的介电常数 ε 和厚度 d。

2. 也可以连接多个平板的配置。

$$C = \frac{2\varepsilon_r A}{36 \times 10^9 \pi}$$

这是一个电容传感器的电容表达式，该传感器有 n 个交错连接的平板，该传感器具有 $n-1$ 乘以一对平板的电容。

总　结　　**电容传感器**

原理：

电容是一个函数，包含三个参数：导体的有效面积、导体间的距离和材料的介电强度。方程是：

$$C = \frac{\varepsilon A}{d}$$

比例常数 ε 是介电常数，是分离板间材料类型的函数。

许多物理现象可用两块分离电极之间的电容变化来测量。通过改变如下的某一参数就可以造成电容的改变。

- 两个平行电极之间的距离。
- 改变电介质的介电常数、电容率 ε。
- 改变电极的面积 A。

描述

图 3-24 显示了测量位移的电容传感器的原理。

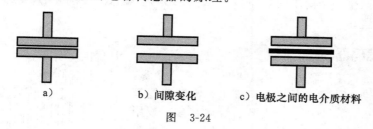

a)　　　　b) 间隙变化　　　c) 电极之间的电介质材料

图　3-24

特征

电容传感器可以用在高湿度、高温或者核辐射地带。

它们非常灵敏，并具有高的分辨率。它们也可能非常昂贵，并需要重要的信号调制。

应用

电容传感器通常仅适合于测量小的位移，诸如表面形状测量、磨损测量，以及裂痕生长等。

3.4　测量运动的数字传感器

数字传感器是测量运动理想的设备，它们输出的数字信号可以直接和计算机相连。因为它们具有如下特性，所以越来越受到人们的关注。

- 信号调制的简单化
- 电磁交互的敏感度较低

当用数字化传感器测量线性或角向位移的同时，加上适当的机械或机电的转换器，也能用来测量力、压力和液位等。

3.4.1　数字编码器

编码器广泛应用于测量线性或角向位置、速度和运动方向。它们不仅用于计算机化机器的一部分，而且还用于各个制造阶段的精密测量仪器、运动控制和设备的质量保证等。编码器用于拉力测试仪器以精确地测量滚柱丝杠的位置，该滚柱丝杠向测试标本施加张力或压力。它们还用于自动测试架上，来测定挡风玻璃雨刮器驱动器和开关位置的角向位置和切换位置。

最常用的编码器是线性和回转型的光学编码器。其他配置的编码器还有接触型的编码器，由于接触磨损和低的分辨率，其应用受到严重限制。

3.4.2　编码器原理

编码器是一个盘子形式的圆形设备，该盘子上刻有数字模板，记录模式有一个传感探头感知。转动的盘通常和一个轴耦合，随着轴的旋转，为每一个可分辨的位置产生一个不同的模板。该感知机构可以是一种光电设备，该光电设备具有一些透光的小窗口。

通常，一个光学编码器用来精密测量回转运动，主要优点在于简单、精度高，适合用于敏感度高的场合。光学编码器被认为是现有的最可靠和最便宜的运动反馈设备之一，并被广泛应用在现代应用之中。从一个光学编码器获得的信息包括方向、距离、速度和位置。

有两种类型的编码器：增量编码器和绝对编码器。增量编码器为每次在被测物体移动了一个给定的距离产生一个简单的脉冲。一个绝对编码器提供一个唯一的二进制编码来表示一个物体的给定位置。

3.4.3　增量编码器

测量角度的增量编码器有一个感知轴，附有一个盘，该盘沿圆周等量分割。在直线型编码器上，沿着直线等宽分割。读数可以用一个刷子或滑片直接电接触，或用光的方法，使用光狭缝或光栅传递。由于编码器要数盘子上的线，线越多，则分辨率就越高，这项指标表达成每转多少脉冲，这对选择编码器非常重要。

增量回转编码器在测量轴的旋转中非常有用，主要包括三个元件：一个光源、一个编码轮盘和一个光电感应器。图 3-25 显示了使用平移光栅的编码器测量

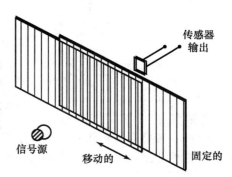

图 3-25　光栅传感器原理

系统。由于移动的光栅相对于另一个固定的光栅平动，于是就给出脉冲计数提供位置信息。

3.4.4 绝对编码器

绝对编码器通常有一个光源，释放一束光照射到光电传感器上，该光电传感器称作光感应器。该传感器将接收的光信号转换成电信号，如图3-26 所示。将一个光学编码轮（圆形的绝对光栅）安装在光源和光感应器之间。编码轮有若干同心的分为若干分区的圆形轨迹，将编码的轮子制造成交互不透明的和透明的部分。当轮子的不透明部分在光束前通过时，感应器被**关闭**，没有信号产生；当轮子的透明部分在光束前通过时，感应器被**打开**，产生一个信号。结果就是一系列对应于编码轮旋转的信号。通过使用一个计数器对这些信号记数，就可以知道轮子转动了多少。速度信息也可以通过微分这些脉冲来获得。

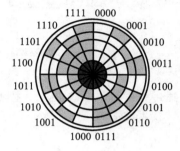

增量编码器比绝对编码器更通用，因为它们简单且价格低。增量编码器可用于速度和位置的测量，它是一种现有的最可靠的、最便宜的设备。

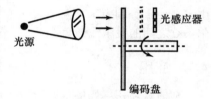

图 3-26 光学编码方法

3.4.5 线性编码器（反射型）

光栅用于直线型和圆周形的测量，后者直接接在丝杠或一个**齿轮齿条**上带动旋转。近年来已经出现了钢的或以钢为背衬的反射光栅尺，这对许多工程目的来说，它比透视光栅更加愿意使用，因为这种钢制光栅尺比光学光栅具有更好的耐受力和刚度。在直线反射型编码器中，光必须穿过光栅尺，通过索引光栅，并且反射回来，通过索引光栅，再到光电传感器。图3-27 显示了使用反射型光栅的直线型测量系统。传感器盒的固定部分包含一个光源、相关的光学器件，以及探测系统。光感应器的输出以数字化的形式被读出。

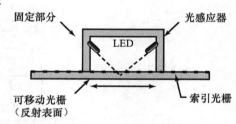

图 3-27 线性编码器（反射型）

这种类型的传感器在机床工业非常常用。

3.4.6 摩尔条纹传感器

在一些类型的数字化传感器中会用到摩尔条纹原理。这些传感器用来测量长度、角度、直线度和圆度。传感器提供所需要的变量信息，并且这些信息不受外界的影响。该类传感器一个重要的元件就是光栅，光栅包含规则**连续**的**不透明**的线，由等宽的空白分开，这些线和光栅的长度成直角。当两个光栅的线成某一小角度相互**叠加**时，摩尔条纹模式则近似于一个**正弦密度分布**，可从两个光栅上的线相互作用的干涉效应得到。

当一个光栅相对于另一个相互成直角的光栅移动时，摩尔条纹沿着移动方向的直角方向移动。运动传感器依赖于光栅的相对移动，这个原理如图3-28 所示。

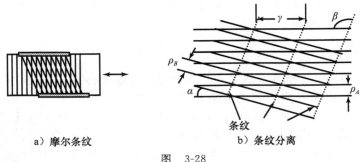

a）摩尔条纹   b）条纹分离

图 3-28

通过分析摩尔条纹以及产生摩尔条纹的光栅对之间的几何关系，可以更容易理解摩尔条纹测试技术的潜力。

$$v = \frac{\rho_A \rho_b}{\left[\rho_A^2 \sin^2\alpha + (\rho_A \cos\alpha - \rho_B)^2\right]^{\frac{1}{2}}} \tag{3-36}$$

其中，ρ_A、ρ_B 分别表示光栅 A 和 B 的间距；$\gamma=$ 条纹间距；$\alpha=$ 光栅相交的锐角；$\beta=$ 光栅线和摩尔条纹之间的锐角或钝角。

3.4.7 应用

任何时候使用编码器都必须为特定的条件标定。这非常重要，因为需要不同的尺寸和分辨率，以及运动的特定性质。例如，图 3-29 所示的编码器用来测量高精度机床的两个轴向的位移。

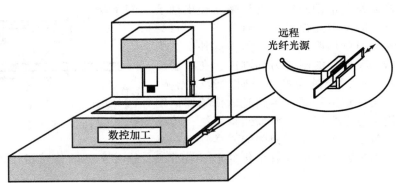

图 3-29 机床测量的数字传感器

将所需走过的距离和运动的方向作为参考值传递给处理器，这个数据为控制器和电动机驱动提供了参考值。如果这些数据不一致，那么电动机将连续转动。一旦一致了，那么处理器就发出一个停止信号给控制器，表示已经到达了最后滑动的位置。如果再给一个新的参考值，那么该过程则继续。

绝对编码器常用于需要确定物体位置或鉴别物体位置的特殊场合。不像相对编码器那样通过记数基准的脉冲数来确定位置，绝对编码器读取编码轨迹系统来创建某个位置，这样编码器不会因为掉电而失去位置信息。每个位置都由一个**非易失性的**位置验证设备唯一确定。绝对编码器常用于需要创建位置状态的场合，也用于防止设备损坏的可能。这个特征对于卫星轨道跟踪天线非常有用，时常需要验证位置；或者对于在物体长时间处于非激活状态，或者以一个非常慢的速度移动的情况下也非常有用。任何时候只要打开电源开关，就能确认真实的位置。绝对编码器不会受到来自电子噪声的**混杂信号**的影响，并且可以用于长距离串行输出数据的传送。绝对编码器有直线性的，也有角向的。有单圈的，也有多圈的，后者具有更高的精度和分辨率。

在制造工业的应用：

● 数控机床的滑台位置。

● 卧式和立式的镗床和精密车床。

● 测量应用，诸如卡尺测量或数字高度计。

● 在结构研究中的**延伸计**和**伸缩仪**。

使用数字化测量系统间接节省了操作时间，其常常由传感器和显示设备的资金费用来说明，其他优点包括减少废品率、操作者疲劳、减少工序时间和装配容易等造成的进一步的节约。

不同配置的编码器可以使用毫米或英寸之类的单位，在机床工业中常常使用双重单位，既有英制的英寸，也有国标制的米。角向编码器标定后可读取一个弧度的度、分、秒，或者带小数的度数。通常将一个光学轴编码器装配在一个机床的滚珠丝杠来使螺母的位置数字化。使用直线性编码器来消除滚珠丝杠及其他机械传动系统的轴向间隙。

对于需要高分辨率的应用，编码器透明和不透明部分的尺寸要做得非常小，而光源必须恰当地按顺序摆放，以便让光敏传感器探测到光的变化。很多技术可以用来提高分辨率，通过外部记数每个通道的上升沿和下降沿，常常可以获得四倍的放大结果，例如使用该技术，一个5000ppr 的**正交编码器**可以产生 20000ppr。

总　结　**回转编码器**

编码器具有直线和回转的两种配置。回转编码器有两种形式：

1. 增量编码器随着轴的旋转产生数字脉冲，从而可以测量与轴的位移相关的信息。

2. 绝对编码器具有一个唯一的数字，该数字的大小与轴的每一位置相对应。

增量编码器(见图 3-30)在测量轴的旋转中非常有用，包括三个主要元件：一个光源、一个编码轮盘和一个光电感应器。一个增量编码器每一次在被测物体移动了一个给定的距离后就给出一个简单脉冲。

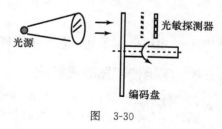
光源　　光敏探测器

编码盘

图　3-30

　　典型的绝对编码器具有一个安装在光源和光敏感应器之间的编码盘。制造加工在编码盘表面的是数字化模式交互的透明和不透明的部分，这就产生一系列和编码盘回转相对应的信号。使用一个计数器来清点这些信号，这样就可以找出轮子的转动。速度信息同样也可以通过对脉冲进行求导获得。

摩尔条纹传感器

　　当两块光栅按某一个小的角度相互重叠时，会产生一个摩尔条纹模板(见图 3-31)。光栅线的干涉效果提供一个正弦密度分布，当一个光栅沿着另一个光栅按直角移动时，摩尔条纹就会沿着运动方向的直角方向移动，运动的测量依赖于光栅的移动。

应用

- 编码器用于测量线性的或角向的位置、速度和运动方向。
- 常用于计算机化的制造过程、运动控制应用和设备的质量保证。
- 在拉力测试仪器中精密测量滚珠丝杠的位置。
- 用于自动测试雨刮器的角位置和切换位置。
- 增量编码器通常用于计数的应用。
- 莫尔条纹传感器也用于测量长度、角度、直线度和圆度。

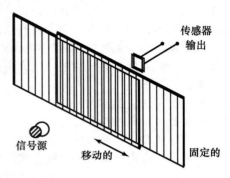

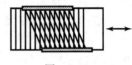

图 3-31

3.5 力、扭矩和触觉传感器

自动化制造环境下的机电一体化系统需要广泛的环境信息来做出智能决策，这些信息与材料处理、加工、检测、装配、喷漆等任务有关。装配任务和自动处理任务需要一些受控的操作，如抓取、车削、插入、对齐、定向和螺旋。每一种环境需要某些不同的感知需求。

本部分讨论一些用于力和扭矩测定的传感技术。在测试中必须考虑的一个重要内容就是应力的精密测量，应力测量常用做许多变量的二级测定，包括流体、压力、重力以及加速度。电阻应变片广泛用于因力和扭矩而产生的应力。当一个力施加于一个结构上时，该结构就会变形。绑定在该结构上的应变片，由于应力也会变形，因此该应变片电阻的变化和变形几乎是线性关系。

如果一段金属线被拉长，那么该金属线不仅变长和变细，而且它的电阻也变大了。金属线所受的应力越大，电阻的变化也越大。

有好多方法可以通过一种物理现象表现出电阻的变化。某种金属的电阻 R 与它的面积、长度、和电阻特性有关。在某一常量温度 T 下，导体的电阻可以表示如下。

$$R_0 = \frac{\rho l}{A_0}$$

其中，ρ＝电阻率($\Omega \cdot m$)；R_0＝电阻(Ω)；l＝长度(m)；A_0＝截面积(m^2)。

3.5.1 电阻传感器的灵敏度

如果样本是针对拉力的，从而导致长度伸长，那么轴向长度尺寸将增大，而径向尺寸将变小。如果一个电阻计用这种导电材料制作而成，那么当其受到一个正的应力，它的长度将变长，而它的截面积变小。由于导体的电阻与它的长度、截面积以及电阻率有关，因此应力的变化将导致尺寸的变化，或者特定电阻率的变化。

对于一个圆形导线，长度为 L，截面积为 A，直径为 D，在施加应力前，该导线的电阻是：

$$R = \frac{\rho L}{A} \tag{3-37}$$

让我们在导线上施加一个力,产生应力。拉力增大长度,减少直径,从而减少了横截面积。假设施加在应力计上的应力是 $s\mathrm{N/m^2}$。其他的定义:

$$\Delta L = \text{导线的长度变化}$$
$$\Delta A = \text{横截面积的变化}$$
$$\Delta D = \text{直径的变化}$$
$$\rho = \text{电阻率}$$
$$\upsilon = \text{泊松比}$$

$$\text{应变 } \varepsilon = \frac{\Delta L}{L}$$

为了找出 R 是如何依赖于材料的物理量,对式(3-37)求导,施加的应力为 s。

$$\frac{\mathrm{d}R}{\mathrm{d}S} = \frac{\rho}{A}\frac{\partial L}{\partial S} - \frac{\rho L}{A^2}\frac{\partial A}{\partial S} + \frac{L}{A}\frac{\partial \rho}{\partial S} \tag{3-38}$$

将式(3-38)除以式(3-37)得:

$$\frac{1}{R}\frac{\mathrm{d}R}{\mathrm{d}S} = \frac{1}{L}\frac{\partial L}{\partial S} - \frac{1}{A}\frac{\partial A}{\partial S} + \frac{1}{\rho}\frac{\partial \rho}{\partial S} \tag{3-39}$$

电阻的变化起因于以下两项:

1. 长度的单位变化 $\dfrac{\Delta L}{L}$。

2. 面积的单位变化 $\dfrac{\Delta A}{A}$。

由于面积 $A = \dfrac{\pi D^2}{4}$,可得:

$$\frac{\partial A}{\partial S} = 2\frac{\pi}{4}D\frac{\partial D}{\partial S} \tag{3-40}$$

以及

$$\frac{1}{A}\frac{\mathrm{d}A}{\mathrm{d}S} = \frac{\frac{2\pi}{4}D}{\frac{\pi}{4}D^2}\frac{\partial D}{\partial S} = \frac{2}{D}\frac{\partial D}{\partial S} \tag{3-41}$$

式(3-41)可写成:

$$\frac{1}{R}\frac{\mathrm{d}R}{\mathrm{d}S} = \frac{1}{L}\frac{\partial L}{\partial S} - \frac{2}{D}\frac{\partial D}{\partial S} + \frac{1}{\rho}\frac{\partial \rho}{\partial S} \tag{3-42}$$

泊松比定义为:

$$\upsilon = -\frac{\text{横向应变}}{\text{纵向应变}} = -\frac{\frac{\partial D}{D}}{\frac{\partial L}{L}}$$

$$\frac{\partial D}{D} = -\upsilon\frac{\partial L}{L} \tag{3-43}$$

$$\frac{1}{R}\frac{\partial R}{\partial S} = \frac{1}{L}\frac{\partial L}{\partial S} + \upsilon\frac{2}{L}\frac{\partial L}{\partial S} + \frac{1}{\rho}\frac{\partial \rho}{\partial S} \tag{3-44}$$

对于小的变化,这些方程式的关系可以写成。

$$\frac{\Delta R}{R} = \frac{\Delta L}{L} + 2\upsilon \frac{\Delta L}{L} + \frac{\Delta \rho}{\rho} \qquad (3\text{-}45)$$

灵敏度或计量因子 Gf 定义为电阻的单位变化与长度的单位变化的比例。

$$G_f = \frac{\dfrac{\Delta R}{R}}{\dfrac{\Delta L}{L}}$$

$$\frac{\Delta R}{R} = G_f \frac{\Delta L}{L} = G_f \epsilon \qquad (3\text{-}46)$$

计量因子也可以表示为：

$$G_f = \frac{\dfrac{\Delta R}{R}}{\dfrac{\Delta L}{L}} = 1 + 2\upsilon + \frac{\dfrac{\Delta \rho}{\rho}}{\dfrac{\Delta L}{L}} = 1 + 2\upsilon + \frac{\dfrac{\Delta \rho}{\rho}}{\epsilon} \qquad (3\text{-}47)$$

由于压阻效应，电阻率也会发生变化，这可以解释为当一种材料机械变形时发生的电阻变化。在某些情况下，这种效应也是一种误差源。如果电阻率的变化或材料的压阻效应忽略不计，那么计量因子变成：

$$G_f = 1 + 2\upsilon \qquad (3\text{-}48)$$

计量因子给出了应力灵敏度的概念，也就是单位应力下电阻的变化。虽然应力是一个无量纲，但应力通常用于表示为两个单元的比值（m/m）。所有金属的泊松比在 $0 \sim 0.5$ 之间。金属的计量因子可以取 $2 \sim 6$。对于半导体，则可取 $40 \sim 200$。一些常用的材料及其计量因子如表 3-2 所示。

计量因子通常由制造商提供，由一批样品测量仪组成标定值。金属的计量因子从镍的 -12 到软铁的 $+4$。这表示在测定时，材料的电阻率变化可能非常明显。

表　3-2

材　　料	计量因子
镍	-12.6
锰	$+0.07$
镍铬合金	$+2.0$
镍铜合金	$+2.1$
软铁	$+4.2$
碳	$+20$
铂	$+4.8$

3.5.2　应变片

电阻应变片由一组直径为 20um 的优良电阻线组成。元素成形于一个背膜绝缘材料。当前的应变片常由金属箔，铜镍合金或单晶半导体材料制造而成。应变片要么机械成形，或者通过电化学刻蚀。应变片有两种类型：绑定的和非绑定的。

非绑定的应变片　在非绑定的应变片（见图 3-22a），电阻丝绷紧在两个框之间。第一个框架称为固定框，第二个框架称为移动框。将非绑定应变片中的电阻丝连起来，从而一个框架的输入运动拉起一套电阻丝并压缩另一组电阻丝。

举个例子，将一个直径为 $20\mu m$ 的导线绑在绝缘柱之间，一端附着在静止框架，另一端附着在移动框架上。由于某一特定的应力输入，此绑定的线受到应力或增长或缩短，从而改变了电阻值。为了测量，输出连接了一个惠斯通电桥。使用这样的应变片可以测量小至几微米的移动。

绑定的应变片　绑定的应变片传感器广泛用于测量应力、力、扭矩、压力和振动。该传感器有一个背基材料。绑定的应变片（见图 3-32b）是由金属的或半导体材料做成一个线形测量计或薄的金属箔。当应变片绑定在某个表面时，它们将与表面上的其他部分获得相同的应力。背基材料的热膨胀系数应该与绑在上面的导线相匹配。

应变片是一个灵敏度高的设备，通常和一个电子测量单元一起使用。应变片通常是惠斯通电桥的一部分，所以由于应力造成的电阻的变化也可以被测出，或者作为一个输出显示出来。使用这种应变片，应力产生的小到几分之一微米的形变也可以测出来。表 3-3 显示了绑定应变片的一些特性。

a）非绑定的应变片

b）绑定的线应变片

图 3-32　应变片

对于精密测量，应变片应该具有如下特性：

- 一个高的计量因子提升灵敏度，并因某个应力产生一个较大的电阻变化。
- 选择一个计量特性，从而电阻的变化是应力的线性函数。如果将应变片用于动态测量，那么线性度应该保持在所要的频率范围内。应变片的高电阻最小化了信号处理电路中电阻变化的影响。
- 应变片具有低温度系数，没有滞后效应。

表 3-3　绑定应变片

材料	计量因子	电阻	电阻-温度系数	备注
镍铬合金 镍 80%，铬 20%	2.5	—	0.1×10^{-3}	适用于 1200℃ 以下
镍铜合金 镍 45%，铜 55%	2.1	100	$\pm 0.02 \times 10^{-3}$	400℃
铂	4.8	50	4.0×10^{-3}	高温适用
硅	$-100 \sim +150$	200	—	—
镍	-12	—	4.8×10^{-3}	—

例 3-7　将一个综合力施加到一个结构件上，产生应力 $\varepsilon = -5 \times 10^{-6}$。将两个独立的应变片安装在结构件上，其中一个是镍线应变片，计量因子是 -12.1，另一个是镍铬合金线应变片，计量因子是 2。计算应变片在受到应力后的电阻值。应变片的电阻值是 120Ω。

解： 设拉伸应力是正方向的，压缩应力是负方向的。

$$应力 \ \varepsilon = -5 \times 10^{-6}$$

$$\frac{\Delta R}{R} = G_{f \cdot \varepsilon}; \quad \Delta R = R G_{f \cdot \varepsilon}$$

镍丝应变片的电阻变化。

$$\Delta R = 120 \times (-12.1) \times (-5) \times 10^{-6} = 7.26 \times 10^{-3} \Omega$$

镍铬合金线应变片的电阻变化。

$$\Delta R = 120 \times 2 \times (-5) \times 10^{-6} = -1.2 \times 10^{-3} \Omega$$

镍丝应变片的电阻变大了，而镍铬合金线应变片的电阻变小了。

例 3-8　一个电阻线式的应变片，其计量因子是 2，并绑定在一个钢结构件上，受到的应力是 $100MN/m^2$。钢的弹性模量是 $200GN/m^2$。计算受力后，应变片的电阻值改变了百分之几？

解：

$$应力\ \varepsilon = \frac{S}{E} = \frac{100 \times 10^6}{200 \times 10^9} = 0.5 \times 10^{-3}\,m/m$$

$$计量因子 = \frac{\dfrac{\Delta R}{R}}{\varepsilon}$$

这样

$$\frac{\Delta R}{R} = G_f\varepsilon = 2 \times 0.5 \times 10^{-3} = 0.001$$

$$改变的百分比是\ \frac{\Delta R}{R} = 0.1\%$$　◀

桥接电路配置　惠斯通电桥电路用来测量大多数应变片计应用中电阻的微小变化。电阻的变化可以测量出来，或者作为一个输出以供计算机处理。图 3-33 所示为一个桥电路。为了电桥的平衡，应变片电阻 R_1 作为惠斯通桥的一个臂，而剩余的臂分别具有 R_2、R_3 和 R_4 的电阻。在桥的点 A 和点 C 之间有一个电源输入。在点 B 和点 D 之间有一个精密的**电流表**。电流表给出指示是否存在通过该分路的电流。如果流过电流表的电流为 0，则说明点 B 和 D 的电势相同。电桥通过直流电压源激励，该电压源的电压为 V，而电流计的电阻为 R_g。如若电桥平衡，那么没有通过电流计的电流。

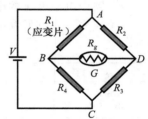

图 3-33　应变片桥接电路

平衡的条件是：

$$\frac{R_1}{R_4} = \frac{R_2}{R_3} \tag{3-49}$$

如果 R_1 因为应力而改变，那么初始平衡状态下的电桥将变得不平衡。这可以通过改变 R_4 或 R_2 来平衡。这个变化可以被测定，并用来显示 R_1 的变化。这个方法适合用于测量静态应变。

在不平衡的桥接电路中，通过电流计的电流或跨越电流计的电势差常用来表示应力的大小。这对测量动态和静态的应力同样有用。

3.5.3　偏置电压

如图 3-33 所示，G 是一个空的指示表，用来比较点 B 和点 D 之间的电位。点 B 和点 D 之间的电位差 $\Delta V = V_D - V_B$。如果选择用在桥电路中所有的电阻值（R_1，R_2，R_3 和 R_4）都相等，那么点 B 和 D 处的电压相等，ΔV 等于 0，电桥是平衡的。

假设 R_1 是应变片计，如果 R_1 受力后，它的电阻值发生变化，那么桥电路失去平衡，并产生一个非零的 ΔV。如果调节其他的电阻，则桥电路可以恢复平衡。其他被调节的电阻值必须使 ΔV 变为 0，等于受力后的应变片计的电阻值。通过电桥的臂的电流计算如下：

$$通过\ ABC\ 的电流：\quad I_1 = \frac{V}{R_1 + R_4}$$

$$通过 ADC 的电流：\quad I_2 = \frac{V}{R_2 + R_3}$$

通过 R_3 的电压降是 $(I_2)R_3$，通过 R_4 的电压降是 $(I_1)R_4$，得出偏置电压。

$$\Delta V = V_D - V_B = \frac{R_3 V}{R_2 + R_3} - \frac{R_4 V}{R_1 + R_4}$$

$$\Delta V = V \cdot \frac{R_3 R_1 - R_4 R_2}{(R_2 + R_3)(R_1 + R_4)}$$

在数据采集系统中，电阻比 $\frac{\Delta R}{R}$ 非常小，下述方法比较适用。施加给桥接电路的电压 V 是常数，ΔV 是输出电压。

$$\Delta V = \frac{R_3 R_1 - R_4 R_2}{(R_2 + R_3)(R_1 + R_4)} \cdot V$$

使用 $R_1 = R + \Delta R$，并且 R_2、R_3 和 R_4 都等于 R，则

$$\Delta V = \left(\frac{R(R + \Delta R) - R^2}{(R + R)(R + \Delta R + R)} \right) V$$

$$\Delta V = \frac{\Delta R}{4R + 2\Delta R}$$

如果

$$\frac{\Delta R}{R} = \delta; \quad \Delta V = \frac{\delta}{4 + 2\delta} V$$

在系统中，δ 的值非常小。

$$\Delta V = \frac{\delta}{4} V \quad 或 \quad \delta = \frac{4\Delta V}{V} \quad 或 \quad \Delta R = \frac{4R\Delta V}{V}$$

信号增强　人们设计了带有信号调制装备的应变片计来自动平衡电桥，并提供按微应力计算的应力值。通过对测量力和应力的数据采集系统进行编程，将提供不平衡的偏置电压，该电压和应变片的电阻成正比。

图 3-34 所示为一个仪表放大器的内部结构，该放大器将连接到数据采集系统的输入通道。

可能的应变片配置　当桥电路中有多个臂包含有应变片传感器，它们的电阻变化时，电桥的输出就由这些电阻变化的组合效应决定。多个应变片，如果合理安排的话，可以得到一个较高的信号增强因子，这对于一个给定的应力，可以得到一个较大的电压输出。

例如如图 3-33 所示，R_3 是原来的应变片，如果使用 R_1 作为另一个放在合适的位置的应变片，使其受到相同于 R_3 的应力，那么电桥输出就会双倍于单个应变片的输出。在许多实验环境下，同一物体上所受的拉力和压力大小差不多，但是方向相反。这种情况下，必须注意合理安排应变片的位置以使桥路的邻接桥臂具有相反性质的应力。

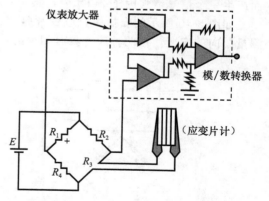

图 3-34　带有仪表放大器的桥接电路

在图 3-35 中，R_1 测量由于受到轴向拉应力而产生的电阻值变化。在图 3-36 中，将应变

片 R_1 绑定在一个弹性构件上来测量轴向拉应力大小。由于受到轴向拉应力，R_1 电阻值发生变化，R_2 测量由于**横向**的压应力而产生的变化。在图 3-37 所示的应变片布置中，R_1 和 R_3 受到同样大小的轴向拉应力，R_1 和 R_3 构成了桥接电路上相对的臂，这就形成了一个大小为 2 的信号增强因子。

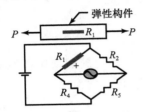

图 3-35　测量 P 的应变片的可能安排

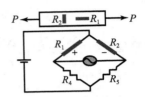

图 3-36　测量 P 的应变片的可能安排

在图 3-38 所示的例子中，R_1 受到拉应力作用，而 R_2 受到压应力作用。R_3 受到拉应力作用，R_4 受到压应力作用。将应变片 R_1、R_2、R_3 和 R_4 绑定在悬臂梁的根部，那里的**弯曲应力**最大。

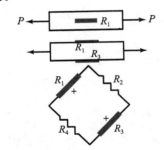

图 3-37　测量拉力的应变片的可能安排

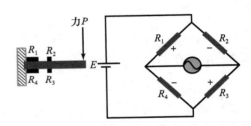

图 3-38　悬臂梁的变形测量

在图 3-39 所示的安排中，用了四个工作应变片。R_2 和 R_4 分别与 R_1 和 R_3 成直角，从而产生一个信号增强因子 $2(1+\upsilon)$，其中 υ 是泊松比。

如图 3-40 所示的安排中，应变片是这样安排的，R_1 和 R_3 测量轴向应变，而 R_2 和 R_4 测量周向的应变，这两种应变具有相反的性质。

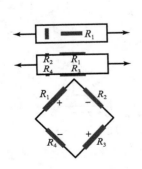

图 3-39　另一种安排

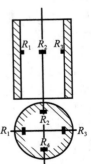

图 3-40　受轴向载荷的空心柱体

应变片的温度效应　应变片的测量环境通常会受到温度变化的影响。大多数的合金的电阻率会随温度而变化。温度升高，电阻率变大，温度降低，电阻率变小。如表3-3所示，用作应变片的金属材料具有一个数量级为 $0.004/℃$ 的电阻温度系数（α_0）。在温度 T 下，其电阻值 R_T 可按式（3-50）来计算。

$$R_T = R_{T_0}(1 + \alpha_0 \Delta T) \tag{3-50}$$

由于温度变化 ΔT，电阻将变化 ΔR_T。

$$\Delta R_T = R_{T_0} \alpha_0 \Delta T \tag{3-51}$$

例如，如果温度变化 $1℃$，电阻的变化计算如下。

$$\Delta T = 1℃, \quad \alpha_0 = 0.004/℃, \quad R_{T_0} = 120\Omega, \quad 得 \Delta R_T = 0.48\Omega$$

当一个应变片绑定在要测试的构件基体上时，它的电阻将受到温度变化的影响。这个影响独立于任何加载到该应变片上的应力。记录仪器不能分辨电阻的变化到底是温度造成的，还是应力造成的。此外，除非应变片的线性膨胀系数与所绑定的材料一致，测量过程中温度的变化也将成为一个错误的应力误差源，这是由于不同的膨胀系数而造成的。

温度补偿　温度补偿可通过如下两种方式实现：

1. 使用一个傀儡应变片。

2. 使用多个工作应变片，并合理安排应变片。

如果工作应变片和傀儡应变片分别安装在桥接电路的相邻臂上，那么温度的变化将不会影响桥电路。工作应变片不仅受到应力，还受到温度变化的影响，而傀儡应变片只受到温度的影响。由于工作应变片和傀儡应变片是安装在桥接电路的相邻臂上，因此输出中由于温度变化产生的电压为0，因为工作应变片和傀儡应变片受到温度变化的影响是一致的。更进一步，最好选择一种热膨胀系数接近于被测材料的应变片材料。

由于在测量之后再计算和应用温度校正很不方便，所以温度补偿可以在实验准备时就考虑。可以合理安排应变片，以使相邻的臂上产生的应力具有相反的性质，这样既能保证增强信号，同时也保证了温度补偿。

使用应变片的加速度传感器　应变片广泛用于各种传感器设备中，其优势包括方便做成仪器、高精度以及优良的可靠性。在测量压力、力、位移和加速度的传感器中，一个最常用的配置就是使用悬臂梁将应变片安装在悬臂梁的基底上，如图3-41所示。一个重量为 W 的质点用作加速度传感器的感知元件，而悬臂梁（安装有应变片的）则将质量块的惯性力转换成应力。

图3-42所示提供了一个力测量应用中的负载单元图片。

半导体应变片　半导体应变片在低应力应用中非常有用。近几年半导体硅的使用快速增加。在半导体应变片中，电阻随着应力而变化，其物理尺寸也发生变化。

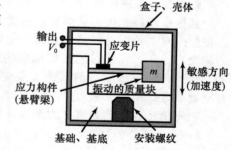

图 3-41　加速度传感器

当将一个应力施加到该应变片上时，随着晶体结构的变化，电子和空穴移动发生变化，将导致一个比金属应变片更大的计量因子。半导体应变片的计量因子在 $50 \sim 200$ 之间。

半导体应变片在物理上看似一条连接电线的**带子**或条状材料。该应变片将直接绑定在被测材料上或被封装起来，由封装材料封起来。在带温度补偿的桥接电路中，信号调节非常关键。

图 3-42 负载单元

输出也必须线性化，因为电阻的基本特性相对于应力大小是非线性的。为了获得较好的输出电压对应力的线性，需要维持一个常量测试电流。这可以通过保持一个常量电压激励或使用一个能在桥接电路的臂上产生一个恒定电流的合适的调制器。

半导体应变片的好处在于其低功率消耗和低热量产生，此外机械滞后可以忽略。

$$\frac{\delta R}{R} = G_i\varepsilon + G_i\varepsilon^2 \tag{3-52}$$

半导体应变片的电阻值在 $1000\sim5000\Omega$ 之间。它们通常由 P 型或 N 型半导体硅材料制成。

3.5.4 触觉传感器

触觉传感器用在很多应用中，从水果采摘到监控人体假肢移植，但它最主要的应用领域还是在生物医学上。触觉传感器常用于以下方面：

- 在运动中人类脚部产生的力的研究。
- 人类手部功能的各种形式下产生的力的研究。
- 监控人造膝盖和探测其产生的力的大小。

其他应用触觉传感器的领域包括机器人学，其中将触觉传感器放置在操作器的手爪上，以提供来自工件的反馈信息。除了用作触觉传感器，抓力传感器还用作检测抓住物体时用的力的大小，压力传感器检测施加到物体上的压力大小，以及滑动传感器检测物体是否在滑动。此外，触觉传感器的其他工业应用包括研究夹紧装置产生的夹紧力。

触觉传感器系统具有探测如下信息的能力：

1. 一个零件的存在。
2. 零件形状、位置和方位。
3. 接触压力的分布。
4. 力的大小和方向。

触觉传感器的主要部件包括如下：

- 接触表面
- 传感器
- 结构和控制界面

某些触觉传感器使用压电膜设计而成。压

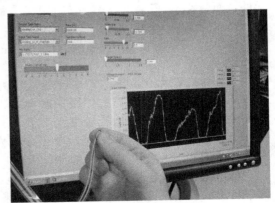

图 3-43 触觉传感器的图片

电膜由聚偏二氟乙烯(PVDF)制作而成,通过特殊处理来增强它的压电性质。压电膜产生的电荷与所引起的机械应力或应变成正比。结果产生的响应与应力变化的速度成正比,而不是与应力大小成正比。这种传感器是无源的,也就是它的输出信号由压电膜产生,并不需要激励信号。压电触觉传感器可以通过将 PVDF 膜条嵌入到一个橡皮表面制作而成。为了测量表面振动,将该膜绑定在表面上。随着表面的振动,它将周期性地拉伸表面,并产生一个电压。压电膜的电压输出是相当高的。

一个电阻性的接触传感器,称作力敏电阻(FSR)可以使用随着应力变化而导电性也变化的材料制成。FSR 由一种材料制成,该材料的电阻随施加的应力而改变。这种材料称为导电高弹性体,是由硅树脂橡胶、聚氨酯和其他复合材料制造而成。高弹性体触觉传感器的基本工作原理是基于当该高弹性体在两个导电盘的挤压下接触面积的变化或造成厚度的变化。当外部力量改变了高弹性体的接触面积,那么也就改变了电阻的大小。与应变片大小相比,FSR 具有较宽的动态范围。微型的接触传感器广泛用于机器人应用中,这些应用需要好的空间分辨率、高的灵敏度和宽的动态范围。

总 结 | **应变片**

一根电阻丝的电阻 R 依赖于该电阻丝的长度、面积和电阻率。

$$R_0 = \frac{\rho l}{A_0}$$

其中,ρ=电阻率($\Omega \cdot$m);R_0=电阻(Ω);l=长度(m);A_0=截面积(m^2)。

$$G_f = \frac{\frac{\Delta R}{R}}{\frac{\Delta L}{L}}$$

灵敏度或计量因子 G_f 定义为单位电阻的变化与单位长度的变化之比。

绑定的应变片 绑定的应变片(如图 3-44 所示)是由金属的或半导体材料做成一个线形测量计或薄的金属箔。当将应变片绑定在某个表面,它们和表面上的其他部分获得相同的应力。

应变片是灵敏度非常高的设备,常与一个电子测量单元一起使用。电阻应变片通常是惠斯通电桥(见图 3-45)的一部分,所以由于应力造成的电阻的变化可以被测出,或者作为一个输出被显示出来或被记录下来。

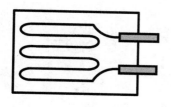

图 3-44　绑定的应变片

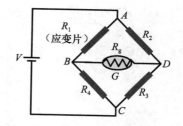

图 3-45　桥接电路配置

特性

应变片应该具有如下特性。

- 一个高的计量因子，提升了它的灵敏度，并在某个应力下产生一个较大的电阻变化。
- 应变片的高电阻最小化了信号处理电路中电阻变化的影响。选择一个计量特性，从而电阻的变化是应力的线性函数。
- 如果将应变片用于动态测量，那么线性度应该保持在所要的频率范围内。
- 应变片具有低的温度系数，没有滞后效应，提高了精度。

应用

- 应变片传感器用作测量力、应力、扭矩、压力和振动。
- 在某些应用中，应变片用作一次或二次传感器，与其他的传感器组合使用。

接触传感器

- 触觉传感器用在从水果采摘到监控人体假肢移植的应用中。
- 生物医学应用中包括研究人类脚部在运动中产生的力、人类手部功能的各种形式下产生的力、监控和感知人造膝盖产生的力。
- 在机器人学中，触觉传感器放置在操作器的手爪上以提供反馈信息。压力传感器检测施加到物体上的压力大小，而滑动传感器检测物体是否在滑动。

3.6　振动——加速度传感器

3.6.1　压电传感器

压电传感器根据某些材料的特性，它们能够在变形时产生电压。当压电材料沿着某个特定的面受到一个机械力或应力，它会产生电荷。能够在变形时产生电荷的性质使压电材料可用作仪器仪表中的一次传感器。

最常用的天然材料包括石英晶体（SiO_2），罗谢尔盐也被认为是一种天然的压电材料。人工材料使用陶瓷和聚合物，诸如 PZT（锆钛酸铅）、PVDF（聚偏二氟乙烯）、$BaTiO_3$（钛酸钡），以及 LiS（硫酸锂）等，也呈现出压电现象。

压电效应　压电材料，如石英晶体可以沿着它的轴 x、y 和 z 方向切割。如图 3-46 所示为沿 z 轴的一个视图。在单个晶体单元里，有 3 个硅原子和 6 个氧原子，氧原子成对结块。每个硅原子带有四个正电荷，而每个氧原子带有 2 个负电荷，一对氧原子带有 4 个负电荷。在没有外部力施加到石英晶体时，石英单元是电中性的。

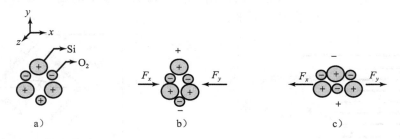

图 3-46　晶体的压电效应

当沿着 x 轴施加一个压力，如图 3-46b 所示，六边形晶格变形了。力使晶体中的原子按如下形式移动，正电荷累积在硅原子边上，负电荷累积在氧原子对边上。晶体就会在 y 轴上显示出电极性。另一方面，如果晶体受到的是沿着 x 轴向的拉力，如图 3-46c 所示，那么相反极性的电极就会沿着 y 轴方向产生。为了传递产生的电荷，将导电电极施加到晶体切面相对的两边。

压电材料作为一个电容，以压电晶体作为电介质。由于压电材料本身所具有的电容特性，电荷可以储存在压电材料中。

压电效应是可逆的。如果将一个变化的电势施加到晶体的某个轴上，则能改变晶体的尺寸，从而使其变形。将机械运动转换成电信号的压电元件认为既是发电机又是电容，电荷表现为电极的电压。感应表面电荷的大小和极性与所施加的力的大小和方向成正比。如图 3-47 和 3-48 所示的布局中，产生的电荷 Q 定义如下。

$$Q = dF \quad \text{（纵切面效应）} \tag{3-53}$$

$$Q = dF\frac{a}{b} \quad \text{（横切面效应）}$$

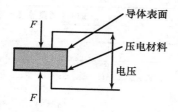

图 3-47　纵向效应

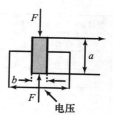

图 3-48　横向效应

其中 d 是材料的压电系数，也称为晶体的电荷敏感系数。对于一个典型的石英晶体，$d = 2.3 \times 10^{-12}\,\text{F/N}$ 或 $2.3\,\text{pF/N}$，其中 F 是所施加的力，单位牛顿。

如果 a/b 的比值大于 1，那么横向效应产生的电荷多于纵向效应产生的电荷。力 F 导致了晶体厚度的变化。如果晶体原来的厚度为 t，而 Δt 是由于力的作用而产生的厚度的变化，那么杨氏模量 E 可以表示成应力和应变的比值。

$$杨氏模量\ E = \frac{应力}{应变} = \frac{\dfrac{F}{A}}{\dfrac{\Delta t}{t}} = \frac{Ft}{A\Delta t}$$

重写该表达式，可得。

$$F = \frac{AE}{t}\Delta t \tag{3-54}$$

其中，$A =$ 晶体的面积（m^2）；$t =$ 晶体的厚度（m）。

压电输出　从式（3-53）和式（3-54）可得。

$$电荷（Q）= \frac{dAE\Delta t}{t} \tag{3-55}$$

电极上的电荷产生的电压：

$$V = \frac{Q}{C} \tag{3-56}$$

压电材料两极之间的电容：

$$C = \varepsilon\frac{A}{t} = \varepsilon_o\varepsilon_r\frac{A}{t} \tag{3-57}$$

这里 ε_r 是材料的介质常数(电介质常量),ε_0 是空气的介质常数。因此,

$$V = \frac{Q}{C} = \frac{dF}{\varepsilon_r \varepsilon_0 \dfrac{A}{t}} = \frac{dtF}{\varepsilon_r \varepsilon_0 A} \tag{3-58}$$

将 g 表达成晶体电压的敏感系数,电压可表示成。

$$g = \frac{d}{\varepsilon_r \varepsilon_0} \quad \text{Vm/N} \tag{3-59}$$

$$V = \frac{gtF}{A} = gtP$$

同理,$g = \dfrac{V}{tP} = \dfrac{V/t}{P}$,其中 V/t 是电场强度,P 是压力或应力。

表 3-4 所示为典型压电材料的基本特性。

表 3-4 压电材料的基本特性

材料	密度($\times 10^3 \text{kg/m}^3$)	电介质常数	杨氏模量 $E(10^{10}\text{N/m}^2)$	压电电荷灵敏度 $d(\text{pF/N})$
石英(SiO_2)	2.65	4.5	7.7	2.3
钛酸钡	5.7	1700	11	78
PZT	7.5	1200	8.3	110
PVDF	1.78	12	0.3	20~30(根据晶体的轴)

晶体电压的敏感系数 g 的典型的值如:

$$钛酸钡 = 12 \times 10^{-3} \text{Vm/N}$$
$$石英 = 50 \times 10^{-3} \text{Vm/N}$$

电介质常数的典型值。

$$钛酸钡 = 12.5 \times 10^{-9} \text{F/m} = 1700 \times 8.85 \times 10^{-12}$$
$$石英 = 40 \times 10^{-12} \text{F/m} = 4.5 \times 8.85 \times 10^{-12}$$

压电材料广泛应用于测量力、压力、加速度和振动等场合。压电传感器的主要应用是在一些电荷没有时间溢出的情况下,也用作陶瓷或晶体型抓取传感器,因为针会造成晶体的变形,产生的电压由电荷放大器放大,使其具有额外的能力降低压电传感器的载荷效应。

灵敏度、自然频率、非线性、滞后性和温度影响都是选择压电传感器要考虑的基本因素。压电压力传感器用来测量快速变化的压力,以及冲击压力。由石英制成的传感器通常具有稳定的从 $1 \sim 20\text{Hz}$ 频率响应,自然频率为 50kHz。石英晶体可以用在温度范围为 $-185 \sim +288$℃ 的场合,其远优于陶瓷,陶瓷的限制在 $-185 \sim +100$℃。

压电传感器的等效电路 压电传感器的动态特性可以表示成一个等效的电路,该等效电路可以从传感器的机械和电子参数中推导而得。基本的等效电路如图 3-49 所示。产生的电荷 Q 集中在电容 C_c 和泄漏电阻 R_c 上。电荷源可以替换为一个电压源,如式(3-60)所示,与一个电容 C_c 和电阻 R_c 并联。

$$V = \frac{Q}{C} = \frac{dF}{C_c} \tag{3-60}$$

当压电晶体耦合了导线和线缆,以及读数装置,则电压不仅依赖于元器件,而且还依赖于线缆、电荷放大器和显示器的电容,综合电容表达成如下。

$$C_T = C_c + C_{\text{cable}} + C_{\text{display}}$$

一个典型的布置如图 3-50 所示，其中显示了传感器元件和**电荷**放大器。

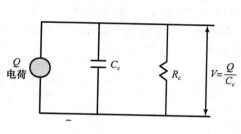

图 3-49　等效电路

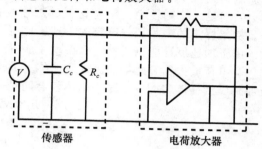

图 3-50　压电传感器的电荷放大器

电荷放大器的反馈电阻保持高电阻值，以至于该电路产生非常低的电流，以及产生一个正比于电荷的电压输出。图 3-51 所示为压电晶体界面，而图 3-52 所示为组合等效电路。

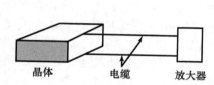

图 3-51　压电晶体界面

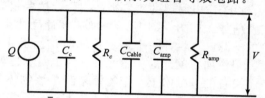

图 3-52　组合等效电路

模拟方程　使用数学模型，描述一个物理形式的方程的解可以应用到其他领域的模拟系统。模拟方法已在早些章节中详细讨论了，这些模拟方法同样可以应用到压电传感器元件。利用机械元件（如质量、弹簧和阻尼）就可以分析一个机械系统。C、L 和 R 分别表示兼容的机械参数、质量和黏性阻抗。关于位移的机械模拟可以表示成如下。

$$F = m\frac{\mathrm{d}^2 x}{\mathrm{d}t^2} + c\frac{\mathrm{d}x}{\mathrm{d}t} + \frac{x}{\dfrac{1}{k}}$$

$$v = \frac{\mathrm{d}x}{\mathrm{d}t}$$

$$F = m\frac{\mathrm{d}v}{\mathrm{d}t} + cv + \frac{1}{\dfrac{1}{k}}\int v\,\mathrm{d}t$$

针对电流的微分方程也可以模拟成速度。R、L 和 C 分别表示元件的黏性阻抗、质量和兼容的机械参数。在一个 $R\text{-}L\text{-}C$ 串联的电路网络中，所施加的电压等于电阻的电压降、电感的电压降，以及电容的电压降之和。

$$\text{电路压降} = Ri + L\frac{\mathrm{d}i}{\mathrm{d}t} + \frac{1}{C}\int i\,\mathrm{d}t$$

在工业应用中，压电元件的配置是一个重要的考虑因素。元件的形状可以是一个碟形的、板状的或管状的，可以工作在法向、横截面或剪切模式。例如，一个小的压电传感器直径为 4mm，长为 10mm，重 2g 左右，在 177℃ 下工作，其电压灵敏度为 0.1mV/N。

压电传感器测量加速度　压电加速度计是这样构建的，它包含一个匣子，以及一个附在晶体机械轴上的质量块。首先将以圆柱形式存在的压电元件绑定在一个中心梁上，然后将圆柱质量绑定在 PZT 元件的外侧。沿着圆柱轴向的加速度对压电元件造成一个剪切力，该剪切力给自己一个弹性力。压电材料的加速度在一个沿着预定轴方向的机械应力而产生电位势。初始标定的力是预先确定的，其通过在质量块和弹簧之间加一个预载弹簧。

由于加速度计的匣子肯定会振动，所以压电元件产生的力会变化。晶体上产生的电荷使用一个电荷放大器来感知。施加到晶体上的力 F 产生电荷 $Q=dF$。当将一个变化的加速度施加到质量晶体装配件上时，晶体就会经受一个变化的力。

$$F = Ma \tag{3-61}$$
$$Q = dF = dMa$$
$$V = \frac{dF}{C} = \frac{dMa}{C}$$

其中，a 是加速度；V 是产生的电压。

这样输出的就是加速度。图 3-53 所示为一个典型的加速度计的图片。

由于压电材料的刚度很高，因此这些仪表的固有频率可以高达 125kHz，这就可以测量高频信号。如图 3-54 所示为加速度计尺寸小，重量轻（0.25kg）。晶体是一个具有高输出阻抗的电源，在设计一个显示系统时，传感器和电路之间的电子阻抗匹配通常是个关键的问题。用作加速度计的传感元件的压电材料已经使用在地震仪表中。

设备的基础附上一个物体来测量该物体的运动。在压电加速度计里面，质量 m 由一个刚度为 k 的弹簧和一个阻尼系数为 c 的阻尼支承着。物体的运动造成质量块相对于外框架的运动。考虑质量块的惯性力和弹簧阻尼的弹力，可得传感器的方程如下。

$$m\frac{\mathrm{d}^2 y}{\mathrm{d}t^2} + c\frac{\mathrm{d}(y-x)}{\mathrm{d}t} + k(y-x) = 0$$

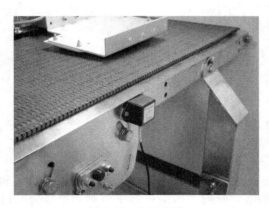

图 3-53　加速度计

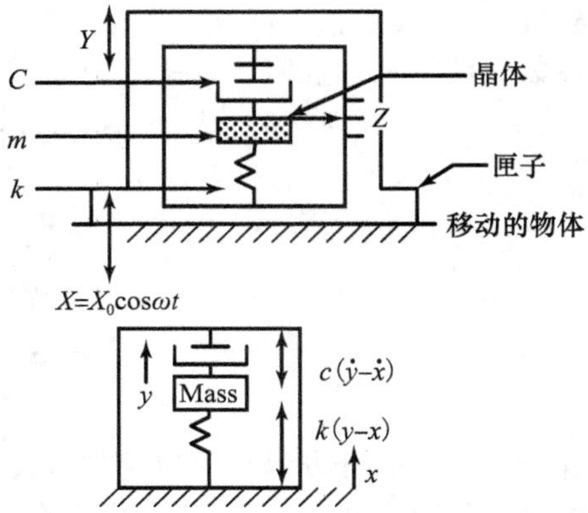

图 3-54　压电式加速度计

其中 $y=$ 质量块的绝对运动。

相对运动，$z=y-x$ 可以表示成：

$$m\frac{\mathrm{d}^2(z+x)}{\mathrm{d}t^2} + c\frac{\mathrm{d}z}{\mathrm{d}t} + kz = 0$$
$$(mD^2 + cD + k)z = -mD^2 x$$

其中，$D=\dfrac{\mathrm{d}}{\mathrm{d}t}$。该方程是二次方程，并关联了传感器的输入和输出。

使用压电传感器测量速度 先用黏性的阻尼元件将速度转换成一个力，然后用一个 PZT 传感器测量产生的力，这样可以测量速度。如果能够通过一个加速度计获得加速度数据，那么将该设备再进行积分就可以获得速度值了，使用压电加速度计和积分放大器可以构建速度传感器，双积分提供位移信息。压电速度传感器的原理如图 3-55 所示。

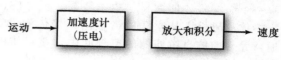

图 3-55 速度传感器

3.6.2 主动振动控制

主动振动控制可以定义为一种技术，该技术可以通过给结构施加一个**反作用力**，这个力与原先的振动反相，但是大小和振幅相等，从而降低结构的振动。结果两个相对的力相互抵消，而结构停止了振动。图 3-56 代表性地显示了一个主动振动控制的原理图。

振动控制系统包括一个高速微处理器系统、一个振动结构和一个驱动器。结构的振动通过一个运动传感器（如加速度计）来监测。处理装置计算相应的相位求反以及减小原先振动特征所需的反作用力的大小。计算机的输出电压放大后传递给驱动器。驱动器的**扩**

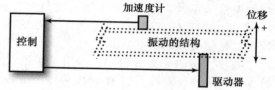

图 3-56 主动振动控制的原理图

展和**收缩**产生一个力，该力反作用于原先振动的幅度，从而减少结构的振动。必须注意，该振动控制理论上必须和原先的振动实时发生。在这一点上还要注意，实际上一个结构的振动是不可能停止的，只是降低了。这主要由于控制系统响应时间的限制、驱动器本身的响应时间限制，以及结构振动的**频谱特征**的高速变换。

有几个领域可以应用于主动振动控制。例如将一个质量从另一个振动的质量中分离出来，不用传统的被动装置，如弹簧和阻尼。这在微电子隔离和对轻微振动极度敏感的信号处理单元非常有用。另一个使用主动振动控制的场合是精密制造领域。振动和产生的**声波发射**具有破坏仪器的能力，而且对人的健康也有影响。在机床结构中，如果存在颤振和振动，则还会造成对加工精度严重的冲击，并降低表面质量。消除不想要的振动可以提高工艺精度，通过控制切削刀具的振动可以获得较小的公差，而且刀具磨损也减小了。主动振动控制比被动方法（也就是弹簧和阻尼）的优越之处在于结构振动可以以较快的速度减少。

3.6.3 磁致伸缩传感器用于振动控制

鉴于其具有快速响应的特点，压电形式的驱动器在主动振动控制中应用广泛。然而却需要非常高的电压来产生一个仅有微厘米级的应变。另一方面，磁致伸缩材料只需要相对小的磁场，就能产生相当明显的应变，磁致伸缩材料还能产生非常高的反作用力，磁致伸缩材料也具有高频限制，就像压电材料那样，在兆赫兹范围内振荡。实时振动控制的最有前景的驱动器就是**磁致伸缩**传感器。

磁致伸缩传感器原理 磁致伸缩是某些材料的特性，如铁、镍、钴和相关的合金，这些材料在磁场中会产生应力。在元素周期表中总共有 15 种稀土材料。磁场可以通过给一个线圈施加一个电流，该线圈环绕着磁致伸缩材料。稀土材料，特别是磁致伸缩材料，能够产生

2000ppm 量级的应变。在某些情况下，铁和稀土元素的合金能产生超过 2000ppm 的应变。有一种材料是由**铽**、铁和**镝**组成的合金。市面上称之为 Terfenol-D 磁致伸缩材料，它表现出良好的磁致伸缩特征，并在驱动元件中应用最广泛。

磁致伸缩驱动器的基本元件如图 3-57 所示。有一个缠绕磁致伸缩材料棒的线圈，引导磁通流入棒体的磁极，从永久磁铁输出到棒体的 DC 磁通，允许棒体自由伸缩的空气间隙，质量体的头和尾，或称为基体，以及用来给棒体提供一个合适预载荷的弹簧系统。

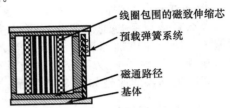

线圈包围的磁致伸缩芯
预载弹簧系统
磁通路径
基体

图 3-57 Terfenol-D 磁致伸缩驱动器的基本元件

当磁致伸缩材料包围在一个线圈里，并将一个 AC 电流输入到线圈，那么在周期内的正、负部分磁致伸缩材料产生一个正的应变。然而这就产生一个问题，有人既想获得正的应变，也想获得负的应变，这种现象在应用这种材料作为主动控制振动时非常重要。换言之，当振荡结构振幅是正时，振荡（反作用力按负的方向）被拉下来了；当振荡结构振幅是负时，振荡（反作用力按正的方向）被推上去了。在这两个过程中，目标就是将振幅推向或拉向中间位置，以使结构振动明显衰减。

磁致伸缩的应变 S 可定义为由于所施加的磁场强度 H 的作用而使材料的伸长 Δl 和原始长度 l 的比值。磁场强度 H 是由包围在磁致伸缩材料的线圈产生的，可定义如下。

$$S = \frac{\Delta l}{l} \tag{3-62}$$

$$H = \frac{NI}{l_c}$$

其中，I＝通过线圈的电流；N＝线圈的匝数；l_c＝线圈的轴向长度。如果磁致伸缩驱动器用在线性区域，则可将电能转换成机械能，也能将机械能转换成电能。所以这种设备可以看成既是传感器又是驱动器。

应用 在实时应用中设计一个磁致伸缩传感器时，材料应变的方向是个问题，通过引入一个偏置场在施加正电流和负电流时，应变只往一个方向发生。这个偏置场通常通过在材料周围放置一个永久磁铁或者向电路中引入一个 DC 偏置场。由于永久磁铁的磁场，磁致伸缩材料受到一个初始伸长或初始收缩，合理选择永久磁铁的设计尺寸，好让初始伸长大约是磁致伸缩材料总伸长的一半。当 AC 电流处于正向周期，来自磁铁的磁场和来自线圈的磁场相叠加，导致材料正向伸长；当 AC 电流处于负向周期，来自磁铁的磁场和来自线圈的磁场相抵消，导致材料收缩。通过使用偏置功能，驱动器可以用来控制振荡结构。如果磁致伸缩驱动器限制在正的应变，那就不需要偏置功能了。

磁致伸缩材料可以工作在冷冻温度到 200℃。因为可移动的零件数量小，所以传感器的可靠性极高。当前应用的磁致伸缩传感器的有机器人、阀控制、微定位和主动振动控制。其他领域的应用包括快速执行继电器、高压泵以及高能低频声源。

总 结　**压电传感器**

当压电材料沿着某个特定的面受到一个机械力或应力，它将会产生电荷。最有名的材料是石英晶体（SiO_2），罗谢尔盐也是一种天然的压电材料。

如图 3-61 所示的布置，产生的电荷 Q 定义成：

$$Q = dF \quad (\text{纵向效果})$$

$$Q = dF \frac{a}{b} \quad (\text{横向效果})$$

其中，d 是材料的压电系数。

磁致伸缩传感器理论

磁致伸缩是某些材料的一个特性，如铁、镍、钴和相关合金放在一个磁场中，则材料会产生应变。最常用的驱动元件是商业上所说的 Terfenol-D。

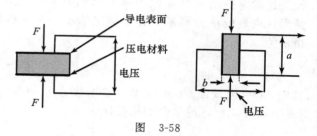

图 3-58

当一个磁致伸缩材料置于一个线圈中并给线圈通入 AC 电流时，在正向和负向周期内的磁致伸缩材料都将产生正的应变，该现象在将材料用作主动控制振动中非常重要。

应用

- 压电材料广泛应用于力、压力、加速度和振动的测量。
- 可用作传感器进行陶瓷或晶体类的抓取，在用针抓取会造成晶体变形，并产生电压。

特征

- 灵敏度、固有频率、非线性、滞后性和温度效应都是要考虑的选择因素。
- 石英材料制成的传感器通常表现出稳定的频率响应，从 1Hz～20kHz，而固有频率在 50kHz 数量级上。
- 石英晶体可以用在温度范围从 $-185 \sim +288$℃，这比陶瓷的好，陶瓷的温度范围从 $-185 \sim +100$℃。

磁致伸缩传感器的应用

当前的应用包括微位置和应力测量，其他的工程应用包括钢管检测、机器(燃油发动机)的状态监测，以及机车安全系统的碰撞实验的线上测量等。

3.7 流体测量传感器

在现代工业过程工业中，流体测量和控制是最重要的应用领域之一。不管流体是气体，还是液体的状态，精确的流量测定是关键。某些情况下，一台机器的优化性能依赖于正确地混合确切比例的液体。连续制造过程依赖于精确监控和检测进入整个过程的原材料、产品和废物。

3.7.1 固态流

当监控运输中的一堆固态材料时，必须为某些固定长度的传送带系统称量材料的重量。在一个固体测量系统中的流量传感器其实就是一套传送带、卸料漏斗和称重平台的装配系统。固体材料的微小压碎颗粒用传送带传送，对于**泥浆**之类的则通过管子传送，并用泵来驱动。

从图 3-59 所示可以看出，流量可以按在一个固定长度的传送带系统上所需的材料重量测出来。

在这种情况下，流量的测量变成了重量测量。平台上的材料取代了传感器，它通常是一个负载单元，该单元通过标定提供一个正比于固体流量的电输出信号。重量通常由负载单元测量，其中标定给出一个固体流量的指示值。

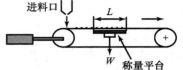

图 3-59   固体流量测量

$$流速 \ Q = \frac{WR}{L} \tag{3-63}$$

其中，Q＝流量(kg/min)；W＝在长度为 L 的部分传送带上的材料重量；R＝传送带的速度(m/min)；L＝称重平台的长度(m)。

3.7.2   液体流

计算流量的基本方程是一个连续方程，该方程说明如果系统中整体的流速不随时间变化，那么该流速通过任意截面都是一个常量。最简单的连续方程的形式可表示如下。

$$V = Q/A$$

其中，V＝流速度；Q＝体积流速。

体积流速是指单位时间内流过的体积，常用单位是立方米每小时和升每小时。质量流速或单位时间流过的质量表示为 kg/hr。图 3-60 所示为液体流通过一个变截面积的现象。

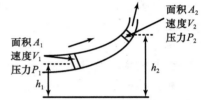

图 3-60   通过一个变截面积的液体流

在**平衡**条件下，不可压缩的流体流过一个管子的情况可以用伯努利定律来描述，该定律表明在某一点的**压力头**、**速度头**和**高度**的和等于另一点的三者之和。

式(3-64)表示点 1 和点 2 之间没有能量损耗的能量守恒定律。第一项表示存贮为压力的能量，第二项表示动能，第三项表示位置势能。

$$\frac{P_2}{\rho} + \frac{V_2^2}{2g} + h_2 = \frac{P_1}{\rho} + \frac{V_1^2}{2g} + h_1 \tag{3-64}$$

$$Q = EA_2 \sqrt{\frac{2g(P_1 - P_2)}{\rho}}, \quad 其中 \quad E = \frac{1}{\sqrt{1 - \left(\frac{A_2}{A_1}\right)^2}} \tag{3-65}$$

其中，V_1、V_2＝在点 1 和点 2 处的平均流体速度；ρ＝流体密度(N/m³)；P_1、P_2＝在点 1 和点 2 处的压力；g＝重力加速度；h_1、h_2＝在点 1 和点 2 处的相对于某一基准面的高度。

最常用的测量流量的方法是测量沿着某一流线的压力差。用这种方法测量的仪器有基于压差测量的传感器、**转子流量计**、**超声波流量计**、**涡轮流量计**、电磁流量计和激光风速计等。

3.7.3   基于压差测量的传感器

基于压差测量的传感器沿着流线设置一个障碍物，如喷嘴、孔板、文丘里管或皮托管等。将伯努利方程略作修改，压差和流速之间的基本关系就可求出来，表示如下：

$$Q = \frac{C_d a}{\sqrt{1 - \left(\frac{a}{A}\right)^2}} \sqrt{\frac{2\Delta p}{\rho}} \tag{3-66}$$

其中，ρ＝流体的密度；a＝管子收缩时的横截面积；A＝管子收缩前的横截面积；Δp＝两个开孔处的压差；C_d＝释放系数。

该释放系数表示在约束区域液体流的扰动量，称作咽喉窄部（见图 3-61）。该图所示为使用障碍物测量流量的原理。

通常用于测量流量的传感器使用如下三个布置中的一个。

1. 孔板
2. 喷嘴
3. 文丘里管

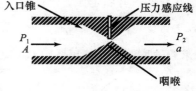

图 3-61　流量测量

如图 3-62 所示，这些布置都在流线中用一个标定好的约束，然后测量通过障碍物的压力差。液体的流速在障碍物的下游变得相当高。根据伯努利定律，一定存在一个压力降，并且该压力降的大小和流过障碍物的速度成正比。压力降和流速之间的关系是非线性的。此外，必须为某一特定的流速和流量范围设计障碍物。低速流动的液体流可能不会记录具有实质意义的压力降。

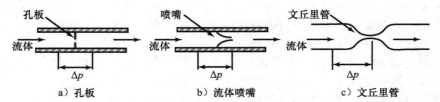

图 3-62　流量传感器的

孔板流传感器是最不昂贵的，但是仅有有限的测量范围。它可以用于液体或气体的流量测定。在孔板流量计中，一块薄板上开若干圆孔，在沿着管路长度方向的法兰之间用螺栓连接。测量流速的**压力表接头**可以通过各种方法确定，对于管径大于等于 5cm 的管子，压力表接头分别设在与上游方向距离为 D 的地方，在与下游方向距离为 $D/2$ 的地方，其中 D 是管子的直径。这些仪器不贵，并且通常具有很长的寿命，基本不要维护。

与孔板流量计相比，喷嘴流量计和文丘里管流量计是比较复杂并且昂贵的传感器，它们更加精确，可在一个较宽的流速范围内测量，并且对流量损耗的敏感度低。相比于孔板流量计和喷嘴流量计，文丘里管流量计提供最佳测量精度。它们的设计中包括三个部分：上游的汇聚部分、咽喉和下游的发散部分。圆柱形的喉咙部分使流体压力降低及流速提高，该点流速是稳定的。文丘里管构建起来非常昂贵，而且必须标定。正因为如此，文丘里管并不适合那些从小的墙凹里收集到的流体。

喷嘴流量计类似于文丘里流量计，但是只要占据较小的空间。喷嘴的设计综合了孔板流量计的简单并兼顾了文丘里管的低损耗。流体通过最小的流面积，然后马上扩散到管子的面积。下游的锥形管的缺失带来了等同于小孔板流量计的压力损失。只要流体的体积流速可以用一个合理的精度测量，则喷嘴流量计可以用作液体或气体的测量。它们比文丘里管便宜，具有较长的寿命，并且不需要再次校正。

皮托管 皮托管是最古老的流速检测仪器。它将流体的动能转换成势能，以一个静态压头的形式表示。冲击（动态压力）和静态压力之间的差别可以与流速关联。速度头转换成冲击压力，而冲击（动态压力）和静态压力之间的差别可以用来测量流速。

皮托管广泛应用于飞机上的空速计，包括一个圆柱形的探头，可将其安装在一个管线里。当流体接近探头时，探头上接触冲击的点速度可降低直到 0，速度降低提高了压力。P_1 和 V_1 是上游的压力和速度，而 P_2 和 V_2 是物体临近的压力和速度。在冲击点处，V_2 等于 0。根据伯努利定律，流体的速度计算如下。

$$\frac{P_2}{\rho} = \frac{V_1^2}{2g} + \frac{P_1}{\rho} \tag{3-67}$$

求解速度并引入校正系数 C_v 来计算管子内部的非均匀速度。

$$V = C_v \sqrt{\frac{2}{\rho}g(P_2 - P_1)} \tag{3-68}$$

图 3-63 所示的皮托管有两个同心的管子。内部的管连接冲击孔以到达压差计的一端，而外部的管有一系列深入到管内测量静态压力的小孔。某点处的速度可由这种皮托管产生的压力差来确定。内部管的总体压力等于静态压力和由于液体流的冲击产生的压力之和。

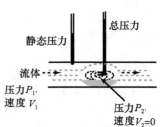

图 3-63　用于测量流速的标准皮托管

转子流量计 转子流量计是另一种广泛用于过程控制工业的流量测量仪器，它包含一个锥形的玻璃管和一个浮子。浮子上升直到环形通道足够大，能让所有的材料通过管子。将浮子的直径大小设计成能完全堵住入口。一个气流或液流从管子里开始流动，当液体或气体到达浮子，液体或气体的浮力作用使得浮子变轻。浮子通道保持关闭，直到流动体的压力加上流体的浮力超过由浮子的重力造成的向下压力时，浮子才上升，跟随着液流或气流在介质中漂浮，这时浮子达到一个动平衡的状态。

流速的增加会导致浮子上升，而流速的减小会导致浮子下沉。在垂直液体柱里作用在浮子上的力如图 3-64 所示。向下的力包括浮子的重力 F_w，还有作用在浮子上表面的压力 F_d，这两个力由公式(3-69)所示。向上的力包括作用在浮子下表面的压力 F_{up} 和拉升力 F_{drag}，这个拉升力拉着浮子向上。这个力的大小根据浮子的设计、流动条件以及流体的绝对速度。

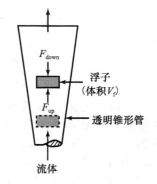

图 3-64　转子流量计的原理图

$$F_{down} = F_w + F_d = V_f(\rho_2 - \rho_1) + (p_2)A_f \tag{3-69}$$

V_f 是浮子体积，A_f 是浮子的表面积，ρ_1 和 ρ_2 分别是浮子和液体的密度。p_2 是浮子上表面单位面积的压力。

$$F_{up} = F_{up} + F_{drag} = (p_1)A_f + F_{drag} \tag{3-70}$$

平衡条件下可以忽略黏性阻尼拉力，方程(3-70)可以写成。

$$(p_1)A_f = V_f(\rho_2 - \rho_1) + (p_2)A_f \tag{3-71}$$

$$(p_2 - p_1) = \frac{V_f}{A_f}(\rho_2 - \rho_1)$$

代入并计算释放系数，可以得到想要的流量方程。

$$Q = C_d E A_2 \sqrt{2g \frac{V_f}{A_f} \left(\frac{\rho_2 - \rho_1}{\rho_1} \right)} \tag{3-72}$$

如果将转子流量计接上一个可变电感传感器，则可以产生一个与流量成正比的电信号输出，这个原理用在感应面积可变的流量计。转子流量计是流量测定的一次传感器，那个感应传感器是二次传感器，提供一个信号，从而使连接该信号的电枢随着浮子位置的变化而变化。在 AC 桥接电路的两个臂上连接了两个线圈，当电枢相对于两个线圈对称时，它们的阻抗相等，桥是平衡的，没有输出。如果有流体流动，则浮子改变了位置，导致软铁电枢的移动，这也就改变了线圈的阻抗，桥变成不平衡的了。由于输出电压是一个关于流速的函数，所以输出电压放大后用以驱动一个伺服电动机。

3.7.4　测定流量的超声波流量计

超声波流量计通过将一个高频率的声波穿过流体来测量流体的速度，有时称为转接时间流量计。它是通过测量一个超声波信号穿过一个管子里**均匀的**液体的上游位置和下游位置的时间差来工作的。图 3-65 所示为该超声波流量计的工作原理。

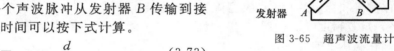

该传感器包括两对信号发射器和接收器。一对 A 和 B 作为信号发射装置，另一对 C 和 D 作为信号接收装置。如果一个声波脉冲从发射器 B 传输到接收器 C，那么转接时间可以按下式计算。

图 3-65　超声波流量计

$$t_{BC} = \frac{d}{\sin\alpha(C - V\cos\alpha)} \tag{3-73}$$

如果声波脉冲从发射器 A 传输到接收器 D，那么转接时间可以按下式计算。

$$t_{AD} = \frac{d}{\sin\alpha(C + V\cos\alpha)} \tag{3-74}$$

其中，d＝管路的直径（m）；V＝流体的速度（m/s）；α＝声音路径和管子壁的夹角；C＝在流体内声音的传播速度（m/s），假设 $V \ll C$。

转接时间差 Δt 就是式（3-73）和式（3-74）的差，这与流速、液体流量成正比，并可以作为计算机的一个输入。通过测量上游和下游的转接时间，流体速度可以单独表示成在流体中声音的速度。由于测量独立于通过流体的声音的速度，所以关于压力和温度的影响就消除了。

$$\frac{t_{BC} - t_{AD}}{(t_{BC})(t_{AD})} = \frac{2V\sin\alpha\cos\alpha}{d} \tag{3-75}$$

图 3-66 所示为一个带有数字输出的超声波传感器的图片。

超声波多普勒流量计　多普勒效应是个非常有用的技术，可以用来测定流体的速度和流量。在多普勒流量计中，可将连续的超声波注入流体。通常将传感器绑在管子壁上，这样有一股声波会穿过。流体中的粒子会发散声音，并造成一个频率偏移，这个偏移正

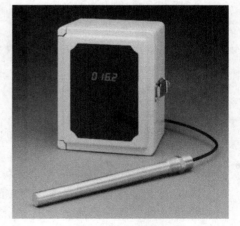

图 3-66　超声波传感器

比于粒子的速度。如果 f_r 和 f_t 分别表示接收到的和发送出去的信号频率，那么多普勒偏移 f_d 可以表示为：

$$f_d = f_r - f_t$$

超声波流量计可以用最小压力损耗来测量液体流速。流量的测量对压力、温度和黏性变量不敏感。这种方法的优点包括双向感知、高精度、宽范围和快速响应。虽然这是一个昂贵的技术，但它可用在管子和各种尺寸的管道测量。

3.7.5 曳力流量计

对于这种类型的流量计，将一个适合的障碍物塞入流体通道，结果流体给物体施加一个曳力，这个力可以被感知，从而可以测量流量。曳力 F_d 作用在浸在液体中的物体上，可用式（3-76）来表示。

$$F_d = \frac{1}{2} C_d \rho g V^2 A (N) \tag{3-76}$$

其中，C_d＝曳力系数；A＝横截面积；ρ＝流体的密度 $\left(\dfrac{kg}{m^3}\right)$；$V$＝速度（m/s）。

物体上的曳力可以通过附加一个合适的力监控设备来测量出来。

图 3-67 所示为一个绑定了应变片的悬臂梁构件。曳力转化为应力作用在悬臂梁上。这个力是可以测量和标定的。这种类型流量计的主要优点就是高的动态响应，该仪表的精度达到±0.5%，重复精度为±0.1%。曳力流量计在高黏性流体的测量中非常有用，如热的沥青、焦油和在高压下的泥浆。

3.7.6 涡轮流量计

涡轮流量计是一种非常流行的流量测定方法。如图 3-68 所示，一块永磁铁包裹在一个回转物体上，每次当转动磁铁通过采集线圈的极时，磁路的透磁率发生改变，在输出端产生一个电压信号，该输出信号是一个与流速成正比的频率信号。电压脉冲可以通过一个数字计数器记数以获得全部流量。

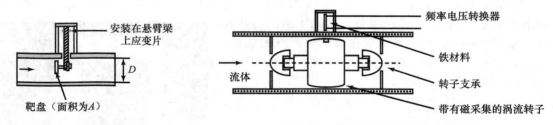

图 3-67　曳力流量计　　　　图 3-68　使用涡轮流量计的流量测定

涡流流量计的主要优点是体积流量和转子角速度之间的线性关系，如下式。

$$Q = kn \tag{3-77}$$

其中，Q＝体积流速；k 是一个和流体性质有关的常量；n＝转子角速度（rad/s）。

涡轮流量计不适合测量混有磨粒的流体，任何对涡轮叶片的损伤都必须马上进行重新校正。桨轮流量计是涡轮流量计的一个变形，该流量计中，流体驱动一个位于管子壁上的小桨轮。

3.7.7　转子扭矩质量流量计

在某些应用中，必须测量质量流速，而不是体积流速。这些应用存在于过程控制工业中，也存在于航空工业中，因为这些应用中需要质量流速信息。测量的概念基于牛顿第二运动定律，其中将改变流体流动的速度所需的力来作为测量对象。

图 3-69 所示描述了一个基本的转子扭矩质量流量计。流体按某个给定的常量速度，沿着法垂直于流动方向转动。流体首先通过一个直的叶片去除任何角向漩涡，然后流入一个装配体，该装配体包含一套按某个恒定转速绕该流量计的轴而旋转的叶片。

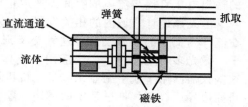

图 3-69　转子扭矩质量流量计

用来驱动旋转叶片的扭矩正比于施加到流体的角向运动的大小，从而依次正比于通过装配体的流体质量。

传递给推动器的扭矩 T 可以表示如下。

$$T \propto \frac{\mathrm{d}}{\mathrm{d}t}(I\omega) \tag{3-78}$$

$$I = mk^2$$

$$T \propto \frac{\mathrm{d}}{\mathrm{d}t}(mk^2\omega)$$

$$T \propto mk^2\omega$$

其中，T＝传递的扭矩；I＝质量的惯性矩；ω＝角速度；k＝回转半径。

3.7.8　利用激光多普勒效应测量流体

激光多普勒风速计利用非侵入方法测定一个透明通道内的液体或气流的瞬间流速。该技术只能用在如下情况。

- 能让足够的激光**透射**过流体。
- 流体包含足够多的**污染物**粒子对激光束产生散射效果。

如图 3-70 所示，其原理是基于多普勒飘移现象，从移动物体上散射的光的频率不同于入射光的频率，这个频率差与流体速度成正比。

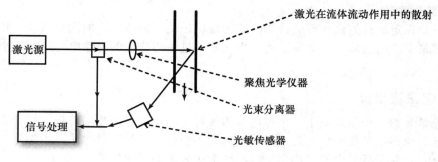

图 3-70　激光多普勒风速计

为了测定流体的流速，将一束激光聚焦在流体内的某一个点处。激光束被流体内的小颗粒散射开，由于黏滞效应，那些小颗粒移动的速度和流体一样，所以测量粒子的速度就等于测量流体的流速。光敏传感器输出的信号处理生成多普勒频率偏移的值，该值与流体的瞬间流速直接成正比。

$$频率偏移 \ \Delta f = \frac{2V\cos\theta}{c}f_0 \qquad (3\text{-}79)$$

这里，V＝粒子速度；f_0＝激光束的频率；θ＝激光束和流体内粒子的夹角；c＝光速。仪表的输出电压直接与流体的瞬间流速成正比。

激光风速计领域内的相关发展包括双束激光**速度计**，该仪器关注在一个平面内两束激光在流体内交互的干涉模式。这种交叉形成一个条纹模式，条纹间距就是流体速度的测量因子。激光多普勒速度计广泛应用于流体和气流的速度测量，精度可能高达$\pm 0.2\%$的范围，这些仪器已用于航空工业来测量飞机机翼尖端附近的涡流、测量涡轮压缩叶片之间的流速、研究边界层、喷气推进系统的燃烧现象，以及生物学领域的人体血流测量。

3.7.9 热线风速计

热线风速计是流速测量的一个重要方法，主要测量平均速度和**波动**速度。该方法在航空动力学应用中用于测量高速的液体和气体，以及测量低速的非导体液体。

其工作原理基于一个原则，即一个直径为$5\mu m$的**铂钨**合金线的**对流**热传导是一个和流速有关的函数。该导线由一个通过它的电流加热（如图3-71所示）。当它暴露在某流动的流体中时，热量通过对流从导线上**消散**，这样导致导线的电阻变小了。热量的损耗速度依赖于线的形状和特点、流体的性质以及流体的速度。通过保持前两个因素不变，仪表反映就变成了只是流速的一个函数。

热线上对流热传递基本的热传递方程可以用King法则表示。

$$\frac{hD}{K} = 0.3 + 0.5\left(\frac{\rho v D}{\mu}\right)^{0.5} \qquad (3\text{-}80)$$

其中，h＝对流热传递系数；K＝热线的导热率；ρ＝流体的密度；v＝流体的流速；D＝热线的直径；μ＝流体的速度系数。

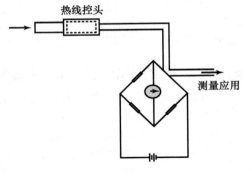

图3-71 热线风速计的操作原理图

带有一个标定的计算机界面的桥接电路的输出提供了液体流速的测量结果。热线风速计适合用于测量干净的流体，一个重要的应用就是通过使用合适的补偿电路和标定来测定流体的紊流。

3.7.10 电磁流量计

电磁流量计的工作原理基于一个导电流体通过一个磁场时产生的电压。这个方法适合用于测量导电的流体，可能会含有磨粒材料，因此不适合其他的测量方法。不能用于非导电的流体（如气体），对于低导电的流体（如水）不能产生令人满意的结果。

图3-72所示为电磁流量计的工作原理。在电磁流量计中，一对电极面对面插在一个含有流体的非导电的、非磁性的管子边上。管子由一个电磁铁包围，该电磁铁产生磁场。

电极两端感应生成一个电压，感应电动势（emf）的大小正比于被切磁力线的速度。假设磁场是一个常数，电极两端的电压值与液体流动速度成正比。

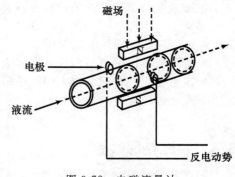

根据法拉第定律，可得感应电压 e。

$$e = Blv \times 10^{-8}V \qquad (3\text{-}81)$$

其中，$B =$ 磁通密度；$l =$ 导体的长度（管子的直径）；$v =$ 导体的速度（cm/s）。

电磁流量计可以用于任何尺寸的管子。使用电磁传感器不会侵入液体流，也不会造成任何压力降。输出电压具有较大的线性范围和好的瞬态响应。输出不受速度、压力和温度的变化的影响。总之电磁流量计适合用来监测腐蚀液体、含有固体的液体流、纸浆、清洁剂、水泥渣，以及油脂液体。

图 3-72　电磁流量计

总　结　　流量计传感器

测量流体的流量传感器

超声波流量计通过将一个高频率的声波穿过流体来测量流体的速度。它们是通过测量一个超声波信号穿过一个管子里均匀的液体的上游位置和下游位置的时间差来工作的。

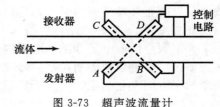

使用激光多普勒效应测量

原理是基于多普勒飘移现象，从移动物体上散射的光的频率不同于入射光的频率，该频率差和流体速度成正比。为了测定流体的流速，将一束激光聚焦在流体内的某一个点处。光敏传感器输出的信号处理生成多普勒频率偏移的值，该值与流体的瞬间流速直接成正比。

图 3-73　超声波流量计

$$频率偏移 \ \Delta f = \frac{2V\cos\theta}{c}f_0$$

其中，$V =$ 粒子速度；$f_0 =$ 激光束的频率；$\theta =$ 激光束和流体内粒子的夹角；$c =$ 光速。仪表的输出电压直接和流体的瞬间流速成正比。

应用

这些仪器已用于航空工业来测量飞机机翼尖端附近的涡流、测量涡轮压缩叶片之间的流速、研究边界层、喷气推进系统的燃烧现象，以及生物学领域的人体血流测量。

特征

精度可能高达 ±0.2% 的范围。

电磁流量计理论

电磁流量计的工作原理是基于一个导电流体通过一个磁场时产生的电压。一对电极面对面插在一个含有流体的非导电的、非磁性的管子的边上，管子由一个电磁铁包围，该电磁铁产生磁场。电极两端感应生成一个电压，感应电动势（emf）的大小正比于被切磁力线的速度。假设磁场是一个常数，电极两端的电压值和液体流动速度成正比。

应用

电磁流量计适合用来监测腐蚀液体、含有固体的液体流、纸浆、清洁剂和水泥渣。

特点

- 可以用于任何尺寸的管子。
- 使用电磁传感器不会侵入液体流。
- 输出电压具有一个较大的线性范围和较好的瞬态响应。输出不受速度、压力和温度的变化的影响。

3.8　温度传感装置

温度是最常见的工程变量之一，温度的测量和控制是最先知道的测量学成果之一。温度测量基于如下原理：

1. 基于长度、体积和力的变化的材料膨胀。
2. 基于改变电阻值。
3. 基于两种不同金属之间的接触电压。
4. 基于辐射能的改变。

RTD 是一段导线，其电阻是温度的一个函数。设计中包括一段导线，将该导线绕成一个线圈的形状以获得较小的尺寸，并提高其热传导性。许多情况下可通过一个保护管来保护线圈，以防止外界环境的影响，这样就不可避免地增大响应时间，然而在恶劣环境下，这种封闭非常重要。

大多数金属的电阻和某一范围内的温度的关系可以由二次方程来给出。$R-T$ 曲线的二次近似是一个更加精确的在某一温度范围内电阻变化的表示形式，包括线性部分的项和随着温度的平方而变化的项。其解析近似式表示如下。

$$R = R_0(1 + \alpha(T - T_0) + \beta(T - T_0)^2 + \cdots) \tag{3-82}$$

其中，R_0＝在绝对温度 T 下的电阻值；α，β＝材料常数，根据所使用的材料的纯度而不同。

图 3-77 所示是一个关于电阻随温度变化的曲线图。该图显示出在一个短的范围内，曲线的线性度较好。该图采用了前述的特定金属的电阻温度近似解析方程。

在一个较小温度范围内，0～100℃，其线性关系可写成。

$$R_t = R_0(1 + \alpha(T - T_0)) \tag{3-83}$$

其中，α 是电阻材料的温度系数。三种材料的典型值分别是 Cu＝0.0043/℃；Pt＝0.0039/℃；Ni＝0.0068/℃。

RDT 灵敏度的估算可以根据图 3-74 中电阻随温度变化的线性部分的值通过计算而获得。铂的灵敏度是 0.004/℃，而镍的灵敏度是 0.005/℃。通常，一份说明书可提供标定信息，以作为一种电阻温度曲线图，或一张数值表，从表中可以查到灵敏度。

RDT 的响应时间约为 0.5～5s 或更长。响应的速度受热传导率控制，这个热传导率控制将该设备和它所处的环境达到热平衡所需的时间。RDT 的工作范围根据作为主动元素的导线类型的不同而不同。

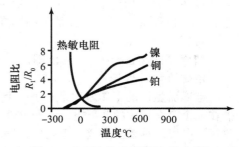

图 3-74　电阻传感器特征(纯金属)

例如，典型的铂制 RTD 的工作范围是－100～650℃，而一个镍制 RTD 的工作范围则是接近于－180～300℃。

传感元件的电阻变化通常使用某种电桥电路来测定，这样的电路可能使用偏差模式，或是空模式。一个典型的 RTD 的电阻变化往往相当小，接近于 0.4％。由于随温度变化而造成电阻变化的部分非常小，所以过程控制应用中需要使用桥接电路，这样在空模式下可以精确地测定。

3.8.1　热敏电阻

热敏电阻是一种温度传感器，其工作原理是基于半导体电阻随温度变化而变化的原理。用于热敏电阻的特定半导体材料依据适应的温度范围、灵敏度、电阻范围和其他因素，变化很大。其特征主要依赖于半导体电阻随温度变化的性能，当材料的温度升高了，分子开始振动，温度进一步升高，导致分子振动加剧，从而导致金属晶格中原子占据的体积变大，电子在晶格间的流动就变得困难，这就造成半导体中的电子分离并提高了导电性。总之，温度的提高通过降低电阻来提高导电性，随着温度的升高，半导体变成了一个较好的导体，这个性质正好和金属相反。一个重要的区别还在于半导体的电阻随温度的变化，且具有明显的非线性。

单个热敏电阻曲线可由下述非线性方程来近似。

$$\frac{1}{T} = A + B\ln R + C(\ln R)^3 \tag{3-84}$$

其中，T＝温度，单位为 K（开尔文）；R＝热敏电阻的电阻值；A，B，C＝曲线适应常数。

用一个典型的热敏电阻测出的温度范围在－250～650℃之间。热敏电阻的高灵敏度是一个重要的优点，每摄氏度改变电阻的 10％ 是常见的。

由于热敏电阻表现出如此大的随温度变化而变化的电阻特性，所以有很多可能的电路可用来测量。一个空测试的桥电路非常常用，因为热敏电阻的非线性特征使其很难用作一次检测设备。使用空测试电桥电路，以及合适的信号调制，热敏电阻可提供非常灵敏的温度测量。

因为热敏电阻是一整块半导体，所以可以将其制造成各种形式，包括碟型、珠型和棒型，其尺寸范围变化大，小到直径 1 毫米的珠子，大到直径为几厘米和厚度为几厘米的碟子。通过改变加工工艺和使用不同的半导体材料，制造商可以提供较大范围的电阻值，以测量任何特定的温度。

热敏电阻的响应时间主要依赖于所用材料的数量和质量，当然跟环境也有关系。当针对恶劣环境进行封装保护后，由于保护层的关系，响应时间会有所提高。

3.8.2　热电偶

将两个不同材料的导体连接起来形成一个电路，可以产生如下效应。

当两者连接在不同的温度 θ_1 和 θ_2 时，在连接处产生微小的电动势 e_1 和 e_2，这些电动势的代数和形成一个电流。

这个效应称为塞贝克效应。珀尔贴效应是塞贝克效应的逆过程，叙述如下。

当两个连接在一起的不同导体有一个电流流过它们时，连接处的温度发生变化，因为热量被吸收或产生。

　　另一个效应称为汤姆森效应，它预测除了珀尔贴效应的电动势之外，还有一个电动势存在于热电偶的每一种材料中，因为当它成为导体的一部分时，电偶两端之间还存在纵向温度梯度。

　　当用热电偶来测量一个未知温度时，连接点处的温度称为参考连接点，它必须通过一些独立的方法获知，并维持一个常数温度。

　　图 3-75 所示为一个典型的热电偶电路，使用一个铬和镍铜合金的热电偶、参考连接点，以及一个电位计电路来检测输出电压。热电偶的标定是通过得知输出电动势和测量连接点的温度关系而进行的。

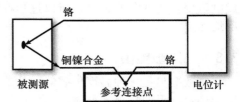

图 3-75　热电偶电路的原理图

　　制造热电偶的标准由国家标准和技术研究所（NIST）提供。表 3-5 所示给出了标准热电偶的特征。

表 3-5　标准热电偶特征

类型	材料	工作范围	精度
K	铬镍合金/铝镍合金	$-200\sim1350$	$\pm3℃$
J	铁/铜镍合金	$-200\sim800$	$\pm3℃$
E	铬镍合金/铜镍合金	$-200\sim1000$	$\pm1.5℃$
R	铂/铂铑合金（10%）	$-50\sim1600$	$\pm2℃$
S	铂/铂铑合金（13%）	$-50\sim1600$	$\pm2℃$
T	铜/铜镍合金	$-200\sim400$	$\pm2℃$

　　铬镍合金是一种镍和铬的合金，铝镍合金是一种镍和铝的合金，而铜镍合金是一种铜和镍的合金。热电偶的材料分成两类：基本材料和稀有金属类，包括铂、铑和铱。

　　工业上热传感器的一般要求如下。
- 输出高的电动势
- 在和流体接触时能抵制化学变化
- 产生的电压稳定
- 在温度范围内保持机械强度
- 线性特征

　　某种特定的传感器产生的电动势可以通过乘以热参考连接点的数目来提高。如果有三个测量连接点，那么电动势就会相应地提高。如果热电偶在这样的布置下有不同的温度，那么电动势就是三个连接点的一个平均值。

　　干涉影响是在任何测量应用中要重点考虑的。如果温度测量是在一个恶劣的环境下，存在强的电、磁或电磁场，或者接近一个高压电，都容易受到干涉影响。干涉影响可以通过使用非接触温度测量方法来降低。

3.8.3　辐射温度测量

　　任何温度下的物体都会发出辐射或从别的物体上吸收辐射。一个物体在大于 0℃的温度辐射出电磁能量，能量的大小取决于它的温度和物理特性。热辐射传感器不需要接触被测表面。

因为一个物体发出的辐射正比于它的温度的四次幂，存在如下关系式。

$$W = \sigma T^4$$

(3-85)

其中，$W =$ 从理想表面辐射的能量流；$\sigma =$ 史提芬玻兹曼常量。

市场上的辐射温度计或辐射表的复杂度和精度变化很大。图 3-76 所示为基本的辐射温度计的工作原理图。

热电堆探测器暴露在从热源发出的辐射中，它测量的温度就是热源的温度。通过测量热电堆探测器产生的热电功率来记录温度的提升。**高温计**是通过使用一套光学系统测量辐射能量来测量一个物体的温度的设备。由物体发出的辐射穿过一组透镜系统，然后冲击热传感器。热电堆探测器的温度提升就是辐射源温度的直接显示。

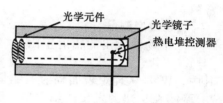

图 3-76　辐射温度计的原理

光学高温计通过表面发射辐射的颜色来鉴定表面温度，其他的温度测量包括光纤温度计、超声温度传感器、干涉仪传感器和热变色方式传感器。

3.8.4　使用光纤的温度测量

有几种使用光纤来测量温度的检测装置已经研制出来了，其工作原理基于在温度影响下光纤的密度调制，本章光纤部分已经讨论过了。某类反射传感器中，在温度影响下的**双金属**元素的位移可以测出，以显示出温度的变化。另一类传感器中，一个有源传感材料（如液晶）用来产生**荧光**。当把它放在温度场内时，可测出材料的响应频谱，从而产生一个温度输出。微弯曲的概念也用于温度测量，使用元件结构的热膨胀，传感器可以随着温度通过改变光纤的弯曲半径来测定温度。

3.8.5　使用干涉仪的温度测量

干涉仪测量是用来测量温度的又一种方法，其原理基于干涉光束的光密度。一个是参考光束，另一个光束穿过温度敏感的介质会滞后，其滞后的长度是温度的一个函数，两束光产生的相位偏移就生成了干涉信号。

在某些极端条件下，温度测量可能成为一个困难的任务。这样的例子有：
- 高辐射的核反应堆内部的制冷温度测量。
- 一个密闭空间含有已知介质的温度测量。这里不能插入接触传感器，并且密闭空间不能传递红外辐射。

在这些特殊的条件下，可以使用声波温度传感器。其工作原理基于媒介温度和声音速度的关系。

总　结　温度传感器

RTD 是一段导线，其电阻是温度的一个函数。将其绕成一个线圈的形状，以获得较小的尺寸，并提高其热传导性。

热敏电阻

热敏电阻是一种温度传感器，其工作原理是基于半导体电阻随温度变化而变化的原理。温度提高，降低了电阻，提高了导电性。随着温度的升高，半导体变成了一个较好的导体。单个热敏电阻曲线（见图 3-77）可由非线性方程来近似。

$$\frac{1}{T} = A + B\ln R + C(\ln R)^3$$

其中，T＝温度，单位为 K（开尔文）；R＝热敏电阻的电阻值；A，B，C＝曲线适应常数。

辐射温度测量

一个物体发出的辐射正比于它的温度的四次幂。

$$W = \sigma T^4$$

其中，W 是从理想表面辐射的能量流；σ 是史提芬-玻兹曼常量。热电堆探测器（见图 3-78）暴露在从热源发出的辐射中，其测量的温度就是热源的温度。

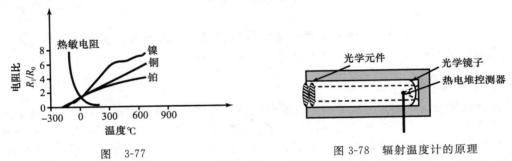

图 3-77

图 3-78　辐射温度计的原理

高温计是一个通过使用一套光学系统测量辐射能量来测量一个物体温度的设备。由物体发出的辐射穿过一组透镜系统，然后冲击热传感器。热电堆探测器的温度提升就是辐射源温度的直接显示。光学高温计通过表面发出辐射的颜色来鉴定表面温度。

特征

热敏电阻是一整块半导体，所以可以将其制造成各种形式，包括碟型、珠型和棒型，尺寸范围变化大，小到直径 1 毫米的珠子，大到直径为几厘米及厚度为几厘米的碟子。

其他的温度测量包括光纤温度计、超声温度传感器、干涉仪传感器和热变色方式传感器。

应用

- RDT 的工作范围根据导线类型的不同而不同。
- 铂制 RTD 的工作范围是−100～650℃。
- 镍制 RTD 的工作范围则是接近于−180～300℃。
- 典型的热敏电阻测出的温度范围在−250～650℃之间。

3.9　传感器应用

3.9.1　涡流传感器

涡流传感器用于检测没有磁性的、但可以导电的材料的存在，也用于无损检测应用中，包括缺陷检测和缺陷定位。

缺陷可能包括组成成分、结构和硬度的改变，也包括裂纹和空腔。除了检测一个物体的存在与否，涡流传感器还可以用来确定材料厚度，以及无损检测涂覆厚度。根据应用的不同，涡流传感器的直径可在 2～30mm 之间变化。由于无需和样本直接接触，从而使其成为无人看管的连续过程监控的一个理想方法。

当把一个导体材料放入一个变化的磁场中，导体上感应产生一个电动势（Electro Motive Force，EMF）。该电动势造成局部电流流动，这种电流称为涡流。涡流可在任何导体中感应产生，在固体导体中最明显。

例如，当某传感器的磁心在磁化的过程中产生变化，就会产生涡流。图 3-79 显示了涡流传感器的原理。

一个有色金属盘在垂直于一个磁场的磁力线方向移动，金属盘产生的涡流和金属盘的速度成正比。涡流在生成它们的磁场的反方向又生成一个磁场，输出的电压正比于金属盘内涡流的变化速度。

如图 3-80 所示，涡流传感器有两个相同的线圈，一个用作参考线圈，另一个用来感应线圈感知导体内的磁流。

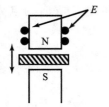

图 3-79　涡流原理

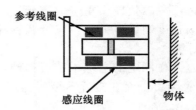

图 3-80　一个涡流传感器中的感应线圈和参考线圈

涡流产生一个磁场，该磁场的极性和传感器线圈的磁场极性相反，导致磁通量减少。当金属盘更加靠近线圈时，涡流和磁阻都变大，线圈形成了阻抗桥电路的两个臂。电桥的供电频率一般在 1MHz 或更高。在没有目标物体时，阻抗桥输出为 0。随着目标物体移动靠近传感器，导体媒介就产生涡流，因为有源线圈产生了射频（RF）磁通。有源线圈的电感提高了，从而形成了桥电路的电压输出。

涡流传感器可以设计成屏蔽的和非屏蔽的两种形式。屏蔽的涡流传感器有一个安装在铁心和线圈装配体外面的金属保护罩，这个保护罩集中电磁场面向传感器，将传感器安装在一个金属结构中，而不影响测试范围。非屏蔽的传感器除了在前面测量，还可以从边上测量。

涡流传感器的信号处理的框图如图 3-81 所示。使用灵敏的涡流传感器，可以容易检测出来 0.001mm 的差分运动。涡流传感器非常具有吸引力，因为它们成本低、尺寸小、可靠性高，以及在高温下操作时的高效率。

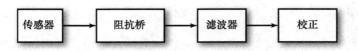

图 3-81　涡流传感器中的信号处理

| 总　结 | 涡流传感器 |

当把一个导体材料放入一个变化的磁场中，导体上感应产生一个电动势。该电动势造成局部电流流动，这种电流称为涡流。一个有色金属盘在垂直于一个磁场的磁力线方向移动，金属盘产生的涡流和金属盘的速度成正比。涡流在生成它们的磁场的反方向又生成一个磁场，输出的电压正比于金属盘内涡流的变化速度。

应用
- 涡流传感器用作接近传感器。
- 用于无损检测应用中，包括缺陷检测和缺陷定位。
- 用来确定材料厚度，以及无损检测涂覆厚度。

特点

无需和样本直接接触，从而使其成为无人看管的连续过程监控的一个理想方法。

霍尔效应

霍尔效应是在一个带有电流的导体或半导体在磁场中产生的一个横向电压。3.9.2节将重点讨论霍尔效应。霍尔效应产生一个垂直于磁场方向和电流方向的电场，其大小正比于磁场强度和电流的积，以及各种导体的性质。

位置测量

随着磁铁在固定的空隙中前后移动，如图 3-83 所示，由元件产生的磁场会变化，在接近 N 极时为负，而在接近 S 极时为正。

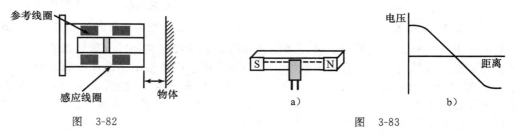

图　3-82　　　　　　　　　　图　3-83

应用
- 霍尔传感器用作接近传感器、液位传感器和流量传感器应用。
- 基于霍尔效应的设备包括霍尔效应叶轮开关、霍尔效应电流传感器以及霍尔效应磁场强度传感器。

特征
- 霍尔效应传感器提供液位测量，无需在油箱内部连接任何电子设备。
- 往往比感应接近传感器昂贵，但具有更好的信噪比，适合用于低速操作。

3.9.2　霍尔效应

霍尔效应传感器用来测量位置、位移、液位和流量。它们可以用作一个模拟量运动传感器，也可以用作一个数字量传感器。当一条带有电流的导体材料出现在一个横向磁场中，就会发生霍尔效应，如图 3-84 所示。霍尔效应产生一个垂直于磁场和电流的方向的电场，其大小正比于磁场强度和电流的积，以及导体的各种特性。一个电荷为 e 的电子，在磁场强度为 B 的磁场中运动，其速度为 v，受到洛伦兹力为 F，F 的表达式为：

$$F = e(v \times B) \tag{3-86}$$

一个称为霍尔场的电场，自动平衡洛伦兹力，可表示成一个电位。其产生的电压可用来产生场强或一个电流。

图 3-84 所示为霍尔效应原理。电流通过元件的导线 1 和导线 2。输出导线连接到元件的面 3 和面 4。当没有横向磁场通过元件时，这些输出端都是等电势的。当有一个磁通量穿过元件时，在两个输出端就出现电压 V，该电压正比于电流和场强。输出电压可以用元件的厚度、磁场的磁通密度、通过元件的电流和霍尔系数来表示。

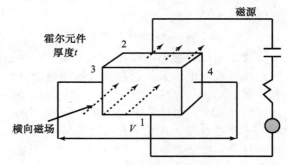

图 3-84 霍尔效应原理

$$V = H\frac{IB}{t} \tag{3-87}$$

其中，H＝霍尔系数，可定义为横向电势梯度每单位磁场的每单位电流密度，单位是 $V \cdot m$ 每 $A \cdot Wb/m^2$；I＝穿过元件的电流（A）；B＝磁场的磁通密度（Wb/m^2）；t＝元件的厚度（m）。

传感器整体的灵敏度依赖于霍尔系数。霍尔效应要么是负的，要么是正的，根据材料的晶格结构，它主要出现在金属和半导体中，而效应的大小基于材料的特性。

例 3-9 使用霍尔元件测量磁通密度

某霍尔元件，其尺寸为 4mm×4mm×2mm，用来测量磁通密度。霍尔系数（H）等于－0.8V·m 每 $A \cdot Wb/m^2$。求当磁场强度为 0.012Wb/m^2，电流密度为 0.003A/mm^2 时产生的电压。

解：

$$电流＝电流密度×面积$$
$$＝0.003 \times 4 \times 4 = 0.0048A$$

产生的电压是

$$V = \frac{HIB}{t} - \frac{-0.8 \times 0.048 \times 0.012}{0.002}$$
$$V = 0.23V$$
▲

回转测量 回转霍尔效应的基本工作原理如图 3-85 所示。霍尔元件产生一个输出电压正比于微小的回转位移。

霍尔传感器悬挂在一个永久磁铁的两个极之间，永久磁铁连接着轴，如图 3-86 所示。探头是静止的，而连接在轴上的永久磁铁旋转。将一个常数电流施加到探头两端的电触点上，则探头产生的霍尔电压直接正比于轴转动的角位移的正弦。微小的转动（最多6°）可以用这样的探头精密测量，该设备的主要好处在于它们是非接触的，尺寸小，而且分辨率高。

轴转过 α 产生的输出电压表示成：

$$V = HIB\frac{\sin\alpha}{t} \tag{3-88}$$

其中，α 是磁场和霍尔盘之间的夹角。

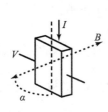

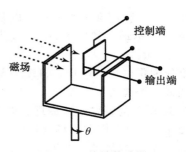

图 3-85　测量角度的霍尔元件　　　　　　图 3-86　旋转传感器

霍尔效应传感器的构建细节　霍尔元件需要信号调制以使输出可用于大多数应用中。所需的信号调制电子元件包括放大器和温度补偿。当其工作在一个非常规电压下，需要电压调制，图 3-87 所示为一个基本霍尔传感器。如果测量霍尔电压时没有磁场存在，那么输出电压则为 0（见图 3-84）。然而，如果每一个输出端的电压都是相对于接地来测量的，那么就会有一个非 0 电压。这是共模电压（Common Mode Voltage，CMV），且对每一个输出端都一样，这是 0 电势差。图 3-87 所示的放大器必须是微分放大器，以便仅放大电势差（也就是霍尔电压）。

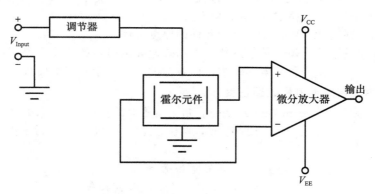

图 3-87　基本的模拟输出霍尔效应传感器

霍尔电压是一个低电平的信号，在一个高斯磁场下，大约有 $30\mu V$ 的电压产生。低电平输出需要一个低噪声、高输入阻抗和中等增益的放大器。具有这些特征的差动放大器可以使用双极型晶体管技术随时和霍尔元件集成。温度补偿也很容易集成，如方程（3-88），霍尔电压是一个关于输入电流的函数。图 3-87 所示的调节器的目的就是保持这个电流为一常数，从而使传感器的输出仅仅反映磁场密度。由于许多系统具有一个调整好的电源，所以一些霍尔效应传感器可能不包含一个内置的调节器。

模拟量输出传感器　图 3-87 所示描述的传感器是一个基本的模拟量输出传感器。模拟量传感器提供一个输出电压，该电压和传感器所置身于磁场的磁场强度成正比。被测磁场可以是负的，也可以是正的，从而放大器的输出也将是负的或正的。因此一个固定的偏置或偏差引入到微分放大器，在没有磁场的时候，其输出作为参考空电压。当检测一个正的磁场时，输出高于参考空电压；相反，当检测一个负的磁场时，输出低于参考空电压，但还保持为正。这个概念如图 3-88 所示。

　　还有，放大器的输出不能超出电源输入电压的极限。实际上，放大器在达到电源电压极限之前就会饱和，这种饱和现象如图 3-88 所示。必须注意，这个饱和现象发生在放大器内部，而不是在霍尔元件上。因此再大的磁场也不会损坏霍尔效应传感器，只是将其变成饱和状态。为了进一步提升设备的接口灵活度，将一个开放的**发射极**、开放的**集电极**或**推挽晶体管**加入差分放大器的输出。图 3-89 所示为一个完整的模拟量输出霍尔效应传感器，包含所有前面讨论过的电路功能。

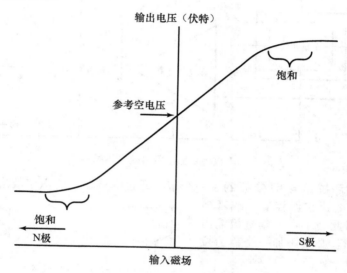

图 3-88　霍尔效应传感器的特征曲线

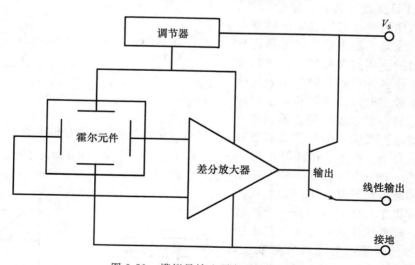

图 3-89　模拟量输出霍尔效应传感器

　　数字量输出传感器　数字量输出霍尔效应传感器有一个输出，仅有两个状态：ON 或 OFF。图 3-87 所示的模拟量输出设备可以转换成一个数字量传感器，只要加上一个斯密特触发器电路即可。图 3-90 所示为一个典型的内部调制的数字量输出霍尔效应传感器。斯密特触发器将差分放大器的输出和预设的参考电压相对比。当放大器输出超出了参考电压时，斯密特触发器置 ON。相反，当放大器输出电压低于参考电压时，斯密特触发器置 OFF。

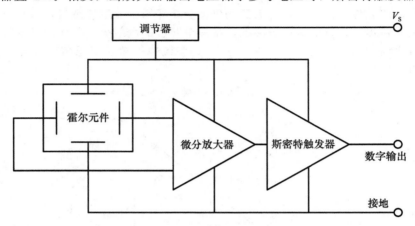

图 3-90　数字量输出霍尔效应传感器

开集电极输出和拉起电阻(参考 2)　一个带有开集电极输出的霍尔效应编码器要么将输出变为 LOW，要么让它漂浮着，或者随便它是什么值。因此为了在开集电极输出中得到逻辑 HIGH，必须添加一个称为拉起电阻的外置电阻，如图 3-91b 所示。

霍尔效应传感器的应用　霍尔效应传感器广泛应用于接近传感器、限位开关、液位测量和流体测量，它们也用于感知生物医学移植的偏差。霍尔效应传感器构造形式根据应用的不同有多种形式。霍尔效应原理用来制作各种设备，如霍尔效应叶轮开关、霍尔效应电流传感器和霍尔效应磁场场强传感器。霍尔效应传感器往往比感应接近传感器更昂贵，但是其具有更好的信噪比和适合用于低速工作环境。

位置传感　图 3-92a 显示了一个霍尔效应传感器的原理图，其用来感知直线滑动。在磁铁和霍尔元件之间保持一个严格控制的间隙。随着磁铁在固定的间隙来回移动，由霍尔元件感应的磁场发生变化，当其接近 N 极时，就变成了负的，当其接近 S 极时，就变成了正的。这种类型的位置传感器具有机械结构简单的特征，并且当使用一个大的磁体时，它能够在很长的

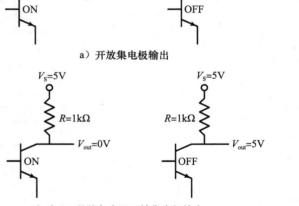

a) 开放集电极输出

b) 有1kΩ的拉起电阻开放集电极输出

图 3-91　有和没有拉升电阻的开放集电极输出

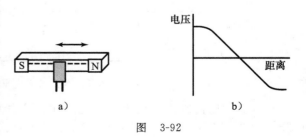

图　3-92

范围内测量精确的位置。

该类传感器的输出特性具有相当大的线性范围，如图 3-92b 所示。保持线性运动的刚度很重要，并且在用该传感器测量滑动运动时，要防止磁铁任何的正交运动。

测量电动机轴的角位移的方法　图 3-93 所示为一套使用霍尔效应传感器和一个永磁铁多极轮的装置以测量轴的角向位置。如图 3-93 所示，有两个霍尔传感器 A 和 B，为了测量电动机轴转动的位置和方向，这两个传感器是必需的。

当 S 极位于霍尔元件的前面时，一个正的电压就会产生，从而触发器输出 ON。当 N 极位于霍尔元件的前面时，就会产生一个负的电压（或是在差分放大器中偏置电压为 0），从而触发器输出 OFF。传感器和轮子上的极当前位置，如图 3-93 所示，如果从电动机处看过去，转子逆时针转过一个角 θ，数字输出的霍尔传感器 A 和 B 的输出信号如图 3-94 表示的形式。

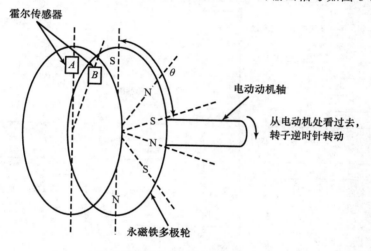

图 3-93　霍尔传感器和磁轮配合

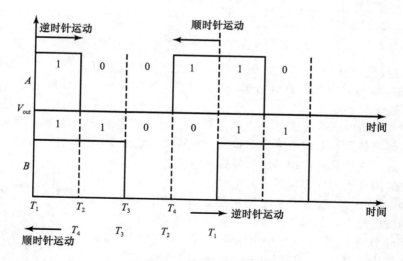

图 3-94　霍尔效应输出信号

从图 3-94 中可以看出，输出信号间存在一个 90°的相位差，因此这些传感器也被称为正交编码器。从霍尔传感器 A 和 B 的输出信号的 ON(1)和 OFF(0)的状态用来创建位置和电动机方向测量的逻辑。图 3-95 显示了在图 3-93 所示的装置中，在一个脉冲(也就是电动机轴按逆时针方向转过 θ 角)后，这些状态的表格形式。还有必须知道，如果有 n 个极的轮子，电动机轴转动一圈，可以获得 $n/2$ 脉冲。对于正交编码器，每一个脉冲，可以得到 4 次记数。从图 3-95 所示可知，将状态 A 和之前的状态 A 比较，将状态 B 和之前的状态 B 比较，可以发现如果状态 A 或状态 B 发生变化，并且是沿着同一个方向转动，则必须将计数器增加 1，如果是沿着相反方向转动，则必须将计数器递减 1。如图 3-96 所示，电动机按顺时针和逆时针旋转，是增加 1 还是递减 1 可以通过比较状态 A 和之前的状态 B 来确定。

时间	T_1		T_2		T_3		T_4
A	1	状态 A 在变化	0		0	状态 A 在变化	1
时间	T_2		T_3		T_4		
A	0		0		1		
时间	T_1		T_2		T_3		T_4
B	1		1	状态 B 在变化	0		0
时间	T_2		T_3		T_4		
B	1		1		0		0

图 3-95　霍尔效应输出状态图表

	时间	T_1		T_2		T_3		T_4
逆时针方向	B	1	两个状态不同	1	两个状态不同	0	两个状态不同	1
	时间	T_2		T_3		T_4		
	A	0		0		1		
顺时针方向	时间	T_1		T_2		T_3		T_4
	B	0	两个状态相同	0	两个状态相同	1	两个状态相同	1
	时间	T_2		T_3		T_4		
	A	0		0		1		

图 3-96　传感器 A 状态和传感器 B 状态的比较图表

设电动机逆时针旋转方向为正，如果状态 A 和之前的状态 B 不同，则计数器加 1，如果状态 A 和之前的状态 B 相同，则计数器减 1。根据讨论得出一个电动机轴旋转的记数逻辑，将在第七章详述。

液位测量　水箱的液位高度可以通过测量浮子的高度来测定。图 3-97 所示为一个利用霍尔元件和水箱中的浮子来测量液位的布局，水箱由有色金属(如铝)制成。

当液位下降，磁铁靠近传感器将引发输出电压的升高。该系统测量液位无需在水箱内部连接任何电气设备。

流体测量　图 3-98 显示了如何利用霍尔元件测量流体。腔体有流入和流出通道。随着流过腔体的流速增加，一个通过弹簧预载的桨轮打开丝杆轴。随着丝杆轴的打开，磁铁将提高，该磁铁激活传感器。当流速降低时，线圈弹簧引起装配体下降，降低传感器的输出。磁体装配和滑动的丝杠螺母副必须

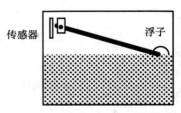

图 3-97　霍尔效应的液位计

标定,以提供一个测量电压和流速的线性关系。图 3-99 所示为霍尔效应流量传感器的图片。

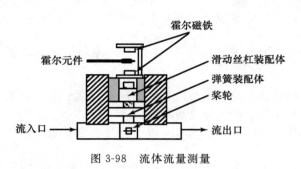

图 3-98　流体流量测量

图 3-99　霍尔效应流量传感器

3.9.3　气压传感器

　　气压传感器本质上不是一个电传感器,它广泛用于工业仪器中的测量和计量应用。气压系统使用空气作为介质传递信号和功率,这种传感器灵敏度高,设计简单。用于测量位移的气压传感器将长度的变化或表面的位移转换成压力值的变化。图 3-100 所示为一个气压传感器的原理图。

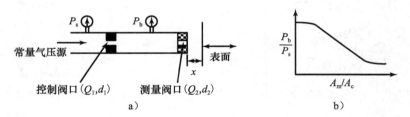

图 3-100　气动背压力传感器原理

　　通常有两个串联,且由一个阀分开的腔体。空气从第一个腔,通过一个控制阀口流动到第二个腔,最后通过第二个阀口(测量阀口)进入大气。所示的传感器有两个口:Q_1 和 Q_2。阀口 Q_1 称为控制阀口,其直径为 d_1,有效面积为 A_c。第二个阀口称为测量阀口,其直径为 d_2,有效面积为 A_m,A_m 是一个根据距离 x 而定的变量,距离 x 是阀口离开工件表面的位移。

$$A_c = \frac{\pi}{4} d_1^2 \tag{3-89}$$

$$A_m = \frac{\pi}{4} d_2 x$$

　　将阻力面移向或移开空口 Q_2,则会造成背压 P_b 的变动。实验证明,在限定的 x 范围内,背压 P_b 和 x 之间存在一个线性关系。实验结果指出,对于提供的压力在 15kN/m^2 和 500kN/m^2 之间,P_b/P_s 和 A_m/A_c 的变化如图 3-100b 所示。曲线有一个线性范围,其中 P_b/P_s 从 0.6 扩充到 0.9。线性部分的扩展在 1.1 处切断了 P_b/P_s 轴,斜率略有改变,随着压力的增大而减小。在线性部分,关系可以表示如下。

$$\frac{P_b}{P_s} = K \frac{A_m}{A_e} + b \quad \left(0.6 < \frac{P_b}{P_s} < 0.9\right) \tag{3-90}$$

其中,$b=1.1$;$K=$ 曲线的斜率,背压 P_b 由一个压力计测量。整体灵敏度是输出相对于输入的变化速度，如果输出变量是由一个压力计读出的 ΔR，那么输入变量是表面位移为 ΔX。

总的数值是 $\dfrac{\Delta R}{\Delta X}$，且总的灵敏度依赖于测量头的灵敏度、阀口的大小和气压源的压力。

测量头的灵敏度可按 $A_m = \pi d_2 m$ 来计算。对 A_m 进行求导，$\dfrac{\mathrm{d}A_m}{\mathrm{d}x} = \pi d_2$ 显示出测量头的灵敏度随着阀口大小的变大而变大。

气压传感器的整体灵敏度是对任何输入的位移变化所造成的位移的测量。这个因子对测量口的变化敏感，对背压变化敏感，并且对显示仪表的灵敏度也敏感。

除了位移测量，气压传感器还用在一些计量应用中，比如有些电子计量很难使用，这是因为高温、湿度和污染等的设计局限性。

图 3-101 所示为一个典型的插入流量计，在指定的限制范围内测量内径大小。图 3-102 所示为环形流量计，用来测定外部直径。图 3-103 所示为椎体测量原理，以及图 3-104 显示了测量精密回转孔的直线度的测量原理。

图 3-101　气动插入流量计

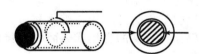

图 3-102　气动环流量计

图 3-103　气动锥形流量计

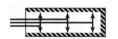

图 3-104　气动孔流量计

3.9.4　超声波传感器

超声波传感器主要用于检测和测试领域，特别是无损检测。超声波的频率高于可听得到的声音频率（20kHz）。超声波高的**穿透力**使其在非侵入的测量环境下非常有用，如辐射、爆炸以及一些人类难以进入的地方。超声波传感器用来检测距离、液位、速度、医学图像设备、尺寸计量，以及机器人应用等。

超声波传感器发出某一超声波的一个脉冲，然后从目标物体获得反射信号。超声波由如下三部分组成：发射器、接收器和处理单元。传感器生成的超声波的频率范围通常在 30～100kHz。无论何时，一个超声波束**入射**到一个表面，入射波的一部分被媒介吸收，另一部分被反射回来，还有第三部分直接穿透媒介。在接近传感器应用中，超声波束投影到目标，该束超声波从被测表面反射回来所用的时间可以测出。对于非接触距离测量，一个有源传感器发射信号，并且接受反射回来的信号。

如果在发射源和反射器之间有一个相对的运动，那么本章早些时候讨论的多普勒效应就会发生。使用多普勒方法可以精确地测量位置、速度和流体流速。

超声波汽车检测系统基于两种技术：脉冲技术和多普勒频移技术。在脉冲技术中，使用探测器测量在传输和接受过程中所花的时间 Δt，来确定发射器或接收器和目标物体之间的距离。使用多普勒技术，接受到的超声波信号的频率相对于发射出去的超声波信号的频率有所变化，其变化依赖于物体运动的速度 v。如果物体靠近探测器，那么接收到的信号频率相对于发射的信号提高了；反之，如果物体远离探测器，那么接收到的信号频率就降低了。

通过某一表面的运动来压缩和扩展媒介，就能产生超声波。诸如压电传感器之类的传感器是常见的表面运动激励装置，正如在压电那部分讨论的，当将一个输入电压施加到一个压电元件上，将造成该元件弯曲，以及产生超声波。这个效应是可逆的，无论何时，只要该元件碰到振动，如输入的超声波，就产生一个电压。超声波元件发射的常用工作频率接近于 32kHz。如果超声波仪器工作在脉冲模式下，那么可以用同样的压电晶体来发送和接收。

超声波距离测量　图 3-105 所示为一个距离测量系统。图中 d 是到某物体的距离，v 是超声波在被测媒介中的传播速度，θ 是入射角，而 t 是超声波传送到物体并从物体反射到接收器所花的时间。使用这些定义，可得如下方程。

$$\text{距离：} \quad d = \frac{vt\cos\theta}{2} \tag{3-91}$$

超声波传感器的精度很高，通常在测量距离的 1% 级别。传感器使用在机器人应用中，机器人的操作器为了防止碰撞需要感知接近工作区域的物体或障碍物的距离。某些机器人备有一套超声波距离系统帮助机器人定位工作钳子，以使其相对靠近工件。这个系统通常和另一个光学接近传感器联合使用，从而帮助精确定位。

超声波应力传感器　超声波束可以用作应力测量。图 3-106 所示为一个典型的使用超声波束的应力测量系统。

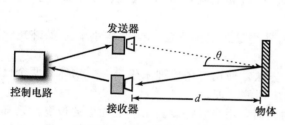

图 3-105　超声波距离测量

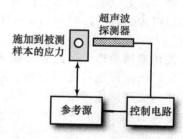

图 3-106　超声波应力测量

将系统的一个超声波探测器放置在接近被测样本的地方。该超声波探测器包含一个超声波驱动器和一个控制装置来将电信号变为振动，以及反过来将振动变为电信号。当和样本接触时，超声波发射器使波穿过样本。然后这些波又被接收器接收，转换成电信号。

其基本工作原理依赖于样本中声音的传播的变化造成应力变化。探测器在样本周围移动来找出在样本各处应力场的分布。通过旋转探测器，还可以确定应力的方向。

超声波流体测量　基于超声波原理的流体测量传感器已经在 3.7.4 节讲述过了。

3.9.5　距离传感器

距离传感技术在制造自动化应用中特别重要。距离传感器已经成功应用于其他的一些领域，包括如下。

● 车辆自动导引系统（倒车雷达）
● 机器人引导装置

● 防碰撞系统

例如，在一个工业扫描和识别操作中，带有传感器的机器人必须在一个容器中定位物件，但不确切地知道它们在哪儿。机器人必须按一定的操作顺序，这些顺序如下：

1. 扫描一个含有工件的桶，在三维空间定位该工件。

2. 确定该物体的相对位置和方向。

3. 移动机器人操作器到物体的位置。

4. 根据物体的位置和布局，定位和定向机器人的夹持器。

5. 抓取物体，并将其放置到指定位置。

在一个不移动的机器人，夹持器必须定向到物体的位置，此外，还必须能够感知两者之间的距离。在自动导引车辆应用中，车辆也必须指引车身指向目标位置，然后通过移动它的夹持器来抓取物体。距离传感器通常位于机器人操作器的腕部。在某些情况下，传感器也用作安全装备。除了在一个工作单元定位工件外，在机器人工作单元还通过放置传感器来确定人的阻碍。

距离传感器也用于三维形状检测。一个样本或机械零件可以在生产现场测量，其中使用一个检测机器，如坐标测量机（CMM）。通过找到物体上各个点离固定位置的距离，就能用离散的点来数字化该物体的三维形状。

用来检测工件的距离传感器在机床工业领域也被称作数字化仪。数字化仪通常用在机床、机器人和测量装置中来定位物体的位置和辨别物体在三维环境下的几何形状。这些传感器也可用作接近设备，接近设备用来指示一个物体相对于另一个物体的接近程度。许多技术被用在距离传感器中，包括光学方法、声学、感应和电磁场技术（涡流、霍尔效应和磁场），及其他。

距离传感器原理　下述章节解释各种用来测量距离的方法。虽然本小节主要讲光学技术，但同样的原理也可用于非光学方法。

基本的三角测量原理　是一种三角测量方法，使用三角原理来确定一个物体离两个已知位置的距离。图 3-107 所示为一个厚度测量应用的原理。

光源，通常是一个激光源照射到物体的表面，用光敏探测器来确定光斑的位置。已知距离 R_2 和角度 θ。由于光敏传感器在工作环境中被定位在某个固定的位置，所以零件的厚度可以计算如下。

$$t = R_2 - R_1 = R_2 - d\tan\theta \tag{3-92}$$

其中，d 是从光源到工件上的光斑位置的水平距离。

如果将两个三角测量传感器放在相隔一段距离的两个地方，两个设备都可以找到物体上的光斑，如图 3-108 所示，那么这两个设备和物体之间形成一个三角形。已知距离 d 和两个角度 θ_1 和 θ_2，第三个角度可由 180°减去两个已知角之和得到。

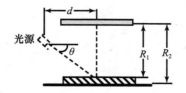

图 3-107　测量厚度（$R_2 - R_1$）的三角测量原理

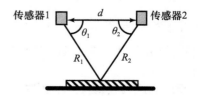

图 3-108　有两个传感器的三角化原理

从每个设备到物体的距离可以通过正弦定理计算求得。

$$R_1 = \frac{d\sin\theta_2}{\sin[180 - (\theta_1 + \theta_2)]}$$

$$R_2 = \frac{d\sin\theta_1}{\sin[180 - (\theta_1 + \theta_2)]} \tag{3-93}$$

使用三角测量原理的仪器技术包括如下 6 种方法。

1. 光斑感知方法
2. 光条感知方法
3. 相机移动方法
4. 飞行时间技术
5. 双目镜视觉技术
6. 使用位置探测器的光学距离测量

光斑投影距离测量 假设这样一个情况，一个单图像设备保持静止，一个投影光源扫描这个场景。如果单束光被投影到物体上，如图 3-109 所示，那么投影的光束在物体上产生一个光斑，这个光被反射到感知设备，如照相机，该设备放置在和光斑投影设备有一段已知距离 d 的位置，这样就在投影仪、物体和照相机之间形成一个三角形。距离 R 可以通过三角计算获得，这个距离也就是从光斑到照相机的距离。反射的光斑在照相机的图像中产生一个图像点 B，也作为图像中的一个亮点，很容易检测。图像点到照相机图像的中心的距离可以确定。更进一步说，照相机的焦距 f 是固定的。由于焦距 f，图像点距离 t 形成了一个直角三角形的两个边，角度 θ_2 可以计算如下。

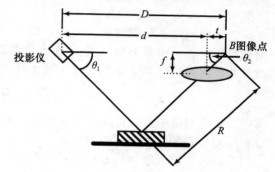

$$\theta_2 = \tan^{-1}\frac{f}{t} \tag{3-94}$$

图 3-109　使用激光光斑投影的距离测量

至此，D 从投影仪到图像点之间的距离可以计算如下。

$$D = d + t$$

其中，d 是投影仪和照相机之间的距离。

根据图像点是在照相机透镜的右边（＋）还是左边（－），t 可以设为正或负。已知投影仪的角度 θ_1，根据这些信息，距离 R 可以使用下面式(3-95)所示的正弦定理来计算。

$$\frac{R}{\sin\theta_1} = \frac{D}{\sin[180° - (\theta_1 + \theta_2)]} \tag{3-95}$$

$$R = \frac{D\sin\theta_1}{\sin[180° - (\theta_1 + \theta_2)]}$$

该距离就是图像点和物体点之间的距离。为了计算从照相机透镜的距离，减去透镜和图像点之间的距离即可。

如果光斑能扫描整个场景，且在扫描过程中能将每个点的距离计算出来，那么就可以将该物体数字化了。在三维数字化仪内部，一个光斑从右到左，从上到下扫描整个场景，利用转动的镜子将光束在三维空间内遍历整个场景。

使用光条测量距离　光条测距法的基本原理是对光斑测距技术的一个扩展。不是投影一个光斑，而是将一条光条投影到场景内。图像设备创建一条某一长度的线，而线的图像分成单个图像点，对光带上的每一个点计算距离。距离计算和光斑传感器类似。

通过将周围的光或红外光穿过投影仪上的一个**狭缝**就可以形成一条光带，沿垂直于光带的方向扫描这个场景，可以获得完整的场景距离映射。

光条扫描的一个局限就是景深分辨率较低，其中景深是从平行于光带的物体表面获得的，这个局限可以通过沿两个相互垂直的方向扫描整个场景来克服。

光条的好处就是与光斑检测相比，相对简单和快速。物体的边界和区域可以通过连接光带图像的端点来确定，这样光带帮助图像分区处理，这可以从检查一系列光带图中发现。

照相机移动法　另一种用在有源三角化的方法是照相机移动法。它需要将照相机移动，如图 3-110 所示。

按某个给定的距离移动单个照相机来产生场景的两幅立体图像。在一个立体系统的效果模拟中，单个移动的照相机可以代替两个静止的照相机。一旦获得了两张图像，就可以在立体视觉里使用两张图的不同之处的原理计算距离。

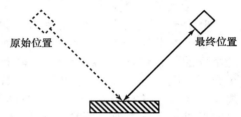

图 3-110　使用移动照相机的主动三角化

飞行时间测量距离方法　飞行时间，TOF 测量距离需要计算一个信号到达并从目标位置返回所需的时间。因为距离等于速度和时间的乘积，所以目标物体的距离可以写成：

$$R = \frac{vt}{2}$$

(3-96)

其中，R 是测量设备到目标位置的距离，v 是发射出信号的速度，而 t 是信号到达并从目标位置返回所需的时间。

飞行时间测量距离的方法常用来测量光、声音和电磁波等。利用式(3-96)来计算距离，这对每一种信号都是相同的，然而每一种信号都有其自己的特征，从而影响距离数据的准确性。飞行时间方法的两个重要特征是：(1)带宽；(2)信号速度。

信号的带宽决定了在测量过程中能恢复的细节的量的多少。宽的信号带并不能对小的物体细节提供精确的距离数据，因为其比窄的带宽信号覆盖更大的面积。窄带能产生更高的物体分辨率。信号到达并从目标位置返回所需的时间越快，测量距离就变得越困难。

双目视觉距离测量　双目视觉或立体视觉也称为无源三角化，它是模拟人类视觉来感知景深，两个图像设备放置在已知距离的两个位置。在一个机器视觉系统中，图像设备通常是二极管阵列或 CCD 相机。系统的两个参数是已知的：照相机之间的距离 d 和照相机的焦距 f。为了计算从照相机到给定的物体上的某点之间的距离 R，两个照相机都要扫描场景，并生成一个像素矩阵。对于场景中的任意一点，如点 P，将用两个像素来表示该点。一个像素在左边的照相机图像里，而另一个在右边的照相机图像里。

将每一个像素定位在一个位置，该位置距离图像中心的距离已知。假设 t_1 是左边照相机图像像素离图像中心的距离，t_2 是右边照相机图像像素离图像中心的距离。如果两个照相机图像重叠在一起，那么这两个像素点 t_1 和 t_2 不会在同一处，它们之间将会有一定的距离。

这个距离可以通过获得两者之差的绝对值来计算。所得的差称为两个像素点视差。从照相机到目标点之间的距离 R 和两个 t 之间的视差成反比。随着两个像素的视差趋近于 0，距离就会趋向无穷大。相反，如果两个像素点的视差越大，则距离就越小。图 3-111 所示的立体系统就是一个例子。

物体上的任意一点到照相机的距离可以按下式近似计算。

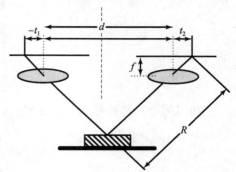

$$R = \frac{d \sqrt{f^2 + t_1^2 + t_2^2}}{|t_1 - t_2|} \quad (3-97)$$

其中，R 的取值分 3 种情况。如果物体点在场景的右边，则 R 是物体到左边相机的透镜的距离；如果物体点在场景的左边，则 R 是物体到右边相机的透镜的距离；如果物体点直接在场景的中间，则 R 是物体到任意一相机的透镜的距离。

图 3-111 使用双目视觉的距离测量

d＝照相机透镜中心之间的距离。

f＝照相机的焦距长度。

t_1＝像素点和左边照相机透镜中心的距离。

t_2＝像素点和右边照相机透镜中心的距离。

距离 R 根据物体点在场景中的位置不同，可以是物体到左相机、右相机或任意一相机的距离。如果物体点在场景的右半边，则 R 定义成是物体到左边相机的透镜的距离。场景的左右半边是由一条刚好位于两个相机距离一半的像素线来分的。同理，距离 t_1 和 t_2 根据给定的像素点相对于相关的图像中心的位置，可以是正的，也可以是负的。

例如，如果图像在两个照相机之间，t_1 是负的，t_2 是正的。但是视差总是这两个像素点之间距离的绝对值，且常常用作距离方程的分母，因此这两点的位置必须精确地确定。

理想的情况是在一个照相机的图像上找到独立的像素点，这个点和第二个相机的图像上的像素点匹配。然而在实际中不能保证来自同一个物体的两个像素点具有相同的灰度或色度，立体视觉系统常常在两幅图像中搜索类似的边或区域特征来定位相应的像素。基于边的立体系统尝试着通过测定边界图的密度和色彩来匹配立体图像，另一种匹配方法是从一幅图像中开启一个像素窗口，然后移动到第二幅图像类似的区域，直至找到最佳匹配状态。为了使第一幅图像和第二幅图像匹配，该窗口必须移动相应的位移，该位移值就可以用作视差来计算物体的距离。

使用位置敏感探测器实现光学测量 光学原理广泛应用于精密位置测量。基于光源的位置敏感探测器（PSD）已有效用在图像设备上，这些设备包括一个小的光源和一个位置敏感探测器。发光二极管和准直透镜按一个狭窄光束的形式发射一个脉冲，当该光束碰到物体后，光束反射回到探测器，将接收到的密度聚焦到一个位置敏感探测器上。例如，假设光束从距离中心距离为 t 的地方入射，则探测器产生输出电流 I_1 和 I_2，其正比于物体表面上光斑到中心的距离。

传感器有一个硅设备，当一个光斑在其表面移动时提供位置信号。每一个点处产生的光电电流正比于电极和入射点之间的电阻值。如果 I 是由光斑产生的总电流，而 I_1 是输出电极中的一个电极产生的电流，那么每一个电极产生的电流正比于相应的电阻以及入射点和电极之间的距离。我们将电阻用距离来代替，可得

$$I_1 = I\frac{(D-t)}{D}; \quad I_2 = I\frac{t}{D} \tag{3-98}$$

其中，D 是 I_1 和 I_2 之间的距离。电流的比值表示如下。

$$Q = \frac{I_1}{I_2} = \frac{D}{t} - 1 \tag{3-99}$$

求 t，可得：

$$t = \frac{D}{Q+1} \tag{3-100}$$

利用两个三角形相似，R 的值可以计算得出。

$$R = f\frac{R_1}{t} \tag{3-101}$$

$$R = f\frac{R_1}{D}(Q+1)$$

图 3-112 所示为透镜的焦距 f、距离 R，以及各种距离 R_1 和 D。

其他距离测量技术　超声波距离测量的挑战在于很难将声音能量集中成为一个在三维视觉中产生高物体分辨率所需的窄波。超声波距离测量在机器人导航中非常有用，用来探测物体的存在和距离。电磁距离测量涉及使用射频信号，通常称为雷达，雷达在通用工业和军事应用上已经变得非常实用。射频信号传输到空气中，信号从物体处反射回来，物体的距离就能使用飞行时间关系来确定。雷达系统对于相对长距离的高反射性金属物体的距离测量非常有效，而对于相对短距离的非金属物体的测量则无用，短距离的精密深度测量也是有难度的。

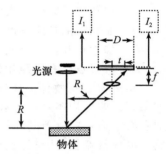

图 3-112　应用在位置敏感检测的三角原理

总　结　**距离测量**

三角测量方法使用三角原理来确定一个物体到两个已知位置的距离。

$$t = R_2 - R_1 = R_2 - d\tan\theta$$

其中，d 是从光源到工件上的光斑位置的水平距离，如图 3-113 所示。

使用位置敏感探测器实现光学测量　发光二极管和准直透镜按一个狭窄光束的形式发射一个脉冲，当该光束碰到物体后，光束反射回到探测器。将接收到的密度聚焦到一个位置敏感探测器（PSD）上。传感器包含一个硅设备，当一个光斑在其表面移动时提供位置信号，从而计算出距离。

激光干涉仪　激光干涉仪（见图 3-114）通过检测一个参考光束和从目标物体反射回来的激光光束的相位关系，以光的波长来测量距离。

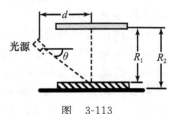

图　3-113

应用

● 距离传感技术在制造自动化中的应用如自动导引系统、机器人引导装置，以及防碰撞系统。

- 光学原理广泛应用于精密位置测量。
- 激光干涉仪也用作精密运动测量、检查精密机床滑台的直线度和机床结构的垂直度（主要是在机床的安装过程中）。

特征
- 光条扫描的一个局限就是景深分辨率较低，景深是从平行于光带的物体表面获得的。这个局限可以通过沿两个相互垂直的方向扫描整个场景来克服。
- 从几毫米到很远的距离，激光干涉测量仪都具有极高的线性测量精度和分辨率。

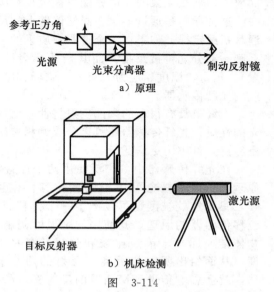

a）原理

b）机床检测

图 3-114

3.9.6 激光干涉测量传感器

激光干涉测量仪是一种光电仪器，通过检测一个参考光束和从目标处反射回来的激光光束的相位关系，以光的波长来测量距离。从几毫米到很远的距离，它都具有极高的线性测量精度和分辨率。如图 3-114 所示，激光器产生相位相干的单频率的准直光束，采用一个光学装置产生一个参考激光束，参考激光束的一部分传递到目标位置，而另一部分则发射到激光干涉仪。从目标反射回来的光线在干涉仪处再重新组合。从光源来的参考光束和从目标处反射回来的光束的相位差就等于光束额外经过的距离。从这两个信号之间的区别所得的数字化信息就提供了距离信息。如图 3-114b 的底部所示，激光干涉仪也用作精密运动测量、检测精密机床滑台的直线度，以及机床结构的垂直度（主要是在机床的安装过程中）。

3.9.7 机电一体化系统中的光纤设备

光纤传感器是测试和传输的一个新领域，并期望在机电一体化应用中也得到广泛应用。使用光纤的主要测试应用是在温度和压力测量领域。因为光可以被调制，并且能长距离传输，甚至对于通常使用光纤束无法达到的地方，所以它现在已经在光纤传感器中得到了很大的提升。使用光纤波导装置，光可以沿着不同的路径调制，如图 3-115 和图 3-116 所示。

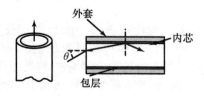

图 3-115 光纤

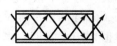

图 3-116 内部反射

光纤原理上是一个光的导向系统，形状通常是圆柱形的。如果一束光从圆柱体的一个端面射入，那么光束的大部分能量被包拢在圆柱体内，并沿着光纤前进，直到从另一端发射出去。这种导向是通过多次在圆柱体壁上的反射来实现的。光线的内部反射是基于光学中的**斯涅耳折射定律**。如果在一个透明介质里的一个光束通过一个表面传输到另一个介质中去，那么则一部分光将被反射，而其余的光会被传输或**折射**到第二个介质中。光强度、位移（位置）、压力、温度、应力、流体、磁场、电场、化学成分以及振动等被测量都已经开发出相应的光纤传感器。

光纤束具有很高的内部反射特性。信息可以按相位调制或按强度调制来传输。根据所测光的性质，光纤传感器还可以分成调相传感器和调强度传感器。强度调制传感器是更简单、更经济，且应用更广泛。

在光纤传感器中，广泛使用两个原理：反射和微弯曲原理。这两个概念可用于测量位移，也可以测量其他内容，只要这些被测量可以产生一个位移。图 3-117 显示了位移传感器的原理，其使用的是强度调制模式。入射光从物体传递回来。单独比较和分析传送的光和反射光的强度，从而给出所测的距离。反射的目标有任何运动或位移，就会影响传送到探测器的反射光，所捕获的反射光的强度依赖于反射目标和测量探头之间的距离。这种传感器的缺点就是它们对反射表面的方向以及污染度非常敏感。

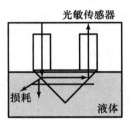

图 3-117 液位测量

图 3-117 和图 3-118 所示为液位传感器的例子。图 3-117 中的液位传感器，包括两组光纤和一个棱镜。当传感器在液位之上，大多数光有接收器接收。当棱镜达到液位水平，内部全反射的角度变化了，这是因为液体和空气折射率的不同。这时光强度有较高的损失，这可由接收器探测到。图 3-118 所示为另一个液位传感器的例子。用一个 U 形仪器调制通过的光强度，探测器在 U 形弯曲处有两个敏感区域。当液位传感器提升后，盖住该区域灵敏的小液滴离开该区域，从而产生一个和先前位置不同的输出。当敏感区域接触到液体时，光将沿着光纤往下**传播**。

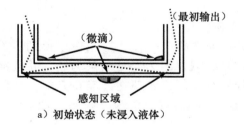

a）初始状态（未浸入液体）

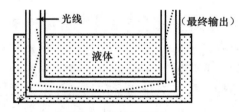

b）最终状态（已浸入液体）

图 3-118 液位

图 3-119 所示为一个微应力计的原理图，这种情况下，光纤束在两个变形器中受**挤压**。外来的力影响了光纤的内部全反射。光线束不是反射，而是正交移动并且折射进入光纤壁。由于施加的力的作用，光的强度被调制了，从而可以测量所施加的力。微弯曲的光纤应力计应用在接触测量和振动检测等领域。如果光纤如图 3-119 所示那样弯曲，那么捕获的光的一部分将损失在光纤的壁上。将探测器接收到的光和光源发出的光进行对比，就可以测定影响弯曲的物理特征了。

图 3-120 显示了光纤温度测量的原理。这类传感器用于需要在很大距离间传递温度数据的轮船和大型建筑物上。常用的光源就是一个脉冲激光器，使用光的背散射原理来测定温度。反射激光脉冲和入射激光脉冲相比，所产生的延时来表明温度的测定。

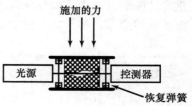

图 3-119　微弯曲应变片

有若干光纤传感器概念应用于温度测量，包括反射、微弯曲以及其他强度和相位调制概念等。在反射传感器中，双金属片的位移作为温度变化的指示器。有源感知材料（如液晶、半导体材料、能产生**荧光**的材料，以及其他可以改变光谱响应的材料）都可以放置在温度探头的光路中来增强感知效果。从一个表面发出的辐射光（表示表面温度的）可以通过一个称为黑体光纤传感器的光纤传感器来采集和测量。黑体光纤传感器使用**二氧化硅**或**蓝宝石**光纤，在光纤的顶端用贵重金属来采集光线。这样传感器的测量范围在 500～2000℃。光纤温度传感器具有额外的高分辨率的优点。图 3-121 所示为一个光纤液位传感器的图片。几种光纤概念正用于光纤压力传感器的设计，表现出很高的精度。光纤在通信和计算机网络领域有广泛的应用，但它们作为传感器设备的应用并不那么广泛，光纤传感器和信号传输与传统的电输出传感器和电信号传递相比，具有好多潜在的优点。

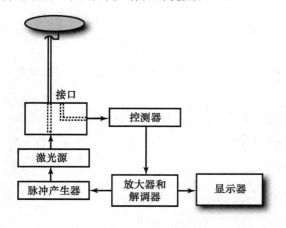

图 3-120　光纤温度传感器

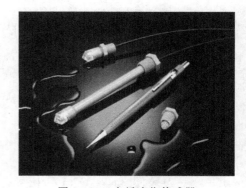

图 3-121　光纤液位传感器

3.10　本章小结

传感器用来监测机器或工艺过程的性能，并补偿工作环境的不确定性和不规则性。采用一系列的传感器，可以监测装配线上的特殊情况，这在某一方面代替了人工。传感器可用来评估操作、机器状态、工作监测，以及零件和工具的分辨。传感器还用于预处理和后置处理的监测和在线检测。在机电一体化系统中一些常见的被测变量有温度、速度、位置、力、扭矩和加速度。在测定这些变量时，某些特征变得重要了，如传感器的动态特性、稳定性、分辨率、精密度、鲁棒性、尺寸和信号处理能力。随着半导体制造工艺的发展，我们已经可以在芯片上集成各种各样的传感器功能。还有一种智能的传感器，它不仅能够感知信息，而且还能处理信息。这些传感器促进了某些操作，通常通过控制算法，包括自动噪声滤波、线性化灵敏度和自整定。能够将这些机械结构和电子电路组合在同一硅片上是非常重要的突破，许多微传感器，如生物传感器和化学传感器已经具有大批量生产的潜力。

习题

误差和灵敏度分析

3.1 用一个扭矩传感器测定某回转轴的功率。在测定模式下，监测下述参数。

在时间 t 内，轴的转动速度(R)

扭矩臂末端的力(F)

扭矩臂的长度(L)

时间(t)

每个被测量的误差如下。

轴回转速度 $R=2502\pm1$ 转

臂上的力 $F=55.02\pm0.18$N

臂的长度 $L=0.0397\pm0.0013$m

时间 $t=30\pm0.50$s

功率用下述公式计算。

$$功率 = \frac{2\pi RFL}{t}$$

确定扭矩测定的绝对误差。

3.2 在定常压头 h 下，某孔口流量系数 C_q 可以通过采集在一段时间内流过的水量来测定，如下公式用来测定流量系数。

$$C_q = \frac{W}{t \times \rho \times A \sqrt{2gh}}$$

其中，$W=200\pm0.23$kg；$t=500\pm2$s；$\rho=1000$kg/m³；$d=1.25\pm0.0025$cm；$g=9.81\pm0.11$m/s²；$h=3.66\pm0.003$m。

求 C_q，以及组成误差。

3.3 某一长度的导线的电阻 R 由下式给出

$$R = 4\rho l \pi d^2$$

其中，$\rho=$导线的电阻率($\Omega\cdot$cm)；$l=$导线的长度(cm)；$d=$导线的直径(cm)。

计算名义电阻及其电阻不确定性，使用如下数据。

$$\rho = 45.6\times10^{-6}\pm0.15\times10^{-6}\,\Omega\cdot\text{cm}$$
$$l = 523.8\pm0.2\text{cm}$$
$$d = 0.062\pm1.2\times10^{-3}\text{cm}$$

3.4 计算一个电路的功率损耗。测量的电压和电流 $V=50\pm1$V，$I=5\pm0.2$A。求最大可能的误差？

3.5 这是一个关于火药爆炸物制造商的例子。炮弹里充满了火药，释放一个 35000kPa(绝对值)的压力，**环向压力**的计算公式如下。

$$\sigma = \frac{pr}{t}$$

如果释放的压力是 35000±70kPa(绝对值)，炮弹的半径是 0.287±0.007cm，炮弹壁的厚度为 0.028±0.0001cm，求炮弹壳壁的环向压力及其组成误差。

3.6 已知一个球的质量**惯性矩**是

$$I_{xx} = I_{yy} = I_{zz} = \frac{2mr^2}{5}$$

其中，$m=$球的质量(kg)；$r=$球的半径(mm)；$m=5\pm0.04$kg；$r=100\pm0.2$mm。
计算测量质量时的绝对误差。

3.7 从下面列出的句子中选择合适的定义。

a. 空型设备 b. 放大器
c. 飘移 d. 变压器
e. 精密度 f. 精确度
g. 校正 h. 分辨率
i. 直线性度 j. 反向间隙
k. 相对误差 l. 噪声

（ ）一种设备将输入波的重要特征复制并放大成为输出信号，从另一个电源处获得能量，而不是从输入信号。

（ ）测量并产生一个相反的效果来保持 0 偏差。

（ ）一个设备将输入能量转换成一个另一种能量的输出形式。

（ ）在测量值和实际值之间差别的比例。

（ ）在被测物上能够用仪器测定的最小的进给量。

（ ）当使用相同的输入信号重复测量时，仪表给出明确输出测量值的能力。

（ ）仪器的输出值逐渐远离标定的值。

（ ）最大的距离或角度，机械系统的任何部分可以在一个方向上移动，而不会产生另一个零件的移动。

（ ）仪器的特征，其输出是输入的一个线性函数。

3.8 电压表的标尺共 100 等分，表头可以读到一等分的 1/5。计算该仪器的分辨率，单位为 mm。

3.9 回转变量差分变压器(RVDT)具有如下关于量程和灵敏度的说明。

量程±30°，线性误差±0.5% 全量程；

量程±90°，线性误差±1.0% 全量程；

灵敏度 1mV/V 输入每度。

如果该 RVDT 工作在±90°的范围内，那么读数为 50°时因为非线性而产生的误差是多少？

3.10 在一个应变片中，是什么导致电阻的变化？如果该应变片受到的应力为 0.002，计量因子为 4，电阻为 50Ω。

3.11 某压力计用四个应变片来监测一个隔膜的位移。四个应变片用在一个桥接电路(见图 P3-11)。计量因子是 2.5，应变片的电阻是 100Ω。由于隔膜上的不同压力，应变片 R_1 和 R_3 受拉应力 2×10^{-4}，应变片 R_2 和 R_4 受压应力 2×10^{-4}，电桥的电源电压是 12V。偏置电压是多少？

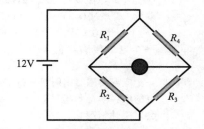

图 P3-11 桥接电路

3.12 将 5400N 的力施加到一个铝棒上，铝棒的直径为 6.2cm，长度为 30cm。铝的杨氏模量是 70GN/m²，试计算梁的应力和应变。一个应变片，其计量因子是 4，并将电阻是 350Ω 的应变片附着在梁上，计算电阻的变化。如果将应变片用作桥接电路，其他的几个电阻也是 350Ω，求电桥的偏置电压。电桥的电源电压是 10V。

3.13 一个电阻性的应力计使用小直径的软铁线。计量因子是+4.2，忽略压电效应，计算泊松比。

3.14 将一个综合力加到一个结构上，应变量=5 微变。两个应变片附在该结构上，一个是镍线应变片，其计量因子等于-12.1，另一个是镍铬合金应变片，其计量因子等于 2。计算各应变片在加载应力后的电阻值。应变片电阻为 120Ω。

3.15 一个电阻应变片，其计量因子等于 2，将其绑在一钢结构件上，受到的应力是 100MN/m²。钢的弹性模量

为 $200GN/m^2$。计算由于所施加的应力而产生的应变片电阻值变化的百分比。

3.16 一个应变片的电阻是 250Ω，其计量因子是 2.2。将其被绑在一个物体上测定移动，确定应变片电阻的变化。设其因物体尺寸的变化而使其所受的拉应力是 450×10^{-6}。

另外，如果电阻的变化和位移之间的关系是 $0.05\Omega/mm$，确定该物体的尺寸变化。

3.17 某钢条的弹性模量是 200GPa，直径是 10mm，在轴向加载了一个 50kN 的载荷。如果计量因子是 2.5、电阻是 120Ω 的应变片沿着轴向安装在该钢条上，则先找出电阻的变化。假设电阻的变化是沿着正方向的，试将该应变片连接到惠斯通电桥的一个臂上（R_1）上，其他三个臂均有相同的电阻（$R_2 = R_3 = R_4 = 120\Omega$），电桥的输入电压是 12V，在应变状态下，电桥的输出电压是多少？

3.18 这是一个机器人操作器在工作过程中传感操作的例子。当某物体被夹住时，应变片可以用来测量作用在物体上的力。应变片安装在手爪夹头的手指上，应变片 2 和 3 安装在手指的内侧，应变片 1 和 4 安装在手指的外侧。当抓住物体时，抓紧力造成应变片 2 和 3 拉伸，造成应变片 1 和 4 压缩，应变片 2 和 3 的电阻变大，而应变片 1 和 4 的电阻变小。假设这些应变片用作力传感器，在没有抓紧力的情况下，电桥的输出是多少？当有抓紧力造成一个应变 $3000\mu m$ 时，电桥的输出电压又是多少？（假设电源电压等于 12V，应变片在没有应变时的电阻是 1000Ω，使用公式：$\Delta R = 2R_{nom} \cdot$ 应变）

3.19 (a) 一个应变片的计量因子是 2，其电阻是 100Ω，如果该应变片受到一个应变为 0.005，那么该应变片的电阻变化会是多少？

(b) 一个角向增量编码器和一个 80mm 半径跟踪轮一起使用来监控直线位移。角向编码器每转一圈提供 128 个脉冲。那么一个 250mm 的直线运动会产生多少个脉冲呢？

3.20 一个悬臂梁的应变用一个电阻为 $1k\Omega$、计量因子为 2 以及室温下的温度系数等于 $10^{-5}/℃$ 的应变片来监测。将该应变片安装在悬臂梁上，并连接到电桥电路中。
- 如果应变片的应变为 0.1%，计算应变片电阻的变化（使用应变 5.0011）。
- 当室温升高 10℃，计算显示出来的有效应变的变化。
- 提出一种方法来降低温度的影响。

3.21 一个电阻传感器的电阻是 250Ω，其计量因子是 2.2，将其绑定在一个物体上测定移动，确定应变片电阻的变化。设其因物体尺寸的变化而使其所受的应力为 450×10^{-6}。另外，如果电阻的变化和位移之间的关系是 $0.05\Omega/mm$，则确定该物体的尺寸。

3.22 一个应变片电桥中有一个应变片的电阻 $R = 200\Omega$，计量因子 $G = 1.9$，R_2、R_3 和 R_4 都是固定的电阻，其值也是 200Ω。由于物体的变形，使该应变片受到一个拉应力，产生的应变为 400 微应变。求应变片的电阻变化 ΔR。如果输入电压为 V_i 伏特，求输出电压的变化 ΔV。

单位　1 皮法（pF）$= 10^{-12}$ 法（F），
　　　1 纳法（nF）$= 10^{-9}$ 法（F）

3.23 一个电容传感器包含两片直径为 2cm 的圆盘，中间有一个厚度为 0.25mm 的间隙，求其位移灵敏度。

3.24 一个电容传感器由两块平板组成，平板的面积为 $12cm^2$，分开 0.12cm，将平板放置在真空里。已知真空的电容率是 $8.85\times10^{-12}F/m$，计算电容值。如果一块板和另一块板进一步远离 0.12cm，那么电容会发生什么变化？

3.25 一个使用电容原理的传感器由两个同心的柱状电极组成。内部柱体的外径是 4mm，外部电极的内径是 4.2mm，电极长度为 0.03m，试计算当内柱状电极移动了一个 1.5mm 的距离后，电容的变化。

3.26 一平行板电容传感器所使用的板的面积为 $500mm^2$，隔开的距离为 0.2mm。
(a) 当电介质是空气，其电容率为 $8.85\times10^{-12}F/m$ 时，计算电容值。
(b) 一个直线位移减小间隙到 0.18mm，计算电容的变化。
(c) 计算单位电容的变化和单位位移的变化的比值。
(d) 假设将一个厚度为 0.01mm 的片状云母插入间隙，计算原来的电容值，以及相同位移下的电容的变化。云母的电介质常数等于 8 $[C = A/d]$。

3.27 一个石英 PZT 晶体，其厚度为 2mm，电压灵敏度为 0.055Vm/N，受到一个应力大小为 1.5MN/m²，计算电压输出以及电荷灵敏度。

3.28 一个陶瓷传感器，其尺寸是 5mm×5mm×1.25mm，施加到上面的力是 5N。晶体的电荷灵敏度是 150PC/N，其电容率是 12.5×10⁻⁹ F/m。如果晶体的弹性模量是 12×10⁶ N/m²，计算应变、电荷和电容。

3.29 一个压电晶体其面积为 100mm²，厚度为 1.25mm，放在两个电极之间，以测量晶体上力的变化。晶体的杨氏模量是 90GN/m²，电荷灵敏度是 110pC/N，电容率是 $(\varepsilon_0\varepsilon_r)$1200。连接的电缆具有 250pF 的电容，用来显示的示波器的电容是 40pF，最终的电容是多少？

3.30 面积为 1cm²，厚度为 0.1cm 的压电晶体受到一个力的作用，两个金属电极测量晶体的变化，该金属材料的杨氏模量是 9×10¹⁰ Pa，电荷灵敏度为 2pC/N，相对介电常数是 5，所施加的力为 0.01N。
- 求电极两端的电压。
- 求晶体厚度的改变。

$$\text{输出电压} = \frac{gtF}{A}; g = \frac{d}{\varepsilon_r\varepsilon_0}\text{Vm/N}$$

3.31 将一个感应式变压器(如 LVDT)的输出连接到一个 5V 的电压表，当 LVDT 的铁心移动了 0.1mm 的距离，一个 2mV 的输出出现在变压器的终端上，计算 LVDT 的灵敏度。

3.32 一个使用铂镍合金的电阻式温度探测器(RTD)，在 20℃时温度系数为 0.004/℃，电阻 R=106Ω，试求在 25℃时的电阻值。

3.33 问题 3.32 中的 RTD 用在一个桥接电路中。如果 $R_1=R_2=R_3$=100Ω，电源电压为 10V。计算传感器必须有的电压分辨率来定义 1℃的温度变化。

系统

3.34 某个钢铁工厂有一套生产设备将钢铁板滚压到所需的厚度，钢板要经过一系列的顺序加工。这是一个连续的、实时的生产，测量必须是在线测量。假设一个传感器能够完成这项工作，最终的输出应该是电气输出。

3.35 图 P3-35 所示为一个汽车自动巡航控制系统的框图，该系统帮助司机监控速度。
为下列应用绘制类似的显示仪表系统的模块图。
- 家用自动咖啡机
- 机床轴的运动

图 P3-35　汽车速度控制系统

3.36 一家医院对开发一个测量人类的手指产生的力非常感兴趣，该仪器设备在康复部门非常有用。你该怎么设计这样的仪器呢？确定传感器类型，尽可能用草图解释工作原理。你该怎样处理数据采集和显示的问题？

3.37 洗浴水温度的自动控制系统包括一个参考电压，输入一个微分放大器，连接到一个继电器。该继电器开或关电源来加热水，负反馈由一个测量系统提供，其将一个电压输入到微分放大器。绘制一个系统框图，并解释误差信号是如何产生的。

3.38 判断正确或错误，选择正确的答案。
a. 状态监测是指当一台机器不工作的时候，监测其状态(T 还是 F)。
b. 涡流型的变压器产生一个输出正比于速度(T 还是 F)。
c. 一个通用的 LVDT。
- 一个差分变压器
- 一个机械的位置-电气变压器传感器
- 感应式机电传感器
- 以上全是
d. 一个电容传感器有两块面积为 5cm² 的板，由厚度为 1mm 的空气间隙隔开。那么该电容的值是 442pF(T 还是 F)。

e. 机电一体化监控系统需要：
- 一个数字的监测系统性能的计算机
- 实际控制每一个过程的单个控制器
- 从计算机上获得设置点的控制器
- 以上所有
- 一个监视员主管

f. 绑定的应变片能测量哪些参数？
- 变形
- 扭矩
- 力
- 压力
- 应力

g. 下述的参数中，哪些可以用接近传感器来测量？
- 一个轴的转动速度
- 一个物体密闭性
- 金属件的变形
- 两个线性移动表面的相对位置
- 一个旋转轴的瞬间位置

h. 下述的现象中，哪些是常用于工业中感知非常小的在受力（负载）情况下物理尺寸的变化？
- 在液位和压力之间的比例关系
- 用固体材料衰减核辐射
- 导线的变形造成的电阻变化
- 头发对潮湿的敏感度
- 如果液压流速高，则相应的压力就会变小，反之亦然。

i. 选择正确的答案：**转子流量计**是：
- 曳力流量计
- 变面积流量计
- 变压头流量计
- 旋转推力型流量计
- 旋转速度指示器

j. 涡轮流量计主要用于测量液体的流量，这种液体具有如下特征。
- 腐蚀性
- 厚实的
- 黏性的
- 石化的
- 以上都是

k. 从一个数字量的轴角度编码器的电输出应该是什么类型？
- 通过单独的一对输出导线输出的一系列数字量脉冲。
- 若干并联的导线，每一个带有一个数字量电压水平，必须一起解释来获得轴的角度。
- 一个可变的电阻模拟信号
- 一个双极的 dc 电压

l. 下述的说明中，哪些是描述一个开环控制系统的固有特性的？
- 输出对输入没有任何影响
- 固有的稳定的
- 控制器没法知道其命令是否被执行了

- 控制器不想知道其命令是否被执行了
- 以上都是

3.39　制作一张表，在一个垂直的列中列出如下的传感器：气动传感器、LVDT、涡流传感器和霍尔效应传感器。然后制作四列相邻的垂直列，做如下标记：被测变量、工作原理、优点和缺点。尝试填满表格中的每一个空格。

3.40　识别一个测量系统中的传感器、信号调节器和显示设备。例如，一个水银温度计，辨别其输入和输出参数。

参考文献

Smaili, A., Mirad, F., *Applied Mechatronics*, Oxford University Press, NY 2008.

Sabri, Centinkunt, *Mechatronics*, John Wiley and Sons, Hoboken, NJ, 2007.

Hegde, G.S., *Mechatronics*, Jones and Bartlett Publishers, Boston, MA, 2007.

Necsulescu, Da., *Mechatronics*, Prentice Hall, NJ, 2002.

Pawlak, Andrzej., *Sensors and Actuators in Mechatronics*, CRC-Taylor and Francis, Boca Raton, FL., 2007.

Alciatore, David, and Histand, Michael., *Introduction to Mechatronics and Measurement Systems*, Third Edition, McGraw Hill, NY 2007.

Rizzoni, Giorgio, *Principles and Applications of Electrical Engineering*, Third Edition, McGraw-Hill, NY, 2000.

Aberdeen Group, *System Design: New Product Development for Mechatronics*, Boston, MA, January 2008 and NASA Tech Briefs, May 2009 (www.aberdeen.com).

Brian Mac Cleery and Nipun Mathur, "Right the first time" *Mechanical Engineering*, June 2008.

Bedini, R., Tani, Giovanni, et. al "From traditional to virtual design of machine tools, a long way to go- Problem identification and validation" Presented at the International Mechanical Engineers Conference, IMECE, November 2006.

Pavel, R., Cummings, M. and Deshpande, A., "Smart Machining Platform Initiative.—First part correct philosophy drives technology development," *Aerospace and Defense Manufacturing Supplement*, Manufacturing Engineering, 2008.

Hyungsuck Cho, *Optomechatronics – Fusion of optical and Mechatronic Engineering* Taylor and Francis & CRC Press, 2006.

Lee, Jay, "E-manufacturing—fundamental, tools, and transformation" *Robotics and Computer Integrated Manufacturing* 2003.

Landers, R.G. and Ulsoy, A.G., "A Supervisory Machining Control Example," *Recent Advances in Mechatronics*, ICRAM '95, Turkey, 1995.

Ohba, Ryoji., "Intelligent Sensor Technology," John Wiley & Sons. New York, NY, 1992.

Philpott, M.L., Mitchell, S.E., Tobolski, J.F., and Green, P.A., "In-Process Surface Form and Roughness Measurement of Machined Sculptured Surfaces," *Manufacturing Science and Engineering*, Vol. 1, ASME, PED-Vol. 68-1, 1994.

Stein, J. L. and Huh, Kunsoo, "A Design Procedure For Model Based Monitoring Systems: Cutting Force Estimation As A Case Study," *Control of Manufacturing Processes*, ASME, DSC, vol 28/PED-vol 52, 1991.

Stein, J. L. and Tseng, Y. T. "Strategies For Automating The Modeling Process," *ASME Symposium For Automated Modeling*, ASME, New York, 1991.

Shetty, D., and Neault, H., "Method and Apparatus for Surface Roughness Measurement Using Laser Diffraction Pattern," United States Patent, Patent Number: 5,189,490, 1993.

NI LabVIEW-SolidWorks Mechatronics Toolkit, http://www.ni.com/mechatronics/

Shetty, D., "Design For Product Success" *Society of Manufacturing Engineers*, Dearborn, MI, 2002.

Sze, S.M., *Semiconductor Sensors*. John Wiley & Sons, Inc., 1994.

Ulsoy, A.G., and Koren, Y., "Control of Machining Processes," *Journal of Dynamic Systems, Measurement, and Control*, Vol. 115, pp. 301–308, 1993.

Bolton, W., "*Programmable Logic Controllers*, Second Edition," Newnes, Woburn, MA, 2000.

Bolton, W., *Mechatronics- A Multidisciplinary Approach*, Fourth Edition, Prentice Hall, NJ, 2009.

Pallas-Aveny, R., Webster, J., *Sensor and Signal Conditioning*, John Wiley & Sons, NY, 1991.

第 4 章　Chapter 4

驱动装置

机电一体化系统采用执行器或驱动器，这些执行器或驱动器是被监测和被控制的物理过程的一部分。执行是对过程直接进行物理作用的结果，如将工件从传送系统中移走，或者施加一个力，这对过程有直接的作用。驱动是从计算机获得低功率信号，产生高功率信号来驱动过程。有许多类型的驱动装置，最常用的包括电磁螺线管、电液驱动器、DC 和 AC 电动机、步进电机、压电电机和气动设备。

电驱动器将电命令信号转换为机械运动。本章将重点讲解 DC 直流电机、步进电机和流体力装置（电液驱动），因为这些驱动器在机电一体化中非常受欢迎。虽然本章重点是讲 DC 直流电机，但必须注意的是，AC 交流电机也被广泛用在伺服机构中。

4.1　直流电机

为机电一体化应用选择一个驱动器要考虑的主要因素有：

- 精密度
- 精确度和分辨率
- 驱动所需的功率
- 驱动装置的成本

在机电一体化系统中应用最广泛的驱动器是直流（DC）电机。直流电机是一种机电设备，通过改变加载到电机上的电压值可以在较大操作范围内提供精确的、连续的速度控制。直流电机是电动机最早的形式。

直流电机所需的特性包括高扭矩、宽范围的速度控制能力、速度-扭矩特性，以及在各种控制应用中的用途。直流电机适合于很多场合，包括制造设备、计算机数字控制（CNC）系统、伺服阀驱动器、皮带传动机构和工业机器人等。

直流电机将直流电能转换成回转的机械能，所采用的原理是将一根通电的导线放在磁场中，这样它将受到一个力的作用。缠绕在回转电枢上的线圈通有电流，**电枢**是转动的（转子），而场绕组线圈是固定不动的（定子）。转子外围有很多紧密相间的槽，这些槽存放转子**绕组**。转子绕组（电枢绕组）由电源供电，通过布置一套整流装置和电刷来保证将直流电通到转子绕组上。图 4-1 所示是直流电机的示意图。

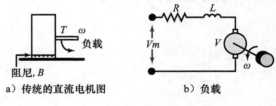

a）传统的直流电机图　　　　b）负载

图　4-1

4.1.1　直流电机的数学模型

直流电机的性能可由两个基本方程来解释，这两个基本方程是扭矩方程和电压方程。式（4-1）和式（4-2）分别表示扭矩方程和电压方程。

$$扭矩方程：\quad T = k_t i \tag{4-1}$$

$$电压方程：\quad V = k_e \theta \tag{4-2}$$

其中，T=电机扭矩（N·m）；V=感应电压（V）；i=电枢绕组的电流（A）；θ=电机轴的回转位移（rad）；k_t=扭矩常量（Nm/A）；k_e=电压常量（V/(rad/sec)）。

当将输入电压 V_m 加载到电枢转子时，由于跨越电枢电阻的电压降为 RI，因此产生了压差，电压方程将受到影响。

$$V_m = R_a i + L_a \frac{di}{dt} + V \tag{4-3}$$

其中，V_m＝电枢两端的电压（V，伏特）；R_a＝电枢的电阻（Ω，欧姆）；L_a＝电枢的电感（H，亨利）；i＝电枢的电流（A，安培）。

绕组产生的电感通常是忽略不计的。这是因为它表示的电枢磁通量的那部分与定子没有联系，并且不产生扭矩。直流伺服电机驱动机械负载，机械负载包含有动态的部分和静态的部分。电机的主要负载是惯性和摩擦，而扭矩的变化可由式（4-4）表示。

$$T = J\ddot{\theta} + B\dot{\theta} + T_L \tag{4-4}$$

其中，J＝电机的转动惯量；B＝黏性阻尼系数；T_L＝电机的负载。

直流电机能产生高的转速和相对低的扭矩，当直流电机用作驱动器时，通常会外加一套齿轮系统用来降低速度和提高扭矩。直流电机的扭矩与流过电枢的电流成正比。在实际生产中，常采用能提供正电流和负电流的直流电源。直流电机常用的配置是通过 DC 耦合推拉放大器来布置。根据应用需要选择合适的 DC 直流电机，DC 直流伺服电机常用于数字控制机床和机器人操作机构。

例 4-1 永磁直流电机的位移

用一个永磁直流齿轮电机来提起某一质量块，如图 4-2 所示。推导一个数学关系式来表示施加于电机上的电压和电机轴转动位移两者之间的关系。电机的转动位移也可以用质量块的线性位移来测定。假设图中的线是不可拉伸的，并且线与滑轮间的摩擦忽略不计。

解： 在图 4-2 中，滑轮 A 与带齿轮的永磁 DC 电机相连接，而滑轮 B 和 C 是惰轮，仅用来支撑线。当滑轮 A 逆时针转动一个角度 θ_G 时，质量块 m 将向上移动一段距离 $y = r\theta_G$。图 4-3a 和图 4-3b 分别显示了滑轮 A 和质量块 m 的自由体图。

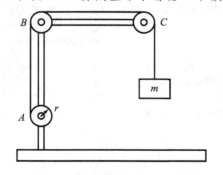

图 4-2 永磁直流齿轮直流电机系统

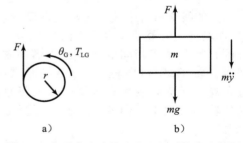

图 4-3 永磁直流齿轮直流电机系统自由体图

对于移动质量块，采用牛顿定律可得：

$$F = m\ddot{y} + mg = mr\ddot{\theta}_G + mg \tag{4-5}$$

对于回转滑轮，忽略其自身惯性和摩擦损耗，可得：

$$T_{LG} = Fr = mr^2\ddot{\theta}_G + mgr \tag{4-6}$$

因此考虑齿轮减速比系数 G，电机上的负载就是：

$$T_L = \frac{T_{LG}}{G} = \frac{mr^2\ddot{\theta}_G}{G} + \frac{mgr}{G} \tag{4-7}$$

现在，电机轴的角位移和齿轮输出轴之间关系是：

$$\theta_G = \frac{\theta}{G} \tag{4-8}$$

因此从式(4-7)和式(4-8)可得：

$$T_L = \frac{mr^2\ddot{\theta}}{G^2} + \frac{mgr}{G} \tag{4-9}$$

从式(4-4)和式(4-9)可得：

$$T = J\ddot{\theta} + B\dot{\theta} + \frac{mr^2\ddot{\theta}}{G^2} + \frac{mgr}{G} \tag{4-10}$$

从式(4-1)和式(4-10)可得：

$$i = \frac{T}{k_t} = \frac{J\ddot{\theta}}{k_t} + \frac{B\dot{\theta}}{k_t} + \frac{mr^2\ddot{\theta}}{k_t G^2} + \frac{mgr}{k_t G} \tag{4-11}$$

因此，两边求导：

$$\frac{\mathrm{d}i}{\mathrm{d}t} = \frac{J\dddot{\theta}}{k_t} + \frac{B\ddot{\theta}}{k_t} + \frac{mr^2\dddot{\theta}}{k_t G^2} = \left(J + \frac{mr^2}{G^2}\right)\frac{\dddot{\theta}}{k_t} + \frac{B\ddot{\theta}}{k_t} \tag{4-12}$$

将式(4-2)、式(4-11)、式(4-12)代入式(4-3)，可得：

$$V_m = R_a\left(\frac{J\ddot{\theta}}{k_t} + \frac{B\dot{\theta}}{k_t} + \frac{mr^2\ddot{\theta}}{k_t G^2} + \frac{mgr}{k_t G}\right) + L_a\left[\left(J + \frac{mr^2}{G^2}\right)\frac{\dddot{\theta}}{k_t} + \frac{B\ddot{\theta}}{k_t}\right] + k_e\dot{\theta} \tag{4-13}$$

为了分析起见，扭矩常量和电压常量都假设等于 k，所以式(4-13)简化成：

$$V_m - R_a\frac{mgr}{kG} = \frac{1}{k}\left[\left(J + \frac{mr^2}{G^2}\right)L_a\dddot{\theta} + \left(JR_a + BL_a + R_a\frac{mr^2}{G^2}\right)\ddot{\theta} + (BR_a + k^2)\dot{\theta}\right] \tag{4-14}$$

式(4-14)就是所求的表示施加于电机上的电压 V_m 和电机轴转动位移 θ 两者之间的数学关系式，其中 $R_a\frac{mgr}{kG}$ 是需要平衡常量扭矩的电压。该常量扭矩是根据重力 mg 推导出来的(电压＝电阻×电流；电流＝扭矩/扭矩常量；扭矩＝mgr/G)。 ◀

例 4-2 **电机的角位移仿真**

图 4-2 所示的系统响应可用 MATLAB 来仿真，输入电压为 10V DC。使用型号为 IG 420049—SY3754 的三洋齿轮电机的参数。

电枢电阻 $R_a = 20.5\Omega$；电枢电感 $L_a = 168\mu H$；电机常数，$k = 0.032 Nm/A$(或者 V/rad/sec)；齿轮系数 $G = 49$；质量块，$m = 1.125 kg$；滑轮半径，$r = 0.022 m$。

解： 忽略转子的惯性和电机的阻尼损耗，式(4-14)简化成：

$$V_m - R_a\frac{mgr}{kG} = \frac{1}{k}\left(\frac{mr^2}{G^2}L_a\dddot{\theta} + R_a\frac{mr^2}{G^2}\ddot{\theta} + k^2\dot{\theta}\right) \tag{4-15}$$

在零初始条件下，将式(4-15)进行拉普拉斯变换得：

$$V_m(s) - R_a\frac{mgr}{kG}\frac{1}{s} = \frac{1}{k}\left[\frac{mr^2}{G^2}L_a s^3 + R_a\frac{mr^2}{G^2}s^2 + k^2 s\right]\theta(s)$$

$$\frac{\theta(s)}{V_m(s) - R_a\dfrac{mgr}{KG}\dfrac{1}{s}} = G(s) = \frac{k}{\dfrac{mr^2}{G^2}L_a s^3 + R_a\dfrac{mr^2}{G^2}s^2 + k^2 s} \tag{4-16}$$

式(4-16)表示了系统的开环传递函数，其也可以使用框图表示，如图 4-4 所示。

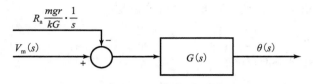

$$\begin{array}{c} R_a \dfrac{mgr}{kG} \cdot \dfrac{1}{s} \end{array}$$

图 4-4　PM-DC 电动机系统的开环框图

MATLAB 编码

```
clear
clc
Ra = 20.5; %Armature Resistance, Ω
La = 168E-6; %Armature Inductance, H
k = 0.032; %Motor Constant, Nm/A (or V/rad/sec)
G = 49; %Gear Ratio
m = 1.125; %Mass, KG
r = 0.022; %Radius of the pulley, m
g = 9.81; %Acceleration due to gravity, m^2/sec
Vm = 10; %Input voltage to the motor
%Vm(s)=Vm/s, constant input and
%hence, Vm(s)-(Ra(mgr/kG))/s=(Vm-Ra(mgr/kG))/s=Vrm/s, where
Vrm = Vm-Ra*((m*g*r)/(k*G));
Gs = tf(k,[m*r^2*La/G^2 Ra*m*r^2/G^2 k^2 0]);
t = 0:0.01:10;
U = Vrm*ones(size(t));
lsim(Gs,U,t)
ylabel('Angular displacement of the motor shaft (rad)')
```

结果　图 4-5 所示为输入常量电压 10V 后的系统响应。从图中可知，如果给电机施加常量为 10V 的电压，那么电机轴将在 10s 内移动 2130 弧度(也就是质量块将移动 0.022×2130 = 46.86m)。

正如所期望的，结果显示给电机输入一个常量电压，电机就会连续转动。但是为了将质量块提升到某一指定高度，必须使用一个控制器来监测电机轴转过的角位移，并计算所需的受控输入电压，从而使质量块到指定的高度。设计这样的控制器将在第 6 章详述。

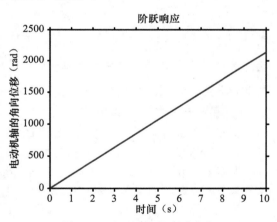

图 4-5　开环系统的阶跃响应

4.1.2　无刷直流电机

传统的直流电机一个重要的维护问题就是刷环。定子的磁极是固定的，而转子的磁极则机械地切换以获得正确的电机扭矩方向。电枢电压由一对刷子提供，这对刷子保持和滑环交换接触。刷子是直流电机的薄弱环节，并且产生额外的噪声、触点颤动和由于快速损坏而造成的维护问题。无刷直流电机避免了刷子，通过在转子上添加一个永磁铁，根据角向位置激励定子。

现代的无刷直流电机使用固态开关来交换。这样在电机中，电气交换代替了机械刷的交换。在无刷直流电机中，转子单元的极是一个永磁铁，与转子本身保持固定的关系，而定子的极通过电子方法来变换，从而获得相同的效果。由于电气切换模拟了传统直流电机系统的机械切换，因此无刷直流电机表现出类似的扭矩速度特性。

无刷直流电机的优点在于高可靠性和具有在转速高达 10000rpm 产生相对高的扭矩。无刷直流电机用于通用场合，也可用于运动控制应用的伺服系统。电机的功率可高达 750W(1 马力)，转速高达 7200r/m，可用于计算机外设，也可用于流体装置的驱动。

4.1.3　交流电机

交流电机已经在许多机床上广泛使用。交流电机没有刷子，它们更加可靠，结构上坚固，并且不需要维护。交流电机可分为单相和多相，还可分成感应式和同步式。AC 交流同步电机的速度由变频器来控制。与直流电机相比，交流电机的优点主要是和其他的同步解读器的交流信号以及其他交流变频器的接口能力。交流电机受欢迎主要有以下原因。

- 大多数的发电系统产生交流电。
- 交流电机的成本比直流电机低。
- 交流电机不用电刷和整流器，这就消除了维护和磨损的问题，还消除了危险的电火花问题。

交流电机特别适合于恒速场合，因为交流电机的转速由施加到电机上的交流电的频率决定的。直流电机更适合于需要调速的场合，交流电机也可以制造成变速的，但仅能在某一范围内变速。根据工作需要不同，市场上可以买到不同大小、形状和额定功率的交流电机。根据功率输入要求，交流电机可以分为单相和多相，还可以根据转子磁场细分为感应式和同步式。转子磁场可以由转子在定子磁场中感应产生（这时称作感应式交流电机），或者由单独的直流电源产生磁场。

4.2　永磁步进电机

近年来出现了步进电机，在运动控制应用中代替 DC 电动机。步进电机是一种驱动器，它以步的形式将电脉冲转换成转子的精确而等距的角向运动。转子通过磁力对齐转子和定子的齿来定位，这种情况在两对齿之间的空气气隙最小时才会发生，并将齿与齿对齐。

步进电机根据它们的类型可以分成两类，它们是：

1. 可变**磁阻**(VR)步进电机。
2. 永磁(PM)步进电机。

在 VR 步进电机中，定子绕组按一定顺序**励磁**，该顺序能造成转子转到一个位置使定子和转子之间的磁阻最小。在 PM 步进电机中，励磁方式是由永久磁铁提供的。永磁电机比可变磁阻步进电机具有更小的步距角，通常比值是 1.8°比 15°，从而使永磁步进电机更适合用于精确定位应用，然而永磁电机单位体积的扭矩明显小于变磁阻步进电机。

PM 步进电机的典型扭矩范围通常低于 3.5N·m，而 VR 步进电机的扭矩低于 14N·m。这就限制了 PM 电动机应用范围，使其只能用在扭矩比 VR 电动机低的领域，因而只有较小标准尺寸的 PM 电动机（市场上称作为 23 号或 34 号）。例如，一个四相 23 号的电动机通常产生低于 0.7N·m 扭矩，而速度范围高达 30000 步/秒(sps)，而一个 34 号的电动机产生大约 3 倍大的扭矩，但速度只有其三分之一。

作为一个主要的驱动应用，步进电机是一个低价的选择，主要的费用就是驱动电路。它们非常适合用于开环控制，这是因为它们的精度比较高，并且没有位置误差累积的特点。由于步进电机本质上是一种离散的设备，因此很容易使用数字计算机算法来控制，稳定性更不是个问题，并且无刷设计也造成了磨损较少。虽然与直流伺服电机相比，步进电机产生的扭矩小、速度低和高振动，但是在许多应用中它们的好处盖住了它们的缺点。

永磁步进电机的工作原理如图 4-6 所示。步进电机包括有几个极的定子，图中示出了 4个定子极。每一个极包裹一个场绕组—相对的两个极的线圈是串联的。该图所示的定子有两对绕组，显示为相 1 和相 2，定子的极分离成相邻 90°的极。转子是有两个极的永磁铁。电流由一个 DC 电源通过一定的顺序开关提供给绕组，转子会随着定子的磁场变化而运动。

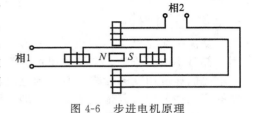

图 4-6 步进电机原理

4.2.1 建模方法

本节描述一个八绕组（四相）、23 号 PM 步进电机的建模和仿真，该步进电机的分辨率为 1.8 度/步，速度范围是 0～1000 步/秒。该电机直接连在一个负载上，该负载的整体惯量（包括转子质量）是 $0.04kg \cdot m^2$，整体黏滞阻尼系数为 0.5Nm/rad/s。电动机由一个四相驱动器驱动，该驱动器顺序给四个相中的每一相提供 20 伏特、最大电流 2 安培的脉冲。

步进电机系统（驱动、电动机和负载）的动态特性在三个操作范围内仿真：单步执行、低速执行和高速执行。一个四相、1.8°的 PM 步进电机有 8 个定子极，每个极有两个或多个齿，还有一个转子，该转子有 50 个齿，每个极有一个绕组，该绕组产生一个磁通量进出转子，磁通量的方向由电流的方向决定。

定子-转子的配置如图 4-7 所示，四对极（相）标记为 A、B、C、D。从图 4-7 所示可以看出顺时针方向的相激励（A、B、C、D）引起一个逆时针方向的转子运动，以及顺时针方向的相激励（A、D、C、B）引起一个顺时针方向的转子运动。由于四个相都是可分辨的，所以首先对由第一相产生的电磁扭矩进行建模。

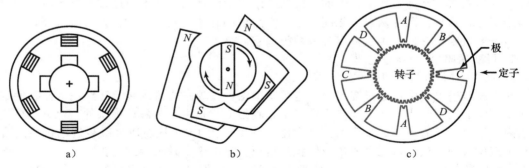

图 4-7 步进电机的结构

由四个相产生的整体电磁扭矩可以通过三次拷贝一个相模型，然后将 4 个相的扭矩相加而获得。

将由电动机产生的电磁扭矩直接施加到负载上，没有齿轮减速机构存在。将负载看成一个大的惯量阻尼模型，该阻尼包含电动机的阻尼，也包含负载的阻尼。负载模型的受力是从电动机上施加的电磁扭矩和负载产生的反作用扭矩之差。负载模型产生两个输出：转子速度和转子角，这两信号反馈回来并用于电动机模型。

驱动电路建模成一个由四个顺序触发的相的脉冲发生器，在任何给定时间只有一个相通电。假设驱动电路模型在各相之间理想开关，并不对 L/R 时间常量或晶体管开关进行建模。该模型适合用于当前的应用，如果需要，还可以包含更多的细节。驱动电路有两个命令输入，一个是每秒的步数命令 sps*，另一个是方向命令 dir*。驱动电路产生四个电压输出，分别针对电动机的每个相。

步进电机系统的顶层框图如图 4-8 所示，系统包括三个元件：驱动器、步进电机和负载。

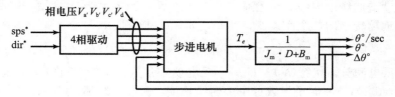

图 4-8　步进电机系统顶层框图

sps* 命令可以在 0～1000sps 范围内选择，dir* 命令也有两个状态选择 1 或 −1，其中 1 表示力矩使转子顺时针方向旋转，−1 表示力矩使转子逆时针方向旋转。

步进电机的数字运动控制需要脉冲的数目和频率，这些数据由计算机计算并发送到步进电机来产生所需的运动。

4.2.2　驱动方程和框图

对于一个给定的每秒步数，四相驱动模型里的一相产生一个 on-电压脉冲，其占比是 sps*/4。除以 4 是因为相数。该脉冲为 on 的持续时间是 1/sps* 秒。

例如，对应于一个相 A，sps* ＝8 相电压，在一个 1-秒时间间隔内，在时间 0～0.125 秒内和 0.5～0.625 秒内是高电平。相 B、C 和 D 的相电压可从形状上分辨出来，但是分别延迟 1/sps*、2/sps* 和 3/sps* 秒。

图 4-9 所示为一个驱动电路的模型框图。驱动模型产生正的、某个数值的顺序脉冲，这些脉冲驱动转子沿一个方向旋转。为了获得双向运动，相电压信号 V_x 乘以方向矢量 dir*。

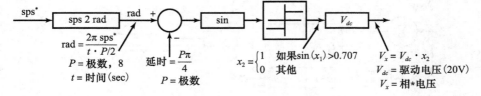

图 4-9　驱动电路模型

4.2.3　电机方程和框图模型

PM 电机包括四个相同的相，开发电机模型时，允许基于单个相的模型，而其余的三相可以三倍拷贝。单相模型操作如下。

驱动电路产生一个电压脉冲，因为在电压脉冲和反电动势之间存在压差，从而定子绕组会产生一个电流。忽略相互间的互感，绕组可以建模成一个自感应电感（由于相电流的变化）和一个电阻。

产生的相电流模型如方程(4-17)所示。为了简化起见，电流和电压信号的时间变量没有表示出来。

$$i = \frac{1}{R + L \cdot D} \cdot (V_x - V_{\text{bemf}}) \tag{4-17}$$

其中，i＝相电流，安培(A)；R＝相电阻，欧姆(Ω)；L＝相电感，亨利(H)；D＝算子符号；V_x＝驱动器的供给电压，伏特DC(V)；V_{bemf}＝反电动势电压，伏特(V)。

转子的运动造成绕组内的一个磁通链，于是产生一个反电动势，该电压和转子速度成正比，并周期性地随转子的位置而改变，其变化如式(4-18)所示。

$$V_{\text{bemf}} = -K_{\text{bemf}} \cdot \dot{\theta} \cdot \sin(r \cdot \Delta\theta) \tag{4-18}$$

其中，V_{bemf}＝反电动势，伏特(V)；K_{bemf}＝反电动势常量，伏特/弧度(V/rad)；$\dot{\theta}$＝转子速度，弧度/秒(rad/s)；r＝转子齿数；$\Delta\theta$＝转子角度，弧度，范围：$0° \sim 1.8°$。

前面所述的自电感 L 也随着转子角度位置而变化。这个变化也是周期性的，如式(4-19)所示。

$$L = L_1 + L_2 \cdot \cos(r \cdot \Delta\theta) \tag{4-19}$$

其中，L＝相自感应电感，亨利(H)；L_1，L_2＝常数，亨利(H)；r＝转子齿数；$\Delta\theta$＝转子角度，弧度，范围：$0° \sim 1.8°$。

与 DC 电动机类似，PM 步进电动机的扭矩也和相电流成正比，来自永久磁铁的常量磁通产生一个扭矩常量，但是它又有所不同，因为它依赖于相电流产生的磁通量，而这个磁通量周期性地随转子位置而变化。

方程(4-20)所示为 PM 步进电动机的电磁扭矩方程。

$$T_e = -K \cdot i \cdot \sin(r \cdot \Delta\theta) \tag{4-20}$$

式中，T_e＝电磁扭矩(Nm)；K＝扭矩常量(Nm/A)；i＝相电流(安培)；r＝转子齿数；$\Delta\theta$＝转子角度(弧度)，范围：$0° \sim 1.8°$。

图 4-10 所示为四相 PM 电动机完整的框图。相 B、C 和 D 的内容可以从相 A 的模型中看出来。为简化起见，这里将该图表示为顶级框图。

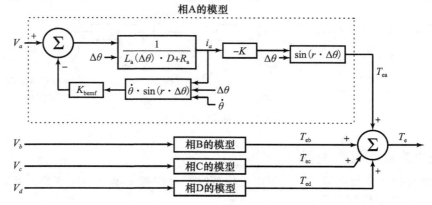

图 4-10　四相 PM 步进电动机的框图模型

图 4-11 所示为该步进电动机的小信号角度响应图。

图 4-12 所示为转子的角度运动，转过 1.8°的区间。振铃效应(步进电动机响应的常见特征)有时候可以用电子衰减或由负载减弱，但是很难完全消除。因此在使用一个步进电动机驱动时，必须预见到振铃效应，并在系统设计时考虑该因素。

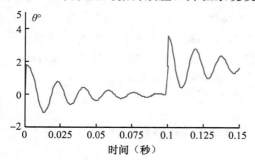

图 4-11　四相 PM 步进电动机的模型响应

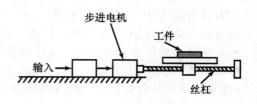

图 4-12　定位系统中的电动机和丝杠配置

4.2.4　基于步进电动机的定位系统

一个定位系统通常使用一个步进电动机和一个丝杠螺母副。在一个计算机数字控制(CNC)机床中，步进电机由输入模块传递来的一系列的电脉冲来驱动。每一个脉冲使电动机转一整圈的一小部分，称为步距角。步距角必须满足如下关系式。

步距角

$$\theta = 360/n_s$$

其中，θ＝步距角(度)；n_s＝电动机的步距角的数量。

转角　如果将步进电动机直接连接到丝杠，而没有减速器，那么丝杠的旋转角度可由下式表示。

$$A = n_p\theta$$

其中，A＝丝杠转动的角度(度)；n_p＝由步进电动机接收到的脉冲数；θ＝步距角，这里定义为度/脉冲。

工作台移动的距离　工作台响应丝杠转动而移动的距离，可以按下式计算。

$$S = pA/360$$

其中，S＝相对于起始位置的距离(mm)；p＝丝杠的螺距(mm/rew)；$A/360$＝丝杠转过的圈数(或部分圈)。

脉冲数　从上述方程中，移动某个预定的距离所需的脉冲数可由下式计算。

$$n_p = 360S/p\theta$$

转速　脉冲是按一定的频率传递的，工作台是按一定的速度移动的。丝杠的速度决定于脉冲的频率。

$$N = 60f_p/n_s$$

其中，N＝转速(转/分)；f_p＝脉冲频率(脉冲/秒)。

对于一个 2 轴的连续路径控制的工作台，轴的联动速度可由坐标位置来获得所需的运动方向。

工作台在丝杠轴方向的运动速度是由转动速度确定的。

$$v_t = N \cdot p$$
$$f_r = N \cdot p$$

其中，v_t 是工作台的运动速度（mm/min）；也可以看作是进给速度（f_r）；p 是丝杠的螺距（mm/转）。

例 4-3 一台机床的工作台由一个闭环的定位系统控制，该系统由一个伺服电机、丝杠螺母副和一个光学编码器组成。丝杠的螺距为 0.500cm，通过一个变速器和电机轴耦合，该变速器的传动比是 4∶1（电机转 4 圈，丝杠转 1 圈）。丝杠转一圈，光学编码器产生 150 个脉冲。现编程让工作台移动 7.5cm 的距离，进给速度是 40cm/min。求：

- 工作台正好移动了 7.5cm，该控制系统接收多少个脉冲？
- 脉冲率。

（**注意**：螺距是丝杠转动一圈螺母带着工作台移动的轴向距离）

解：丝杠螺距＝0.5cm/rev；

电机 rpm＝4×丝杠的 rpm；

丝杠产生 150 脉冲/rev；

要移动的距离，$S = 7.5$cm；

进给速度＝40cm/min；

移动 7.5cm 所需的时间（t）＝0.188min。

如果丝杠螺距是 0.5cm，移动的距离是 7.5cm，那么丝杠将需要转动 15 圈。丝杠转一圈，产生 150 脉冲。因此

$$7.5\text{cm}/0.5 = (15\text{rev}) \times (150\text{pulse/rev}) = 2250\text{pulse}$$
$$\text{脉冲率} = 2250\text{pulse}/0.188\text{min} = 12000\text{pulse/min} \text{ 或 } 200\text{pulse/s}$$

4.3 流体力驱动

机电一体化的领域受益于流体力驱动的发展。目前常用的流体力驱动形式是整体集成包，包括智能控制、高能效电源、计算机控制的传感器设备等。在大多数应用中，主要考虑控制速度，因此在某种程度上都要通过电液伺服阀、可编程控制器、接口元件和半实物仿真系统的开发来实现。现代控制系统也对流体力元件控制的柔性化做出了贡献。面向电液伺服阀的电子扭矩电动机的开发，主要是针对将电信号转换成液压信号的需求。流体力系统还广泛用于驱动高功率的加工设备，如机器人，它们能传递较高的功率，而尺寸还能相对较小。

流体力控制系统的三个主要元件是：

- 流体力驱动器
- 伺服阀
- 负载

阀可以由机电驱动器来驱动，比如电磁阀和扭矩电动机。对于 ON/OFF 开关型应用，电磁阀优先使用，而对于连续控制，则使用扭矩电动机。

4.3.1 流体力控制系统

图 4-13 所示为一个计算机控制的流体力驱动系统的简图，图中显示了传感元件、控制

元件和驱动操作。

　　流体力驱动系统的基础元件是阀，阀和液压缸是驱动执行机构。阀的位置可以手动控制也可自动控制。该图所示的机构是双作用驱动器，也就是流体压力作用于液压缸活塞的两边。流体流过驱动器口的量由一个伺服阀来调节。

　　短管阀广泛用于流体力系统。输入位移通过一个电力操作的扭矩电动机施加到短管棒上，将一个合适的压力差发送到驱动器上，以此调节主流体力驱动器的流速。短管棒在阀体内的移动限制在一个很小的范围内，在空位时，输入线堵死，因此驱动器活塞的两边的压力相等。当阀杆向右移动时，压力为 P_s 的油进入驱动器的活塞左边的液压缸内。

　　假设油是不可压缩的，油的流速正比于阀向驱动器活塞左边移动的距离。如图 4-13 所示，向右的位移造成的活塞两侧的压力差如式（4-21）所示。

$$P_d = P_1 - P_2 \tag{4-21}$$

结果，在活塞上产生一个力，如式（4-22）所示。

$$F = AP_d = A(P_1 - P_2) \tag{4-22}$$

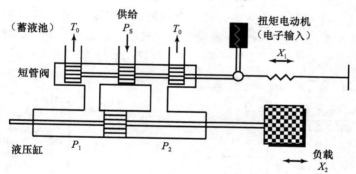

图 4-13　阀驱动机理

进入活塞左边的流速 q 符合如下规律：

$$q = k_1 x_1 - k_2 P_d \tag{4-23}$$

　　这里 x_1 是相对于空位的阀的移动，而 k_1 和 k_2 是阀常数。

　　式（4-23）表明随着阀杆指向腔室的液压流体的压力线暴露越多，流速越快，但是随着背压的提高流速减慢。流进左腔室的液体必须由活塞右边的运动来平衡。

$$q = A \frac{\mathrm{d}x_2}{\mathrm{d}t} = k_1 x_1 - k_2 P_d \cdots (a) \tag{4-24}$$

$$P_d = \frac{1}{k_2} \left(k_1 x_1 - A \frac{\mathrm{d}x_2}{\mathrm{d}t} \right) \cdots (b)$$

$$F = AP_d \cdots (c)$$

$$F = \frac{A}{k_2} \left(k_1 x_1 - A \frac{\mathrm{d}x_2}{\mathrm{d}t} \right) \cdots (d)$$

这样负载就由活塞的力来平衡。把驱动器的移动构件的惯量看作是质量 M，而等效的黏性阻尼常数是 f，则有：

$$F = M \frac{\mathrm{d}^2 x_2}{\mathrm{d}t^2} + f \frac{\mathrm{d}x_2}{\mathrm{d}t} \tag{4-25}$$

令式(4-24d)和式(4-25)相等，则得到：

$$M \frac{\mathrm{d}^2 x_2}{\mathrm{d}t^2} + f \frac{\mathrm{d}x^2}{\mathrm{d}t} = \frac{A}{k_2}\left(k_1 x_1 - A \frac{\mathrm{d}x_2}{\mathrm{d}t}\right) \tag{4-26}$$

$$M \frac{\mathrm{d}^2 x_2}{\mathrm{d}t_2} + \left(f + \frac{A^2}{k_2}\right)\frac{\mathrm{d}x_2}{\mathrm{d}t} = \left(A \frac{k_1}{k_2}\right)x_1$$

进行拉普拉斯变换，可得：

$$\left[Ms^2 + \left(f + \frac{A^2}{k_2}\right)s\right]x_2 = A\left(\frac{k_1}{k_2}\right)x_1 \tag{4-27}$$

$$\frac{x_2}{x_1} = \frac{A \dfrac{k_1}{k_2}}{Ms^2 + \left(f + \dfrac{A^2}{k_2}\right)s}$$

输入和输出的关系可描述成一个二阶微分方程。

图 4-14 所示为组合阀系统和负载的框图。k_1 和 k_2 的值可从预先确定的线性阀特征中找到。

图 4-15 所示为一个使用位置反馈的流体力系统。如果输入某个移动的值，那么通过相应的电压来驱动放大器，且放大器电压激励电磁阀线圈，从而造成阀杆移动所设定的量。阀的移动引起负载移动一个量 x_2。这个移动引起了反馈电位计也移动距离 x_2。

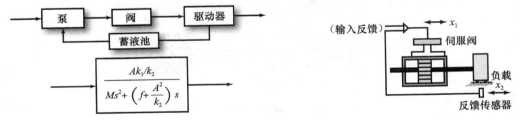

图 4-14　组合系统的控制图　　　　图 4-15　流体力驱动器及位置反馈的伺服系统

这样阀返回到空位置，而运动停止。利用前述方程的信息可以推导出系统的整体传递函数，并且系统可以建模成适当的阻尼特征。

流体力系统可以用作位置控制模式和速度控制模式。前述的建模过程就是对一个具有反馈传感器的位置控制系统，反馈传感器移动电子距离，和负载移动的距离相同。在一个速度控制系统，如果流体力驱动器因为负载的增加而减慢速度，那么转速计电压也降低，从而取消命令电压。当需要较高的速度时，命令电压也要提高。命令电压越高，输出流量越多以克服液压元件内部的泄漏。如果负载的速度降低了，那么来自电子控制的电压也会降低。这将降低放大器的误差信号，并输入到扭矩电动机。这个作用导致比例开启阀门，并降低液体流量。

为了系统正确工作，伺服阀是非常关键的。其动态性能取决于伺服阀的时间响应。设计者可以通过一张阀响应和信号频率的图来获得该信息。对于流体力系统设计，一般的过程就是使用创建好的线性分析方法来计算系统的特征。该信息可通过使用传递函数来获得，以提供在一些特殊的工作点处的性能值。

非线性操作在流体力领域非常普遍。由于分辨率误差和滞后效应，常常会产生非线性，这通常是位置不精确的主要原因。数字化仿真可以使用各种数学模型，以非线性微分方程、非线性摩擦、开关函数，以及其他运动方程作为输入，而输出则是诸如位置、速度、压力和流量等信息，从开始到循环结束。

4.3.2 流体力驱动器

流体力驱动器是线性运动的流体力液压缸或角向运动的流体力回转马达。流体力驱动器利用不可压缩的流体，能够提供一个高比例系数的单位体积马力比。前面的图 4-13 所示给出了一个简单的液压驱动系统示意图。双工作用的液压活塞是液压系统中主要的移动部件。流体可以从左边流入，右边流出，或者反之亦然，从而分别产生活塞的向右或向左移动。

如图 4-13 和图 4-14 所示，流体流动方向的控制是由伺服阀实现的。一个高精度的电动机不断移动阀的活塞，让流体通过一个口从液压源流向驱动器，并从另一个口回到阀。理想的液压回转驱动器提供的轴扭矩 T 正比于伺服阀上的压差 ΔP。

$$T = kD\Delta P \tag{4-28}$$

其中，$k=$ 关联扭矩和压差的比例常数；$D=$ 按 mm^3 计量的置换体积。

流体力驱动器还用作精密线性运动，通常比电操作的驱动器更加容易使用，主要应用于汽车、轮船、电梯和飞机上。液压驱动具有充分高的功率重量比，对于一个给定的功率水平，它可产生较高的机器结构框架共振频率。流体力系统可以直接耦合负载，而无需中间的齿轮传动机构。由于流体力驱动器使用一种压缩液体作为液压动力，因此可以在高功率水平下提供很高的力（或扭矩）。流体力驱动系统比电动驱动器具有更高的刚度，从而具有更好的精度和更佳的频率响应。流体力驱动在低速下也能提供较平稳的性能，并具有宽的响应范围。

图 4-16 所示为一个数字化液压线性定位器的照片。这个驱动器使用一个步进电机控制数字绕线阀，并使用一个磁致伸缩线性位移传感器来检测驱动器的位置。

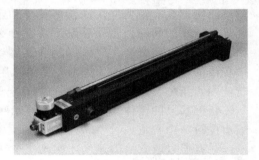

图 4-16　数字液压线性定位器

4.4　流体力系统的组成

基本的流体力系统包括一个能量源和一套合适的能量输入、能量输出及能量调节设备。流体力的传递需要由泵将机械能转换成流体能，且需要相应的设备来调节流体驱动器。主要的能量输入源是电动机、内燃机和其他的能够提供动力和运动的机械机构来驱动泵。泵提供液压流体或气压流体给系统。换言之，流体力可以定义成是通过使用受压缩的流体来传递和控制的动力。

图 4-17 所示为流体力控制系统的框图。一个流体力系统包括三种设备。

图 4-17　流体力系统

- 能量输入设备
- 能量调节设备
- 能量输出设备

下面的章节里将描述每一种设备。

4.4.1 流体力能量输入装置

输入装置，如泵，是流体力能量创建的主要来源。液压泵将机械力和运动通过流体力通路转换成流体力网络的驱动力。液压泵根据需要给流体提供压力，并创建流体流。压力是流体流动时的阻力产生的直接结果。根据系统的不同负载或通过压力调节装置，可以改变压力。流体泵的基本分类如下。

- 普通分类法
- 根据设计特征分类

流体泵的普通分类法可将泵分为正偏移和非正偏移，如图 4-18 所示。这样的分类方法是根据流体的偏移。偏移是指在流体泵的一个周期内流体实际流量的偏移量。

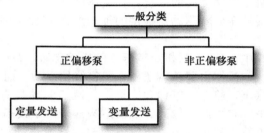

图 4-18　基于偏移的分类

正偏移泵　正偏移泵在泵的转子和定子之间具有较小的间隙，正偏移泵不管在什么样的阻力情况下，在每个泵操作周期内能够将一定体积量的流体推动。因为这种泵简单易用，所以正偏移类型的流体泵正不断地应用在流体力行业内。正偏移泵还能进一步分成(i)定量发送和(ii)变量发送两种类型。

正偏移泵的流体发送依赖于内部元件的工作关系。对于一个给定速度的泵，流体的体积输出保持一个常量。

只有通过改变泵的速度才能改变泵的输出，然而变量泵的流体发送可以通过改变泵元件的物理关系而改变，仍旧保持常量水平的速度。

非正偏移泵　非正偏移泵在泵的转子和定子之间具有较大的间隙。从泵中输出的流体的总体积依赖于泵单元释放边的阻力和速度。在一些低压和高体积流量的情况下，常常选用非正偏移泵。

基于设计特征的泵的分类法　另一种泵的分类方法是根据创造流体流动所用的元件的特殊设计来分类，如图 4-19 所示。大多数用于流体力应用的泵都是回转型的，这种转动装配件带动流体从入口到出口，转动装配件连续的回转运动能让回转泵工作。回转泵中有三种最常用的机构：(a)齿轮型泵机构；(b)叶片型机构；(c)活塞型机构。

带有齿轮机构的回转泵　回转齿轮泵将紧密装配在固定的齿轮箱里的两个或多个齿轮啮合，齿轮泵通常具有的流速大约为 0.7m/min，而输送压力高达 217atm。齿轮泵可以分为如下几种类型。

- 外齿轮泵
- 行星齿轮泵或内齿轮泵
- 螺杠泵(轴向流)

外齿轮泵　外齿轮泵设计成两个齿轮的组合，一个齿轮安装在驱动轴上，而第二个齿轮

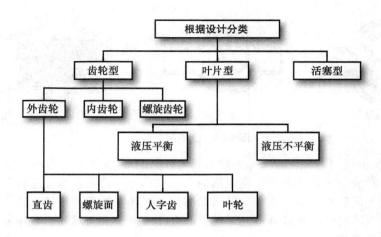

图 4-19 基于设计特征的分类

安装在从动轴上。齿轮按相反方向旋转，在出口和入口之间齿轮箱的某一点处啮合。外齿轮泵的抽吸动作通过齿轮的旋转来实现。随着齿轮的接触旋转，由齿轮带上来的少量的液体就会布满齿与泵体之间的空间。随着泵抽取动作的继续，后来的齿再次啮合，流体就被挤压，并从泵的出口释放。

用在齿轮泵中的不同的齿轮构造有（a）直齿圆柱齿轮，（b）螺旋面齿轮，（c）人字形齿轮，以及（d）带有叶轮的齿轮泵。具有螺旋面的和人字形的齿轮特性比直齿轮更加柔顺和静音。外齿轮泵也可用来输送大量的小波动的液体。带叶轮的回转元件是对外齿轮泵的一个改型。

内齿轮泵（行星齿轮泵） 内齿轮泵是外齿轮泵的一种改型，并使用两个齿轮。将直齿圆柱齿轮安装在一个较大的环形状内部，在环状处有一个更小的直齿轮的一边与大齿轮啮合，在另一边用一个隔离器分开。和外齿轮泵一样，流体通过转动齿轮的啮合齿之间的截留动作，从吸入部分流到释放部分。输入的能量不仅能施加到内环齿轮，也可以施加到外环齿轮。必须注意，齿轮转动的方向是一致的。另一种内齿轮泵称为内齿轮型油泵。内齿轮有一个特殊的齿形，内齿轮是驱动器，且比外齿轮少一个齿。两个齿轮按形状给定尺寸，因此内齿轮的外围部分始终与外齿轮保持面接触。在入口和出口处还要用一个密封圈。由泵输送的流体体积是外部转子形成空间的一个函数。通过逐渐打开和关闭齿间空间，可以获得一个柔和的流体释放。内齿轮泵操作时通常相当安静。

螺杆泵（轴向流） 工业中常用的两种基本类型的螺杆泵是单螺杆泵和多螺杆泵。单螺杆泵含有一个螺杆（螺旋齿轮），它在一个内部容器中偏心旋转。多螺杆泵含有两个或多个螺杆，它们在一个密闭套内相互啮合，当驱动轴转动后，从入口来的一定量的液体在螺杆接触点螺杆之间的空间及套子外侧、处被捕获。螺杆的转动使流体被捕获的体积沿着螺杆轴线性移动，直到被推过泵的出口。很明显，通过螺杆泵的流体是沿着驱动螺杆的方向的。螺杆泵的输出通常是平稳的、无脉动，且噪声很低。图 4-20 所示为几种泵的构造示意图。

带有叶片型机构的泵 两种不同类型的回转叶片型泵通常用于流体力系统：（a）液压不

齿轮泵

叶轮泵

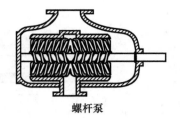
螺杆泵

图 4-20　流体泵例子

平衡型，(b)液压平衡型。泵含有一个安装有可移动叶片的圆柱形电动机，该叶片可以从转子的外边界向外扩展。主转子在一个椭圆形的泵体内部空间转动，当叶片转动时，首先从转子和泵体之间最小间隙处转动，流体从输入口被吸进泵体，然后释放进入转子和泵体之间变化的空间里。随着叶轮继续旋转并通过了转子和泵体之间最大间隙处，流体就被压缩，然后在叶轮泵的出口处释放。

在不平衡的叶轮泵中，转子按照相关叶轮轨迹的泵体偏心安装在轴上。吸入动作造成一个巨大的不平衡负载，这是因为吸入口几乎完全相对于释放口。就因为存在这个不平衡的负载，轴和轴承需要有足够的强度以防工件失效。

平衡叶轮泵与不平衡类型的设计特征不同。在平衡叶轮泵中，有两个吸入口和两个输出口直接相对。这种压力口相对的设计布局就形成了一个平衡条件。在平衡叶轮泵中，叶轮是通过释放压力来进行液压平衡的，通过使用离心力来保持叶轮轨迹。

带有活塞型机构的泵　活塞泵有特殊的特征，其中有很多个小活塞快速地往复运动。产生的流体压力也通常超过 $200atm(1atm=0.1MPa)$。轴向活塞泵和回转活塞泵的主要不同在于活塞的操作位置以及活塞的形状。活塞泵将回转轴运动转换成径向的往复运动。

回转活塞泵　径向活塞泵有一个圆柱形的元件绕着一个静态的中心枢轴元件转动。圆柱形元件含有的七个或更多个径向的孔与随着圆柱旋转而往复进出的活塞配合，中心枢轴也含有进口和出口与圆柱孔的内部开口相连，因此枢轴可以引导流体流进和流出圆柱孔。一个转子及其支持物随着圆柱块作偏心运动。

当驱动转动圆柱块时，活塞往外移动。当圆柱孔通过枢轴的输入孔时，吸入流体。当活塞通过偏心的最大点时，它们就通过反作用环向内移动，这就造成流体进入枢轴的释放口处。每个活塞的行程可以通过转子相对于泵轴的偏心来改变。圆柱孔和转子之间的偏心程度决定流体泵的传送速度。

轴向活塞泵　轴向活塞泵的活塞在圆柱桶内做轴向移动。泵内的圆柱块有一系列的圆柱孔，圆柱孔内有往复运动的活塞。驱动轴使得活塞和圆柱块按相同的速度转动。随着圆柱块的转动，每一个活塞在活塞孔内往复进出，其行程的长度取决于圆柱块和参考驱动盘之间的夹角。当某个活塞开始往复运动时，流体通过阀板吸入圆柱孔内。在活塞的回程中，流体在阻力引起的压力作用下被迫通过阀板流出。轴向活塞泵有许多交互变换的设计特征，弯曲轴（固定的输送类型）在圆柱块和机匣之间有一个固定的角度。弯曲轴变量位移泵有一个圆柱块，且安装在一个轭上，这个轭可以按不同的角度来定位，泵的偏移由圆柱块与驱动轴之间的相对位置确定。在内联的轴活塞泵的情况下，圆柱块和驱动轴平行，活塞的行程长度由旋转斜盘的角向位置来确定，内联的轴活塞泵可以是固定或可变偏置的模型。可变偏置的旋转斜盘模型安装有一个旋转斜盘，因此它的角度可以改变。固定偏置泵有一个旋转斜盘且按一个固定角度安装在泵体内。

4.4.2　能量调节装置（阀）

能量调节装置是在流体力系统中控制压力、流向和流速的装置。在流体力油路中的控制功能就是在油路中限定或定向流体的流速，通过调节流体流或压力来调节能量或压力水平。通常所有的流体力控制阀都是基本控制系统的组合。那些在油路中调节压力或产生所需的压力条件的阀称为压力控制阀。那些定向、分流、组合或限流的阀称为方向控制阀。体积控制阀是指那些调节流体流量的阀。阀有时也按照它们的构造来命名，从简单的球形止回阀，到多元件的绕线轴式控制阀，还带有电子控制。油路控制特征随着应用的特征而改变。各种类型的能量调节装置如图 4-21 所示。

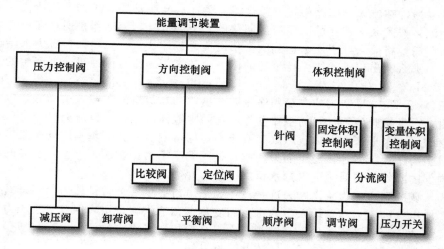

图 4-21　能量调节设备

压力控制阀　压力控制阀是根据流体回路中的流体压力来调节和控制的。这些控制阀限制回路中各个部分的压力，或者是当回路中某个部分的压力水平达到了一个预定的值后就让流体流向不同的部分。

压力控制阀可以分为：

1. 减压阀
2. 卸荷阀
3. 顺序阀
4. 平衡阀
5. 调节阀
6. 压力开关

减压阀　减压阀主要保护流体力回路的压力不要超过最大压力。减压阀的主要用途是限制流体力回路中任何地方的最大压力。减压阀可以看作安全阀，并且必须有足够大的尺寸来应对整个泵输出的流体体积流。减压阀分为两类：简单的和复合的。

简单的减压阀（直接动作）　该阀用弹簧加载、简单的、直接动作，是个常闭阀，直到压力水平超过了预设的值才打开。当其达到关键的压力时，就释放小球，或者提升阀，让一部分流体流走。当管路的压力降下来了，阀门就关闭了。流体通过一个直接由弹簧加载的球、**提升杆**或绕线轴来恢复保持流体流动。

复合减压阀（导引操作） 复合减压阀是一个导引操作的设备，并具有两个阶段。在关闭位置时，系统压力下的流体从主要的进口流进来，并从主要的出口流出。当系统的压力超过导引减压阀的设定压力时，机械弹簧就被压缩，从而使导引阀工作，让受压的流体重新流回到油箱里。

卸荷阀 卸荷阀的主要用途在于其允许泵工作在一个最小的负载下。卸荷阀需要一个外部信号，流体输送转移到第二通路回到主油箱，不管任何时候只要施加足够的导引压力，那么绕线轴将顶开弹簧力，偏移的绕线轴通过引导压力保持流体转移，直到导引传感压力变得小于预设的弹簧压力为止。

顺序阀 通常在流体力回路中按照某个操作顺序启动驱动器。正如名称所说，顺序阀就是用来控制流体按照某个特殊的顺序流到回路的各个部分。顺序动作是通过在打开阀门让流体流出之前，需要将输入导引压力达到一个预设值之后才执行。只要入口压力保持在压力的预设值之上，那么在出口处始终保持全部的压力。顺序阀的执行是通过分别产生的流体压力来控制的。

平衡阀（背压阀） 平衡阀的主要用途是防止由驱动器保持的负载自由降低，以及提供某些管线的阻力。平衡阀（背压阀）的主要动作就是限定液体流从一个口流向另一个口，以及保持一个足够的压力水平来平衡由液压缸或液压马达保持的负载。其基本原理是流体保持一个压力直到导引动作克服了弹簧设定的力，或者是阀的**平衡力**。在这一点上，主要的绕线轴移动后**绕开**内部的或外部的回流进入**排水口**。

调节阀 调节阀也称为减压阀。这些设备为输出口提供一个常量压力，不管阀入口的压力是多少，输出口的压力随着输入口的压力而变化。调节阀就是用来保持上游压力相对于下游的以及弹簧的压力相平衡。如果受控的压力提高到超过了设定的值（由弹簧设定），那么**隔膜板**将提升，从而减少流入系统的液体流并降低其压力。

压力开关 在许多流体力应用中，当系统压力达到某一期望值后需要一个电信号，此时常使用压力开关。有两种设计：(a)活塞型压力开关；(b)波尔登管式压力开关。当需要一个电信号来控制时，常使用这些开关。当流体系统压力达到预设的压力时，该预设压力通过开关中的可调弹簧来创建，就可以获得一个电信号，从而开关就被启动。电信号可以转接到电磁阀来改变流体方向或驱动一个泵。

方向控制阀 方向控制阀的用途是指定由流体源产生的流体流动的方向，以使流体流向系统的各个不同的地方。方向控制阀可以完全**封锁**流体，然后指引流向各路需要流体动力的分支来驱动流体马达，或者启动先导控制阀。它们可以用作各种聚能或卸能一个流体管路，以此从一个流体管路分离一部分流体力管路，或者逆转流体的方向。它们还能用来将两个或多个分支组合或分离成多个分支。两类主要的方向控制阀包括方向控制检查阀和方向控制位置阀。

方向控制检查阀 检查阀允许流体沿着一个方向自由流动，但是不允许流体沿着反方向流动。检查阀可以由多种阻挡元件构建而成（如摇摆碟、弹簧碟或球、重力或自定位球）。先导式检查阀允许流体沿着一个方向自由流动，若要让流体沿着反方向流动（通常是阻塞的），那么只有将先导压力施加到阀的导引压力口才行。

方向控制位置阀 在流体力管路中，位置阀用来指定一个或多个不同的流动管路，它们的这个功能是通过切换两个或多个位置来实现的。根据阀的位置，与外部口的相互连接将产生多种流向组合。位置的数量（两口、三口、四口等）足以定义该阀为两位、三位或四位阀。位置确定该阀可供选择的流向的数目，这将通过配置绕线或阀体的通道可以使其成为可能。

位置阀的控制和切换可以通过连杆机构、弹簧、凸轮、螺线管、先导流压力或伺服机构来完成。

虽然绕线型和位置型的位置阀通常用作流体力行业中，其他类型（如回转和提升位置阀）也常常被使用。一个两位三通滑动绕线阀具有三个输出口交换以用于

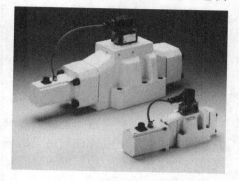

图 4-22 比例阀的照片

施压和泄压一个圆柱液压缸口，其主要作用是控制圆柱液压缸的流体速度。如果需要在中间位置定位驱动器，那么就需要一个三位三通的滑动绕线阀。一个两位四通方向控制阀可用来控制双工液压缸的位置。在输入口的流体通过移动顺序的绕线，就可以发送到输出口的任意一个位置。

图 4-23 所示为一个数字阀，该阀由三个主要元件组合而成：DC 步进电机、回转直线耦合器和四通绕线阀。该阀提供了一个数字化界面来操作直线的和回转的驱动器，四通绕线阀提供方向和比例的流体控制。回转直线耦合器安排用来转换步进电机的转动，使其变成精确的绕线位置，步进电机提供数字化方法精确地、离散递增来定位阀中的绕线。数字阀的典型应用是**高有效载荷**的输送器、自动化设备、机床和塑料与纺织行业。

体积控制阀 体积控制阀用来监控一个流体力管路中流向各个部分的流体流动速度。体积控制阀（如图 4-24 所示）通过限制流体的流速来调节流体驱动器的速度和功能。体积控制阀的类型有：

1. 针阀。
2. 固定体积、补偿压力的阀。
3. 可变体积、补偿压力的阀。
4. 分流阀。

图 4-23 流体控制的数字阀图片

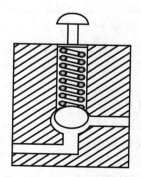

图 4-24 一个体积控制阀的草图

针阀　针阀是基于一个插入阀的长锥形的针，其可以非常慢地开启和关闭流体通路。针阀并不是压力补偿的，也就是说孔口两侧的压力降变化肯定会造成通过阀的流体流速的变化。

固定体积、补偿压力的流量控制阀　固定体积、补偿压力的流量控制阀不管输入口输入阀体的流量如何变化，始终保持一个常量流。如果输入口的流速提高了，那么该机构将部分关闭那个压力补偿阀以减少输出流。因为有这个机构，所以通过阀体的总流量始终保持固定。

可变体积、补偿压力的流量控制阀　可变体积、补偿压力的流量控制阀通过使用一个可调节的体积控制装置来调节通孔面积，阀里的元件有些是锥形槽，有些是计量线轴。这类阀保持一个恒定流量，但其输入口和输出口的压力可变。

分流阀　分流阀主要用来同步驱动两个或多个液压缸，而不需要将两者机械连接起来。这种阀将一个管路中的流体分流输出到两个或更多个管路，每一个管路都有相同的流速。

4.4.3　能量输出装置

流体力能量输出装置通过使用液压缸和液压马达的执行器来提供直线运动或旋转运动。流体力驱动器在 4.3.2 节里描述过。流体驱动器使用 35MPa 级别的液压力，这能给流体力驱动器在高功率水平下提供更高的扭矩和力。液压缸是一个将流体力转换成直线机械力（运动）的设备，它包含一个可移动的元件如活塞或活塞柱，其与一个圆柱孔相配合使用。液压马达是一个将流体力转换成回转机械力（运动）的设备，液压马达在许多方面与流体泵相似，但是液压马达的工作方式恰好与流体泵的工作方式相反。液压马达使用泵传来的液体来提供转动力和运动。

液压缸　液压缸的工作原理是流体从一个端口进入，驱动可移动的活塞或棒体组件朝一个方向移动，而在活塞另一边的流体则返回到蓄液池里。一个单作用液压缸通过**切换**一个方向阀来控制，并允许液流从泵和液压缸回到蓄液池。一个双作用液压缸可以让流体从任意一端口进入液压缸。通过给有盖端施加力，棒体就会扩展，同时将流体释放回到蓄液池。通过改变流向，棒体就会撤回。一个液压缸能通过各种机械连接上一个负载。流体力系统的设计者根据设计约束、空间和应用来为某些特殊应用确定所需的连接类型。

液压马达　驱动器和马达执行的是与液压泵相反的功能。回转液压马达能够将流体力转换成回转机械力。正确控制的马达可以产生一个输出，该输出具有可逆的和可变的速度特性。压力下的流体作用于流体马达的表面，类似于液压缸的方式使马达轴旋转。旋转流体力马达能比其他动力源提供更高的马力重量比。回转流体马达具有较好的变速和变扭矩特性。通常有两类流体马达。

- 固定排量马达
- 变量排量马达

固定排量马达　这种马达能够在每一个**循环**中发送一个定常量的流体，它所具有的扭矩能力正比于所施加的压力。任何固定排量的流体马达的速度依赖于每一个循环的排量，以及由泵提供的流体体积。齿轮、叶片和活塞通常都能够用于固定排量的流体马达设计中。

变量排量马达　这种马达能够调节流体的体积量，与一个能够调整每一个循环排量的设备装配在一起。回转流体马达也可以根据内部直接由液体流驱动的元件形式来分类。在回转流体马达中最常用的三种驱动机构是齿轮、叶片和活塞。

齿轮马达　齿轮型流体马达是基本的固定排量单元，其旋转的速度取决于马达发送的液体体积。两种最广泛使用的流体齿轮马达是外齿轮型和内齿轮型。外齿轮设计包括将一组加工过的齿轮配合安装在一个紧凑的齿轮箱内，两个齿轮都受到驱动，但只有一个齿轮是连接到输出轴的。与齿轮泵不同，齿轮马达必须液压平衡，以保持流体马达工作严格的公差需要。液压平衡可以通过从输入口和释放口到在直径上相对点的中心的通道来获得。这样可以防止不均匀磨损和齿轮的滑动。内齿轮设计包含一对转动的齿轮，一个小齿轮在另一个大齿轮的内部。流体在压力作用下进入马达的一边，从而造成外侧和内侧元件转动。在转动过程中，随着空间的增大，流体从泵进入该空间。随着其继续转动，空间又变小了，流体最后从马达中释放出去。

叶片马达　设计一个回转叶片马达，并用两个输入口和两个输出口径向相对，以便让转子和叶片液压平衡。设计叶片马达时，用一个弹簧或压力负载在低速运作时来将叶片保持在叶片架上。在叶片的端部下面也有一层油膜厚度，根据转动速度、工作压力和流体黏性来确定。

活塞马达　活塞型马达可以分类成固定排量的和变量排量，两种主要类型的回转活塞马达是轴向活塞马达和径向活塞马达。轴向活塞马达的工作原理是将流体流入一个端口，推动活塞导致圆柱桶和轴装配体旋转。随着活塞用光液体，另一个活塞重复这个循环以提供连续的工作。径

图 4-25　径向活塞马达的照片

向活塞马达具有圆柱桶，且附带有输出轴来传递反映到活塞上的力。圆柱桶有许多径向的孔，每个孔都有一个非常精密的活塞。当流体流进圆柱桶，活塞将被迫受力，推动环从而给予圆柱桶和轴装配体一个切向力使它旋转。每一个活塞一旦到达输出口，那么就都将由推进环往内心推动，这样就把流体放回到蓄液池里。

4.4.4　流体回路的控制方式

流体力回路的控制可分为四种基本的方法，根据控制方式，可以选择任何一种或几种的组合。

- 手动控制
- 机械控制
- 流体控制
- 电气控制

手动控制　这些系统可以是开环或闭环的形式，它们分别是并行的或串联的连接。每一个控制流体马达工作的位置阀与下一个单元并行连接。通常使用的位置阀有一个中间口是开的，将其安排组合到一起，从而将每个阀的油箱口一起连接到下一个阀的压力口。无论何时，只要流体马达端不工作，那么由泵发送的液体就将绕开该阀直接进入油箱。如果压力分布对所有的阀都是统一的，则中间口开放的阀串联连接。封闭了中间口的系统可用于多数应

用中，但泵的压力必须能连续不断地到达位置阀，以控制监控单元的方向。通常，手动控制系统在移动流体力系统中具有广泛的应用。

机械控制 与手动控制相连接来产生一个半自动的操作顺序。当使用手动控制开启机械控制时，机械控制目标是控制循环中的自动部分。除了使用上述方法外，还有两种方法来机械地操作机器，第一种方法利用一个直接的位置阀的机械驱动来控制驱动器；第二种方法使用一个机械操作的先导阀来指定流体流动的方向，并指向主位置阀。而驱动器则由主位置阀来控制。

流体控制 通过使用可靠的导引流体信号也可以实现流体控制。在流体力系统中，指示压力条件和位置条件的导引信号可以可靠地用来控制马达的阀和其他元件。灵敏的流体信号可以通过机械驱动的位置阀或通过导引顺序阀来产生。一个压力敏感的流体顺序阀不仅可以鉴别流体液压缸的一个行程的完备性，还能感知油路系统中存在的负载条件。

电气控制 流体力回路的电气控制根据不同的应用可以有各种各样的形式。连接器、压力开关、限位开关、定时器以及继电器都能用来操纵电磁线圈来控制位置阀，从而将流体流向马达单元。电磁线圈控制系统让设计者有很大的使用柔性。流体压力开关能够感知系统中任何部分的压力，并能操纵电磁线圈阀来分流到油箱或回路中的其他地方。精密的限位开关能感知机器中移动元件的位置，并能够将电信号传递给一个电磁阀来重新制定流体方向到系统的其他部分。限位开关还能用来启动顺序定时设备，在指示电磁阀控制流动之前，能在一段时间内保持压力或位置。通常有必要设计一个开关电路的网络来协调负载和机器所需的所有驱动单元的运动。这些流体力回路能够清点每一个操作，并保存该信息供以后使用，来重置油路或开始一个新的操作。

4.4.5 流体回路中的其他电气元件

常常用来控制流体力回路的电气开关类型有：

- 压力开关
- 限位开关
- 选择开关
- 按钮开关
- 电子定时器

压力开关 用来感知油路中不同部分的压力，它们能够实现类似于限位开关的功能。但是它们不能像限位开关那样完全定位。

限位开关 在流体力回路中使用的限位开关能找出由液压马达驱动的移动物体的位置。限位开关可以提供一个信号来停止或反向工作，提高或降低流动速度，或者启动一个新的序列机器动作。限位开关通常由一个滚柱臂控制的运动来驱动，或者由一个推力型的凸轮来驱动，该开关设计成通过一个弹簧作用返回初始位置。

选择开关 这些开关归类为单型开关，具有两个或三个位置(有单掷或双掷触点)，或者多型开关。这些开关也能用于编制机器操作的顺序，通过与各种继电器相连，而产生许多流体力操作组合。

按钮开关 通常这些操作是通过继电器来完成的，按钮开关与电磁阀相连可以将手动控制的流体力系统变为一个半自动的系统。在全自动化机器上，只需要在开始时按下按钮开关来启动机器的顺序操作。

电子定时器　在流体力系统中启动或停止各种控制流体力系统的电气元件，电子定时器能自动协调机器运动和循环时间，只要加工操作的顺序可以确定。定时器的主要类型是重复循环定时器和重置定时器。重复循环定时器用来引起系统继续连续顺序运动，直到定时器由外界停止，而重置定时器在一个周期完成后就停止机器的操作。重置定时器必须由外界重置，才会开始一个新的工作顺序。

4.5　压电驱动器

压电马达因为压电效应而运动，其中压电效应是某些材料的一种特性，当受到压力或拉力载荷时就会产生电荷。将一个电场施加到压电晶体上，晶体的形状就会改变。这种改变形状的能力就是压电马达技术的基础。马达轴每一步只能运动几个纳米，但是这种运动每秒中能够重复几千次。按照这样的速度，电枢实际运动的线性速度可以达到100mm/s。

针对真空系统和非磁性应用，有不同的模型，不同的尺寸可以处理从 1 牛顿到几百牛顿的拉力，即使是支持大批量生产的简单的设计，仍旧保持高的精确度。

压电马达是标准直流电机的选择代替品，并且在某些场合甚至比直流电机更好。压电马达的运动控制能够达到纳米精度，远比 DC 电动机的分辨率高。DC 电动机随着它们尺寸变小而变得昂贵，而压电马达则在其尺寸范围内保持较低的价格。压电马达直线驱动略掉了将DC 电机的回转运动转换成直线运动的需要。

压电马达可以减小产品的尺寸。它们也能变得更加精密，更容易控制和调节，更轻，以及更可靠。例如，PiezoWave 马达原来是为移动电话开发的，现在它已经集成到许多应用中了，包括其他掌上设备、医药技术设备、电磁门锁、高级玩具和照相机等。

在 Piezo LEGS 马达中，一个蚂蚁大小的压电陶瓷材料产生线性运动（如图 4-26 所示）。Piezo LEGS 主要是一个移动机器，它通过同步移动其四条腿中的每一对来实现增量移动。虽然电枢的运动局限在纳米/步，但上千步/秒的速度可以产生的直线运动速度高达100mm/s。PiezoWave 马达有两个压电元件，并安装在驱动轨道上相对的两面，该驱动轨道以超声波的频率振动。驱动垫附在波浪形的元件上，可推动任意一边的驱动棒来产生直线运动。

压电的概念、机理和控制已用来开发压电驱动器。压电马达使用压电原理，而不是电磁工作原理，它能够提供低速高扭矩，并能够提供非常精密的定位。直线压电马达的定位技术已经用于分辨率从纳米到长距离的应用中，如扫描隧道电镜。滚珠丝杠或摩擦驱动的定位已经广泛用在工业中以获得亚微米级的分辨率。但是由库仑摩擦、黏滑运动、弹性变形以及返程空隙等原因造成了分辨率和精度的削减。另外，用作制造应用的进给驱动在很长的行程中需要高的定位精度、刚度和输出力，压电驱动器可以用来克服这些问题。例如，一个直线压电马达可以提供的定位分辨率达 5 纳米，刚度为90N/um，以及输出力为 200N。

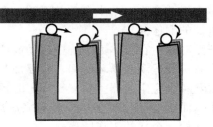

1.起初，所有四个腿都是伸长的，而且弯曲，压向电动机的电枢

2.一对腿从电枢处缩回，往左移动，同时另一对腿向右弯曲，向右推动电枢

3.最初缩回的一对腿现在展开来推动电枢，而起初向右推动电枢的那对腿缩回

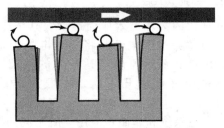

4.弯向右边的第二对腿继续向右推动电枢，而原来的那对腿现在向左移动，准备下一个走步循环

图 4-26　压电腿的走路原理

早些时候在章节 3.2.4 描述过压电效应，用许多不同的方法将压电材料的线性位移转换成回转运动。图 4-27 所示为直线压电马达的配置，包括三个压电驱动器和一个**可弯曲**的框架。

驱动器直接由框架预加载荷。两边的驱动器夹紧在导轨上，而中间的驱动器则沿着导轨变换。压电马达模拟一个尺蠖的运动，在运动中需要一边的驱动器总是夹紧在导轨上。直线压电马达可以建模成一个多自由度的振动系统，系统的动态方程按如下的形式给出。

$$M\ddot{x} + C\dot{x} + Kx = F \qquad (4\text{-}29)$$

其中，M、C 和 K 都是 6×6 的矩阵，分别表示质量、阻尼系数和系统的刚度。x 是位移向量，F 是力向量。把中间的驱动器看作是一个带有输入力的质量块-弹簧-阻尼单元。

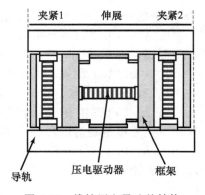

图 4-27　线性压电马达的结构

4.6　本章小结

在为机电一体化系统选择一个驱动时，位置精度、速度、费用，以及尺寸都是一些要考虑的因素。如果电动机使用合适的控制系统，那么它将具有很高的定位精度。因为电枢的感应系数低，所以 DC 电动机能够产生线性的扭矩-功率比，也能够快速响应。步进

电机用于较轻的载荷，通常为开环控制，步进电机在每一步都有加速和减速过程。流体力系统在一个压缩体积内产生较大的功率，并大于由电力驱动的马达。在压力下流体可以用来操作液压马达，并产生高的扭矩。控制一个流体力伺服系统所需的功率相对较小。由于压电驱动能提供高的扭矩，而且定位准确，所以常用于特殊需求的机电一体化应用中。

习题

4.1　一台机器的工作台，由一个闭环的定位系统控制。该系统包括一个伺服电动机、丝杠和光学编码器。丝杠的螺距是 0.500cm，通过一个变速箱与电动机的输出轴耦合。变速箱的变速比是 4∶1（电动机转 4 圈，丝杠转 1 圈）。丝杠转一圈，光学编码器产生 150 个脉冲，工作台按 45cm/min 的进给速度移动 15cm 的距离，请问：

　　(a) 控制系统收到多少个脉冲来确认工作台刚好移动了 15cm？

　　(b) 脉冲率是多少？

　　(c) 根据给定的进给速度，计算电动机的转速。

　　（注：丝杠的螺距是指丝杠转一圈轴向移动的距离。）

4.2　某 CNC 机床的工作台，由一个伺服电动机、滚珠丝杠和光学编码器来驱动。丝杠的螺距是 5mm，通过一个变速箱与电动机的输出轴耦合，变速箱的变速比是 16∶1（电动机转 16 圈，丝杠转 1 圈）。编码器直接连接到滚珠丝杠和发电机上转一圈，光学编码器产生 200 个脉冲。工作台必须按 500mm/min 的进给速度，移动 100mm 的距离，请求解：

　　(a) 控制系统收到多少个脉冲来确认工作台刚好移动了 100mm？

　　(b) 脉冲率是多少？

　　(c) 根据给定的进给速度 500mm/min，计算电动机对应的转速。

　　如果工作台进给轴的行程是 500mm，并且数字控制器使用 12-bits 的二进制寄存器来存储位置，那么确定控制的分辨率。

4.3　将一个步距为 1.8° 的步进电机直接连接到机床工作台上，驱动该工作台的是一个每 cm 有三个螺距的滚珠丝杠（注：丝杠的螺距是指丝杠转一圈轴向移动的距离）。

　　(a) 当一个外接输入 4355 个脉冲发送到电动机，确定丝杠移动的轴向距离。

　　(b) 将一个独立的编码器连接到滚珠丝杠的另一端。编码器产生 180pulse/rev。在(a)中又会产生多少个脉冲呢？

4.4　一个计算机数字控制的 PCB 钻孔机器使用步进电机来定位。驱动机床工作台的滚珠丝杠的螺距是 10mm，工作台按 400mm/min 的线性进给速度移动了 40mm 的距离。如果步进电机有 180 个步距角，则计算步进电机的速度，以及将机床工作台移动到指定位置所需的脉冲数。

4.5　某个圆柱坐标机器人的机械臂由一台直流电动机来驱动，所需扭矩为 12N/m。DC 电动机的扭矩常量为 0.34N·m/A。试计算在最大载荷下驱动该机械臂所需的电流大小。

4.6　有一个太阳能跟踪系统，它使用步进电机作为其驱动器。步进电机的一个常量载荷扭矩为 0.7N/m，步进电机的步距角是 1.8°，太阳能采集器的转动惯量是 0.14N/m/s²。如果负载需要在 1 秒内加速到 150 步/s，那么试计算执行该操作时所需的最大电动机扭矩。

4.7　用表格形式对比下列四种驱动器的性能，包括功率、非线性、回程间隙等。

　　(a) DC 电动机　　　　　　　　　(b) 步进电机

　　(c) 流体力驱动器　　　　　　　(d) 气动驱动

参考文献

Fitzgerald, Charles Kingsley, Jr. and Stephen D. Umans, *Electric Machinery*. New York: McGraw-Hill, 1983, pp. 508–512.

Clarence W. deSilva, *Control Sensors and Actuators*. New Jersey: Prentice-Hall, 1989, pp. 253–323.

Acarnley, Paul P. *Stepping Motors: A Guide to Modern Theory and Practice*. New York: Peter Peregrinus Ltd., 1982, pp. 1–71.

E. Snyder *Industrial Robots Computer Interfacing and Control*. New Jersey: Prentice Hall, 1985, pp. 67–85.

Russ Henke. *Fluid Power Systems and Circuits*. Penton/IPC, 1983.

Zhenqi Zhu and Bhi Zhang. "A microdynamic model for linear piezomotors." *Proceedings International Manufacturing Engineering Conference*, Storrs, CT, 1996.

Repas, Robert. "Tiny Motors Make By Moves." August 21, 2008. http://machinedesign.com/article/tiny-motors-make-big-moves-0821

系统控制——逻辑方法

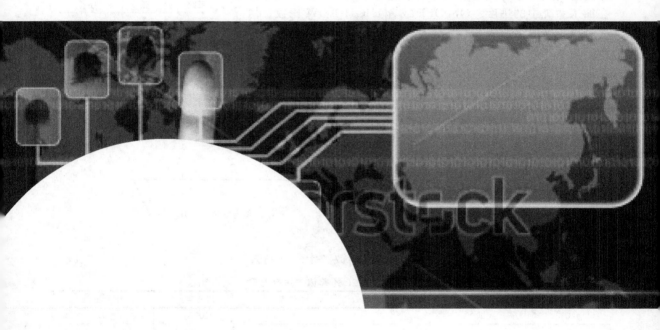

机电一体化集成了包括信号调制、硬件接口、控制系统和微处理器等特殊的领域。本章介绍这些领域的基本技术：数字电子学、模拟电子学和可编程控制器。数字电子学部分讨论布尔代数和数字电路的优化技术，模拟电子学部分讨论放大器的选择和模数转换技术，本章最后讨论可编程控制器。

5.1 机电一体化中的数字系统

机电一体化系统的接口在很大程度上依赖于数字电子学。任何机电一体化系统的信息流，在从现实世界转换到计算机的时候，都必须通过数字电子接口设备。一旦进入计算机后，就用数字逻辑来控制了。

开关设备的概念引出了两个信号状态的思想 ON-OFF 或者 HIGH-LOW。工程师们使用这种思想来处理系统的信息，从这些信号中可以做出操作顺序的逻辑判断。有关逻辑状态的信息可以用来判断一个零件在加工系统中的进度。ON-OFF 或者 HIGH-LOW 比数量情况下更容易分类。表 5-1 所示为三个基本的数制系统：二进制、十进制和十六进制。

表 5-1　三种基本的数字系统

系统	基	字符
二进制	2	0, 1
十进制	10	0～9
十六进制	16	0～9, A—F

二进制系统是所有数字化计算机操作的基础。数字化系统电路提供输入输出信号，它们都只有两个电压值，常用 0 和 1 表示这两个电压状态值。另外，设计的逻辑电路具有很高的可靠性，对噪声、温度和老化问题的敏感度低。对于二进制编码系统，每一位的权值在图 5-1 中标出。左边是最高有效位（Most Significant Bit，MSB），右边是最低有效位（Least Significant Bit，LSB）。

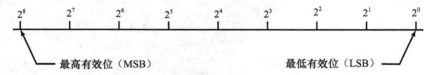

图 5-1　二进制码数字系统权值

表 5-2 所示为十进制数 0～20 的二进制数和十六进制数。

表 5-2　十进制数 0 到 20 的等值二进制数和十六进制数

十进制	二进制	十六进制	十进制	二进制	十六进制
0	00000	0	11	01011	B
1	00001	1	12	01100	C
2	00010	2	13	01101	D
3	00011	3	14	01110	E
4	00100	4	15	01111	F
5	00101	5	16	10000	10
6	00110	6	17	10001	11
7	00111	7	18	10010	12
8	01000	8	19	10011	13
9	01001	9	20	10100	14
10	01010	A			

采用长除法可将十进制数转换为二进制数。二进制数就是将十进制数连续除以基数 2 获得的余数，从最低位 LSB 到最高位 MSB 顺序排列获得。例如，十进制数 45_{10} 可以计算得出等值的二进制数，如图 5-2 所示。

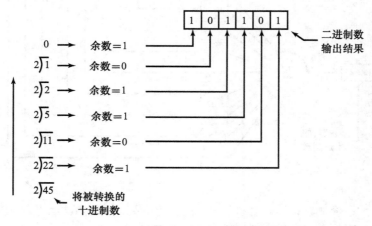

图 5-2　十进制转换成二进制形式

例 5-1 用长除法计算十进制数 45_{10} 的等价二进制数

从二进制数转换回十进制数，这可以通过一个逆向操作来实现。用基数 2 的一个幂次方，该幂次数等于二进制数某一位置(LSB 为 0，MSB 为 n)，乘以该位的值(0 或 1)，并累加起来形成一个十进制数。通过几个求解过程来展示不同的技巧。

解：(a) 将十进制数 99_{10} 转换成等值的二进制数，如图 5-3 所示。

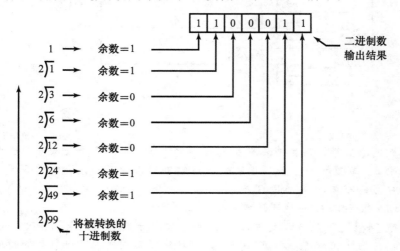

图　5-3

通过长除法，计算十进制数 99_{10} 的二进制数表示，二进制数可以通过除法取余数，再从 LSB 到 MSB 排列而形成。

(b) 将二进制数 101101.101_2 转换成十进制数，如图 5-4 所示。

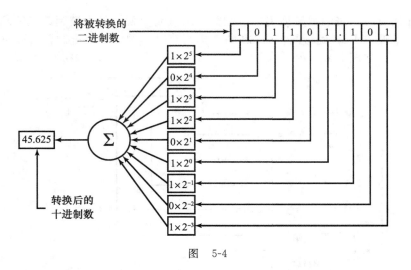

图 5-4

当存在一个二进制小数点，则在小数点左边的为 0 位，而小数点右边的位为 -1，-2 等。

(c) 将十进制数 0.8125_{10} 转换成二进制数，如图 5-5 所示。

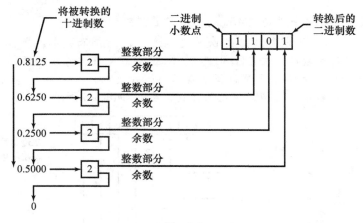

图 5-5

将十进制数的小数部分转换成二进制数的小数部分，可以使用长除法的逆运算将小数部分连续乘以基数 2，取整数部分为二进制位，继续乘以基数 2，直至余数等于 0。二进制位分别从 -1（小数点的右边一位）位一直向下。

(d) 将十进制数 44.17_{10} 转换成二进制数，如图 5-6 所示。

将十进制数 44.17_{10} 转换成二进制数，包括整数部分的转换（b）和小数部分的转换（c）。很容易可以看出，由于位数（字长）的限制，**数制转化**将影响所得二进制数的精度。◀

在一个典型的二进制系统中，当你从一个状态转换到另一状态时，有几个位可以改变。当这几个位变化是作为两个相邻数字的转换时，这会产生有关数制转化的硬件问题。例如，在一个四位二进制码中，当一个转换是从十进制的 2_{10} 变成 3_{10} 时，只有一个位发生了变化（$2_{10}=0010_2$，$3_{10}=0011_2$），然而从十进制的 7_{10} 变成 8_{10} 时，所有的位都发生了变化（$7_{10}=0111_2$，$8_{10}=1000_2$）。

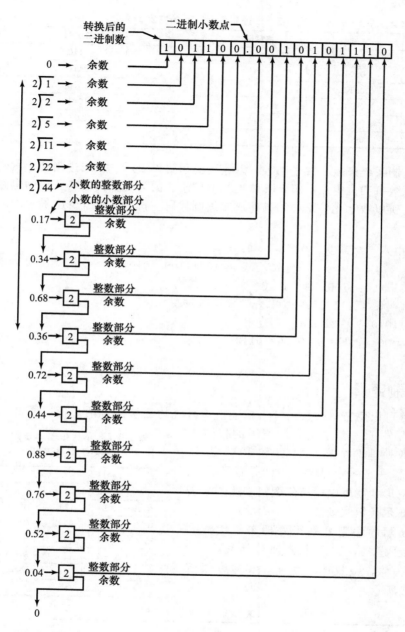

图 5-6

格雷码是一个反射型的二进制码。当一个数增加 1 变为另一个数时,格雷码只有一位变化。在格雷码中,$7_{10} = 0100_{gray}$,$8_{10} = 1100_{gray}$,所以当从 7_{10} 转变为 8_{10} 时,只有一个位改变。在一个大的二进制数中,只要有一位出错,那么根据在二进制字的位置在再转换成十进制数时会造成巨大的误差。格雷码减少了这样的错误,特别是在某些传感器中被测变量的一个增量仅产生一个位的变化。十进制数 0~10 的格雷码表示如表 5-3 所示。

表 5-3　十进制数 0～10 的格雷码表示

十进制	二进制	格雷码	十进制	二进制	格雷码
0	0000	0000	6	0110	0101
1	0001	0001	7	0111	0100
2	0010	0011	8	1000	1100
3	0011	0010	9	1001	1101
4	0100	0110	10	1010	1111
5	0101	0111			

用十六进制系统来表示二进制数，以速记的形式来表示。从二进制到十六进制的转换是通过将二进制数每四位组成一组，具体见如下例子。因为在任何数字系统的电路中只允许两个电压水平，所以数字化信息必须描述成二进制代码。例 5-2 所示表述了十六进制数的二进制表示。

例 5-2　十六进制数 $9C.A$ 的二进制表示。

$$9C.A_{16} = 10011100.1010_2$$

其中，$9=1001$；$C=1100$；$A=1010$。

解：二进制数 1111100110.011 表示成十六进制。

$1111100110.011_2 = 3E6.6_{16}$

其中，$3=0011$；$E=1110$；$6=0110$。　◀

5.2　二进制逻辑

逻辑电路可以用布尔代数系统来描述，该系统的变量只有两个值，通常表示为 0 或 1。乔治·布尔开发了一套系统处理逻辑的代数方法。布尔代数处理两个离散值（0 和 1）的变量，并使用逻辑算法的操作符。诸如"是或不是"、"开或关"等情形，就可以用布尔逻辑表达式来表示。基本的布尔代数法则如表 5-4 所示。

表 5-4 所示的法则是基于处理布尔代数的性质的 6 个公理的，这六个公理包括交换律、分配律、同一律、吸收律、互补律和德摩根定律，如表 5-5 所示。

表 5-4　布尔代数基本法则，其中 A、B 和 C 都是变量

1. $A+1=1$	9. $A+B=B+A$
2. $A+0=A$	10. $AB+AC=A(B+C)$
3. $A \cdot 0=0$	11. $A+BC=(A+B)(A+C)$
4. $A \cdot 1=A$	12. $\overline{A+B}=\overline{A} \cdot \overline{B}$
5. $A+A=A$	13. $\overline{A \cdot B}=\overline{A}+\overline{B}$
6. $A \cdot A=A$	14. $A \oplus B=A \cdot \overline{B}+\overline{A} \cdot B$
7. $A \cdot \overline{A}=0$	15. $A+\overline{A}B=A+B$
8. $A+\overline{A}=1$	

表 5-5　基础布尔公理

交换律	分配律	同一律
$A \cdot B=B \cdot A$	$A \cdot (B+C)=(A \cdot B)+(A \cdot C)$	$A \cdot A=A$
$A+B=B+A$	$A+(B \cdot C)=(A+B) \cdot (A+C)$	$A+A=A$
吸收律	**互补律**	**德摩根定律**
$A \cdot (A+B)=A$	$A \cdot \overline{A}=0$	$\overline{A \cdot B}=\overline{A}+\overline{B}$
$A+(A \cdot B)=A$	$A+\overline{A}=1$	$\overline{A+B}=\overline{A} \cdot \overline{B}$

基本的逻辑操作符如表 5-6 所示，这些操作符形成了数字逻辑运算的基础。

表　5-6

	描述	真值表	逻辑门
AND(与)	AND 操作有两个或多个输入，1 个输出。当所有输入为真时，输出为真。当输入有 1 个或多个为假时，输出为假	A B Y 0　0　0 0　1　0 1　0　0 1　1　1	A B　$Y = A \cdot B$
NAND(与非)	NAND 操作和 AND 操作一样，只是输出为取反	A B Y 0　0　1 0　1　1 1　0　1 1　1　1	A B　$Y = \overline{A \cdot B}$
OR(或)	OR 操作有两个或多个输入，1 个输出。当任意一个输入为真时，输出为真。只有当所有输入为假时，输出才为假	A B Y 0　0　0 0　1　1 1　0　1 1　1　1	A B　$Y = A + B$
NOR(非或)	NOR 操作和 OR 操作一样，只是输出为取反	A B Y 0　0　1 0　1　0 1　0　0 1　1　0	A B　$Y = \overline{A + B}$
XOR(异或)	XOR 操作和 OR 操作类似，只是当所有输入为真或为假时，输出为假	A B Y 0　0　0 0　1　1 1　0　1 1　1　0	A B　$Y = A \cdot \overline{B} + \overline{A} \cdot B$ or $Y = A \oplus B$

例 5-3　（a）一台机器可由两个操作员 A 和 B 中的任何一个人操作，运行机器的电源可以接在两个位置中的任一个。

（b）由于安全需要，电源必须穿过两个工作站的通道才能操作机器。

（c）最后的安全规则是只有当该操作者处于安全状态，允许任何一个工作站给机器通电。

解：逻辑变量如图 5-7 所示。

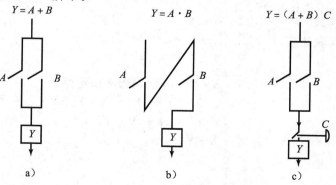

图 5-7　基本逻辑元素

5.2.1 证明和简化几个逻辑表达式

$$证明：A \cdot B + A \cdot B = A$$
$$= A \cdot (B + \overline{B})$$
$$= A \text{ 因为}(B + \overline{B}) = 1$$

$$证明：(A + B) \cdot (A + A \cdot \overline{B}) = A$$
$$= A \cdot A + A \cdot \overline{B} + A \cdot B + B \cdot \overline{B} \cdot A$$
$$= A + A \cdot \overline{B} + A \cdot B \cdot (B + \overline{B})$$
$$= A + A \cdot \overline{B} + A \cdot B = A + A \cdot (B + \overline{B})$$
$$= A$$

简化例子：
$$\overline{A} \cdot B + A \cdot B + \overline{A} \cdot \overline{B} = B \cdot (A + \overline{A}) + \overline{A} \cdot \overline{B}$$
$$= B + \overline{A} \cdot \overline{B} = B + \overline{A} \cdot \overline{B} = B + \overline{B} \cdot \overline{A}$$
$$= B + \overline{A}$$

简化例子：
$$W = X \cdot Y + X \cdot (Z + Y) + X \cdot Z$$
$$= X \cdot Y + X \cdot Z + X \cdot Z + X \cdot Y$$
$$= X \cdot Y + X \cdot Z + X \cdot (Y + Z)$$
$$= X \cdot (Y + Z) + X \cdot (Z + Y) = X \cdot (Y + Z)$$

简化例子：
$$D = A \cdot B \cdot \overline{C} + \overline{A} \cdot B \cdot C + A \cdot B \cdot C + A \cdot B \cdot \overline{C} + A \cdot C$$
$$= B \cdot C \cdot (\overline{A} + A) + B \cdot \overline{C} \cdot (\overline{A} + A) + A \cdot C$$
$$= B \cdot C + B \cdot \overline{C} + A \cdot C = B \cdot (C + \overline{C}) + A \cdot C$$
$$= B + A \cdot C$$

简化例子：
$$F = \overline{A} + A \cdot \overline{B} + \overline{A} \cdot B$$
$$= A \cdot (1 + \overline{B}) + \overline{A} \cdot B$$
$$= A + \overline{A} \cdot B = A + B$$

简化例子：
$$F = \overline{A} \cdot B \cdot C + A \cdot \overline{B} \cdot C + A \cdot B \cdot C + A \cdot B \cdot \overline{C}$$
$$= \overline{A} \cdot B \cdot C + A \cdot (\overline{B} \cdot C + B \cdot C + B \cdot \overline{C})$$
$$= \overline{A} \cdot B \cdot C + A \cdot (\overline{B} \cdot C + B) = \overline{A} \cdot B \cdot C + A \cdot (C + B)$$
$$= \overline{A} \cdot B \cdot C + A \cdot C + A \cdot B$$
$$= A \cdot B + C \cdot (A + \overline{A} \cdot B) = A \cdot B + C \cdot (A + B)$$
$$= A \cdot B + B \cdot C + C \cdot A$$

简化例子，取反表达式：
$$F = \overline{X} \cdot \overline{Z} + \overline{Y} \cdot \overline{Z}$$
$$\overline{F} = \overline{\overline{X} \cdot \overline{Z} + \overline{Y} \cdot \overline{Z}}$$
$$= \overline{\overline{X} \cdot \overline{Z}} \cdot \overline{\overline{Y} \cdot \overline{Z}} \text{(使用德摩根定律)}$$
$$= (X + Z) \cdot (Y + Z) = X \cdot Y + Y \cdot Z + X \cdot Z + Z \cdot Z$$
$$= X \cdot Y + Z \cdot (1 + X + Y)$$
$$= Z + X \cdot Y$$

5.2.2 真值表

逻辑函数 $f(A_1, A_2, \cdots)$ 可以用真值表来表示。真值表为每一个可能的独立变量的组合列出相互依赖的函数估算。表 5-7 列出了一个真值表的例子，该真值表表示了德摩根定律。从真值表可以看出，第 4 列和第 7 列具有相同的逻辑状态，从而验证了逻辑关系 $\overline{A \cdot B} = \overline{A} + \overline{B}$ 和 $\overline{A + B} = \overline{A} \cdot \overline{B}$。

表 5-7 德摩根定律的真值表 $\overline{A \cdot B \cdot \cdots \cdot N} = \overline{A} + \overline{B} + \cdots + \overline{N}$ AND $A + B$ $\overline{A + B + \cdots + N} = \overline{A} \cdot \overline{B} \cdot \cdots \cdot \overline{N}$

A	B	$A \cdot B$	$\overline{A \cdot B}$	$\overline{A}$	$\overline{B}$	$\overline{A} + \overline{B}$	$\overline{A \cdot B} = \overline{A} + \overline{B}$
0	0	0	1	1	1	1	
0	1	0	1	1	0	1	
1	0	0	1	0	1	1	
1	1	1	0	0	0	0	
A	B	$A + B$	$\overline{A + B}$	$\overline{A}$	$\overline{B}$	$\overline{A} \cdot \overline{B}$	$\overline{A + B} = \overline{A} \cdot \overline{B}$
0	0	0	1	1	1	1	
0	1	1	0	1	0	0	
1	0	1	0	0	1	0	
1	1	1	0	0	0	0	

　　逻辑图提供了另一个用来表示逻辑函数功能的方法。图 5-8 所示为根据不同的逻辑元素的组合确定如何执行某些统一的操作。

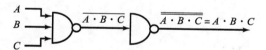

a）使用"与非"元素实现"与"操作

b）使用"与非"元素实现"或"操作

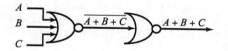

c）使用"或非"元素实现"或"操作

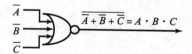

d）使用"或非"元素实现"与"操作

图 5-8　逻辑图

　　图 5-9 所示为逻辑元素的使用。

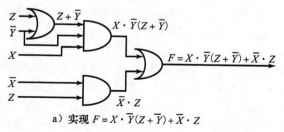

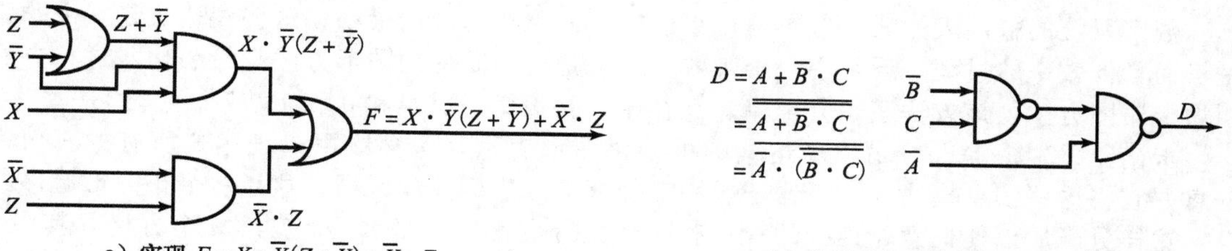

a）实现 $F = X \cdot \overline{Y}(Z + \overline{Y}) + \overline{X} \cdot Z$

b）使用非与函数实现 $D = A + \overline{B} \cdot C$

图 5-9　逻辑元素的用途

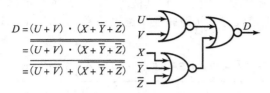

$$D = (U + V) \cdot (X + \overline{Y} + \overline{Z})$$
$$= \overline{\overline{(U + V) \cdot (X + \overline{Y} + \overline{Z})}}$$
$$= \overline{\overline{(U + V)} + \overline{(X + \overline{Y} + \overline{Z})}}$$

c）使用"或非"函数实现 $D = (U + V) \cdot (X + \overline{Y} + \overline{Z})$

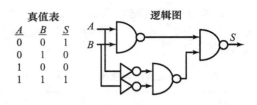

真值表

A	B	S
0	0	1
0	1	0
1	0	1
1	1	1

d）从真值表构建逻辑图
注意使用非操作符操作取反 A 和 B

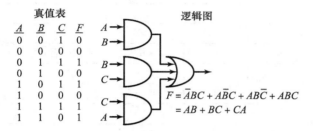

真值表

A	B	C	F
0	0	1	0
0	0	1	0
0	1	1	1
0	1	0	1
1	0	1	0
1	0	0	1
1	1	1	1
1	1	0	1

$$F = \overline{A}BC + A\overline{B}C + AB\overline{C} + ABC$$
$$= AB + BC + CA$$

e）从真值表信息构建三个输入的逻辑图
该电路的应用将在本章后面的章节里描述

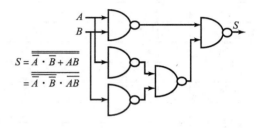

$$S = \overline{\overline{\overline{A} \cdot \overline{B}} + \overline{AB}}$$
$$= \overline{\overline{A} \cdot \overline{B}} \cdot \overline{AB}$$

f）使用"与非"元素设计逻辑电路 $S = \overline{A} \cdot \overline{B} + AB$

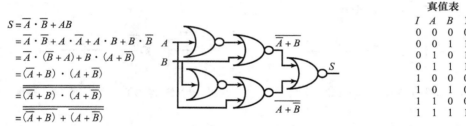

$$S = \overline{A} \cdot \overline{B} + AB$$
$$= \overline{A} \cdot \overline{B} + A \cdot \overline{A} + A \cdot B + B \cdot \overline{B}$$
$$= \overline{A} \cdot (\overline{B} + A) + B \cdot (A + \overline{B})$$
$$= \overline{(A + B)} \cdot (A + \overline{B})$$
$$= \overline{\overline{(A + B)} \cdot (A + \overline{B})}$$
$$= \overline{\overline{(A + B)} + \overline{(A + \overline{B})}}$$

g）使用"或非"元素实现上述逻辑电路

真值表

I	A	B	Y
0	0	0	0
0	0	1	1
0	1	0	1
0	1	1	1
1	0	0	0
1	0	1	0
1	1	0	0
1	1	1	1

自动测试系统的例子，有三个输入，A、B 和 I
（一个命令位），以及一个输出 y。输出是由如下
的逻辑确定的。如果 $I = 0$，那么 $Y = A + B$，否则
$y = AB$

图 5-9 （续）

5.3 卡诺图最小化

数字系统的输出表达式一般不是最小形式。使用布尔理论最小化这些表达式是一个非常
枯燥而且低效率的过程。通常用一个等效的、但是更加简单的图形方法来最小化，这种方法
叫做卡诺图方法，该方法基于分配律、互补律、同一律，以及和 0 和 1 法则。

卡诺图（K-图）是一个逻辑表达式的可视化图形表示，包含该逻辑表达式所有的真值表
信息，它将这些信息描述成一组盒子或用一种特殊方法标注的区域。这是一个正方形有序组
合，这样分配后以使任意相连接的块只有一个变量变化。一张 K 图包含 $2n$ 个方格，其中 n
是影响逻辑函数的输入数目。每一个方格代表一个输入组合，并形成乘积之和的元件。方框
中的 0 和 1 代表该输入组合的逻辑函数的输出值。

5.3.1　二变量卡诺图

例 5-4　考虑图 5-10c 所示的真值表，有两个输入和两个输出的数字系统。

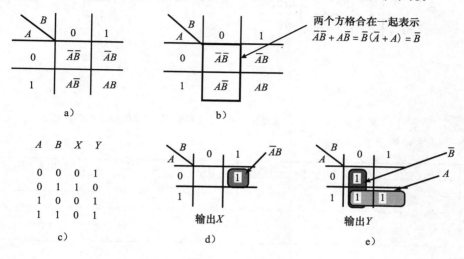

图 5-10　卡诺图

解： 输出 $X = \overline{A} \cdot B$。输出 X 已经是最小的了，因此没有信息能组合。

$$输出 Y = \overline{A} \cdot \overline{B} + A \cdot \overline{B} + A \cdot B$$

对于输出 Y，使用布尔代数最小化得：

$$输出 Y = \overline{A} \cdot \overline{B} + A \cdot \overline{B} + A \cdot B$$

$$（公式 A + A = A）$$

使用图 5-10e 所示的卡诺图，如果相邻的格子可以组合，那么这个函数可以读作 $A + B$。配置卡诺图，以使在任何两个相邻的方格只有一个变量有些不同。这种安排使最小化布尔函数变得容易，而不需要使用布尔代数计算了。然而对于卡诺图中每一组相邻的 1（或称为最小项），都有一个相应的组合和简化会发生。为了获得卡诺图中最小化的布尔乘积和表达式：

图中的每一个 1 必须至少被圈一次，来记录每个最小项。每一个圈过的项是最小化过程中得到的一个乘积项，为此首先找到被圈过的已变化过的变量。

所得的最小乘积项和剩余的变量进行"与"操作，其中每个剩余变量的值 0 和 1 表示那个变量能否**互补**。

最后将所有简化的乘积项放到一起，形成布尔表达式的最小化的乘积之和。

本例中卡诺图有两个乘积项。垂直的和水平的圈圈分别给出了简化的乘积项 A 和 B。结果输出表达式 Y 就是这两个乘积项的或，如图 5-10e 所示。这个结果与前述的直接使用布尔代数理论得到的结果一样。　◀

5.3.2　三变量卡诺图

在一个有三个变量的卡诺图中，有 2^3 组合。组合相邻单元的典型例子如图 5-11 所示。

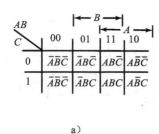
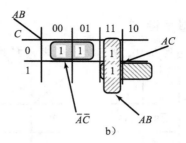

图 5-11

例 5-5 考虑所示真值表输入的变量(A、B、C)的状态，输出(1)发生在 010、011、110 和 111 处。试简化输出表达式。

A	B	C	F(A, B, C)(输出)	A	B	C	F(A, B, C)(输出)
0	0	0	0	1	0	0	0
0	0	1	0	1	0	1	0
0	1	0	1	1	1	0	1
0	1	1	1	1	1	1	1

解： 卡诺图如图 5-12 所示。

考虑两个垂直的组，可得到简化的 $\overline{A}B$、$\overline{A}B\,\overline{C}$ 和 $\overline{A}BC$ 以得到简化的 AB。

$$F = \overline{A} \cdot B + A \cdot B = (\overline{A} + A) \cdot B$$
$$F = 1 \cdot B$$
$$F = B$$

然而在卡诺图中简单考虑将 4 个 1 组成一组，采用前述的特殊规则可得到同样的结果，这是因为将 A 和 C 并成一组，$B=1$，导致结论 $F=B$。 ◄

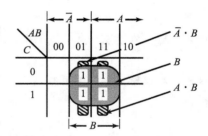

图 5-12 例 5-5 中的三变量卡诺图

例 5-6 设计一个半自动冲床的启动电路，并使用三个变量作为控制参数。这三个变量是安全保护控制信号(A)、远程启动信号(B)，以及普通启动信号(C)，真值表如下所示。

A	B	C	启动	A	B	C	启动
0	0	0	0	1	0	0	0
0	0	1	0	1	0	1	1
0	1	0	0	1	1	0	1
0	1	1	1	1	1	1	1

解： 卡诺图如图 5-13 所示。先给出代数简化的过程。很明显，卡诺图方法给出了同样的结果，但是简便许多。

$$\text{输出} = \overline{A}BC + A\overline{B}C + AB\overline{C} + ABC$$
$$= \overline{A}BC + A[\overline{B}C + B(\overline{C} + C)]$$
$$= \overline{A}BC + A[\overline{B}C + B(\overline{C} + C)]$$

$$= \overline{A}BC + A[\overline{BC} + B]$$
$$= \overline{A}BC + A[C + B]$$
$$= AB + C(A + \overline{AB})$$
$$= AB + C(A + B) = AB + BC + CA$$ ◀

5.3.3 四变量卡诺图

在四个变量的卡诺图中，有 2^4 个组合（如图 5-14 所示），图中所示为分别从 2 组 8 个 1 和 4 个 1 最小化的布尔表达式。

$$F = \overline{D} + AB$$

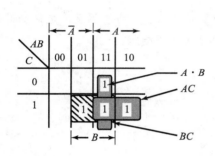

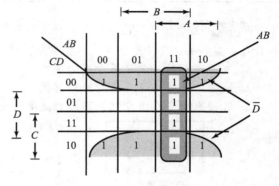

图 5-13 例 5-6 的卡诺图最小化   图 5-14 四变量卡诺图

在某些逻辑系统中，一些输入组合并没有定义或者输入所对应的输出也没有指定，这种情况称为"不必在意状态"。在检查卡诺图时，那些"不必在意状态"的格子可以填成 1 或 0，这样也能简化输出方程。

例 5-7 为售货机器设计一个组合逻辑系统，当有硬币塞入时，分发咖啡或茶。设 A、B 和 C 分别表示咖啡、茶水和硬币。输出条件是这样的：当有人塞入硬币并按了相应的按钮时，咖啡或茶水就被发出来。如果从另一个方面考虑，当你塞入硬币后同时按下咖啡和茶水的按钮，那么售货机只发出咖啡。

解： 自动售货机的逻辑图，如图 5-15 所示，真值表如表 5-8 所示。图 5-15a 显示了使用与、非与的操作。图 5-15b 显示了另一个可选处理方案。

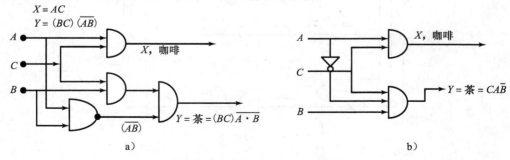

图 5-15 例 5-7 中售货机的逻辑图

表 5-8 例 5-7 中的真值表

A(咖啡)	B(茶水)	C(硬币)	X(输出咖啡)	Y(输出茶水)
0	0	0	0	0
0	0	1	0	0
0	1	0	0	0
0	1	1	0	1
1	0	0	0	0
1	0	1	1	0
1	1	0	0	0
1	1	1	1	0

例 5-8 某个化学容器，有三个变量需要监测，分别是液位、压力和温度。电路必须这样设计，当某些条件变量组合时，警报响起。警报会在如下情况下响起：

1. 液面水平低，并且压力高的情况。
2. 液面水平高，并且温度高的情况。
3. 液面水平高，温度低，而压力高的情况。

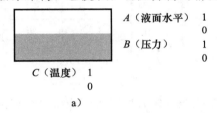

a)

$$F_1 = \overline{A} \cdot B$$
$$F_2 = A \cdot C$$
$$F_3 = A \cdot \overline{C} \cdot B$$
$$F = \overline{A} \cdot B + A \cdot C + A \cdot \overline{C} \cdot B$$

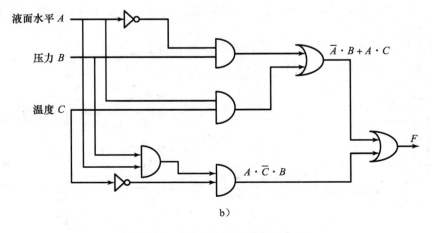

b)

图 5-16 例 5-8 中的容器的逻辑图

例 5-9 某个受逻辑控制的金属冲床必须当四个组合满足表 5-9 所示的真值表时才能操作。在其他组合情况下，不能操作。试设计一个逻辑系统来启动。来自保护传感器的信号是 A，来自操作者的信号是 B，来自工件的信号是 C，以及来自远程传感器的信号是 D（注：真值表中 x 表示不必在意状态）。

解： 启动的条件可从表 5-9 中区分出来。通过各种启动条件的组合，可推导出逻辑表达式，使用卡诺图最小化逻辑表达式。图 5-17 所示为实施的逻辑图。

表 5-9　例 5-8 的真值表

A	B	C	D	启动	A	B	C	D	启动
0	0	0	0	0	1	0	0	0	0
0	0	0	1	1	1	0	0	1	x
0	0	1	0	0	1	0	1	0	0
0	0	1	1	1	1	0	1	1	0
0	1	0	0	0	1	1	0	0	x
0	1	0	0	0	1	1	0	1	0
0	1	1	0	0	1	1	1	0	0
0	1	1	1	0	1	1	1	1	x

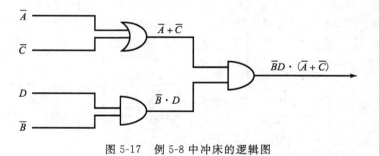

图 5-17　例 5-8 中冲床的逻辑图 ◀

5.4　PLC

可编程逻辑控制器（PLC）是一种特别耐用和高可靠性的模块化**商业成品组件**的计算机系统，其主要用于工业自动化中来控制机器、装配生产线、工艺流程（包括化学、核、制药、造纸、啤酒生产、废水处理以及其他）、物料运送系统，甚至是公园**游乐设施**。当今市场上有很多 PLC 系统的供应商，其中最受欢迎的供应商包括 AB、施耐德、欧姆龙、GE、三菱和西门子。

大多数 PLC 供应商为他们的 PLC 基础模块提供广泛的组合模块选择，其范围包括输入输出模块（能够直接与各种类型的传感器和电动机相交互，只需小小的、甚至不需要中间硬件）、显示模块和各种各样的网络连接模块（MODBUS、DeviceNet、Ethernet、RS232 及其他）。当控制系统的逻辑变化覆盖整个生命周期时，PLC 通常胜过需要客户化设计的嵌入式系统。它们通常用于一些系统，而那些系统是极大地贵过 PLC 系统的第一次投入。

PLC 是在 20 世纪 60 年代后期出现的，因为软件编程取代了当时流行的硬件继电器控制。继电器控制器使用电子电路来实现逻辑控制，改变逻辑是高危险的、费钱的和极大的劳动密集型。为了响应在 1968 年通用汽车液压部门为一个工业级的可编程工厂控制器的要求，Bedford Associates 开发了第一个 PLC，命名为模块化数字控制器（Modular Digital Controller，MODICON）。作为 MODICON 的一部分，还开发了一种编程语言，类似于硬件继电器的控制图，该语言称为"梯形图逻辑"，很容易被当时的工程师们理解，并能很自然地从硬件继电器转换到 PLC。梯形图逻辑保持一个标准直至今日，然而近年来，PLC 编程可以用其他语言来编程，如 C 和 BASIC，也逐渐被接受，并被许多 PLC 供应商所支持。

PLC 系统通常配置在一个底架上，底架是一个带槽的可以通过插入安装模块的支架。典型的底架尺寸范围从 4 个槽到 16 个槽，较大的系统可能需要几个底架以获得所需的输入输出口，这些底架通过接口模块和线缆相连。

最左边的大模块是电源模块，它为底架上的模块提供电源，往右下一个模块是基础模块（PLC 的 CPU 模块），该模块包含控制程序，往后剩余的模块是组合的输入输出模块，最右边的模块是一个接口模块（在 AB 产品目录中称为扫描仪模块），该模块与其他的底架相连。

PLC 的架构 从硬件角度出发，PLC 包含有一个中央处理器（CPU）、各种类型的存储器、可编程接口、I/O 模块以及通信接口。一个典型的硬件配置如图 5-18 所示。

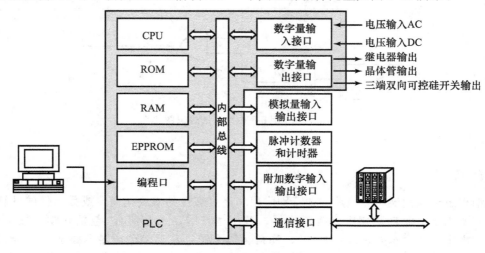

图 5-18 PLC 硬件结构

CPU 从各种传感设施（数字输入、模拟量输入、计时器和通信接口）读取输入数据，执行存储在存储器里用户程序，并发出输出命令来控制设备（数字量输出、计数器、定时器和通信接口）。

PLC 的存储器由 ROM、RAM 和 EEPROM（电子可擦写编程只读存储器，也称为闪存）。ROM 包含操作系统，RAM 包含系统数据和输入输出的存储信息，而 EEPROM 包含控制程序。操作系统使用 RAM 中的系统数据部分存储系统数据。存储器映射数据区包含输入值的拷贝，这些输入值由 EEPROM 中控制程序调用，还包含输出值的拷贝，这些输出值是控制程序计算出来的值。

读输入值，执行控制程序，控制输出的过程是顺序完成的，称为扫描。在扫描的第一部分，读取所有的输入端，将输入端的值拷贝到 RAM 中的输入表中。在扫描的第二部分，存储在 EEPROM 中的控制程序（梯形逻辑）使用输入表中的数据执行，从而计算输出值并写入到位于 RAM 中的输出表中。在扫描的第三和最后部分，将输出表的数值拷贝到物理输出通道。扫描时间是 I/O 口数目和控制程序复杂度的一个函数。对于非常简单的只有 10 个以下 I/O 口的系统，扫描时间可能只有 1 毫秒或更少。对具有一千个 I/O 口或更多的系统，扫描时间通常要达到 20 毫秒或更多。

通过接线端子连接输入和输出设备，这些设备涵盖了全部输入的 AC 和 DC 电压值，而输出设备高达 10 安培/点。PLC 不需要直接连着监视器和键盘，PLC 可以通过几种外设来编程，包括 PC 个人电脑、编程终端和手持编程器。一旦 PLC 完成了编程，则可以移除这些编程设备。

PLC 的操作系统有两种操作模式：一是编程模式，另一是执行模式。在编程模式下，PLC 和一个编程设备（PC 个人电脑、终端或手持编程器）通信，连接编程口，使控制程序可以被下载到 EEPROM 中。在执行状态下，PLC 执行控制程序中的指令。对一些非常重要的应用，大多 PLC 供应商支持冗余操作，用两个分开的相同的 PLC 系统。典型的模式有两种，一种是热备份，另一种是冷备份。在热备份模式下，一个 PLC 系统，称为主控制器，且在前台运行，而第二个 PLC 系统，称为备份控制器，则在后台运行。如果一旦发生了故障，那么主控制器自动离线，并由后台备份控制器取代，这个动作在一个控制算法的扫描周期内完成。在冷备份模式下，这个操作用一个开关手动完成。当使用一个热备份冗余系统时，控制器的扫描时间可以提高很多，在某些情况下可以高达 2 倍。提升的时间是一个有关 PLC 供应商如何支持冗余和数据共享的函数。当在一个与时间需求相关的系统中采用一个 PLC 时，扫描时间总是一个重要的考虑因素。

在大的应用中，PLC 通常用网络连接。虽然很多网络配置都有可能使用，但最常用的网络就是以一个以太网为主干将 PLC 与数据库服务器和一个人机接口（Human Machine Interface，HMI）服务器相交互。此外，本地设备网络（如 ControlNet）也可以包含进去以减少在以太网上的通信层次。这种网络配置的例子如图 5-19 所示。

这种类型的网络配置在许多应用中可以采用，特别是在监控和数据采集系统（Supervisory Control And Data Acquisition，SCADA）中。SCADA 系统在大多数工业过程中应用，包括钢铁、能源、化学、造纸、废水处理，以及制药，同样也用于物料运送系统。在 SCADA 系统中，有好多个 PLC 底架和成千上万个 I/O 点，这并非不正常。飞机场的行李分拣系统使用特别的 SCADA 架构，仅单个航线可能需要 10 个 PLC、2000 个 I/O 口，以及热备份的冗余操作。与第三方设备接口，如 x-射线检查机器，也是非常重要的，因为当行李离开 x-射线检查机器后，还需要跟踪行李。

大多数 SCADA 系统支持一个标准的通信机制，称作 OPC（OLE for Process Control）。OPC 界面允许第三方 OPC 兼容的软件来与 SCADA 系统交互，可通过数据库服务器或 HMI 服务器实现。当采用基于设计方法的机电一体化模型时，这种接口特别有价值。例如，第三方软件可以用来为一个受控的工业过程创建一个动态的实时模型，该模型的 I/O 口可以与

SCADA 系统的数据库通信，其中单个 PLC 控制器可以处理数据，并向模型提供反馈控制信号。以这种方式设计的系统必须协调提供 PLC 读写物理 I/O 口，或者从 SCADA 数据库内部的 I/O 口中读写。

PLC 编程基础　PLC 利用独特形式的编程方法，称为梯形图编程。梯形图提供方法来显示逻辑、时间和系统顺序。梯形图编程包括指令（见图 5-20）、表示外部输入输出设备，以及几个其他用在用户程序中的指令。在 PLC 控制器正常的操作中扫描用户程序，检测输入输出状态并更新梯形图的逻辑。

一个梯形图程序包含两条垂直的轨道，并且由梯子横档连接。程序执行起始于最左上，从左（横档的输入边）到右（横档的输出边）通过第一个横档。然后程序往下移到下一个横档，再次从左到右执行，以此类推，直到所有的横档都执行完毕。每一个指令都有一个相关的地址，该地址确定物理输入、物理输出或一个内部点。物理的输入和输出具有实际的真实世界的硬件（如接触器、计时器、计数器等等）。内部的输入输出并不连接到任何实际世界的设备，而只是通过编程来控制输出。

在 PLC 控制器运行过程中，处理器确定拷贝到 RAM 中的输入状态阵列各位的 ON/OFF 状态。一旦处理器确定了数据文件中位的状态，那么它就根据用户程序中各横档的逻辑连续性，预估横档的逻辑，并计算输出的状态。输出值写入输出状态阵列（也位于 RAM 中）。

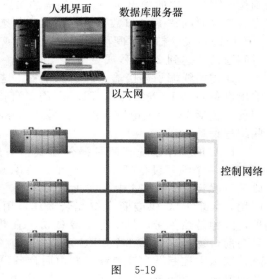

图　5-19

可编程控制器的特征　对一个 PLC 编程需要有一个电路图、梯形图或者文字形式的逻辑方程的支持。编程系统由一个键盘设施来输入控制逻辑和其他的数据，或者视频显示，并允许编程者使用一个梯形图或其他编程语言来向内存输入控制逻辑。电源模块驱动 PLC，并给输出信号提供电源，它还用来保护 PLC 不受电力线路的噪声干扰。整个运行周期包含一系列顺序执行的操作，如输入扫描、程序扫描、输出扫描和服务通信。

梯形图的主要元素如下：

● 轨道
● 横档
● 分支
● 输入
● 输出
● 定时器
● 计数器

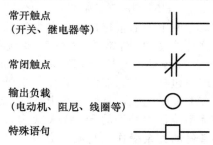

图 5-20　梯形逻辑的符号格式

轨道是垂直的线，并向继电器和逻辑系统提供能量。横档是水平的，包含分支、输入和输出。作为一个输入的例子，当输入是 On 时，显示 Exam On。当输入是 OFF 时，Exam

Off 激活。输出是指一个线圈，该线圈在横档的右侧。

一个梯形图包含一组用来控制机器或工艺的指令，输入微处理器的逻辑顺序组成了梯形图程序。梯形图逻辑是一种基于继电器的图形化编程语言。不是用电的横档连通，梯形图逻辑寻找逻辑横档连通。一个梯形图识别机电一体化电路中的每一个元素，并用图形表示它们，这允许你在启动物理系统之前可以看见控制电路如何在你面前操作。在一个梯形图中，每一个输入设备表示为通过梯形图的横档串联或并联的组合。横档上最后一个元素就是输出，接收根据横档输入的条件状态的结果。

指令集概述　PLC 是为工业控制应用专门设计的简化指令集的计算机（Reduced Instruction Set Computer，RISC）。下述指令集概述意在提供一系列的指令集，并为每个指令提供简单的描述。

指令集可以分为如下几个子集。

- 位指令
- 定时器和计数器指令
- 通信指令
- ASCII 指令、输入输出（I/O）及中断指令
- 比较指令
- 数学指令：移动和逻辑指令。
- 拷贝文件和填写文件指令
- 位移动、FIFO 以及 LIFO 指令
- 顺序指令、控制指令及 PID 指令

位指令　第一组指令就是位指令，它们是条件指令，既可以是输入，也可以是输出，在 PLC 的编程指令中它们应用最为广泛，这些指令的第一个指令是**检查是否闭合**（XIC）指令，这个指令是条件输入指令，检测 PLC 存储器位置的状态或 I/O 地址位的状态，当该位的状态是 on 或 1 时，该指令为 true。

下一个指令是**检查是否断开**（XIO），这个指令也是条件输入指令，它检测存储器位置的状态或 I/O 地址位的状态，当该位的状态是 off 或 0 时，该指令为 true。

最后一个位指令是**输出能**（OTE）指令。这个指令是一个输出指令，当前一位的条件是 true 时，它也为 true 或 1。当逻辑顺序输出点的前一位为 false 时，则输出变为 false 或 0。

定时器和计数器指令　定时器和计数器是输出指令，具有通用的参数来设置时间精度、时间基、累积时间（ACC），以及预设值（PRE）。依据定时器和计数器指令的类型，定时器和计数器也有状态位。本类指令的第一个指令就是**计时器延迟开**（TON）指令。当横档上在它前面的条件位是 true 时，该输出指令计算时间间隔。当定时器的 ACC 大于或等于 PRE 时，定时器的输出为 true。本指令的状态位如下：当计时器输出为 true 时，**计时器完成位**（DN）置位；当横档条件为 true 时，**计时器使能位**（EN）置位；当横档条件为 false 时，时钟使能位（EN）重置；当横档条件为 true，并且 ACC 小于 PRE 时，时钟计时位（TT）置位；当 DN 为 true，或横档条件为 false 时，TT 重置。下一个指令是计时器延迟关（TOF）指令。当横档条件将它前置为 false 时，该输出指令记数时间段。当计时器由横档条件初始使能而后变成 true 时，计时器的输出则是 true。当计时器横档条件变成 false 时，计时器输出仍旧保

持 true，并保持 false 直到计时器的 PRE 达到 ACC。

通信指令 通信指令是输出指令，用来在 PLC 网络的不同节点间通信。

第一个指令是**信息读/写**（MSG）指令。该指令在通信网络上将一个点的数据传递到另一个点。当使能后，信息传递将被挂起，直到在程序扫描结束发生真实的传递。第二个指令是**服务通信**（SVC）指令。当横档上在该指令之前的条件是 true 时，指令中断程序扫描来执行操作周期内的服务通信部分。

顺序指令 顺序指令是输出指令，这些指令用于顺序的机床控制应用。为了正确操作，必须建好顺序指令的若干参数。

控制指令 控制指令是条件或输出指令，其允许用户改变处理器扫描程序的顺序。控制指令的目的是及时缩小扫描时间，创建一个更加有效的程序，以及提供诊断编程工具来找出问题所在。

输入输出设备 系统积分器有两种类型的 I/O 设备，分别是离散的和模拟的。模拟输入具有连续的范围，与它们的输出状态有关。模拟输入设备的例子是传感器，基于输入条件（温度、压力、应力和应变或重力的改变）输出 4～20mA 或者 0～10V 直流信号。其他模拟量输入的类型包括电位计，其输出一个连续变化的电阻，单位为欧姆（Ω）。

离散输出设备当它们执行时，只有两个状态 ON 和 OFF。离散输出设备的例子如导引灯、机电继电器和计数器、液压和气动电磁阀，还有各种喇叭、蜂鸣器和其他类似的东西。另一类离散输入设备是光学编码器，其根据输入轴的相对位置产生一个 ON 和 OFF 的脉冲序列。这种类型的设备在输入轴转一圈的情况下通常有 1024 个脉冲。当编码器用作过程方案中的输入设备时，需要高速计数器。

梯形逻辑图 提供一种方法来显示一个系统的逻辑、计时和顺序。基于布尔逻辑，梯形图显示了一个过程的步骤，该步骤由一系列离散事件来控制。

第一种类型的逻辑是串联逻辑（AND）。当在一个输出之前的所有串联的输入条件都是 true 时，输出就通电（见图 5-21a）。下一个类型的逻辑连续性就是并联逻辑（OR）。这种情况下，只要有一个或多个逻辑是 true，则输出就通电（见图 5-21b）。

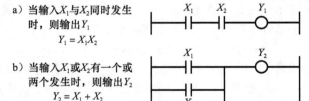

a) 当输入X_1与X_2同时发生时，则输出Y_1
$$Y_1 = X_1 X_2$$

b) 当输入X_1或X_2有一个或两个发生时，则输出Y_2
$$Y_2 = X_1 + X_2$$

典型的 PLC 指令根据制造商不同而不同。表 5-10 显示了三菱公司的 PLC 指令代码。

图 5-21 串行和并行输入的梯形图

表 5-10 PLC 指令编码

指令编码	描述	指令编码	描述
LD	启动一个有常开触点的横档	OR	一个并联的常开触点的元素
LDI	启动一个有常闭触点的横档	ORI	一个并联的常闭触点的元素
AND	一个串联的常开触点的元素	ORB	并联的两个分支块
ANI	一个串联的常闭触点的元素	OUT	一个输出
ANB	串联的两个分支块		

图 5-21a 的 AND 程序。

LD X_1

AND X_2

OUT Y_1

图 5-21b 的 OR 程序。

LD X_1

OR X_2

OUT Y_2

设计者可以在应用程序里使用一个输入分支将多个输入组合连接起来，以形成并行的分支(OR 逻辑条件)。图 5-22b 使用一个输入分支，允许将多个输入组合连接起来形成并行的分支。如果任何一个 OR 分支形成了一个 true 逻辑通路，那么输出就会通电。如果没有一个分支形成 true 通道，那么输出就不会通电。

分支的概念也能用在一个横档的输出部分。用户可以在一个横档上编写并行输出，允许一个 true 逻辑控制多个输出。当有一个 true 逻辑通路时，所有的并行输出变成 true。

输入和输出分支还可以嵌套使用，以提供更加有效的 PLC 程序形式。删去了冗余的处理需求，从而处理器的扫描时间也缩短了。嵌套的分支是指在一个逻辑函数内开始和终止都在一个分支内完成。

图 5-22a 所示为一个例子，该例子使用 ANB 将两个并行网络串联起来，只有一个输出。图 5-22b所示为一个例子，该例子使用 ORB 并联了两个串行网络，只有一个输出。

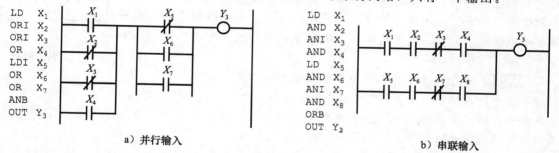

```
LD   X1
ORI  X2
ORI  X3
OR   X4
LDI  X5
OR   X6
OR   X7
ANB
OUT  Y3
```

a) 并行输入

```
LD   X1
AND  X2
ANI  X3
AND  X4
LD   X5
AND  X6
ANI  X7
AND  X8
ORB
OUT  Y3
```

b) 串联输入

图 5-22

例 5-10 为下列布尔逻辑方程构建梯形逻辑图。

(a) $Y=(X_1+X_2)X_3$

(b) $Y=(X_1+X_2)(X_3+X4)$

(c) $Y=(X_1X_2)+X_3$

解：如图 5-23 所示的梯形逻辑图。

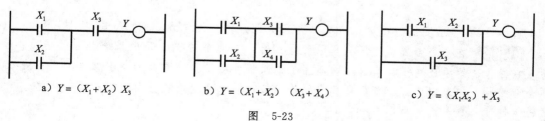

a) $Y=(X_1+X_2)X_3$　　b) $Y=(X_1+X_2)(X_3+X_4)$　　c) $Y=(X_1X_2)+X_3$

图 5-23

继电器　继电器是 PLC 硬件中最常用的元件，继电器在梯形图中用作输出，它们可用来控制通电设备的 ON/OFF 操作。继电器可以是带锁的，也可以是不带锁的。带锁的继电器需要一个电脉冲来关闭电源电路，另一个电脉冲来释放锁。不带锁的继电器只有让继电器通电时才能保持，并且需要连续的电信号。如图 5-24 所示，继电器在开发自动过程中验证了前一步完成后激发下一步是有用的，这类似于闭环控制方法。

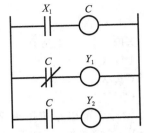

图 5-24　继电器的使用

如图 5-25 所示，控制继电器表示为负载 C，控制两个输出负载（如电动机）Y_1 和 Y_2。当控制开关为闭合时，继电器则变成通电状态。

在一般的控制器操作过程中，处理器检查数据文件位的状态，然后执行单个程序指令，一横档，一横档，从开始直到程序结尾。与此同时，处理器不断更新数据文件位，并给相应的输出数据文件位通电。与外部输出有关的数据从输出数据文件传递到输出端，该输出端由电线接到实际的输出装置。同样在 I/O 扫描期间，用扫描输入来确定它们的状态，并且相关的输入数据文件位的 ON/OFF 状态也相应地改变。在程序扫描过程中，将更新的外部输入设备的状态应用到用户程序中。处理器处理所有的按横档顺序的指令。根据逻辑布尔连续性规则，按照程序扫描从一个指令移动到另一个指令来更新位的状态。

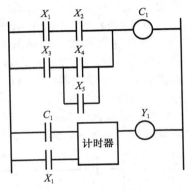

图 5-25　使用计时器和内部控制

例 5-11　一个工业熔炉按如下规则来控制，如果温度降到低于设定的点，那么炉内的双金属条触点闭合；如果温度高于设定的点，那么该双金属条触点断开。触点开关关联一个控制继电器，接通或断开熔炉的加热系统。如果熔炉的门开着，那么加热系统则临时关闭，直到门被关上。

（a）为该系统运作设定输入输出变量，定义合适的变量符号（如 X_1，X_2，C_1，Y_1 等）；

（b）为系统构建一个梯形图；

（c）为系统写低级语言的语句表。

a）梯形逻辑图

```
LD    X1
AND   X2
OUT   Y2
```

b）低级语言

图　5-26

解：设 X_1 = 温度低于设定点；X_2 = 炉门关闭，Y_1 = 熔炉开，如图 5-26 所示。　◀

例 5-12　在一个金属板冲压机器手动操作时，有两个按钮的互锁系统用来保护操作者，防止当操作者的手还在模具里时，就不注意地执行冲压动作。要执行冲压工作，两个按钮必须全部松开。本系统中，一个按钮在机床的一边，而另一个按钮就另一边。在工作中，操作者将工件插入模具，然后同时双手松开两个按钮。

（a）写出该互锁系统的真值表；

（b）写出该系统的布尔逻辑表达式；

（c）为系统构建逻辑网络图；

（d）为系统构建梯形逻辑图。

解： 设 X_1＝第一个按钮，X_2＝第二个按钮，Y＝安全锁，如图 5-27 所示。

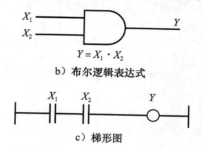

X_1	X_2	Y
0	0	0
0	1	0
1	0	0
1	1	1

a）真值表

b）布尔逻辑表达式

c）梯形图

图　5-27

5.5　本章小结

机电一体化将各个专业领域集成在一起，包括传感器、信号调制、硬件接口、控制系统、驱动系统和微处理器技术。使用模拟量和数字量的信号调制是机电一体化系统基本组成部分。一般而言，信号调制设备由一些元件组成，这些元件起于传感器输出信号，并提供一个合适的信号来进一步控制或显示。通常包括放大器、阻抗匹配器、滤波器、调制器、比较器和数据转换器等电子设备。本章首先通过布尔代数介绍了数字电子学，包括使用最小化技术优化设计电路。模拟电子学部分首先讨论各种放大器，然后讨论了模拟-数字变换来强调放大器的选择。本章最后部分描述了可编程控制器 PLC，它可以用于可编程的存储器存储指令来实现逻辑的和时间的顺序，并实现控制动作。

习题

5.1　制造单元只有在满足某些条件的情况下才能操作。为了启动制造单元，必须按下两个启动按钮（X 和 Y）中的一个，并且护卫（G）必须在位置上。只要安全护卫受到干扰，或者两个停止按钮（S_1 和 S_2）中的一个按钮被按下，制造单元会停止工作。当护卫在正确的位置上时，监控护卫的传感器发送 1 信号，否则传感器发送 0 信号。启动和停止按钮都由继电器传感器触发，同样在按下时会按序发送 1 信号。

设计一个逻辑电路来监控该制造单元。

5.2　在使用卧式镗床加工零件时，假设已经装有各类传感器，用来测量刀具振动（v）、产品表面粗糙度（s）、产品尺寸精度（a），以及刀具温度（t）。假设传感器发送如下数字信号：

当振动过大时，$v=1$；

当温度过高时，$t=1$；

当产品表面质量差时，$s=1$；

当产品质量低时，$a=1.$

否则这些信号为 0。

设计一个逻辑电路，该电路有两个输出信号：黄色 Y 和红色 R。如果任意一个传感器信号为 1，则输出黄色 $Y＝1$ 信号；如果多于一个传感器信号为 1，则输出红色 $R＝1$ 信号，否则两个信号都为 0。

5.3　考虑一个化工容器，需要对该容器的三个变量进行监测，(a)水平面高度，(b)压力，(c)温度。当液面高度太高而且温度过高时，警铃会响。另一个警铃响的条件是高的液位面、低的温度，以及高的压力。

设计一个电路以使当各个变量在某种组合条件下时，警铃响起。

表　P5-4

A	B	C	D	Start
0	0	0	0	0
0	0	0	1	1
0	0	1	0	0
0	0	1	1	1
0	1	0	1	0
0	1	1	0	0
0	1	1	1	0
0	1	1	1	0
1	0	0	0	0
1	0	0	1	x
1	0	1	0	0
1	0	1	1	0
1	1	0	0	x
1	1	0	1	0
1	1	1	0	0
1	1	1	1	x

5.4　一个由气动逻辑控制的金属冲床，当存在由表 5-4 所定义的四个组合时，才能操作；在其他任何组合情况下，都不能操作。

设计一个逻辑系统来启动机床。由安全护卫传感器发出的信号是 A，由操作员发出的信号是 B，由工件发出的信号为 C，而由远程传感器发出的信号为 D（其中 x 表示不管什么状态）。

5.5　一个在线制造工作单元对一个已加工过的零件进行 4 个系列质量控制测试。A、B、C 和 D 分别表示 4 次测试或逻辑系统的 4 个输入。箱子＃1、＃2 和＃3 定义成系统的输出。如果产品通过两个或三个测试，则放入箱子＃1；如果仅通过一项测试，则放入箱子＃2；完全合格的产品则放入箱子＃3。

设计一个逻辑系统同时监测所有四个测试的结果，并决定放入三个输出箱子中的哪个箱子。

5.6　一个瓶装工厂利用自动化的机构填充容器，并按图 P5-6 所示从一点传送到另一地点，传感器监测填入的固体或液体的量，传送容器的机构是传送带。

为所述案例设计一个机电一体化系统，确定所使用的传感器类型，描述其如何工作，并解释准备如何

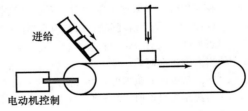

图　P5-6

交互和控制它们。如果需要，画张合适的草图。

5.7 使用一个传感器测定某个密闭空间里的温度，输出为 $5mV/℃$，温度测量范围是从 $0\sim100℃$，利用一个 6 位的 A/D 转换器，参考电压是 12V。

计算输入电压。设计一个 A/D 转换器来提供所需的温度分辨率。

5.8 写出

(a) $A90E_{16}$，44.17_{10}，$9CA_{16}$，0.6875_{10} 的二进制数形式；

(b) 将 1011000000101110；写成十六进制数；

(c) 二进制数 1111.1010_2 的等值小数。

5.9 简化如下布尔代数式

(a) $C=(A+\overline{A}\cdot B)\cdot(A+\overline{B})$

(b) $X=U\cdot V+V\cdot W+U\cdot W+V\cdot\overline{W}$

(c) $D=\overline{A}\cdot B\cdot C+A\cdot B\cdot\overline{C}+A\cdot B\cdot C+\overline{A}\cdot B$

(d) $C=(A\cdot\overline{B}+A\cdot B)\cdot(A\cdot B)$

(e) 非 $\overline{A}\cdot B+A\cdot\overline{B}$

5.10 一个绝对编码器光栅由三个位组成。白色区域表示透明的(1)；黑色区域表示不透明的(0)；光栅顺时针旋转。三个顺序值是 000，001，010。请问该光栅在一个全转动中剩余的顺序是什么？

5.11 (a) 下列方程是 true 还是 false？

(X NAND Y) NAND Z = X NAND (Y NAND Z)

(b) 将图 P5-11 所示的电路图转换成一个等价的只用 NAND 门的电路图。

5.12 一个液位控制系统操作两个浮动传感器 S_1 和 S_2，这两个传感器分别设置在最低位和最高位。根据它们是否倾翻来产生信号 0 和 1。容器中的液面保持在最高位和最低位之间，然后倾倒一些液体。输出泵 P 用来提供液体，而多余的液体通过一个电磁阀驱动的阀门 V 来抽走。泵和电磁阀驱动的阀门由逻辑控制信号来开关，1 表示设备开(ON)，0 表示设备关(OFF)。

这个问题的答案可以通过一个逻辑电路的布尔表达式表示，也可以用 PLC 的继电器逻辑图表示。

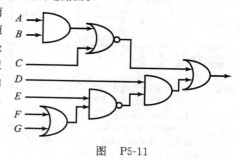

图 P5-11

5.13 一台工业机器人执行机床的装卸操作，PLC 用作机器人的单元控制器，该单元操作如下：（1）工人将一个工件放入一个箱内；（2）机器人伸到箱子上方，取出工件并放入一个感应加热线圈；（3）加热操作 10 秒；（4）机器人重新回到先前的地方，取出零件并放在一个出去的传送带上。限位开关 X_1（常开）用在箱子处以显示在步骤（1）时存在零件，输出触点 Y_1 用来表示机器人完成了步骤（2）的工作循环，这是一个 PLC 的输出触点，而且还是一个机器人控制器的输入内锁。计时器 T_1 用来提供步骤（3）中 10 秒的停顿时间，输出触点 Y_2 用来表示机器人执行了步骤（4）。

为系统构建一个梯形逻辑图，写出低级语言语句表（建议使用梯形图）。

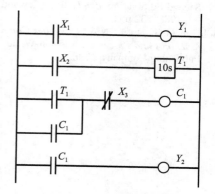

图 P5-12 工业机器人例子

5.14 一个用 PLC 来控制自动钻孔操作的顺序。工人在钻床的工作台上的夹具中装入并夹紧一个毛坯零件，按下启动按钮，并初始化自动加工循环。钻床的主轴转动，向下进给到零件的某个深度（该深度有极限开关决定），然后返回。然后用夹具找到第二个钻孔位置，然后钻头重复进给和返回的循环。当第二孔钻好后，主轴停转，夹具退回到第一个孔的位置。工人卸下完成的工件，再装上另一个毛坯。设该系统的输入输出变量为（X_1，X_2，C_1，Y_1 等）。作为第一步，构建逻辑梯形图并用低级语言语句表描述 PLC 指令系统。

建议求解：

设 X_1＝主轴启动；

X_2＝主轴到达指定位置；

X_3＝夹具到达位置 1；

X_4＝夹具到达位置 2；

X_5＝启动按钮；

Y_1＝主轴转；

Y_2＝主轴停；

Y_3＝夹具到达位置 2；

C_1＝允许钻削周期；

C_2＝孔 1 钻完。

梯形逻辑图如下。

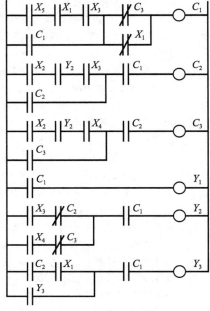

图 P5-14　自动钻孔实例

参考文献

Smaili, A., Mirad, F., *Applied Mechatronics*, Oxford University Press, NY, 2008.

Bolton, W., *Programmable Logic Controllers*, Second Edition, Newnes, Woburn, MA, 2000.

Barney, G.C., *Intelligent Instrumentation, Microprocessor Applications in Measurement and Control*, Second Edition, Prentice Hall, Englewood Cliffs, NJ, 1988. 532 pp.

Bollinger, J.G., Duffie, N.A., *Computer Control of Machines and Processes.* Addison-Wesley Publishing Company, 1988.

Garrett, P.H., *Advanced Instrumentation and Computer I/O Design.* IEEE. Wiley-Press, 1994.

Johnson, C., *Process Control Instrumentation Technology.* John Wiley & Sons, 1982.

Pallas-Aveny, R. and Webster, J., *Sensor and Signal Conditioning.* John Wiley & Sons, 1991.

Rembold, U., *Computer-Integrated Manufacturing Technology and Systems.* Marcel Dekker, Inc., 1985.

Advanced Programming Software Reference Manual, 1747-PA2E Publication 1747- 6.11, August 1994.

信号、 系统和控制

　　本章给学生提供一些基本工具和必要的经验，来设计和分析简单的单输入/单输出控制系统。首先通过一些重要的介绍性材料，包括定义和术语，讨论使用传递函数和框图来表示系统及其性能的技巧。如果对这些话题还不熟悉的话，那么有必要复习一下第 1 章和第 2 章的有关内容。接着介绍了线性化、时滞，以及拉普拉斯变换，讨论了如何使用根轨迹和伯德图进行分析，并描述了标准的控制结构及其应用。本章最后展示了标准控制结构的设计步骤和若干实例（包括超前、延迟、速率反馈、PI、PID 和增益）。

6.1　信号、系统和控制简介

　　系统（设备）是一个自然发生的或人造的实体，它将原因（输入）转换成结果（输出）。通过和其他系统交互，可以改变系统的性能。改变一个系统的性能使其达到想要的性能目标，称为控制。通过给一个系统添加一个控制器或补偿器来实施控制，这样组合起来的系统就称为控制系统。控制系统可以和人合作，也可以和机器控制器合作。若控制器是基于机器的，那么该控制就称为自动控制。

　　任何控制系统中都有变量和函数。变量可以是常数变量，也可以是随某个独立变量而变化的变量。常数变量称为参数，而变化的变量称为信号。信号随某一独立变量而演化（变化），该独立变量通常是时间。信号的性能通常分两个区域来考虑。

　　瞬态区域： 在该区域内，信号的衍生物决定了信号的形状。

　　稳态区域： 在该区域内，所有的信号衍生物都消除了，仅留下直流信号或偏置信号。

　　一个随机信号 $x(t)$ 的瞬态和稳态区域的例子如图 6-1 所示。任何响应可以通过测定如下所述的被定义成波的形式的特征来量化。

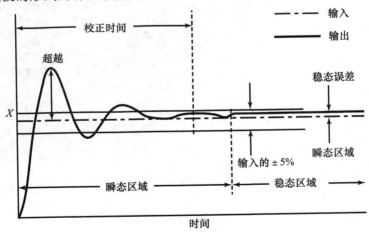

图 6-1　信号的瞬态和稳态区域

　　上升时间： 它是指系统从稳态（或最终）值的 10% 上升到 90% 时所用的时间。

　　超越百分比（P.O.）： 过程变量超越稳态值的大小，通常表述成最终稳态值的百分比。一个二阶系统的单位阶跃响应的超越百分比可表示如下。

$$\text{P.O.} = 100e^{-\zeta\pi/\sqrt{1-\zeta^2}}$$

其中，ζ 是阻尼率。

稳态误差(e_{ss})：过程变量和设定值之间最终的差距。

校正时间(T_s)：过程变量变化到稳态值的某个百分比（通常为 5%）所需的时间。二阶系统的单位阶跃响应的校正时间可表示为：

$$T_s = \frac{\log(e_{ss})}{\zeta \omega_n}$$

其中，ω_n＝固有频率。

在任何控制系统中都有四类信号，如表 6-1 所示。

表 6-1 四个基本的控制系统信号

信号名称	功　能	典型的变量
参考、命令或设置点信号	提供给控制器的外部命令或信号	$r(t)$，$y^*(t)$
控制信号	由控制器产生并提供给设备的输入信号	$u(t)$
受控信号	由受控制的设备产生的输出信号	$y(t)$
扰动信号	噪声和其他扰动表现为传感器噪声、设备参数的变化（因为非线性的原因），以及操作环境的变化	$d(t)$，$w(t)$

除了上述四类信号，控制系统还包含有如表 6-2 所示的四类基本功能。

表 6-2 四个基本的控制系统功能

信号名称	功　能	典型的变量
控制器或补偿器	通过传感器和驱动器附加在设备上的控制器系统来改变系统的整体性能	$C(s)$，$G_c(s)$
过程、设备或非控制系统	被控制的系统或过程	$G(s)$，$G_p(s)$，$T(s)$
传感器	一种将物理量（温度、压力等）转换成可被计算机读取的低压电信号的设备	$G_{Sen}(s)$
执行器/驱动器	一种将来自计算机的低压命令信号转换成高压信号的设备，产生运动、热和压力等	$G_{Act}(s)$

图 6-2 所示是一个通用的控制系统的框图，图中显示了所有的信号和功能，展示了某一特定的基本配置，其中控制器和设备是串联的。还有其他的配置方法（除了提供最基本的控制功能外），每一个控制器都为其本身的目的服务。例如，如果要考虑放大参考微分，则可以将一个控制器放在反馈回路中执行求导作用。

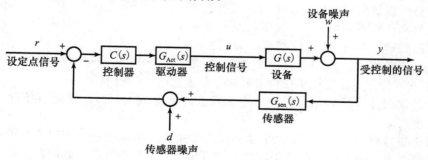

图 6-2 通用的控制系统框图

6.2 常微分方程的拉普拉斯变换

拉普拉斯变换广泛应用于控制系统的分析和设计。本小节将介绍如何使用拉普拉斯变换求解常微分方程（ODE），以及求解可以转换成 ODE 形式的传递函数。

第二章介绍了 D 算子符号和拉普拉斯 s 算子符号。就建模的目的而言，这些算子符号可以互换使用来表示时间微分。然而引入了拉普拉斯变换后，我们在使用这些符号时需要更加仔细。D 算子符号是一个时域内的算子符号，常常用作来写时域内的 ODE 或传递函数的方便写法。s 算子符号用来表示在另一个不同的域内的 ODE，称为拉普拉斯域（复频域）。在这个域内，一个信号的微分可以用 s 算子符号的乘积来表示，而且其他的信号信息（包括初始条件）也可以包括在内，这彻底改变了原来的 ODE 的形式。

例如，考虑如下常微分方程。

$$\dot{x}(t) = -3x(t) + r(t)$$

初始条件 $x(0) = -2$。使用 D 算子符号，可以写出该方程的传递函数。

$$Dx(t) = -3x(t) + r(t) \rightarrow x(t) = \frac{r(t)}{D+3}$$

除了可以写传递函数，常微分方程的 D 算子符号形式不提供任何分析工具，所以我们不能够使用分析方法来计算它的解。

另一方面，如果对该方程进行拉普拉斯变换，则可得：

$$sx(s) - x(0) = -3x(s) + r(s) \rightarrow x(s) = \frac{x(0) + r(s)}{s+3}$$

首先注意，这个方程已经不是在时域里了，而是在 s 域（拉普拉斯域）里。在 s 域里，获得了某些能让我们利用分析的方法来求解 ODE 的工具。在从时域到 s 域的转换过程中，常使用表 6-3 所示的拉普拉斯变换表以及变换初始条件的拉普拉斯变换的性质。在拉普拉斯域里，ODE 表示成一个可以求解的代数方程，求出解之后再使用拉普拉斯逆变换技术转换回到时域内。

对于那些表示成 ODE 或传递函数的连续动态系统的响应分析求解问题，拉普拉斯变换是首选方法，且常被用来计算系统的全响应（零状态＋零输入）。由于任何线性的 SISO 系统都可以表示成一个传递函数，而后再表达成一个常微分方程（见第 2 章），因此下面就介绍拉普拉斯变换求解常微分方程的一般过程。

表 6-3 拉普拉斯变换表（单边，$t \geqslant 0$）

$F(s)$	$f(t)$
1	$\delta(t)$
$\dfrac{1}{s}$	$u(t)$
$1/(s+a)$	e^{-at}
$1/(s+a)^n$	$\dfrac{1}{(n-1)!} \cdot t^{n-1} \cdot e^{-at}$
$\dfrac{s+a}{(s+a)^2 + b^2}$	$e^{-at}\cos(bt)$
$\dfrac{b}{(s+a)^2 + b^2}$	$e^{-at}\sin(bt)$

已知：某常微分方程 ODE（或可从传递函数转换而成 ODE）、其初始条件、输出信号 $y(t)$，以及输入信号 $r(t)$。

解：第 1 步，将 ODE 一一对应进行拉普拉斯变换。初始条件可用表 6-4 所示的拉普拉斯变换的微分性质，输入信号的拉普拉斯变换可用表 6-3 中的公式。通过将常微分方程进行拉普拉斯变换，该方程就已经从时域转换到 s 域了。

表 6-4　拉普拉斯变换性质

性质	t 域	s 域
1. 时间延迟	$f(t-\tau)$	$F(s) \cdot e^{-s\tau}$
2. 时间比例	$f(at)$	$\dfrac{1}{|a|} \cdot F(s/a)$
3. 微分性质	$f^{(n)}(t)$	$L\{\dot{y}(t)\} = sY(s) - y(0)$ $L\{\ddot{y}(t)\} = s^2 Y(s) - \dot{y}(0) - s y(0)$ $L\{\dddot{Y}(t)\} = s^3 Y(s) - \ddot{y}(0) - s^2 y(0) - s\dot{y}(0)$ $\vdots$

第 2 步，使用下式求解 s 域内（由第 1 步所得）的代数方程以获得所需的输出变量。

$$Y(s) = \frac{N(s)}{D(s)}$$

第 3 步，将第 2 步所得的函数进行裂项展开。

$$Y(s) = \frac{A}{s+a} + \frac{B}{s+b} + \cdots$$

其中 A、B、a、b 可能是复数。

第 4 步，使用拉普拉斯变换表（见表 6-3），执行 $Y(s)$ 的拉普拉斯逆变换，可计算得到 $y(t)$。

除了拉普拉斯变换表之外，如表 6-4 所示的拉普拉斯变换的性质也被广泛使用。

比如第三个性质微分求导在执行拉普拉斯变换时，常用于获取与微分项有关的初始条件。例如，考虑如下的二阶常微分方程以及初始条件。

$$\ddot{x}(t) = -\dot{x}(t) + 3x(t) + r(t); \dot{x}(0) = -1, x(0) = 2$$

使用这个性质，拉普拉斯变换计算如下。

$$s^2 X(s) - sX(0) - \dot{x}(0) = -(sX(s) - X(0)) + 3X(s) + R(s)$$
$$s^2 X(s) - 2s + 1 = -(sX(s) - 2) + 3X(s) + R(s)$$
$$(s^2 + s - 3)X(s) = R(s) + 2s + 1$$

裂项展开提供了一种严格分解传递函数的方法（严格是指分子多项式的最高次要低于分母多项式的最高次），将传递函数分解成为若干一阶的或二阶的项的和，这些项在拉普拉斯逆变换时有用。

在传递函数不严格的情况下，分子的首项必须除以分母获得一个常数及 s 项，加上一个严格的项，而这个严格的项就可以使用裂项展开。

为了展示整个拉普拉斯变换的过程，举几个例子，每一个问题都对应于实际中碰到的不同情况。

例 6-1 常规的裂项展开及拉普拉斯逆变换

$$Y(s) = \frac{s+4}{s^3 + 6s^2 + 11s + 6} = \frac{s+4}{(s+1)(s+2)(s+3)}$$

裂项展开形式允许将传递函数写成若干分式项之和，每一个分式项乘以一个未知的系数 A、B 和 C（称作裂项分式的系数或残值）。

$$Y(s) = \frac{s+4}{(s+1)(s+2)(s+3)} = \frac{A}{s+1} + \frac{B}{s+2} + \frac{C}{s+3}$$

此外，使每一项的分母部分为 0 的 s 值称为奇点。第一项的奇点是 -1，第二项的奇点是 -2，而第三项的奇点是 -3。

解：裂项分式的系数计算如下，这是常规的形式，下面将演示如何计算残值 A 的过程。

首先，两边乘以与 A 相关的分母来分离 A 项的分子。

$$Y(s)(s+1) = \frac{s+4}{(s+2)(s+3)} = A + \frac{B(s+1)}{s+2} + \frac{C(s+1)}{s+3}$$

在这个方程中，我们可以任意选择 s 的值，并且这个等式依然成立。如果选择一个 s 使等式的右侧除了 A 项外其余的所有项都消失，那么就能够求得 A 的解。为了完成这个任务，选择 s 值为等于和 A 项相关的奇异值 $(s=-1)$，B 项和 C 项的分子都等于 0，那么 A 就可以计算得出。

$$Y(s)(s+1)\big|_{s=-1} = \frac{s+4}{(s+2)(s+3)}\big|_{s=-1} = A = \frac{3}{2}$$

同理，可求出 B 和 C。

$$Y(s)(s+2)\big|_{s=-2} = \frac{s+4}{(s+1)(s+3)}\big|_{s=-2} = B = -2$$

$$Y(s)(s+3)\big|_{s=-3} = \frac{s+4}{(s+1)(s+2)}\big|_{s=-3} = C = \frac{1}{2}$$

最终的结果可以使用表 6-3 所示的拉普拉斯逆变换来求得。

$$Y(s) = \frac{3/2}{s+1} - \frac{2}{s+2} + \frac{1/2}{s+3} \rightarrow y(t) = \frac{3}{2}e^{-t} - 2e^{-2t} + \frac{1}{2}e^{-3t} \quad \blacktriangleleft$$

例 6-2　通缩和部分分式展开

B 和 C 也可以通过一种叫作通缩的方法来计算，该方法计算如下。假设 A 已经求得，A 项就可以代入方程的左右两边，产生一个新的方程。

$$Y_1(s) = Y(s) - \frac{A}{s+1} = \frac{B}{s+2} + \frac{C}{s+3}$$

解：该新方程的右边是二阶，而左边的 $Y_1(s) = Y(s) - \dfrac{A}{s+1}$ 看上去是三阶（和 $Y(s)$ 相同），进一步细看。

$$Y_1(s) = Y(s) - \frac{A}{s+1} = \frac{s+4}{(s+1)(s+2)(s+3)} - \frac{3/2}{s+1}$$

$$= \frac{(s+4) - 3/2(s+2)(s+3)}{(s+1)(s+2)(s+3)}$$

$$= \frac{-(3/2)s^2 - (13/2)s - (10/2)}{(s+1)(s+2)(s+3)} = \frac{-1}{2} \cdot \frac{3s^2 + 13s + 10}{(s+1)(s+2)(s+3)}$$

由于左边和右边必须相等，因此在 $Y_1(s)$ 方程中一定存在一个 $(s+1)$ 的共同因子，这是必需的，因为 $(s+1)$ 是从 $Y(s)$ 中减去的一个奇点，而后创建了方程的右边。使用长除法检查。

$$
\begin{array}{r}
3s + 10 \\
s+1\overline{)\,3s^2 + 13s + 10} \\
\underline{3s^2 + 3s} \\
10s + 10
\end{array}
$$

正如所期望的，$(s+1)$ 项是分子和分母的通用项，维持方程左边为一个二阶状态。

$$Y_1(s) = \frac{-(1/2)(s+1)(3s+10)}{(s+1)(s+2)(s+3)} = \frac{-(1/2)(3s+10)}{(s+2)(s+3)} = \frac{B}{s+2} + \frac{C}{s+3}$$

然而，当一个多项式通过减去 1 个与它的极点有关的残值来通缩时，其阶数也降 1。继续往下，B 也可以按常规计算得到。

$$B = (s+2)Y_1(s)\big|_{s=-2} = -2$$

剩下的残值 C 可以通过通缩 $Y_1(s)$ 来求解。

$$\begin{aligned} Y_2(s) &= Y_1(s) - \frac{B}{s+2} = \frac{C}{s+3} \\ &= \frac{-(1/2)(3s+10) + 2(s+3)}{(s+2)(s+3)} \end{aligned}$$

由上式可知，$(s+2)$ 一定是分子的一个因式。

通过简化，可以清楚地发现分子简化为 $(1/2)(s+2)$。正如所期望的，共同项 $(s+2)$ 被约去消掉后，传递函数的次数再一次下降 1 阶，得：

$$Y_2(s) = \frac{(1/2)}{(s+3)} = \frac{C}{s+3} \quad \text{且} \quad C = 1/2 \qquad \blacktriangleleft$$

很明显，通缩方法比传统的寻找残值的方法所花的时间要长，但是它往往能减少在手工计算时产生错误的可能性。这是由于存在一个内置的反馈机理，就是在分子和分母中要有一个共同项，为了能让通缩过程进行下去，该共同项必须消去。如果该共同项没有出现，那么你就应该知道在通缩过程中的某一部分已经造成了一个错误。通缩方法在出现重复根的时候也不需要使用复数进行计算，通缩方法可以用来处理传统的裂项展开方法的两个缺点：重复根和复数根。这两种情况可以通过如下两个例子来表述。

例 6-3 重复根、通缩和拉普拉斯逆变换

求解 $Y(s) = \dfrac{1}{(s+2)^3(s+3)}$ 的时域函数 $y(t)$。

解：先构建裂项分式展开。

$$Y(s) = \frac{A_{13}}{(s+2)^3} + \frac{A_{12}}{(s+2)^2} + \frac{A_{11}}{(s+2)} + \frac{B}{(s+3)}$$

按传统方法预估最高幂次的残值 A_{13}。

$$A_{13} = (s+2)^3 Y(s)\big|_{s=-2} = 1$$

然后通过减去三个奇点中的一个来通缩传递函数，这里取奇点值为 -2。

$$\begin{aligned} Y_1(s) &= Y(s) - \frac{A_{13}}{(s+2)^3} = \frac{1}{(s+2)^3(s+3)} - \frac{1}{(s+2)^3} = \frac{-(s+2)}{(s+2)^3(s+3)} \\ &= \frac{-1}{(s+2)^2(s+3)} = \frac{A_{12}}{(s+2)^2} + \frac{A_{11}}{(s+2)} + \frac{B}{(s+3)} \end{aligned}$$

按传统的方法计算最高幂次的残值 A_{12}。

$$A_{12} = (s+2)^2 Y_1(s)\big|_{s=-2} = -1$$

通过减去剩余的两个奇点值中的一个来通缩传递函数，这里取奇点值为 -2。

$$Y_2(s) = Y_1(s) - \frac{A_{12}}{(s+2)^2} = \frac{-1}{(s+2)^2(s+3)} - \frac{-1}{(s+2)^2} = \frac{(s+2)}{(s+2)^2(s+3)}$$

$$= \frac{1}{(s+2)(s+3)} = \frac{A_{11}}{(s+2)} + \frac{B}{(s+3)}$$

再也没有重复的根了，从而可按常规计算剩余的残值。

$$A_{11} = (s+2)Y_2(S)\big|_{s=-2} = 1$$

$$B = (s+3)Y_2(s)\big|_{s=-3} = -1$$

最终的结果可以使用表 6-3 所示的拉普拉斯逆变换求得。

$$Y(s) = \frac{1}{(s+2)^3} - \frac{1}{(s+2)^2} + \frac{1}{(s+2)} - \frac{1}{(s+3)}$$

$$Y(t) = \frac{t^2}{2}e^{-2t} - te^{-2t} + e^{-2t} - e^{-3t}$$

◀

例 6-4 **复数根**

求解 $Y(s) = \dfrac{10}{s^2 + 8s + 41}$。

解： 任意二次项（具有复数根）都可以表示成因式形式 $(s+a)^2 + b^2$。将此应用到例子中的传递函数，可得：

$$Y(s) = \frac{10}{s^2 + 8s + 41} \rightarrow s^2 + 8s + 41 = (s+a)^2 + b^2$$

$$= s^2 + 2as + a^2 + b^2$$

通过令相同幂次的 s 项的系数相等，求解系数 a 和 b。

$$s^1 \text{ 项：} \quad 8 = 2a \rightarrow a = 4$$

$$s^0 \text{ 项：} \quad 41 = a^2 + b^2\big|_{a=4} \rightarrow 41 - 16 = b^2 \rightarrow b = 5$$

传递函数变成了如下形式：

$$Y(s) = \frac{10}{s^2 + 8s + 41} = \frac{10}{(s+4)^2 + 5^2}$$

现在将使用表 6-3 中最后两行的拉普拉斯变换的正弦和余弦形式：

$$Y(s) = \frac{10}{s^2 + 8s + 41} = \frac{10}{(s+4)^2 + 5^2} = K_1 \frac{(s+4)}{(s+4)^2 + 5^2} + K_2 \frac{5}{(s+4)^2 + 5^2}$$

令同幂次 s 项的分子系数相等，可得系数 K_1 和 K_2。

$$10 = K_1(s+4) + 5K_2 \rightarrow 0s = K_1 s \rightarrow K_1 = 0$$

和

$$10 = 4K_1 + 5K_2\big|_{K_1=0} \rightarrow K_2 = 2$$

结果形式和解如下。

$$Y(s) = 2 \cdot \frac{5}{(s+4)^2 + 5^2} \rightarrow y(t) = 2e^{-4t}\sin(5t)$$

◀

6.3 系统表示

系统通常可表示为三种形式：传递函数形式、状态空间形式和框图形式。状态空间形式严重依赖于矩阵运算，对于多变量、多输入/输出的应用是必需的。它由两个向量方程表示：状态方程和输出方程。第 2 章描述过一些状态空间的基础理论。这里集中考虑另外两种形式：传递函数和框图。我们特地使用第 2 章介绍的基本反馈系统来开发一个新的形式，称为

G 等价形式。本章将不讨论状态空间形式。

6.3.1 传递函数形式

这种形式应用于只有一个输入和输出的线性系统，通常称作 SISO 系统。

第 2 章介绍的传递函数，这里重复一下，是用算子符号的多项式表示的输出/输入信号的比值。传递函数提供一个表示常微分方程的精确方式。假设方程有一个输入信号和一个输出信号，且都是线性的、真分数的，并且所有的初始条件都设置为零。真分数是指分子多项式的幂次低于或等于分母多项式的幂次。如果需要了解一个更加全面的描述，请阅读第 1 章。

为了演示这一形式，考虑一个微分方程，其输入 $R(t)$ 和输出 $Y(t)$ 都用算子符号来表示。

$$Y(t) = T(D) \cdot R(t), \text{其中 } T(D) \equiv \frac{N(D)}{D(D)}$$

如果方程是线性的，则还可以将方程两边乘以 $D(D)$，改写成因式形式。

$$Y(t) \cdot D(D) = R(t) \cdot N(D)$$

这里 $D(D)$ 和 $N(D)$ 都是用算子符号表示的多项式。微分方程的传递函数表示形式如式 (6-1) 所示。

$$\frac{\text{输出}}{\text{输入}} = \frac{Y(t)}{R(t)} = T(D) = \frac{N(D)}{D(D)} \tag{6-1}$$

其中

$$N(D) = a_m D^m + a_{m-1} D^{m-1} + \cdots + a_1 D + a_0$$
$$D(D) = b_n D^n + b_{n-1} D^{n-1} + \cdots + b_1 D + b_0$$

假如 $D(D)$ 多项式的幂次大于或等于 $N(D)$ 多项式的幂次，传递函数就是真分数。要成为真分数，必须要有 $m \leq n$。

$D(D)$ 和 $N(D)$ 多项式的前置系数一般不等于 1。当它们等于 1 时，该多项式就称为首一形式（首项为 1 的多项式）。$N(D)$ 多项式可以通过除以 a_m 变成首一形式的多项式，$D(D)$ 多项式可以通过除以 b_n 变成首一形式的多项式。

式 (6-2) 显示了传递函数的首一形式。

$$\frac{\text{输出}}{\text{输入}} = \frac{Y(t)}{R(t)} = \frac{a_m}{b_n} \frac{(N(D)/a_m)}{(D(D)/b_n)} = k \frac{(N(D)/a_m)}{(D(D)/b_n)} \tag{6-2}$$

K 是用来将传递函数的分子和分母多项式都变成首一形式的比例增益。

传递函数的分子 $N(D) = 0$ 的根称为零点，而分母 $D(D) = 0$ 的根称为极点。传递函数分母方程 $D(D) = 0$，这是一个非常重要的方程，称为特征方程。特征方程通常用小写的希腊字母 ρ 来表示，可定义成 $\rho(D) \equiv D(D) = 0$。

下面用三个例子来说明传递函数形式的用途。第一个例子展示了如何将一个微分方程转换成一个传递函数。第二个例子应用传递函数来设计一个低通滤波器。第三个例子利用传递函数来近似时间求导。

例 6-5 将微分方程转换成传递函数

考虑方程 (6-3) 所示的微分方程，其输入为 $R(t)$，输出为 $Y(t)$，且初始条件为 0。

$$3\dddot{Y}(t) + 2\dot{Y}(t) + Y(t) = 7\dddot{R}(t) - R(t) \tag{6-3}$$

将方程(6-3)用算子符号形式写成

$$Y(t)(3D^3 + 2D + 1) = R(t)(7D^3 - 1) \tag{6-4}$$

传递函数的首一形式如式(6-5)所示。

$$\frac{Y(t)}{R(t)} = \frac{7}{3} \cdot \frac{D^3 - 1/7}{D^3 + 2/3D + 1/3} \tag{6-5} \blacktriangleleft$$

例 6-6 低通滤波器的传递函数

将一个带有噪声的信号通过一个低通滤波器，通常能够使其变得光滑。前提是这个带有噪声的信号容纳了一个信息组件，该信息组件包含所有有用的信息和无用的噪声信号。假设该信息组件发生在低频区域，而噪声则发生在高频区域。低通滤波器会减弱高频组件，而让低频组件(信息)不发生改变，任其通过。

解：假设某带有噪声的信号包含低于10Hz载波频率的正弦波和高频的噪声。低通滤波器允许低于10Hz的信息保持不变(增益为1)通过，但对高频信号则衰减减弱(增益小于1)。该滤波器的传递函数可以表示如下。

$$T(D) = \frac{1}{\tau} \frac{1}{D + 1/\tau} \tag{6-6}$$

其中，$\tau = 2\pi \times 10$。

$1/\tau$ 的单位是 s^{-1}，是以 rad/s 为单位的频率。将式(6-6)进行拉普拉斯变换，在所有出现 D 算子符号的地方，简单地用拉普拉斯操作符 s 来替换，并将所有初始条件设为0。正如所期望的，拉普拉斯算子符号的单位变成了 $s = j\omega = $ 频率(rad/s)。在频率远低于 τ 时，则 $1/\tau \ggg s$，传递函数的增益接近于1；在频率远高于 τ 时，$1/\tau \lll s$，因为 $s \to \infty$，所以传递函数的增益接近于0($1/\tau s \Longrightarrow 0$)。

用于滤波器分母的多项式的幂次决定传递函数对频率的增益趋近于0的快慢程度。一般情况下，次数越高，增益衰减也越快。 $\blacktriangleleft$

例 6-7 使用积分器的近似时间微分器

电路中通常需要一个微分器，但不是单纯采用一个微分器，在该电路中还包含一个低通滤波器，通常期望用它来降低和微分器操作有关的噪声。

假设问题是对一个信号 $R(t)$ 进行微分，以求得 $\dot{R}(t)$。让我们记 $\dot{R}(t)$ 为输出 $Y(t)$。微分器的传递函数是：

$$Y(t) = \frac{dR(t)}{dt} = DR(t) \tag{6-7}$$

传递函数变成：

$$\frac{Y(t)}{R(t)} = D$$

解：这个传递函数并不是真分数，从而不能用积分器来求解。但是它可以近似为：

$$\frac{Y(t)}{R(t)} = D \approx \lim_{\varepsilon \to 0} \frac{1}{\varepsilon D + 1}$$

$$\frac{Y(t)}{R(t)} = \frac{1}{\varepsilon} \frac{D}{D + 1/\varepsilon} \text{(这是传递函数的首一形式)} \tag{6-8}$$

该传递函数含有两个相串联的项，一个传递函数是 $\frac{1}{\varepsilon} \frac{D}{D + 1/\varepsilon}$ 的低通滤波器，紧跟着一个微分器。ε 的值决定输入的信号中有多少频率可以微分。

　　ε 的值越小，频率范围越大，使微分操作更加精确，但也将使其更易受噪声的影响。ε 的值越大，则情况就相反。在仿真环境中使用这个传递函数来进行微分时，通常选择 $\varepsilon \geqslant 2 \cdot \Delta T$，其中 ΔT 是仿真的时间步长。

6.3.2　基本反馈系统和 G 等价形式

　　图 6-3 所示的基本反馈系统（BFS）是控制应用中框图的最基本的形式之一。通过某些操作，任何单输入单输出（SISO）系统都可以表示成这个形式。

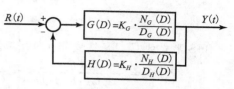

图 6-3　基本反馈系统

　　BFS 包含两个传递函数，一个是开环传递函数 $G(D)$；另一个是反馈传递函数 $H(D)$。在图 6-3 中，每一个传递函数都表示成通用的首一形式，$N(D)$ 和 $D(D)$ 分别是分子多项式和分母多项式，K 是用来创建首一形式所必须的比例增益系数。BFS 的环路传递函数（LTF）和闭环传递函数（CLTF）是两个必需的传递函数，计算如下。

$$\text{LTF}: G(D)H(D) = K_G K_H \frac{N_G(D)N_H(D)}{D_G(D)D_H(D)} \tag{6-9}$$

$$\text{CLTF}: \frac{Y(t)}{R(t)} = \frac{G(D)}{1 + G(D)H(D)} = \frac{\text{开环传递函数}}{1 + \text{环路传递函数}} \tag{6-10}$$

$$= \frac{K_G \dfrac{N_G(D)}{D_G(D)}}{1 + K_G K_H \dfrac{N_G(D)N_H(D)}{D_G(D)D_H(D)}}$$

$$= \frac{K_G N_G(D) D_H(D)}{D_G(D)D_H(D) + K_G K_H N_G(D)N_H(D)}$$

　　通常，必须将一个 BFS 形式的框图转换成另一个具有单位反馈的形式，这种形式称为 G 等价形式。G 等价形式提供了一个度量输入信号和输出信号接近程度的方法，这个方法简单地表示为 BFS 形式中求和连接点的输出。为了将 BFS 形式转换成 G 等价形式，必须知道 BFS 的 CLFS，我们称之为 $T(D)$。这个转换需要求解方程（6-11）来获得用 $T(D)$ 来表示的 G 等价函数 $G_{eq}(D)$。

$$T(D) = \frac{G_{eq}(D)}{1 + G_{eq}(D)} \tag{6-11}$$

转换结果（或转换后的 G 等价形式）如下式所示。

$$G_{eq}(D) = \frac{T(D)}{1 - T(D)} \tag{6-12}$$

下述例子阐明了 G 等价转换的过程。

例 6-8　**一个反馈系统的 G 等价转换的过程**

本例将一个 BFS 转换成 G 等价形式，已知 BFS 传递函数如下：

$$G(D) = \frac{1}{D^2 + 1} \text{ 和 } H(D) = \frac{D}{D + 1}$$

解：G 等价转换的过程可以将任何反馈系统转换成一个 G 等价的、具有单位反馈的反馈系统。转换形式如图 6-4 所示。

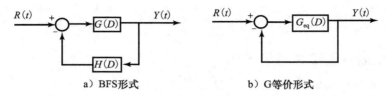

a）BFS形式　　　　　　b）G等价形式

图 6-4　G 等价形式转换例子

BFS 形式的 CLTF 按式（6-13）计算。

$$T(D) = \frac{G(D)}{1 + G(D)H(D)} = \frac{D+1}{(D^2+1)(D+1)+D} = \frac{D+1}{D^3+D^2+2D+1} \tag{6-13}$$

G 等价传递函数可用式（6-12）来计算，结果如下。

$$G_{eq}(D) = \frac{T(D)}{1 - T(D)} = \frac{D+1}{D^3+D^2+D} \tag{6-14}$$

应该检查 G 等价传递函数，以确保其和 BFS 系统一样产生相同的 CLTF。检查过程如下。

$$T(D) = \frac{G_{eq}(D)}{1 + G_{eq}(D)} - \frac{D+1}{D^3+D^2+2D+1} \tag{6-15}$$

由于式（6-15）中计算的 $T(D)$ 和原来的 CLTF 一致，所以我们确认这里的 $G_{eq}(D)$ 传递函数是正确的。　◀

例 6-9 一个非反馈系统的 G 等价转换的过程

本例将一个没有显式反馈的传递函数转换成 G 等价形式。已知传递函数如下。

$$G(D) = \frac{1}{D^2+1}$$

解：CLTF 就是简单的 $G(D)$。G 等价传递函数采用式（6-12）计算，结果如下。

$$G_{eq}(D) = \frac{G(D)}{1 - G(D)} = \frac{1}{D^2+1-1} = \frac{1}{D^2} \tag{6-16}$$

通过检查 G 等价形式的闭环传递函数，确认其和原来的 CLTF 一致后，本例完成。检查的过程如式（6-17）所示。

$$T(D) = \frac{G_{eq}(D)}{1 + G_{eq}(D)} = \frac{1}{D^2+1} \tag{6-17}$$

正如所期望的，结果一致。在本例中，G 等价转换非常重要，因为它用于决定一个控制系统的精确程度。这个话题将在本章的后续章节详述。　◀

6.4　非线性系统的线性化

为了将一个系统表达成传递函数，系统必须是线性的。而许多系统是非线性的，但通常可以将非线性系统进行线性化。一个常用的线性化技术可以用于许多非线性系统，也就是使用泰勒级数展开中的线性部分创建一个线性近似，该级数展开是在一个指定的操作环境下计算的。

为了阐明该线性化技术，假设只有一个变量的非线性函数 $y(x)$，如图 6-5 所示。线性化的目的就是在接近某个操作条件处，或在始终保持 $y_0 \equiv y(x_0)$ 的某一点 $(x_0，y_0)$ 处，对非独立变量 x 做较小的改变，但仍旧保证近似的函数功能的特性。

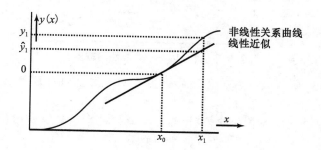

图 6-5　单变量的非线性方程及其线性近似

线性的近似形式就是那条直线，通过操作点，并与非线性关系曲线相切于该点。为了看出线性化是如何操作的，在临近 x_0 处任意拾取一点 x_1。在 x_1 处的近似函数值指定为 $\hat{y}_1$。

$$\hat{y}_1 = y_0 + \left[\text{在}(x_0,y_0)\text{ 处的切线斜率}\right] \cdot (x_1 - x_0) \tag{6-18}$$

如在工作条件下进行预估，在 $(x_0，y_0)$ 处的切线的斜率就是该非线性曲线函数对非独立变量 x 的偏微分。该偏微分定义如下。

$$\text{在}(x_0,y_0)\text{ 处的切线的斜率} \equiv \left.\frac{\partial y}{\partial x}\right|_{\substack{x=x_0 \\ y=y_0}} \tag{6-19}$$

通过代入计算，式(6-20)表示了线性化的一般形式。

$$\hat{y}_1 \approx y_0 + \left.\frac{\partial y}{\partial x}\right|_{\substack{x=x_0 \\ y=y_0}} (x - x_0) \tag{6-20}$$

很明显，在式(6-20)中，如果选择 x 离 x_0 太远，那么这个线性关系可能不能保持得很好，这样就会在实际的非线性函数值 $y(x)$ 和线性化近似值 $\hat{y}(x)$ 之间造成一个较大的误差。

式(6-20)是函数 $y(x)$ 的一个线性泰勒级数展开。它具有一个自由度，这是因为 y 是一个变量的函数，并且它还是一个线性的级数，这是因为所有二阶的或更高阶的偏微分都被忽略了。

为了将某系统进行线性化近似，需要有一个操作条件和在操作条件处输出的偏微分。为了说明这一点，考虑一个具有两个变量(x 和 y)的函数 $z = z(x，y)$。在操作条件 $(x_0，y_0)$ 处，系统的线性近似表示为：

$$z = z_0 + \frac{\partial z}{\partial x}(x - x_0) + \frac{\partial z}{\partial y}(y - y_0) \tag{6-21}$$

这里，$z_0 = z(x_0，y_0)$，且两个偏微分也在操作条件下进行估算。式(6-21)是具有两个自由度的函数 $z(x，y)$ 的一个线性泰勒级数展开。

下一个例子将对一个非线性框图模型实施线性化过程。结果所得的线性化框图能简化成一个传递函数来分析，并能在线性化点附近获得令人满意的性能。

例 6-10 **框图中非线性函数的线性化**

框图表示的机械系统包含质量块和摩擦，如图 6-6 所示。

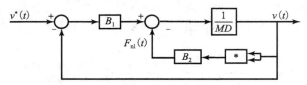

图 6-6 例 6-10——非线性的框图

其中，$v^*(t)$＝参考速度；$v(t)$＝质量块的速度；M＝质量块；B_1＝线性摩擦系数；B_2＝非线性摩擦系数。

本例的目标是线性化非线性的摩擦项 F_{nl}。我们将在操作条件 $v(t)＝v_0＝50$ 处进行线性化。在这个条件下，名义值 $F_{nl}(t)＝F_{nl_0}$，计算如下。

$$F_{nl_0} = B_2 v_0^2 = 2500 B_2$$

通常情况下，要给出 B_2 的一个实际值，但是在本例中将保持原样。下一步，F_{nl} 相对于 $v(t)$ 的偏微分计算可根据操作条件估算如下。

$$\frac{\partial F_{nl}(t)}{\partial v(t)} = 2 B_2 v(t) \big|_{v(t)=v_0=50} = 100 B_2$$

通过最后的线性化，可得：

$$\hat{F}_{nl}(t) = 2500 B_2 + (100 \cdot B_2)(v(t) - 50) = -2500 B_2 + 100 B_2 v(t)$$

这里给信号 $F_{nl}(t)$ 带上个尖顶符号，以便和真的非线性信号区分开。线性化之后的框图如图 6-7 所示。

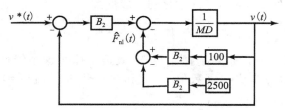

图 6-7 例 6-10——线性化后的框图

线性化过的框图和非线性化的框图会表现得非常相近，只要 $v(t)$ 的变化小。也就是 $v(t)$ 必须在 $v_0＝50$ 附近，这就是操作条件。 ◀

在很多情况下，非线性函数往往不容易取得，例如在复杂的非线性系统中，不管是物理的还是仿真的，都不便于取得。在这些情况下，偏微分必须通过对系统施加外置探测信号来近似。例如，重新考虑图 6-5 所示的 $y(x)$ 系统，操作条件将始终在保持 $y_0 \equiv y(x_0)$ 的某一点 $(x_0，y_0)$ 处。在式(6-20)中所需的偏微分可以通过扰动非独立变量 x 来计算，通过使 x 改变一个小的值或一个扰动，$\Delta x \equiv x - x_0$。

$$\frac{y(x) - y_0}{x - x_0} = \frac{\Delta y}{\Delta x} \approx \frac{\partial y}{\partial x} \bigg|_{\substack{x=x_0 \\ y=y_0}} \tag{6-22}$$

输出中的干扰变成 $\Delta y \equiv y - y_0$，除以输入的干扰，可得到式(6-22)中偏微分的一个线性化近似。

6.5 时间延迟

时间延迟在系统中频繁碰到，必须重点关注。参照表 6-3，一个 T 秒时间延迟的拉普拉斯变换是 $e^{-T \cdot s}$，这是一个无理函数，没有完全等价的传递函数，但是它可以使用一种称为帕德（Pade）近似法来近似。

帕德近似法允许用某两个多项式的比值来近似一个无限的序列，这个近似法具有一个有趣的性质，称为伸缩性（telescoping），其允许 X 项无限序列级数用两个帕德多项式表示，该多项式的阶数为 $X/2$。

例如，一个 T 秒时间延迟的拉普拉斯变换是 $e^{-T \cdot s}$，可以表示成下列的无限的指数序列。

$$e^{-T \cdot s} = 1 - Ts + \frac{(Ts)^2}{2} - \frac{(Ts)^3}{3!} + \frac{(Ts)^4}{4!} + \cdots$$

我们的目标是将其写成一个近似的传递函数，以便能够用它来分析相关的极点和零点。假设要用的一阶形式的传递函数为：

$$T(s) = \frac{1 + Bs}{1 + As}$$

其中，A 和 B 未知，且将通过最佳匹配指数序列来确定。继续，首先长除 $T(s)$ 来创建另一个 s 算子符号的序列。

$$
\begin{array}{r}
1 + (B-A)s + A(B-A)s^2 \\
\hline
1 + As \overline{\smash{)}\, 1 + Bs + 0s^2 + 0s^3 + \cdots} \\
1 + As \\
(B-A)s + 0s^2 \\
(B-A)s + A(B-A)s^2 \\
+ A(B-A)s^2 + 0s^2 \\
+ A(B-A)s^2 + A(B-A)s^3
\end{array}
$$

下一步，令指数展开式和长除法之间相同的 s 幂指数的项相等，获得如下两个等式。

s^1 项：$-T = B - A$

s^2 项：$\dfrac{T^2}{2} = A(A - B)$

求解 A 和 B，可得：

$$A = \frac{T}{2}$$

$$B = -\frac{T}{2}$$

结果，近似的传递函数变成：

$$e^{-Ts} \approx \frac{1 - \dfrac{sT}{2}}{1 + \dfrac{sT}{2}}$$

这种近似称为帕德近似法。帕德近似可用于任何幂次，这里用一阶传递函数来推导这个近似方法。一阶近似广泛用于在控制系统分析中表示时间延迟。

表 6-5 总结了二次和三次近似传递函数的帕德近似法。这些传递函数是采用和一阶近似相同的方法来推导的。

表 6-5 纯时间延迟 e^{-Ts} 的一阶、二阶和三阶帕德近似

阶次	帕德近似
1	$\dfrac{1-(sT)/2}{1+(sT)/2}$
2	$\dfrac{1-(sT)/2+(sT)^2/12}{1+(sT)/2+(sT)^2/12}$
3	$\dfrac{1-(sT)/2+(sT)^2/10-(sT)^3/120}{1+(sT)/2+(sT)^2/10+(sT)^3/120}$

下述例子展示了帕德近似如何将系统传递函数中的一个无理时间延迟转换成近似的有理传递函数。

例 6-11 热交换时间延迟传递函数

已知一个热交换器的传递函数(在 s 域内)表示如下。

$$G(s) = \frac{0.001e^{-10s}}{(s+0.1)(s+0.01)} \tag{6-23}$$

一个适用于分析的传递函数可以通过用一阶帕德近似代替 10s 时间延迟推导得出，参照表 6-5 中的一阶帕德近似，该时间延迟可近似为：

$$e^{-10s} \approx \frac{1-10s/2}{1+10s/2} = \frac{s-0.2}{s+0.2} \tag{6-24}$$

将该近似代入回原来的传递函数，得到所期望的有理近似传递函数。

$$\hat{G}(s) \approx \frac{0.001(s-0.2)}{(s+0.1)(s+0.01)(s+0.2)} \tag{6-25}$$

解： 为了说明帕德近似的精确性，对于实际传递函数(见式(6-23))和近似传递函数(见式(6-25))的单位阶跃响应，计算并总结如图 6-8 所示。

注意，一阶帕德近似响应有一个"错误初始方向"的特性。这是因为近似所要付出的部分代价是不能消去的，但可以通过使用一个更高阶的帕德近似来降低。一般而言，用于控制系统设计时，没有必要这样使用帕德近似。一个一阶的帕德近似通常提供了控制系统设计中有关时间延迟的足够信息。◀

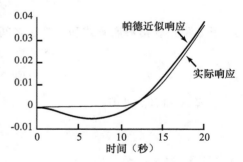

图 6-8 一个实际的时间延迟的性质及其一阶帕德近似

6.6 系统性能指标

系统性能基于如下四项指标：稳定性、精确度、瞬态响应和灵敏度。大多数系统都会有一个或多个指标不够理想。在这样的情况下，系统必须进行补偿处理。随后的几个章节将讲述对每一个指标进行补偿的方法。

6.6.1　稳定性

稳定的系统是这样一个系统，当有一个有限的输入时，它会产生一个有界的或有限的响应。稳定的条件是通过检查一个系统响应的通用形式，使用拉普拉斯变换计算，并表达成式（6-26）。

$$y(t) = A \cdot e^{a \cdot t} + B \cdot e^{b \cdot t} + C \cdot e^{c \cdot t} + \cdots \tag{6-26}$$

其中，a，b，c 是系统传递函数的极点（分母的根）；A，B，C 是传递函数的零点函数的残值。

式（6-26）将系统的输出与它的极点和零点联系起来了。系统的稳定性完全依赖于它的极点位置。稳定条件归纳如下。

如果所有极点的实数部分都小于 0，则系统稳定。

如果所有极点的实数部分都小于等于 0，则系统临界稳定。

如果有任何一个极点的实数部分大于 0，则系统不稳定。

传递函数的极点就是特征方程的根。可以用解析方法来计算极点的位置，但如今利用计算机辅助因式分解程序，这将变得相当容易。

6.6.2　精确度

精确度（稳态跟踪误差）是指一个以 G 等价形式表示的系统在稳定状态下输入和输出信号之间的误差。在这种形式下，输入和输出信号在求和连接点处直接相比较（如图 6-6 所示）。正因为如此，可以认为输入信号就是所需的输出信号，这提示我们希望看到系统的实际输出究竟是如何工作的。两者之间的误差就是稳态误差。

有三类所期望的输出信号可用来确定系统的精确度。

- 阶跃信号
- 斜线信号
- 抛物线信号

图 6-9 显示了如何计算每一类信号的稳态误差。

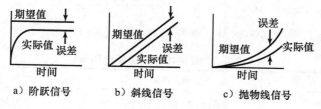

a）阶跃信号　　b）斜线信号　　c）抛物线信号

图 6-9　精确度的三种衡量方式

一旦所期望的输出信号用阶跃、斜线、抛物线或三者的组合方法定义后，就可以计算系统的稳态误差或精确度了。总共需要 3 步，总结如下。

第 1 步，将系统转换成 s 域内的 G 等价形式。

第 2 步，为期望的输出信号类计算误差系数 K_p、K_v 或 K_a：

单位阶跃误差系数：$K_p s \equiv \lim_{s \to 0} \{G(s)\}$

单位斜坡误差系数：$K_v \equiv \lim\limits_{s \to 0}\{sG(s)\}$

单位抛物线误差系数：$K_a \equiv \lim\limits_{s \to 0}\{s^2 G(s)\}$

第3步，用误差系数的函数表示和计算稳态误差。

单位阶跃误差：$e_{ss}(阶跃) = \dfrac{1}{1+K_p}$

单位斜坡误差：$e_{ss}(斜坡) = \dfrac{1}{K_v}$

单位抛物线误差：$e_{ss}(抛物线) = \dfrac{1}{K_a}$

在这个过程中，所有的信号都是单位值，也就是阶跃的幅值是1，斜线的斜率是1，抛物线的曲率是1。当实际输入值不一样时，在整个计算稳态误差的过程中必须带上比例因子。

这里举一个例子来说明计算精确度的过程。

例 6-12 某机电系统的精确度计算

为了演示如何计算关于稳态误差的精确度，考虑如图 6-10 所示在 s 域内的机电系统。

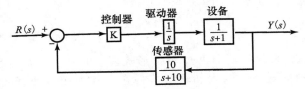

图 6-10　例 6-12 中用作计算精确度的系统

可以使用上述过程计算该系统如何跟踪阶跃、斜线以及抛物线输入信号。

解： 首先，系统必须转换成 G 等效形式。闭环传递函数和 G 等效形式如式（6-27）和式（6-28）所示。

$$T(s) = \frac{K(s+10)}{s^3 + 11s^2 + 10s + 10K} \tag{6-27}$$

$$G_{eq}(s) = \frac{K(s+10)}{s^3 + 11s^2 + (10-K)s} \tag{6-28}$$

误差系数和使用 G 等效传递函数计算所得的稳态误差如表 6-6 所示。

表 6-6　例 6-12 系统的稳态误差

期望的输出	误差系数	稳态误差
阶跃信号	$K_p = \lim\limits_{s \to 0}\{G_{eq}(s)\} = \infty$	$e_{ss}(阶跃) = \dfrac{1}{1+K_p} = 0$
斜线信号	$K_v = \lim\limits_{s \to 0}\{G_{eq}(s)\} = \dfrac{10K}{10-K}$	$e_{ss}(斜坡) = \dfrac{1}{K_v} = \dfrac{10-K}{10K}$
抛物线信号	$K_a = \lim\limits_{s \to 0}\{s^2 G_{eq}(s)\} = 0$	$e_{ss}(抛物线) = \dfrac{1}{K_a} = \infty$

从表 6-6 中明显可以看出，选择 $K=10$，系统就能跟踪阶跃和斜线输入信号，而稳态误差为 0。无论 K 选择什么，系统永远也不能跟踪抛物线输入，只有一个不断增加的误差，最

终趋向无穷。

例 6-13　机电系统的精确度设计

为了进一步描述系统精确度的概念，再一次考虑该系统，设计参数 $K=5$。我们期望系统所跟踪的信号是一个阶跃信号和斜线信号的组合。

$$r(t) = 1 + 5t$$

解： 从上一个例子可以看出，$r(t)$ 的阶跃部分的系统响应误差为 0，但斜线部分的系统响应就不是这样了。参照表 6-6 和设计值 $K=5$，单位斜率误差为 0.1。输入信号 $r(t)$ 并不包含单位斜率，而是一个斜率等于 5 的斜线。是单位斜率的 5 倍，所以需要一个误差因子 5（也就是结果误差应该为 0.5）。

图 6-10 所示的系统（以这个输入）的仿真响应如图 6-11 所示。

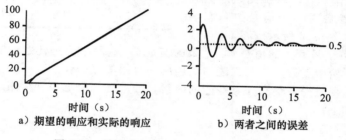

a) 期望的响应和实际的响应　　　　　b) 两者之间的误差

图 6-11　输入为 $r(t)=+5.t$ 的系统的精确度

正如期望的，系统的响应归因于输入的阶跃部分的误差为 0，而响应归因于输入的斜线部分的误差为 0.5。这就是总的误差，与预期的结果相符合。

在研究一个用 G 等效形式表示系统的精确度指标时，系统类型的概念非常有用。考虑传递函数 $G(s)$，它包含一个分子多项式 $N(s)$ 和一个分母多项式 $D(s)$。如果存在一些消去操作，那么消去后，系统类型可定义如下：

系统类型是在 $D(s)$ 中自由 s 项的数目，自由 s 项表现为一个 $(s+0)$ 因子。

下述几个例子让读者熟悉什么是系统类型。

例 6-14　若干传递函数的系统类型

表 6-7 中为若干 $G_{eq}(s)$ 等价传递函数的系统类型。在 G 等效形式下，每个系统都有单位反馈信号。

表　6-7

$G_{eq}(s)$	系统类型	解　释
$G_{eq}(s) = \dfrac{(s+2)}{s^2+1}$	0	在 $G_{eq}(s)$ 的分母中没有自由的 s 项
$G_{eq}(s) = \dfrac{(s+2)}{s^2}$	2	在 $G_{eq}(s)$ 的分母中有两个自由的 s 项
$G_{eq}(s) = \dfrac{s(s+2)}{s^2}$	1	通过消去一个极点-零点，在 $G_{eq}(s)$ 的分母中有 1 个自由的 s 项

解： 由于知道了系统类型，从而可以知道很多关于系统精确度的信息（也就是系统跟踪

各种输入信号的能力）。系统类型、误差系数和稳态误差之间的关系如表 6-8 所示。

知道了系统类型，表 6-8 允许你预测系统可以跟踪什么类型的信号。例如，如果系统类型为 1，并且需要跟踪 0 稳态斜线信号，那么根据表格显示，你必须将系统类型提高到 2。

表 6-8　系统类型和稳态误差的关系

系统类型	误差系数	稳态误差
0	K_p＝有限的 K_v＝0 K_a＝0	e_{ss}（阶跃）＝有限的 e_{ss}（斜线）＝无穷大 e_{ss}（抛物线）＝无穷大
1	K_p＝无穷大 K_v＝有限的 K_a＝0	e_{ss}（阶跃）＝0 e_{ss}（斜线）＝有限的 e_{ss}（抛物线）＝无穷大
2	K_p＝无穷大 K_v＝无穷大 K_a＝有限的	e_{ss}（阶跃）＝0 e_{ss}（斜线）＝0 e_{ss}（抛物线）＝有限的

6.6.3　瞬态响应

瞬态响应是一个信号在两个稳态点之间变换时的图形。它有两个参数进行量化，分别是阻尼率 ζ，读作 zeta，以及无阻尼固有频率 ω_n。这两个参数对一个信号的瞬态响应的作用和影响如图 6-12 所示。

图 6-12 所示的信号开始的值是 0，结束的值是 1。这两个值是任意给的。重要的是，这两个值分别表示了两个稳态点，与前述的精确度中介绍的点一样。

信号的时间常量是另一个有关其性能的因素，如果已知阻尼率和无阻尼固有频率，那么时间常量可计算如下。

$$\tau \equiv \frac{1}{\zeta \omega_n}$$

由于阻尼率是两个值的比例，所以它是没有单位的。阻尼率类似于机械系统的标准摩擦系数，其取值范围通常在 0～1 之间。

负的阻尼也是有可能的，但意味着这是一个非稳定系统，通常不使用。因为无阻尼固有频率有一个单位 rad/s，所以计算得到的时间常量的单位为秒。

由于系统的极点和零点通常为复数，所以它们可以在一个笛卡儿坐标系统的复数 s 平面上或在拉普拉斯域的 $s=\sigma+j\omega$ 中表示。在 s 平面内，x 轴表示实数部分 σ，y 轴表示虚数部分 $j\omega$。在 s 平面内，系统极点和零点的图称为极点-零点(PZ)图。为了区分 PZ 图中的极点和零点，将极点画作 $\times$，零点画作 o。下面用一个例子来描述构建一个 PZ 图的过程。

例 6-15　正弦的 PZ 图

考虑一个信号 $y(t)=\sin 10t$，该时域信号可以通过表 6-3 中的拉普拉斯变换转换成 s 域的等价形式。求得的 s 域信号变成 $Y(s)=\dfrac{10}{s^2+100}$。在 s 域内，该信号有两个极点：s_1 和 s_2，$s_{1,2}=\pm 10\mathrm{j}$，没有零点。图 6-13 所示就是 $Y(s)$ 的 PZ 图。

解： PZ 图非常重要，因为从图中我们可以获取系统或信号的瞬态响应指标信息(ζ，ω_n，τ)。上述过程就是简单地将一个直角坐标转换到极坐标的过程。更一般化的，还可以考虑具有二阶信号或带有复数极点的系统的 PZ 图，这样的图如图 6-14 所示。

该系统的极点位于 $s_1=-a+jb$，以及 $s_2=-a-jb$。由于复数根经常出现在系统中，所以我们将采用简写方式用一个式子 $s_{1,2}=-a\pm jb$ 来表示。

在 s 平面内，实数和虚数值的关系，以及极点值(ζ 和 ω_n)的关系总结如下。

$$\omega_n = \sqrt{a^2+b^2}$$
$$\zeta = \cos^{-1}\theta$$

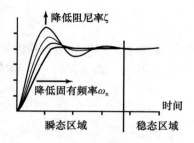

图 6-12　信号瞬态响应区域和特征参数

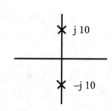

图 6-13　$y(t)=\sin 10t$ 的 PZ 图

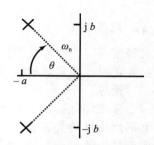

图 6-14　带有两个复数极点的系统或二阶信号的 PZ 图

其中，θ 是极点从 $180°$ 处开始算的角度，逆时针为正。

表 6-9 显示了在 PZ 图中的 s 平面内信号或系统的极点位置和在时域内信号或系统的瞬态响应之间的关系。不失一般性，所有的计算都是基于两个极点的传递函数。

表 6-9　传递函数的极点位置影响

S-平面内的极点位置	时间响应	备注
		$\zeta<0$，不稳定
		$\zeta=0$，临界稳定
		$\zeta>0$，稳定，欠阻尼
		$\zeta=1$，稳定，临界阻尼，有重合极点
		$\zeta>1$，稳定，过阻尼，无重合极点

虽然不稳定系统很难控制，但也不错。聪明地使用不稳定系统可以大大减少驱动器的尺寸和功率要求，但是必须使用精确的控制来将响应保持在一个可以稳定的范围之内。

6.6.4 灵敏度

灵敏度是一个度量受控信号受到干扰信号影响程度的指标，这些干扰信号包括设备内部的参数变化以及外部诸如噪声之类的信号。这个话题作为反馈控制的一个重要特征，在第1章已经讨论过。

一个仔细设计过的控制系统具有较低的干扰灵敏度。如果严格地将外部信号看作传感器噪声，那么低灵敏度就可以通过高 LTF 增益获得。

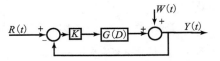

图 6-15　设备变化和传感器噪声干扰输入进 BFS

如图 6-15 所示的 BFS 中，包含有设备 $G(D)$、控制器 K 和传感器噪声 $W(t)$。传感器噪声可能由电子干涉造成，也可能是传感器本身的原因。它总会造成被测量的结果中含有不能预测的随机误差。通常，控制器可以是任何传递函数，但是为了说明灵敏度，就将其简化为一个纯增益。

设想在 $G(D)$ 中的参数随机变化，以至于设备可能要表示成一个名义传递函数 $G^\circ(D)$，加上一个随机变量 $\Delta G(D)$。新的设备模型变成了 $G(D) = G^\circ(D) + \Delta G(D)$。传感器噪声信号也被看作是随机变量，并额外施加到控制变量上。也可能有其他的配置，但这个配置适合于我们的描述目的。

从输入 $R(t)$ 到输出 $Y(t)$ 以及干扰输入从 $W(t)$ 到输出 $y(t)$ 的传递函数，分别用式（6-29）和式（6-30）来表示。

$$\frac{Y(t)}{R(t)} = \frac{K(G^\circ(D) + \Delta G(D))}{1 + K(G^\circ(D) + \Delta G(D))} \tag{6-29}$$

$$\frac{Y(t)}{W(t)} = \frac{1}{1 + K(G^\circ(D) + \Delta G(D))} \tag{6-30}$$

由于控制 K 是由我们设计和选择的，一般比较大，所以环路增益 $K(G^\circ(D) + \Delta G(D)) \gg 1$，使式（6-29）接近于 1，而式（6-30）接近于 0。大的增益正是我们所需要的，响应中受输入命令 $R(t)$ 影响的部分接近于增益 1，而响应中受传感器干扰输入 $W(t)$ 影响的部分接近于增益 0。

总之，为了降低对于工厂设备参数变化和传感器噪声的灵敏度，应该选择尽可能大的环路增益。

本部分讨论了四个评判和衡量系统性能的指标：稳定性、精确度、瞬态响应和灵敏度。当碰到控制系统设计任务时，如下的设计顺序非常有帮助。

第 1 步，根据系统的类型获取精确度要求。这一步有助于定义所需控制结构的类型。例如，你可以确定控制系统必须采用增益还是比例积分（PI）。

第 2 步，对照瞬态响应和稳定性的特性，通常是映射到 s 平面上的阻尼和一个时间常量或无阻尼固有频率。这一特性区域通常是一个锥形区域，这将用本章后面所述的根轨迹设计例子来说明。

第 3 步，设计控制器，以便能将设备的极点拖动到第 2 步提到的设计锥形中去。这一步包括选择一个控制器结构，以及确定该结构的参数。

第 4 步，通过仿真以获得系统的灵敏度设计。由于控制设计是在线性化的设备上完成的，所以这一步允许你调节控制器来正确地在非线性的设备上工作。

下面章节将介绍两种方法来分析设备和设计控制器：根轨迹法和伯德图法。

6.7　根轨迹法

根轨迹就是当传递函数的某个增益变化时传递函数的闭环极点的图形。通常，这个增益是一个控制增益，也可能是设备中的一个参数变量。根轨迹提供了有关稳定性、精确度、灵敏度和瞬态响应的信息，这对系统分析和设计非常有用。本章节描述根轨迹的基本原理、绘图规则和相关解释，并举两个例子来说明如何利用根轨迹确定系统的稳定性和灵敏度。

6.7.1　基本原理

关于根轨迹的讨论是基于图 6-16 所示的基本反馈系统（BFS）的。

BFS 是拉普拉斯域内的表示，但是，也可以在时域中表示，只要重新定义 s 为微分算子符号 D。

BFS 由两个首一形式的传递函数构成，一个是开环传递函数 $G(s)$，另一个是反馈传递函数 $H(s)$。$N_G(s)$、$N_H(s)$、$D_G(s)$ 和 $D_H(s)$ 分别是各自的分子多项式和分母多项式。

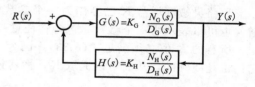

图 6-16　基本反馈系统的框图

K_G 和 K_H 是创建首一形式多项式所需的增益比。BFS 系统的环路传递函数（LTF）和闭环传递函数（CLTF）如式（6-31）和（6-32）所示。

$$\text{LTF：} G(s)H(s) = K_G K_H \frac{N_G(s)N_H(s)}{D_G(S)D_H(s)} \tag{6-31}$$

$$\text{CLTF：} \frac{Y(s)}{R(s)} = \frac{G(s)}{1+G(s)H(s)} = \frac{K_G \dfrac{N_G(s)}{D_G(s)}}{1+K_G K_H \dfrac{N_G(s)N_H(s)}{D_G(s)D_H(s)}}$$

$$= \frac{K_G N_G(s)D_H(s)}{D_G(s)D_H(s)+K_G K_H N_G(s)N_H(s)} \tag{6-32}$$

CLTF 的极点和零点，以及 LTF 的极点和零点是四个关键的系统性能指示器。假设 $N_G(s)$、$N_H(s)$、$D_G(s)$ 和 $D_H(s)$ 分别是因式形式，其中三个指示器可以直接通过观测来获得。

LTF 的零点 $= G(s)H(s)$ 的零点 $= N_G(s)N_H(s)$ 的根

LTF 的极点 $= G(s)H(s)$ 的极点 $= D_G(s)D_H(s)$ 的根

CLTF 的零点 $= G(s)$ 的零点和 $H(s)$ 的极点 $= N_G(s)D_H(s)$ 的根

剩下的一个指示器（CLTF）的极点不能由观测来计算，它就是特征方程的根。

$$\rho(s) = D_G(s)D_H(s) + KN_G(S)N_H(s) = 0$$

其中，增益 K 称为环路灵敏度增益，定义为 $K \equiv K_G K_H$。

CLTF 的极点计算并不繁琐，只需要将两个多项式的和进行因式分解，然而在 K 的极限值处的性能可以很容易确定，而不需要因式分解。

在一个极限情况下，由于 K 的值很小，特征方程变成了 $\rho(s) \approx D_G(s)D_H(s) = 0$，在 $G(s)$ 和 $H(s)$ 的极点处有根。

在另一个极限情况下，由于 K 的值很大，特征方程变成了 $\rho(s) \approx KN_G(s)N_H(s) = 0$，

在 $G(s)$ 和 $H(s)$ 的零点处有根。

注意，在 K 值很大的极限情况下，K 可以负得非常大，或正得非常大，对根没有影响。此时，在两个极限情况之间的 CLTF 极点性能还不能确定。输入根轨迹，其唯一的目的就是显示随着 K 从一个极限到另一个极限变化过程中这些根的轨迹。

根轨迹就是在 s 平面内以 K 为变量的函数表示的 CLTF 极点的图形。根轨迹分析法主要应用于两种类型的问题：补偿器设计问题，此时 K 在某个范围内变化，$\infty > K > 0$ 或 $-\infty < K < 0$；灵敏度分析问题，此时 K 在两个范围内变化，$\infty > K > 0$ 和 $-\infty < K < 0$。

根轨迹基于两种条件：(1)模条件；(2)相位条件，这两个条件可以从特征方程获得。BFS 的特征方程就是令分母多项式等于 0，$\rho(K, s) = 1 + G(K, s) \cdot H(K, s) = 0$。两边同时减去 1，即得：

$$G(K,s)H(K,s) = -1 \tag{6-33}$$

环路灵敏度增益 K 已经作为一个参数包含在方程(6-33)中，因此它既可以表示成一个增益也可以表示为一个参数，包含在任意一个(不是两个)传递函数中，$G(s)$ 或 $H(s)$。

所有的 K 值必须满足式(6-33)。因为 $G(s)$ 和 $H(s)$ 都是线性的传递函数，所以 K 加入它们也是线性的，从而可以提取 K，将其分解为：

$$-\frac{1}{K} = F(G(s) \cdot H(s)) \equiv F(s) \tag{6-34}$$

式(6-34)称为根轨迹方程。

式(6-34)右侧的 $F(s)$ 是一个复数项($s = \sigma + \mathrm{j}\omega$)，可以表示成具有模和相位的形式。

$$F(s) = |F(s)| \, \mathrm{e}^{\mathrm{j}(\tan^{-1}(F(s)))}$$

式(6-34)的左侧由 K 组成，该项是一个实数，但是它可以是正的，也可以是负的。因为两边必须相等，所以我们将左侧也表示成模和相位的形式，然后和右侧的两两相等。对于某个给定 K 值，式(6-34)的左侧可表示成：

$$-\frac{1}{K} = \begin{cases} \left|\dfrac{1}{K}\right| \cdot \mathrm{e}^{\mathrm{j} \cdot (2h+1)\pi} & (\text{如果 } K > 0) \\[2mm] \left|\dfrac{1}{K}\right| \cdot \mathrm{e}^{\mathrm{j} \cdot (2h)\pi} & (\text{如果 } K > 0) \end{cases} \tag{6-35}$$

在式(6-35)中，h 是任意整数序列，但是其通常从 0 开始定义，逐步增加($h = 0$, 1, 2, …)。式(6-34)和式(6-35)的左右两侧的模和相位相等，得出根轨迹的模和相位条件。

$$\text{模条件：} \quad \left|\frac{1}{K}\right| = |F(s)| \tag{6-36}$$

$$\text{相位条件：} \quad (2h+1) \cdot \pi = \tan^{-1}(F(s)) \quad (\text{当 } K > 0 \text{ 时}) \tag{6-37}$$

$$(2h) \cdot \pi = \tan^{-1}(F(s)) \quad (\text{当 } K < 0 \text{ 时})$$

其中，$h = 0$, 1, 2, 3, …直至发生重复的模和相位条件。

6.7.2　绘图规则

当需要手绘一个根轨迹图(通常是补偿器设计)时，可按照表 6-10 所示的简短的 6 步过程来进行。根轨迹手绘过程中，假设 $G(K, s)$、$H(K, s)$ 以及 K 的范围(或是正的，$\infty > K > 0$ 或是负的 $-\infty < K < 0$)等都是已知的。

表 6-10　根轨迹绘图步骤

步骤	描　　述
1	求解 $G(K, s)H(K, s) = -1$，且 $-\dfrac{1}{K} = F(s)$
2	在 s 平面，画出 $F(s)$ 的极点（×）和零点（○）
3	计算 $F(s)$ 中极点和零点之差 PZE，定义 PZE＝极点数目－零点数目
4	如果 PZE≤2，略过第 4 步，转向第 5 步。否则在 s 平面上绘制直线式渐近线，该渐近线通过与实数轴之间的夹角 θ 与实轴的交叉区域的重心 σ_c 来标定。θ 定义成沿着实数轴的正方向（向右）为 0 度，当沿着顺时针方向旋转时，θ 的值向正值递增。根据 K 值的取值范围，渐近线和实数轴的夹角以及交叉区域的重心按如下公式进行计算。 $$\sigma_c = \frac{\sum \text{极点数} - \sum \text{零点数}}{\text{PZE}}$$ 如果 $K > 0$：$\theta = \dfrac{(2h+1) \cdot 180}{\text{PZE}}$；$h = 0, 1, 2, 3, \cdots$，直到 θ 重复。 如果 $K < 0$：$\theta = \dfrac{(2h) \cdot 180}{\text{PZE}}$；$h = 0, 1, 2, 3, \cdots$，直到 θ 重复
5	在 $K > 0$ 的范围内，如果总极点数加上右边的零点数之和为偶数（0 除外），则根轨迹可能画在实数轴上。 在 $K < 0$ 的范围内，如果总极点数加上右边的零点数之和为奇数，则根轨迹也可能画在实数轴上
6	绘制根轨迹，从 LTF 极点（$K = 0$）开始到 LTF 零点（$K = \pm\infty$）结束。牢记根轨迹必须是按实数轴对称的，因为每一个复数根都有一个共轭的根

两个最为常见的极点-零点配置需要特别注意。在第一个配置下，一个实数零点出现在两个实数极点的左侧。随着增益不断增加（$K > 0$），两个极点在实数轴上相汇合，然后绕着零点往左，穿过复数平面，以零点为中心画个圆形路径。极点继续沿着它们向左的圆移动，直到交于零点左边的实数轴，一旦到达了实数轴，一个极点就往左直至 $-\infty$，另一个极点往右到零点。在第二个配置中，两个实数零点在两个实数极点的左边，随着增益往正方向增加（$K > 0$），两个极点在实数轴上汇到一起，然后沿着圆形路径往左，在实数轴上相交于两个零点之间。然后一个极点走向一个零点，另一个走向另一个零点。

6.7.3　绘图例子

本节将用几个例子来示例手工绘制根轨迹图的过程，并从根轨迹图中提取信息，最终用于控制系统的设计。

例 6-16　为稳定性计算增益范围

已知一个 BFS 系统的前向通路传递函数和反馈传递函数分别为：

$$G(s) = \frac{K}{(s+1)^3} \text{ 和 } H(s) = 1$$

首先计算能够使系统稳定的 K 的取值范围。按照表 6-10 给出的绘图规则，绘制出两个根轨迹图。一个是 $K > 0$ 的范围，另一个是 $K < 0$ 的范围。绘制的根轨迹图如图 6-17 所示。

解： 点 s^* 是根轨迹和右半面（RHP）相交的一个点，右半面是 s 平面的不稳定区域。我们可以按式（6-36）计算在 s^* 点处的增益。

对于 $K > 0$ 范围，$s^* = \text{j}1.86$ 处的增益是：

$$\left| \frac{1}{K} \right| = |F(s^*)| = \frac{1}{|\text{j}1.86 + 1|^3} = \frac{1}{9.4} \Rightarrow K = 9.4$$

对于 $K < 0$ 范围，$s^* = 0$ 处的增益是：

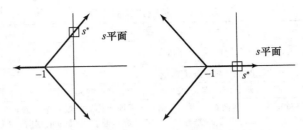

图 6-17 $K>0$ 根轨迹(左边)，$K<0$ 根轨迹(右边)

$$\left|\frac{1}{K}\right| = |F(s^*)| = \frac{1}{|0+1|^3} = \frac{1}{1} \Rightarrow K = -1$$

系统稳定的增益范围是

$$9.4 > K > -1$$

◄

例 6-17 因为参数变化而造成的稳定灵敏度

已知一个 BFS 系统的前向通路传递函数和反馈传递函数分别为：

$$G(s) = \frac{(s+2)}{(s+3)(s+P)} \text{ 和 } H(s) = 1$$

其中，P 是一个已知参数，可以在平均值 5 上下随机变化。这个变化可以表示成平均值上增加的一个扰动。

$$P = P° + \Delta P, \text{其中 } P° = 5, K \equiv \Delta P$$

解： 利用式(6-36)，代入 $G(s)$，求 $F(s)$，可得：

$$-\frac{1}{K} = F(s) = \frac{(s+3)}{s^2 + 10s + 17} = \frac{(s+3)}{(s+7.8)(s+2.17)}$$

由于参数 P 既可以变为正也可以变为负，所以 $K>0$ 和 $K<0$ 的根轨迹都要计算。这些根轨迹如图 6-18 所示。

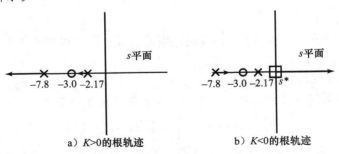

a）$K>0$的根轨迹　　　　　b）$K<0$的根轨迹

图 6-18 ◄

从 $K>0$ 的根轨迹来看，一个正的扰动 ΔP(或者 K)并没有造成任何影响系统稳定性的问题；但是负的扰动最后造成了不稳定，如 $K<0$ 的根轨迹。不稳定点就在 $s^* = 0$ 处。

类似于例 6-16 的方式，保持系统稳定的 K 的取值范围计算可得，$\infty > K > -17/3$，这意味着参数 P 必须保持大于 $5 - 17/3 = -2/3$，才能保持系统稳定。

6.7.4 控制

本节介绍利用几种常用的控制来进行控制设计的方法。最简单的反馈补偿形式就是增益补偿，这个特殊形式可以用一个反馈增益或一个带有单位反馈的串接增益来实现。

虽然增益补偿不总是一直有效，但是因为其简单性，所以在使用其他方式的补偿之前，必须将其作为一种可以获取所期望的性能的方式来研究。

表 6-11 显示了基本补偿器的结构和它们对根轨迹的影响。在使用本表时，假设增益或补偿已经试用过了。

表 6-11 基本补偿器结构

系统性能缺陷	所需的补偿	对根轨迹的作用	补偿器
不稳定或临界稳定	增加 LHP 零点	画左根轨迹	超前，速度反馈
瞬态响应太慢或有些阻尼	增加 LHP 零点	画左根轨迹	超前，速度反馈
精确度差，误差系数太小	增加 LHP 极点	画右根轨迹	滞后，PI
在某些频率处，灵敏度太高	增加一个极点或零点		

本节的剩余部分将介绍四种常用的控制方法，描述每一种控制的设计步骤。在每一个过程中，都将设备或未补偿的系统指定为 $G_x(s)$。

滞后补偿设计 滞后补偿器是用来提高低频增益以获得更好的精确度。滞后补偿器的传递函数表示如下。

$$G_{\text{Lag}}(s) = K\frac{s+A}{s+A/\alpha}\bigg|_{\alpha>1} \tag{6-38}$$

设计步骤：第 1 步，在位于最近的极点或零点到原点的距离乘以 $\frac{1}{10}$ 的地方，设置一个滞后的零点（$-A$）。

第 2 步，选择 $\alpha = \dfrac{K_P^{期望}}{G_x(0)}$，典型值是 $10<\alpha<50$。

第 3 步，滞后的极点＝滞后的零点·$\dfrac{1}{\alpha}$。

第 4 步，按串接单位反馈实施；为可接受的瞬态响应选择合适的 K，K 的初始值为 1。如果响应太慢，则向左移动零点，重复设计步骤 2、3 和 4。

下面举一个例子来说明滞后补偿器的设计步骤。

例 6-18 滞后补偿器

设计一个滞后补偿器来修改某设备的性能，该设备的传递函数如下。

$$G_x(s) = \frac{1}{(s+1)(s^2+2s+2)}$$

以使其满足如下性能特征。

- e_{ss}（阶跃）$\leqslant 0.05$。
- 确定系统是稳定的。

解：第 1 步，在位于最近的极点或零点到原点的距离的 $\frac{1}{10}$ 处，设置一个滞后的零点（$-A$）。这个设备没有零点，三个极点分别是 $s_1 = -1$，$s_2 = -1+j1$，$s_3 = -1-j1$。最近的极点是离原点 1 个单位。因此滞后的零点选为 $A = -\dfrac{1}{10} \times 1 = -0.1$ 处。

第 2 步，选择 $\alpha = \dfrac{K_{\mathrm{p}}^{期望}}{G_x(0)}$。$G_x(0)$ 通过估算设备在 $s = 0$ 处的传递函数，很容易计算出 $G_x(0) = 0.5$。根据 e_{ss}（阶跃）的定义很容易计算 $K_{\mathrm{p}}^{期望}$。注意，我们正在设计该定义的边界条件（或称为极值条件）。计算过程如下：

$$e_{\mathrm{ss}}(阶跃) = 0.05 = \frac{1}{1 + K_{\mathrm{p}}^{期望}} \Rightarrow K_{\mathrm{p}}^{期望} = 19$$

下一步，α 根据公式计算得出：

$$\alpha = \frac{K_{\mathrm{p}}^{期望}}{G_x(0)} = \frac{19}{0.5} = 38$$

第 3 步，选择滞后的极点 $= \dfrac{1}{\alpha}$，滞后的零点 $= \dfrac{-0.1}{38} = -0.00263$

第 4 步，滞后补偿器的传递函数是：

$$G_{\mathrm{Lag}}(s) = \frac{s + 0.1}{s + 0.00263}$$

该补偿器按照串联配置实施后如图 6-19 所示。

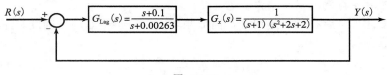

图　6-19 ◀

PI 补偿器设计　PI 补偿器的目的和滞后补偿器一样。也是用来提高低频增益以获得更好的精确度。PI 补偿器的传递函数表示如下。

$$G_{\mathrm{PI}}(s) = K \frac{s + A}{s} \tag{6-39}$$

设计步骤：第 1 步，设置滞后的零点 $(-A)$，取消 $G_x(s)$ 最慢的极点。

第 2 步，按串接单位反馈实施 PI 补偿器；根据可接受的瞬态响应选择合适的 K。

这里举个例子说明 PI 补偿器的设计步骤。

例 6-19 PI 补偿器

设计一个 PI 补偿器来修改某设备的性能，该设备的传递函数如下：

$$G_x(s) = \frac{1}{(s^2 + 9s + 18)}$$

以使满足如下性能特征。

- $e_{\mathrm{ss}}(阶跃) = 0$
- 确定系统是稳定的
- $\tau \leqslant 0.5\mathrm{s}$

解：第 1 步：在系统最近的极点或零点到原点的距离 $\dfrac{1}{10}$ 处，选取 PI 的零点 $(-A)$。这个设备没有零点，极点在 $s_{1,2} = -3$，-6。最近的极点是离原点 3 个单位。因此 PI 的零点选为 $A = -\dfrac{1}{10} \times 3 = -0.3$。

第 2 步：为所期望的闭环极点的位置选择合适的 K，这一步需要绘制一个根轨迹。图 6-20 所示为控制系统（$G_{PI}(s)$ 和 $G_x(s)$）的 PZ 图，及其性能指标，也就是一个时间常量。其值为 0.5，确定了极点的位置在 $\frac{-1}{0.5} = -2$。

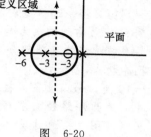

图 6-20

圆形路径的直径大约是 $4.5 - 0.15 = 4.35$，其中心是 $-\frac{4.35}{2} - 0.15 \approx 2.35$。设计点 s^* 为 $s^* \approx -2 \pm j2$。由于图形绘制得不精确，所以允许使用取整（这里就取整数）来简化计算。为了获得增益值，简化求解根轨迹在 s^* 处的模的大小。计算如下：

$$\left| \frac{1}{K} \right| = |F(s)| = \frac{|s + 0.3|}{|s + 0.00263| \cdot |s^2 + 9s + 18|} \bigg|_{s=s^*=-2+j2} = 0.0929 \Rightarrow K = 10.77$$

这个补偿器按串联配置来实施，如图 6-21 所示。

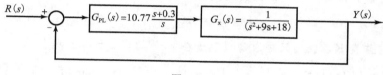

图 6-21

超前补偿器设计　超前补偿器用来提高系统稳定性和加速其响应速度。超前补偿器的传递函数是：

$$G_{Lead}(s) = K \frac{s + A}{s + A/\alpha} \bigg|_{\alpha < 1} \tag{6-40}$$

设计步骤：第 1 步，已知用 ζ^{dom} 和 τ^{dom} 来描述所期望的闭环特性，识别在 s 平面内该特性的区域或点 s^*。

第 2 步，选择超前零点，将最右边的极点(s)移到 s^*。如有必要，使用形式为 $\frac{s+D}{s+E}$ 的串接取消补偿器来移动左侧的干扰极点。

第 3 步，选择超前极点 $= \dfrac{\text{超前零点}}{\alpha} \left(\alpha \approx \dfrac{1}{10} \right)$。

第 4 步，超前补偿器按串联配置单位反馈来实施，并为可接受的瞬态响应选择合适的 K 值。这里举例说明关于超前补偿器的设计步骤。

例 6-20　超前补偿器

设计一个超前补偿器来修改某设备的性能，该设备的传递函数如下。

$$G_x(s) = \frac{1}{(s^2 + 1)}$$

以使其满足如下性能特征：

- $\zeta \geqslant 0.707$
- $\tau \leqslant 0.1s$
- 确定系统是稳定的

解：第 1 步，已知所期望的用 ζ^{dom} 和 τ^{dom} 来描述的闭环特性，在 s 平面内识别该特性的区域或点 s^*。特性区域如图 6-22 中的锥形部分所示。

我们可以在整个特性区域内的任何一点进行设计。为了演示起见，选择一个在锥形区域一个角落作为设计点，取 $s^* = -10 + j10$。

第2步，选择超前零点，将最右边的极点（s）移到 s^*。最右边的极点是占主导地位的极点（它们是主导系统响应的基础部分的极点）。本例中，设备只有两个极点，位于 $s_{1,2} = \pm j1$。如果一个零点被置于 $s = -10$ 处，那么设备的极点将趋向于沿着以零点处为中心的圆形路径向左移动。沿着它们的轨迹，拽着极点画图，将通过设计点 $s^* = -10 + j10$，所以这个零点在设计中就会满足这点的要求。

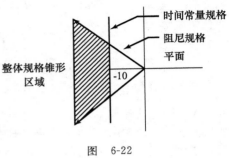

图 6-22

第3步，选择超前极点 $= \dfrac{超前零点}{\alpha}\left(\alpha \approx \dfrac{1}{10}\right)$，极点变成了 $s = -100$。

第4步，超前补偿器的传递函数变成了：

$$G_{\text{Lead}}(s) = K\,\frac{s+10}{s+100}$$

为了找出增益量 K，我们只需求解根轨迹在 s^* 处的模。计算过程如下：

$$\left|\frac{1}{K}\right| = |F(s)| = \left.\frac{|s+10|}{|s+100|\,|s^2+1|}\right|_{s=s^*=-10+j10} = 0.00055 \Rightarrow K = 1811$$

该补偿器按照串联配置实施后如图 6-23 所示。

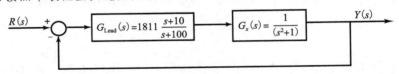

图 6-23

计算得出的 K 仅仅是初始值，这个值还要做轻微的调整和修改（根据系统的仿真结果）。◀

速度反馈补偿器设计 速度反馈补偿器目的和超前补偿器一样，也是用来提高系统的稳定性和速度响应。速度反馈补偿器的传递函数表示如下：

$$H(s) = Ks \tag{6-41}$$

设计步骤：第1步，已知所期望的用 ζ^{dom} 和 τ^{dom} 来描述的闭环特性，在 s 平面内识别该特性的区域或点 s^*。

第2步，选择速度反馈零点（$-A/K$），将最右边的极点（s）移到 s^*。如有必要，使用形式为 $\dfrac{s+D}{s+E}$ 的串联抵消补偿器来移动左侧的干扰极点。

第3步，为 $K\left(s+\dfrac{A}{K}\right)G_x(s)$ 绘制根轨迹，为所期望的占主导地位的闭环极点的位置选择合适的 K 值。

第4步，根据已知的 K 和（$-A/K$），计算 A。

第5步，实施速度反馈补偿器，无需调整。速度反馈补偿器的配置如例 6-21 所描述。

例 6-21 速度反馈补偿器

设计一个速度反馈补偿器来修改某设备的性能，该设备的传递函数如下：

$$G_x(s) = \frac{1}{(s^2 + 2s + 101)}$$

以使其满足如下性能特征：

- $\zeta \geqslant 0.707$
- $\tau \leqslant 0.1 \mathrm{s}$
- 确定系统是否稳定的

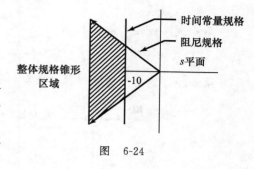

图 6-24

解：第1步，已知所期望的用 ζ^{dom} 和 τ^{dom} 来描述的闭环特性，在 s 平面内识别该特性的区域或点 s^*。特性区域是图 6-24 中的锥形部分。

我们可以在整个特性区域内的任何一点进行设计。为了演示起见，选择锥形区域内的一个角落作为设计点，取 $s^* = -10 + \mathrm{j}10$。

第2步，速度反馈补偿器按照速度反馈的配置实施后如图 6-25 所示。

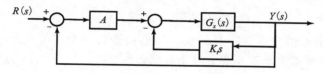

图 6-25

速度反馈配置通常应用在具有两个输出的系统中，一个输出是受控的变量，另一个是受控变量的导数。因此内环的反馈路径 $K_t s$ 变成了仅仅是 K_t，K_t 就是受控变量的导数。

速度反馈结构可以简化，通过将增益 A 向左移动，穿过求和连接点，并将所得的两个反馈环（现在是并行的）合并。简化后的结构图如图 6-26 所示。

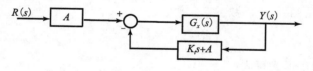

图 6-26

反馈环的传递函数可以因式分解成为首一形式，结果如下：

$$K_t s + A = K_t \left(s + \frac{A}{K_t} \right)$$

在这个表达式中，由速度反馈配置加入的零点可以清楚地看出来，该零点就在 $s = -\dfrac{A}{K_t}$ 处。

选择超前零点，将最右边的极点（s）移到 s^*。最右边的极点是占主导地位的极点（它们是主导系统响应的基础部分的极点）。在本例中，设备只有两个极点，位于 $s_{1,2} = -1 \pm \mathrm{j}10$。如果一个零点置于 $s = -20$ 处，那么设备的极点将趋向于沿着以零点处为中心的圆形路径向左移动。沿着它们的轨迹，极点将被拽着通过设计点 $s^* = -10 + \mathrm{j}10$，所以这个零点在设计中就会满足要求。

第3步，为 $K \left(s + \dfrac{A}{K} \right) G_x(s)$ 绘制根轨迹，为所期望的占主导地位的闭环极点的位置选择

K 值。为了简短起见，使用 K 代替 K_t。增益计算如下：

$$\left|\frac{1}{K}\right| = |F(s)| = \left.\frac{|s+20|}{|s^2+2s+101|}\right|_{s=s^*=-10+j10} = 0.0716 \Rightarrow K = 13.96$$

第 4 步，根据已知的 K 和 $(-A/K)$，计算 A。

$$20 = \frac{A}{K} = \frac{A}{13.96} \Rightarrow A = 279.20$$

第 5 步，速度反馈控制器的框图如图 6-27 所示。

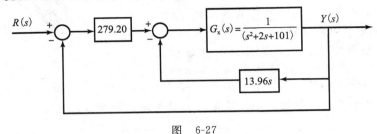

图　6-27

虽然计算所得的 K 值只是一个起始值，但它应该已经非常接近于最终的设计结果了，该设计还要通过仿真来确定是否还需要额外的微调和改变。　◀

6.8　伯德图

伯德图提供另一个设计和分析控制系统的方法。根轨迹法是复数变量法，而伯德图法是基于频率的方法。由于大多数信号可以在频域内等价表示，所以伯德图法也常常用来设计控制系统。

给定一个首一形式的传递函数。

$$G(s) = K \cdot \frac{N(s)}{D(s)}$$

该传递函数用伯德形式写成：

$$G(jw) = K \cdot \frac{N(jw)}{D(jw)} = K \cdot \frac{(1+jw/A_1)(1+jw/A_2)\cdots}{(1+jw/B_1)(1+jw/B_2)\cdots}$$

伯德表示形式的重要特性就是传递函数在 0 频率处总有一个值为 K 的增益。一旦某个传递函数被转化成伯德形式，则就很容易计算该传递函数的幅值和相位。

$G(jw)$ 的对数幅值（Log Magnitude，LM）等于分子 LM 的和减去分母 LM 的和。通过使用对数幅值，使这个加法运算成为可能。$G(jw)$ 的相位等于分子的相位角之和减去分母的相位角之和。幅值和相位都包括各个项的和，这些项可归类如下。

1. 增益项。
2. 确定原点处的极点和零点。
3. 确定一阶极点或零点（明显的）。
4. 确定二阶极点或零点（复杂的）。

使用笔和纸，可以快速绘制伯德图的直线草图，并可以相当好地表示实际的伯德图。表 6-12 总结归纳了绘制伯德图的必要步骤。

表 6-12　伯德图绘制步骤

步骤	描　述
1	将 $G(s)$ 转化成伯德图形式 $G(jw)$
2	设置伯德图的坐标轴，分辨 $G(jw)$ 的最右和最左的极点或零点，设置伯德图的频率范围、最右极点或零点的 0.01^* 开始到最左极点或零点的 100^* 为止
3	设 $K=1$，绘制 $G(jw)$ 的每一项的对数幅值响应
4	绘制 $G(jw)$ 的每一项的相位响应
5	计算总的 LM，将第三步中每一项的斜率相加，并且乘上比例因子 $LM(K)$
6	计算总的相位，将第四步中每一项的相位相加

控制

开环的伯德频率响应可以用来近似闭环系统的性能，只要开环频率响应满足如下三个条件：

- 对于低的稳态误差，低频增益是相对高的。
- 对于干扰衰减，高频增益是相对低的。
- 在 $0.4\omega_c \sim 4\omega_c$ 范围内，LM 图的斜率接近于 -1LM/十倍频移，其中 $\omega_c \equiv$ LM 图的交叉频率，也就是 LM 轨迹穿过 0LM 点的频率。

假设三个条件都近似满足，下列两个关系（式(6-42)和式(6-43)）是有效的。

$$\tau \approx \frac{1}{\omega_c} \equiv \text{时间常量}(s) \tag{6-42}$$

$$\zeta \approx \begin{cases} 0.01 \cdot \varphi_{pm}(\varphi_{pm} < 60°) \\ 0.027 \cdot \varphi_{pm} - 1(75° > \varphi_{pm} > 60°) \end{cases} \tag{6-43}$$

在经典的控制应用中，有几个基本类型的补偿器，这些补偿器中的大部分通常和设备串联配置，其反馈则施加在组合块的外围，这种配置称为串接配置，如图 6-28 所示。

在图 6-28 中，将要补偿（未补偿的系统）的系统是 $G_x(s)$，而补偿器是 $C(s)$，将负反馈施加在串接组合上。而信号 $R(s)$ 是一个参考信号，信号 $Y(s)$ 则是输出信号。

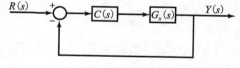

图 6-28　串接配置

本节将讨论四种基本类型的补偿器。

1. 比例微分（PD）补偿器
2. 超前补偿器
3. 比例积分（PI）补偿器
4. 滞后补偿器

这些补偿器的设计步骤都是基于设备 $G_x(s)$ 的伯德图，下面将分别描述。

滞后补偿器的设计　滞后补偿器的基本功能就是提高低频增益来降低稳态误差，并降低对噪声和参数变化的灵敏度。滞后补偿器传递函数的通用形式表示如下。

$$\text{滞后补偿器传递函数：} \quad C(s) = K\frac{(Ts+1)}{(\alpha Ts+1)} \tag{6-44}$$

数量 $1/\alpha$ 称为滞后比例系数，它是负责控制由补偿器增加的增益量。

设计步骤：第 1 步，确定频率 ω^*，来定义区域 $\omega < \omega^*$，使该区域内增益递增；根据系统定义的误差系数，确定需要增加多少增益，也就是确定 K^*。

第2步，从未补偿系统的伯德图中，确定交叉频率 ω_c 和相位边界 ϕ_{pm}。

第3步，选择滞后补偿器的零点 $1/T$ 以满足系统稳态误差的要求，但是如果存在一个相位问题（相位边界小于 $30°$），则不允许将零点提高到超过 $0.4\omega_c$。

第4步，计算滞后比例系数 $\frac{1}{\alpha} = \frac{1}{K^*}$，并计算滞后极点为 $\frac{1}{\alpha} \cdot$ 滞后零点。

第5步，从 $K=1$ 开始，通过轻微调节 K 来调节补偿器，直至达到所期望的性能为止。这里给出了一个关于滞后补偿器设计步骤的例子。

例 6-22 **伯德滞后补偿器设计**

设计一个滞后补偿器以获得如下性能特征：

- 滞后零点选择为 $-\frac{1}{T} = -0.1$。

- 选择 $\alpha = 10$ 作为一个增益系数 10，滞后比例系数 $\frac{1}{\alpha} = \frac{1}{10}$。

- 初始选择 $K = \alpha$。

将这些信息应用到通用的滞后补偿器，产生式(6-45)所示的滞后补偿器的传递函数。

$$C(s) = K\frac{(Ts+1)}{(\alpha Ts+1)} = \frac{s+0.1}{s+0.01} \tag{6-45}$$

解：如图 6-29 所示为该滞后补偿器的伯德图，包括对数幅值图和相位图。

在图 6-29 中，给出了直线近似和实际的 LM 和相位轨迹，并显示出了两者之间的误差。滞后补偿器实现了它的目的：在低频区（小于 0.01rad/s）提供一个比例系数为 10 倍的增益，而在高频区域（大于 0.1rad/s）则增益保持不变。

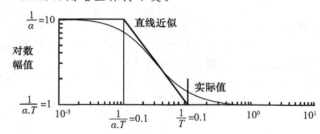

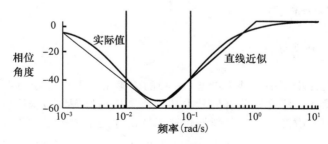

图 6-29　滞后补偿伯德图

比例积分(PI)补偿器设计　比例积分(PI)补偿器的基本功能就是通过提升低频增益来降低系统稳态误差，并降低系统对噪声和参数变化的灵敏度。PI 补偿器传递函数的一般形式表示如下：

$$\text{PI 补偿器的传递函数：} \quad C(s) = K\frac{(Ts + 1)}{s} \tag{6-46}$$

由于 PI 补偿器的功能是提高低频增益，所以其设计步骤和先前的补偿器多少有点不同。PI 补偿器的设计步骤说明如下：

设计步骤：第 1 步，确定频率 ω^*，来定义区域 $\omega < \omega^*$，使区域内的增益递增；使用系统定义的误差系数确定增加多少增益到 K^*。

第 2 步，从未补偿系统的伯德图确定交叉频率的 ω_c 和相位边界 ϕ_{pm}。

第 3 步，选择 PI 补偿器的零点，以满足系统稳态误差的要求，但是如果存在一个相位边界问题（相位边界小于 30°），则不允许将其提高到高于 $0.4\omega_c$。

第 4 步，选择初始 K 值为 $K=1$，通过轻微调节 K 值来调节补偿器，直至达到所期望的性能为止。

这里示举例说明关于 PI 补偿器的设计步骤。

例 6-23 伯德 PI 补偿器设计

设计一个 PI 补偿器以获得如下性能特征：
- 选择 $T=10$ 来增加一个增益比例系数 10。
- 选择初始值 $K=1$，这将产生一个高频增益 $KT=10$。

将这些信息应用到通用的 PI 补偿器，产生如式(6-47)中所示的 PI 补偿器的传递函数。

$$C(s) = K\frac{(Ts + 1)}{s} = 10\frac{(s + 0.1)}{s} \tag{6-47}$$

解：如图 6-30 所示为 PI 补偿器的伯德图，包括对数幅值和相位图。

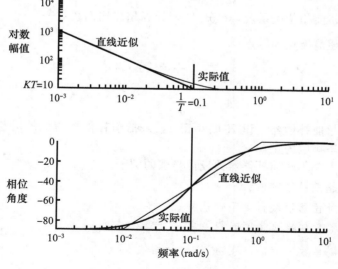

图 6-30　PI 补偿器的伯德图

图 6-30 已经包含了直线逼近和系统的实际的对数幅值 LM 和相位轨迹，并显示出了两者之间的误差。PI 补偿器在零点频率处有一个 90°相位滞后，提供了无穷大的增益。在高频区域（大于 0.1rad/s），补偿器设计成可以提供一个 10 倍的增益，没有相位损耗。这个值可以通过选择一个不同的 K 来改变和修正，例如为了在高频区获得单位增益，K 就

得选择为 0.1。 ◀

超前补偿器的设计 超前补偿器的基本功能就是给系统增加一个超前相位，让系统获得更快的、更少振荡的响应，并且控制在高频区增加的增益量。超前补偿器传递函数的一般形式如下：

$$超前补偿器的传递函数： \quad C(s) = K \frac{(Ts + 1)}{(\alpha Ts + 1)} \tag{6-48}$$

数量 $1/\alpha$ 称为超前比例系数，它决定由超前补偿器增加相位的大小。超前比例系数越大，超前补偿器的极点和零点之间分得越开，从而增加的相位就越大。相位增加的峰值处于补偿器极点和零点半道上的一个频率 $\dfrac{1}{\sqrt{\alpha \cdot T}}$ 处。补偿器的超前比例系数和相位之间的关系总结成表 6-13。

表 6-13　超前补偿器的超前比例系数和相位之间的关系

超前比例系数 $\left(\dfrac{1}{\alpha}\right)$	相位(°)	超前比例系数 $\left(\dfrac{1}{\alpha}\right)$	相位(°)
1	0	20	62.5
2	17.5	50	72.5
5	37.5	100	80
10	55		

设计步骤：第 1 步，根据未补偿系统的伯德图，确定要增加相位的位置处的频率 ω^*，并确定相位增加的大小 ϕ^*。

第 2 步，根据超前相位关系表，已知 ϕ^*，计算超前比例系数 $\dfrac{1}{\alpha}$。

第 3 步，计算超前极点和零点。

$$零点： \quad \frac{1}{T} = \sqrt{\alpha} \cdot \omega^*$$

$$极点： \quad \frac{1}{\alpha \cdot T}$$

第 4 步，实施超前补偿器，设 K 略小于 1，来抵消补偿器增加的增益，调节 K 值，直至获得所期望的瞬态响应为止。

下面给出了一个关于超前补偿器的设计步骤的例子。

例 6-24 **伯德超前补偿器设计**

设计一个超前补偿器以获得如下性能特征：

- 选择一个用来增加超前相位的频率点 $\omega^* = 10\text{rad/s}$。
- 选择超前比例系数 $\dfrac{1}{\alpha} = 10$，在 ω^* 处增加相位 55°。
- 计算超前零点 $-\dfrac{1}{T} = \sqrt{\alpha} \cdot \omega^* = -3.16$。
- 计算超前极点 $-\dfrac{1}{\alpha \cdot T} = -31.6$。
- 选择初始值 $K = 1$。

将这些信息应用到通用的超前补偿器，将产生式(6-49)所示的超前补偿器的传递函数。

$$C(s) = K \frac{(Ts+1)}{(\alpha Ts+1)} = 10 \cdot \frac{s+3.16}{s+31.6} \qquad (6\text{-}49)$$

解: 如图 6-31 所示为超前补偿器的伯德图，包括对数幅值和相位图。

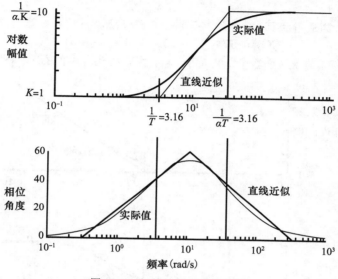

图 6-31　超前补偿器的伯德图

图 6-31 已经包含了直线近似和实际的 LM 和相位轨迹，并显示出了两者之间的误差。

比例微分(PD)补偿器的设计　比例微分(PD)补偿器的基本功能就是通过给系统增加超前相位，以获得更快的、少振荡的响应。PD 补偿器的传递函数一般形式如下。

$$\text{PD 补偿器的传递函数：} \quad C(s) = K(Ts+1) \qquad (6\text{-}50)$$

PD 补偿器的相位贡献的特征总结成表 6-14。

表 6-14　PD 补偿器相位响应

频率	LM	相位(°)
$\lll 1/T$	K	0
$1/T$	K	45
$\ggg 1/T$	∞	90

设计步骤: 第 1 步，确定要增加相位处的频率 ω^*，并使用 PD 表来确定要增加多少相位。

第 2 步，在能够产生所需的相位的频率处(如有需要，可以插补)选择 PD 零点。

第 3 步，实施 PD 补偿器，设初始值 K 等于 1，调节增益 K，直至获得所期望的瞬态响应为止。

虽然 PD 补偿器在频率高于 $1/T$ 处提供了超前相位，但随着频率的提高，它同样也增加了放大系数。当有噪声存在时(通常都有噪声)，这个特性是不希望有的，因为 PD 补偿器会将噪声放大到一个很大的程度。

下面给出了一个关于 PD 补偿器的设计步骤的例子。

例 6-25　伯德 PD 补偿器设计

设计一个 PD 补偿器以获得如下性能特征:

- 选择在频率 $\omega^* = 10\mathrm{rad/s}$ 的地方，准备增加超前相位。

- 选择在 $-\dfrac{1}{T} = -10$ 处的 PD 零点，在 ω^* 处将相位增加 45°。

- 初始选择 $K = 1$。

将这些信息施加到通用的 PD 补偿器，产生式(6-51)所示的 PD 补偿器的传递函数。

$$C(s) = K \cdot (Ts + 1) = 0.1 \cdot (s + 10) \tag{6-51}$$

解： 如图 6-32 所示为 PD 补偿器的伯德图，包括对数幅值和相位图。

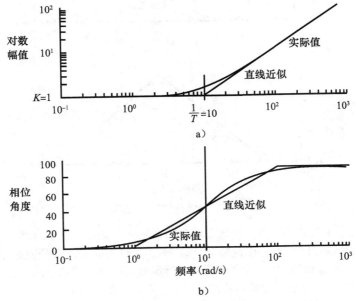

图 6-32　PD 补偿器的伯德图

图 6-32 已经包含了直线近似和实际的 LM 和相位轨迹，并显示出了两者之间的误差。　◀

6.9　采用极点配置法设计控制器

本小节介绍极点配置法来设计控制器。前述的一些方法中，如伯德图和根轨迹法，系统的性能特征是通过不同的增益值 K 来获得的，选择能给系统所期望的性能的 K 值，就能设计一个控制器。而极点配置法不同于前述方法，它是基于系统的性能特征来获得所期望的闭环特征方程，而未知的增益是通过比较所期望的特征方程和实际的闭环特征方程来计算的。

使用极点配置法设计控制器的步骤总结如下：

第 1 步，基于系统的性能特征，确定所期望的闭环特征方程。一个二阶系统的特征方程表示如下：

$$s^2 + 2\zeta\omega_n s + \omega_n^2 = 0 \tag{6-52}$$

第 2 步，求闭环特征方程。对于一个如图 6-33 所示的单位反馈系统，其特征方程表示如下。

$$1 + G(s)^* \cdot G_c(s) = 0 \tag{6-53}$$

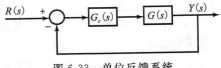

图 6-33　单位反馈系统

式中，$G(s)$ 是系统的传递函数，$G_c(s)$ 是控制器的传递函数。

第 3 步，令两个特征方程（式（6-52）和式（6-53））相等就可以求出控制器的未知参数。

例 6-26 DC 电动机控制器的设计

第四章中描述的 PM DC 齿轮电动机系统（见图 4.2），求该电动机系统的闭环特征方程，并且设计一个控制器控制电动机的位置以满足如下系统性能特征：

- 趋稳时间＝0.5s
- 超程百分比不要超过 16％
- 稳态误差应该小于 2％

解： 从方程（4-16）可得电动机系统的开环传递函数，可以表示成：

$$G(s) = \frac{k}{\dfrac{mr^2}{G^2}L_a s^3 + R_a \dfrac{mr^2}{G^2} s^2 + k^2 s} \tag{6-54}$$

引入一个 PID 控制器到系统中来，系统还带有一个单位反馈，如图 6-33 所示。PID 控制器的传递函数是：

$$G_c(s) = P + D * s + \frac{I}{s} = \frac{Ds^2 + Ps + I}{s} \tag{6-55}$$

从式（6-53）、式（6-54）和式（6-55），可以求得闭环特征方程为：

$$1 + \left(\frac{Ds^2 + Ps + I}{s} \right) \left[\frac{k}{\dfrac{mr^2}{G^2}L_a s^3 + R_a \dfrac{mr^2}{G^2} s^2 + k^2 s} \right] = 0 \tag{6-56}$$

$$\left[\frac{mr^2}{G^2}L_a s^3 + R_a \frac{mr^2}{G^2} s^2 + k^2 s \right] s + k(Ds^2 + Ps + I) = 0$$

$$\frac{mr^2}{G^2}L_a s^4 + R_a \frac{mr^2}{G^2} s^3 + (k^2 + kD)s^2 + kPs + kI = 0 \tag{6-57}$$

参考给定的数据（见第 4 章例 4.2），取相应的值，可得：

$$\frac{mr^2}{G^2}L_a = 3.8 \times 10^{-11} \approx 0$$

和

$$R_a \frac{mr^2}{G^2} = 4.65 \times 10^{-6} \approx 0$$

因此忽略式（6-57）的第一项和第二项，则可获得一个二阶的闭环系统的特征方程，表示如下。

$$s^2 + \frac{kP}{(k^2 + kD)}s + \frac{kI}{(k^2 + kD)} = 0$$

$$s^2 + \frac{P}{(k + D)}s + \frac{I}{(k + D)} = 0 \tag{6-58}$$

对比式（6-52）和式（6-58），可得：

$$\frac{P}{(k + D)} = 2\zeta\omega_n \tag{6-59}$$

和

$$\frac{I}{(k + D)} = \omega_n^2 \tag{6-60}$$

式(6-59)和式(6-60)可用来求解 PID 增益。然而只有两个方程，却三个未知数，考虑微分增益 D 为 0，则可得：

$$P = 2k\zeta\omega_n \tag{6-61}$$

和

$$I = k\omega_n^2 \tag{6-62}$$

ζ 和 ω_n 可以使用系统的性能需求来求得，使用一个二阶系统单位阶跃响应的趋稳时间和超调量百分比的表达式来计算。

$$\xi = \frac{|\ln(超调量百分比 /100)|}{\sqrt{\pi^2 + [\ln(超调量百分比 /100)]^2}} = \frac{|\ln(0.16)|}{\sqrt{\pi^2 + [\ln(0.16)]^2}} = 0.5$$

和

$$\omega_n = \frac{|\ln(稳态误差 /100)|}{趋稳时间 \times \xi} = \frac{|\ln(0.02)|}{0.5 \times 0.5} = 15.65/s$$

因此

$$P = 2k\zeta\omega_n = 2 \times 0.032 \times 0.5 \times 15.65 = 0.5/s$$
$$I = k\omega_n^2 = 0.032 \times 15.65^2 = 7.83/s^2$$

所求的 PI 控制器就是：

$$G_c(s) = \frac{0.5s + 7.83}{s}$$

MATLAB 编码

使用 Matlab 仿真第 4 章(见图 4-2)所描述的闭环 PM DC 齿轮电动机系统的响应，使用所设计的带有负反馈的 PI 控制器，如图 6-33 所示，所期望达到的位置是 200rad。

```
Clear
clc
Ra = 20.5; %Armature Resistance, ?
La = 168E-6; %Armature Inductance, H
k = 0.032; %Motor Constant, Nm/A (or V/rad/sec)
G = 49; %Gear Ratio
m = 1.125; %Mass, KG
r = 0.022; %Radius of the pulley, m
g=9.81; %Acceleration due to gravity, m^2/sec
P=0.5; %Proportional Gain
I=7.83; %Integral Gain
thetha=200; %desired position
%open loop transfer function
Gs=tf(k,[m*r^2*La/G^2 Ra*m*r^2/G^2 k^2 0]);
%controller transfer function
Gcs=tf([P I],[1 0]);
sys1=Gs*Gcs;
sys2=1;
sys=feedback(sys1,sys2); %Step Response of the closed loop system
t=0:0.01:10;
U=thetha*ones(size(t));
lsim(sys,U,t)
sys3=feedback(Gcs,Gs); %Output from the PI Controller
figure
lsim(sys3,U,t)
ylabel('Angular displacement of the motor shaft (rad)')
```

结果

图 6-34 所示为闭环系统的阶跃响应图。从图中可以看出，我们还没有达到所期望的系统性能。超程量是 33.5％（（267－200）/200×100％），趋稳时间是 0.7s。这是因为开环的设备是四阶系统，我们将其简化到二阶系统。而且用来计算 ζ 和 ω_n 的表达式也是二阶系统的单位阶跃响应的表达式，因此还需要调节 PI 增益以获得所期望的值。

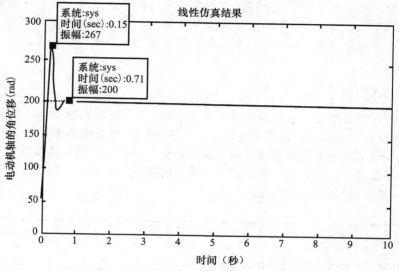

图 6-34 闭环系统的阶跃响应（$P=0.5\ I=7.83$）

在设计控制器时要考虑的另一个因素是把为数学模型（动态系统）创建的环境与实际操作系统的环境相比，二者能够有多接近。在调节 PI 增益之前，先检查控制器的输出响应，图 6-35 所示就是 PI 控制器的响应图。

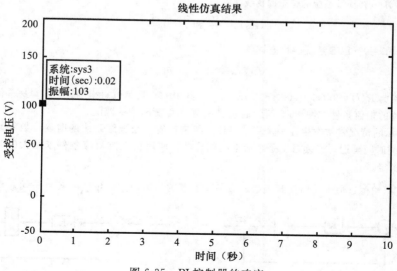

图 6-35 PI 控制器的响应

如图 6-35 所示，PI 的初始输出是 103，这也是输入电动机的实际电压。因此必须根据有效的电源限制 PI 的输出。例如，如果使用一个 DC24V 电源，那么我们必须限制 PI 的输出为 ±24V，这对削减超程量也会有帮助。我们还必须在动态系统中根据附着在齿轮电动机上（见图 4-2）的物体的重量来协调所用电压 $\left(R_\mathrm{a}\dfrac{mgr}{kG}\right)$，以获得接近于实际系统的响应。PI 调节还应该补偿由于系统中的惯性和阻尼可以忽略不计的假设。第 8 章将仔细描述如何在类似于实际系统的环境下实施 PM DC 电动机闭环系统的数学模型，并进行要求的 PI 增益调制。我们还将看到如何实施真实系统，并比较动态系统和实际系统的响应。　◀

6.10　本章小结

在机电一体化设计阶段，必须理解单个系统元件（如传感器和驱动器，以及整个集成系统）的性能指标。在开发阶段，建模尤为重要，从图中构建出准确的非线性模型的能力也是必要的。本章介绍了改进的模拟方法来满足这个需求。该方法不同于基本模拟量方法，它能够将非线性性能直接设计进模型。除此之外，改进的模拟方法引出了框图系统模型，这是对多学科（机电一体化）应用最好的方法。

习题

6.1　利用如下计算一个 BFS 系统的稳态阶跃误差。
$$G(s) = \frac{1}{s+1} \text{ 和 } H(s) = \frac{s+2}{s+10}$$

6.2　利用如下计算一个 BFS 系统的稳态斜坡误差。
$$G(s) = \frac{1}{s(s+5)} \text{ 和 } H(s) = 1$$

6.3　利用如下计算一个 BFS 系统的稳态抛物线误差。
$$G(s) = \frac{10}{s^2} \text{ 和 } H(s) = 1$$

6.4　利用如下计算一个 BFS 系统的稳态误差。
$$G(s) = \frac{1}{s(s+5)} \text{ 和 } H(s) = 1$$
将输入定义为 $R(t) = 2u(t) + 10r(t-1)u(t-1)$，其中 $r(t)$ 是单位斜率函数，$u(t)$ 是单位阶跃函数。

6.5　使用根轨迹的幅值条件求图 P6-5 所示的系统在稳定状态下 K 的范围。

6.6　图 P6-6 所示的情况常常发生在一个用数字计算机来控制一个连续系统的时候。数字计算机建模成一个 T 秒的纯时间延迟，连续系统是个简单的积分器。使用根轨迹幅值条件求最大的时间延迟，以使系统保持稳定。

（提示：使用帕德近似来将时间延迟表示成一个有理的传递函数，并且将 $K = \dfrac{2}{T}$ 代入来简化运算）

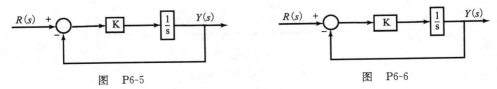

图　P6-5　　　　　　　　图　P6-6

6.7 使用根轨迹法为某设备设计一个滞后控制器。

$$G_x(s) = \frac{1}{s(s^2 + 20s + 101)}$$

以使其满足如下性能特征：
- e_{ss}（阶跃）$=0$
- e_{ss}（斜坡）$=0.01$
- 系统是稳定的

6.8 使用根轨迹法为某设备设计一个 PI 控制器。

$$G_x(s) = \frac{1}{s^2 + 9s + 18}$$

以使其满足如下性能特征：
- e_{ss}（阶跃）$=0$
- $\zeta = 0.707$
- $\tau = 0.5s$
- 系统是稳定的

6.9 使用根轨迹法为某设备设计一个超前控制器。

$$G_x(s) = \frac{100}{s^2 + 100}$$

以使其满足如下性能特征：
- $\zeta \geqslant 0.707$
- $\tau \leqslant 0.1s$
- 系统是稳定的

6.10 使用根轨迹法为某设备设计一个超前控制器。

$$G_x(s) = \frac{1}{(s+1)(s^2+1)}$$

以使其满足如下性能特征：
- $\zeta \geqslant 0.707$
- $\tau \leqslant 0.5s$
- 系统是稳定的

6.11 使用根轨迹法为某设备设计一个超前控制器。

$$G_x(s) = \frac{1}{s(s^2 + 2s + 2)}$$

以使其满足如下性能特征：
- $\zeta = 1.0$
- $\tau \leqslant 0.2s$
- 系统是稳定的

6.12 使用根轨迹法为某设备设计一个超前控制器。

$$G_x(s) = \frac{1}{s(s+10)(s^2+1)}$$

以使其满足如下性能特征：
- $\zeta = 0.707$
- $\tau \leqslant 0.2s$
- 系统是稳定的

6.13 使用根轨迹法为某设备设计一个速度反馈控制器。

$$G_x(s) = \frac{101}{s^2 + 2s + 101}$$

以使其满足如下性能特征：

- $\zeta \geqslant 0.707$
- $\tau \leqslant 0.5s$
- 系统是稳定的

6.14 使用伯德图法为某设备设计一个 PI 控制器。

$$G_x(s) = \frac{1}{s+10}$$

以使其满足如下性能特征：

- e_{ss}（阶跃）$=0$
- e_{ss}（斜坡）$\leqslant 0.05$
- $\zeta = 1$
- $\tau \leqslant 0.1s$
- 系统是稳定的

6.15 使用伯德图法为某设备设计一个超前控制器。

$$G_x(s) = \frac{10}{s(s+1)}$$

以使其满足如下性能特征：

- $\zeta = 0.5$
- $\tau = 0.1s$
- 系统是稳定的

6.16 使用伯德图法为某设备设计一个超前控制器。

$$G_x(s) = \frac{1}{s^3}$$

以使其满足如下性能特征：

- $\zeta = 0.5$
- $\tau = 0.1s$
- 系统是稳定的

参考文献

Kuo, Benjamin C., *Automatic Control Systems,* Third Edition. Prentice-Hall Inc., New Jersey, 1975.

D'Azzo, John J. and Constantine, Houpis H., *Linear Control System Analysis and Design Conventional and Modern, 2d Edition.* McGraw-Hill., New York, 1981.

Raven, Francis H. *Automatic Control Engineering,* Third Edition. McGraw-Hill., New York, 1978.

Dorf, Richard C. *Modern Control Systems,* Sixth Edition. Addison-Wesley Publishing Co., New York, 1992.

信号调制和实时接口

本章介绍计算机接口和实时数据采集和控制方面的理论和实践。除了计算机和实际系统，其余的设备包括传感器、驱动器和包含 A/D 和 D/A 转换器的通用 I/O 接口卡。为了获得更精确的测量结果，采用信号调制设备将低电位信号放大，然后再分离并滤波。放大器的选择和 A/D 转换技术是模拟电路的重点。机电一体化集成了信号调制、硬件接口、控制系统和微处理器。通过使用可视化编程方法，实现了信号处理和数据解释。可视化编程环境的多功能性允许我们展示三个流行的系统 LabVIEW、MATLAB 和 VisSim。

7.1 引言

实时接口是用来描述连接计算机和实际系统并在两者之间交流数据方面的通用术语。显示器、键盘、打印机、磁盘、调制解调器（俗称猫），以及 CD 光盘等都是大家熟悉（但是是特定）的实时接口例子。一个更加通用的方法将接口分为四种主要的元器件：传感器、驱动器、计算机和实际系统。例如，向计算机输入数据的过程满足这一分类方法，如果将人的操作看作是一个实时过程，键盘是传感器，它将信息从实际过程传递给计算机。显示器是驱动器，它将信息从计算机中重新传回实际过程。本章将重点考虑更广的实时过程的分类，既可以是人类，也可以是机器。传感器和驱动器成为在计算机和其他过程（包括电气、机械、流体、热力和人类系统）间传递信息的元器件。本章内容相对独立，并不依赖于前述的编程知识。

7.2 数据采集和控制系统的组成

数据采集系统是一组附加的软硬件并允许计算机从传感器获得真实世界的信息。虽然传感器可以基于电气的、机械的、光学的或其他原理，但它们都完成同一个功能，就是将真实世界的信息（如运动、温度和压力等）转换成一个低电平的电信号，这个信号可以被计算机读取。这些数据一旦存入计算机，就可执行三种操作：绘图、处理和写入文件。

数据采集系统还可以看作是一个监控系统。它能从真实世界获得数据，显示数据，还能显示通过处理后的数据特征。在有些必须采集并处理数据，还要送回数据到实时过程的情况下，我们利用一种数据采集和控制（Data Acquisition and Control，DAC）系统。DAC 系统是 DA 系统的一个超集，既要有传感器，还要有驱动器。驱动器的目的是将低电平的计算机信号、真实世界的信号转换成运动、热、压力等。常见的驱动器有步进电机、螺线管、继电器、液压马达、扬声器和压电驱动器。

为了区分 DA 系统和 DAC 系统，举个例子，测定一个变速压缩机在 20 个不同的速度下的速度-流量-压力特性。该压缩机连接在一个变速电动机，该电动机的速度可以通过转动手柄手动调节。来自于压缩机出口和电动机连在一起的流量、压力和速度传感器的信号被读取并在计算机上绘成图形。DA 系统读取和显示这三个传感器的输入值。在每一个速度上，操作者必须拨动手柄调节，直到达到指定的速度，然后记录下来自速度、流量和压力传感器的读数。DA 系统仅描述有一定数量的速度值变化，因为每一个点上操作者都会调节速度。同样系统的 DAC 版可用来移除速度变化。DAC 应用可以通过加入一个驱动器，根据计算机输出的信号响应来移动速度手柄。如果这个信号的值是通过编程作为一个在实际电动机速度和目标速度之差的函数，那么手柄就会沿着缩小这个速度差的方向移动。最终实际的电动机速度将精确地和目标速度一致。可以写一段应用程序来将该过程实现自动化，重置目标速度达到 20 个希望的值，等流量和压力信号稳定下来，然后再记录和保存测量值。

目前的趋势是利用配有 DAQ 硬件的 PC，在实验室研究、测量和测试、工业自动化等领域内进行数据采集。DAQ 硬件作为计算机和外界环境的交互接口可以以模块化的形式插入计算机主板的卡槽（PCI、ISA 和 PCI-Express 等）内或外围接口（并行口、串行口和 USB 等）。最新的 DAQ 设备提供无线连接或以太网接口实现遥控和分布式 DAQ 应用。图 7-1 所示的 DAC 系统示出了一个配有 I/O 接口的终端面板。

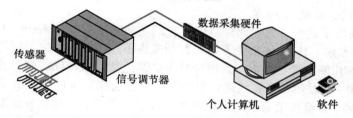

图 7-1 典型的基于 PC 的 DAQ 系统

基于 PC 的 DAQ 系统依赖于如下的每一个系统元器件。
- 计算机
- 换能器和传感器
- 信号调节器
- DAQ 硬件
- 螺丝接线终端面板
- 通用 I/O 输入输出卡（GPIO）
- 软件

7.2.1 输入/输出概述

输入输出（I/O）过程是一种通过 DAQ 设备实现计算机和真实世界交互通信的方法。输入输出过程的性能取决于可用的计算机、选定的 DAQ 设备以及总线结构。如今的计算机（具有高速的处理器，还有高性能的总线结构）具有通过如下任意方法传递数据的能力。
- **直接内存访问（DMA）**：利用这种机理，数据在 DAQ 设备和计算机内存之间直接传递，无需引入计算机的 CPU，这使 DMA 成为最快的数据传输机制。同样，处理器也不会因为移动数据而成为负担，因此处理器可以处理更为复杂的任务。
- **中断请求（IRQ）**：IRQ 的数据传递依靠计算机的 CPU 来处理数据传送请求。当设备准备传递数据时，就通知 CPU 来处理，因此数据传输速度与 CPU 服务的中断请求的速度紧密相关。
- **编程 I/O**：这种数据传输机制不需要缓冲区，而是由计算机直接读写设备。
- **内存映射**：这是一种直接根据程序从设备读和写，这就避免了向核心层软件进行读写的授权管理。

但是计算机所能使用的数据传递机制取决于选定的 DAQ 设备以及它的总线结构。例如，尽管 PCI 和 FireWire 设备都能提供直接内存访问 DMA 和基于中断的传输方式，而 PCMCIA 和 USB 设备使用基于中断的传输方式。

现有的硬盘是实时存取大量数据的局限因素，硬盘的获取时间和硬盘碎片严重降低了数据获取和存储到硬盘上的最大存取速度。为了使系统能获得高频信号，必须要有大容量的高速硬盘。

通常，总体通信速度直接正比于：

- 处理器芯片的时钟频率
- 总线的位长（也就是 8 位、16 位、32 位，……）

而反比于：

- 处理器的位长（也就是 16 位、32 位，……）

图 7-2 所示列出了这些主要的元件，以及它们之间的连接。这是一个有 4 个传感器和 2 个驱动器的 DAC 系统，IO 口的数量不定，其功能也不定，这都取决于制造商。一些螺丝接线端面板有可以被切断或焊接的电阻来改变某个或某组的增益范围。螺丝接线端通过排线缆附在 GPIO 卡。图 7-2 显示了两排线缆，但线缆的数目会根据卡的类型有所变化。某些卡上需要 4 排线缆，两个是模拟量通道，而另两个是数字量通道。应用软件函数给工程师提供简便的方法来读取传感器信息、给驱动器写信号，并且处理各类数据（绘图、控制算法、保存数据和数据处理）。

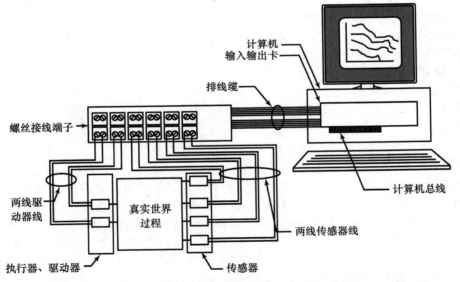

图 7-2　DAC 系统的组成与一个有 4 个传感器和两个驱动器的系统的相互连接

7.2.2　GPIO 卡

通用 I/O 过程所必需的组成是 PC 计算机和操作系统软件、通用 I/O（GPIO）卡和软件驱动，以及合适的终端面板和 GPIO 卡的线缆。GPIO 卡安装在 PC 总线的一个自由扩展槽，它的地址由卡（使用微开关）和驱动软件来指定。终端面板通过一个或多个线缆与 GPIO 卡相连。至此，除了应用软件外，系统已经做好操作的准备了。

无论机电一体化系统编程任务选择什么样的应用软件，都必须为编程者提供创建开环或闭环应用的能力。大多数 GPIO 卡的制造商（诸如 Computer Boards Inc、Advantech、Data translation 和 Metrbyte)都提供自己的基于 Windows 的软件来控制他们生产的卡。这种类型的软件有一个重要的限制就是它们只能用在某一个制造商提供的卡上,而对于多卡、多商标应用就行不通了。

对于卡制造商不改另一个选择就是通用的 Windows 应用软件包,该软件包用来服务许多不同品牌的 GPIO 卡,这一方法的成功是不言而喻的,表现在许多著名的软件包上,如 LabTech Notebook、LabVIEW 和 Snapshot。这些软件大多数面向数据采集市场,因此常常不适合用于闭环控制应用。有些软件包既可以用于开环,也可以用于闭环,这往往更趋向于控制系统,如 LabVIEW、MATRIXX、Simulink,以及 VisSim。表 7-1 列出了一些常用的图形化应用软件。

表 7-1 常用的基于图形的应用软件

名称	描述	名称	描述
Labtech Notebook	带分析功能的通用 DAC	LabVIEW	带分析功能的通用 DAC
LabWindows	带分析功能的通用 DAC	Hyperception	带分析和显示功能的高速 DAC
Workbench PC	通用 DAC	MATRIXX	带分析和显示功能的高速 DAC
Snap-Master	带分析和显示功能的通用 DAC	Simulink	带分析和显示功能的高速 DAC
EasyEst	带分析功能的通用 DAC	Visual Designer	带分析功能的通用 DAC
Unkel Scope	高速 DA	XANNLOG	带分析和显示功能的高速 DAC
Snapshot	高速 DA	VisSim	带分析和显示功能的通用 DAC
Acquire	通用 DAC		

7.2.3 I/O 卡及软件的安装

在结束数据采集卡的介绍之前,应该考虑 I/O 采样频率的大小。大多数 GPIO 卡根据不同的采集卡,其采样频率在 $1\sim3$kHZ,也就是你可以期待每秒 $1000\sim3000$ 个样本。基于 Windows 的应用软件可能会降低一些速率,但是区别不大,并且可以通过修改算法或采用更强大的处理器来提高速率。每个 GPIO 卡占据一个卡槽,提供输入、输出,或两者的组合。大多数卡带数字化 I/O 口,这些口都可以配置成输入、输出或两者的组合。模拟量的 I/O 口较困难,因为需要 D/A 或 A/D 转换,但是多数卡制造商提供多种组合数字量 I/O 口和模拟量 I/O 口的配置。

一旦选择了某一制造商,并确定了将要使用的采集卡,你就必须确定卡的型号和所需 I/O 通道的精度。I/O 通道可以是输入,也可以是输出,这根据传输数据的类型来分类。这样就有三类通道。

- 模拟量
- 数字量
- 频率(时钟计时器)

I/O 口通道的精确度是指所用 D/A 或 A/D 转换器的精准度和瞬态特征。转换器的精准度是关于位长度的函数。多数转换器有 12 位的分辨率,这对大多数的应用都足够了。但是这也依赖于你的应用,因此在购买前必须考虑。一些常用的 I/O 卡列表见附录。

在机电一体化应用中,I/O 口通常工作在两种模式下:开环或闭环。开环操作时,输入是读，输出是写，但是在输入和输出之间没有关系和依赖。在闭环操作中，输出信号依赖于输入信号。

例 7-1 某压缩机制造商采用开环方法来自动化压缩机测试，采用基于时间的顺序，在时刻 t_1，将一个信号输送到压缩机的电动机，该信号将电动机速度设置到指定的值。由于该信号是从计算机输出的，所以就将该信号作为一个输出。等待一段时间 T 秒后，因为设备（电动机和压缩机）到达一个希望的稳定状态，所以压力、温度、流量和速度都被读出并存在内存中。因为这四个信号是读入计算机的，所以将其作为输入信号。这个过程一直重复，输入新的电动机速度命令。这种方法就是开环控制，因为输出信号（电动机的速度命令）在 T 秒内发生，而不管输入信号是多少。即使在 T 秒后还没有到达稳定状态，它也不管。同样注意，如果忽略了输出信号，那么这个过程就弱化为一个数据记录器。

在闭环操作中，输出信号依赖于输入信号。同样的例子通过改变基于时间的逻辑，可在闭环下操作，当基于事件的逻辑发生时，则事件的四个输入信号变得稳定。很明显这需要一些编程的努力，因为四个信号对时间的导数必须计算并按如下方式组合，在全部四个信号的导数小于预定的值时启动读取输入命令。除了额外的编程，闭环方法还自动改变测定时间，每一个测定必须在精确控制的操作环境下完成，而这是在开环方法中无法达到的。 ◀

7.3　传感器和信号调制

传感器感知物理现象并产生能被 DAQ 系统测定的电信号。例如，热电偶、电阻温度探测器（RTD）、热敏电阻和 IC 传感器将温度转换成一个模拟量信号，该信号可以通过模数转换器（ADC）来测定。其他的例子如应力计、流量传感器和压力传感器分别用来测定力、流速和压力。每一种情况下产生的电信号都和它们监测的物理参数成正比。

由传感器产生的电信号必须优化以适应 DAQ 设备的输入范围。信号调制设备放大低电平信号，然后分离并过滤，以求更加精确的测定。此外，有些传感器利用电压或电流激励来产生一个电压输出。模拟量输入设备的说明书提供有关 DAQ 产品的能力和精度等信息，大多数产品都提供基本的说明，告诉你通道的数目、采样频率、分辨率，以及输入范围。

放大器　最通用的调制类型就是放大器。例如，低电平的热电偶信号必须放大后来提高分辨率和降低噪声。信号必须放大以使调制信号的最大电压范围等于 ADC 的最大输入范围。

绝缘隔离　为了安全起见，另一个通用的信号调制应用就是将传感器信号从计算机中隔离。被测定的系统可能包含瞬态高电压，若没有信号隔离可能会损坏计算机。隔离能保证从插入的 DAQ 设备上读取的信号不受因接地或共模电压的不同而产生的影响。当 DAQ 设备的输入和要测定的信号都接地时，如果两者接地的电势不同，那么就会产生问题。这个电势差会导致接地回路，可能造成所测信号的不精确描述。如果电势差过大，则还可能损害测量系统。使用分离信号调制模块将消除接地回路，确保获得精确的信号。

多路技术　使用单个测量设备测量多个信号的通用技术，称为多路技术。模拟量信号的调制硬件通常提供多路通道来测量诸如温度之类的变化缓慢的信号。ADC 采样一个通道，切换到下一个通道，测量，再切换到下一个通道，如此往复。因为相同的 ADC 采样了好多个通道，而不是一个，所以单个通道的采样效率与采样通道的数目成反比。

滤波 滤波器的目的是从测量的信号中去除不想要的信号。噪声滤波器用在 DC 级的信号，如温度测量因为高频信号会减弱测量的精度减弱高频信号。如果噪声信号没有去除，那么它们会错误地作为信号出现在测量设备的输入带宽内。AC 级的信号，如振动，通常需要一个不同类型的滤波器，称作抗假频滤波器。就像噪声滤波器一样，抗假频滤波器也是一个低通滤波器，但它需要一个非常陡的消除率，因此它能完全去除所有比测量设备的输入带宽高的频率信号。

激励 信号调制对某些传感器要产生激励。应变片、热敏电阻，以及 RTD（作为例子）需要外加的电压或电流激励信号。这些传感器的信号调节模块通常提供这些信号。RTD 测量通常需要一个电流源来将电阻的变化转换成一个可测量的电压。应变片是一个非常低电阻的设备，通常用在一个惠斯通电桥中，这也需要一个电压激励源。

线性化 另一个常用的信号调制功能是线性化。许多传感器，如热电偶在测量的过程中有一个非线性的响应。好几种软件系统含有热电偶的、应变片的，以及 RTD 的线性化方法。

通道数目 模拟量通道输入的数目对单端的和差分输入的设备（该设备具有两种输入类型）都是指定的。单端的输入都参考一个共同的接地参考。当输入信号是高电平（大于 1V）时，通常使用这些输入，从信号源到模拟量输入硬件设备的连线比较短（小于 4 米），并且所有的输入信号共享一个公共接地。如果信号不能满足这些要求，那么就必须使用差分输入。使用差分输入，每一个输入都有其自己的接地参考；噪声误差被减弱，因为去除了共模噪声。

数字 I/O 数字 I/O 接口常常用于 PC DAQ 系统来控制工艺、产生测试模式，以及和外设的通信等。每一个例子中重要的参数包括有效的数字线数目、在这些线上接受和处理信号的速度，以及这些线的驱动能力。如果数字线用来控制事件（如开关加热器、电动机或灯），则通常不需要很高的数据处理速度，这是因为设备不能快速响应。当然，数字线的数目必须和需要控制的工艺数目匹配。每一个例子中，打开设备 ON 和 OFF 状态所需的电流总量必须小于可从这些设备获取的驱动电流的值。

在计算机和外部设备（如数据记录器、数据处理器和打印机）之间的数据传送就是一个通用的数字 I/O 应用。因为这些设备通常以一个字节（8 位）量来传递数据，所以那些插入式的 DIO 设备数据线也是 8 根一组。此外，有些具有数据能力的板子也有为同步通信所需的握手电路。通道数量、数据处理速度和握手能力都是一些重要的规格，这些规格需要理解，并和应用需求相匹配。

7.4 数据转换设备

本章节首先介绍一些基本的用于信号调制的电路，然后讨论运算放大器的基本原理。本章节关注的主要部件有放大器、调零和满量程电路，以及 A/D 和 D/A 转换器。

考虑一个实时机电一体化系统的例子，假设所要控制的输出功率具有连续性，使用一个模拟量传感器来测定，这个信号传递到 A/D 转换器。为了和数据获取系统匹配，把该模拟量信号转换成一个二进制格式。基于处理和控制算法的模型来确定输出，如果一个电液驱动器执行最后的动作，那么在接口处用一个电液伺服阀调节可变的流体功率，并产生流体功率驱动和负载界面所需的输出。在这个案例中，为了成功实现计算机控制系统，机械、电子和流体元器件的集成是必需的。

运算放大器和仪表放大器

运算放大器 放大器是一个提高电压或电流信号的电子设备，不需要改变信号的基本特征。运算放大器（op-amp）之所以称为运算，是因为在计算领域的发展初期，它主要完成数学运算。运算放大器已经逐渐成为电子线路中的基本元件，由许多制造在一个处理器芯片上的晶体管组成。因为运算放大器能在很宽的运算条件下提供精确而稳定的结果，所以它的应用日益广泛。图 7-3 所示是运算放大器的草图，描述其主要引脚。运算放大器还有高增益、高输入阻抗，以及低输出阻抗等特性。如果没有反馈，那么运算放大器就会不稳定，因为它有特别高的增益。

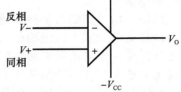

图 7-3　运算放大器的草图

运算放大器有三个引脚：反相输入、同相输入和输出。根据元件的量程和所使用的配置，可以获得不同的特征。

参考图 7-3 所示的运算放大器，各引脚的说明如下。

$$+V_{cc} \text{ 和 } -V_{cc} = \text{电源，通常的取值范围为 } 10 \sim 15V$$
$$V_o = \text{输出电压端}$$
$$V_+ \text{ 和 } V_- = \text{输入电压}$$

于是

$$A = \text{电压增益} = \frac{V_{out}}{V_{in}} = \frac{V_o}{(V_+ - V_-)} \to \infty$$
$$R_o = \text{输出电阻}(\approx 0)$$
$$R_i = \text{输入电阻}(\approx \infty)$$

运算放大器的基本特征：

● （一）反相输入端，将一个电压施加到该端子，则电压将被放大，并带有 180° 的相位差。

● （＋）同相输入端，将一个电压施加到该端子，则电压将被放大，但没有相位差。

● 电压增益非常大，以至于两输入端之间的电压差为 0。

● 输入阻抗非常大，以至于输入端没有电流。

● 输出阻抗为零。

根据这些参数，就确定了这些设备的运算特征。例如，无限输入阻抗意味着在两个输入端的输入电流均为 0。

$$I_+ = I_- = 0$$

同理，零输出阻抗意味着不管输出端的负载的大小是多少，输出信号都不会有任何损耗。

为了研究运算放大器的无限增益的效果，考虑如图 7-4所示的电路。这里输入电压 V_{in} 实际上等于两个输入端子 V_+ 和 V_- 之间的电压差。如果 V_{in} 在一个大范围内变化，那么输出电压也会随之变化，如图 7-4 所示。

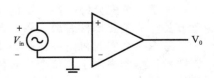

图 7-4　运算放大器的测试电路

假设本例输入的电压为 $\pm 15V$，运算放大器的电压增益等于 200000。从图 7-5 所示的输出特征来看，输出电压永远也不会超出输入电压 15V。在这个区域运作时，设备是饱和的。

但是在图中两根水平线之间的区域具有良好的线性特征，并且增益斜率为 $\left(200000\dfrac{V}{V}\right)$。这里主要考虑所需输入电压的值使运算放大器置于饱和状态，也就是 $+75\mu V$ 或 $-75\mu V$。换句话讲，输入端的电压差只需为 0.000075V 就可以使设备处于饱和状态。关于运算放大器工作在线性区域时一个非常有用的事实就是输入端的电势差接近 0（因为高的增益）。

$$(V_+ - V_-) = 0 ; \quad \therefore V_+ = V_-$$

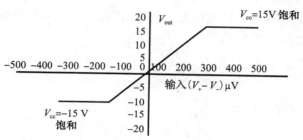

图 7-5 运算放大器的输出特性

下面就讨论有关信号调制用的基本运算放大器电路。

基本运算放大器电路 作为一个运算放大器电路的例子，我们看如图 7-6 所示的同相放大器。必须注意，该运算放大器是同相的，因为输出电压相对于地的符号和输入电压是一样的。

通常认为，输出电压是电势分配电路中取出的一部分，该电势分配电路包含串联的电阻 R_1 和 R_2。电压 V_x 是输出电压的一部分。

$$V_x = \frac{R_2}{R_1 + R_2}V_。 \tag{7-1}$$

由于此处没有电流通过运算放大器的两个输入，所以两个输入之间也没有电势差，所以

$$V_x = V_{in} \tag{7-2}$$

式(7-1)和式(7-2)相等，求解输出电压可得：

$$V_。 = \left(1 + \frac{R_1}{R_2}\right)V_{in} \tag{7-3}$$

式(7-3)可以写成电压增益：

$$\frac{V_。}{V_{in}} = \left(1 + \frac{R_2}{R_1}\right) \tag{7-4}$$

可以看出，同相运算放大器的闭环增益只与外接电阻 R_1 和 R_2 有关。引入通过电阻的负反馈已经降低了整个闭环的增益。因反馈降低了增益，就使放大器独立于运算放大器本身。

另一个基本的运算放大器电路是反相放大器，如图 7-7 所示。信号通过一个电阻 R_1 施加到反相端，同相输入端接地。结果产生一个和输入不同相位的输出。从输出中通过电阻 R_F 提供一个反馈通路，并施加到反相输入端。必须注意，由于 + 的输入端接地，那么 - 的输入端也必须接地，所以

$$V_- = 0$$

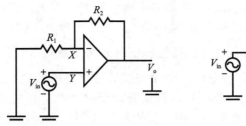

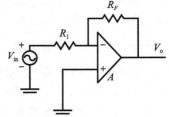

图 7-6 同相放大器   图 7-7 反相放大器

由于在电阻 R_1 和 R_F 连接处的电压为 0，并且流向运算放大器的输入电流也是 0，所以在两个电阻中的电流一定相等，于是

$$I_1 = -I_2 \tag{7-5}$$

$$\frac{V_{in}}{R_1} = -\frac{V_o}{R_F} \tag{7-6}$$

解方程(7-6)，得输出电压为：

$$V_o = -\frac{R_F}{R_1}V_{in} \tag{7-7}$$

可以看出，反相放大器的闭环增益仅取决于外部电阻 R_1 和 R_F。进一步讲，增益是负的（180°的相位移）。这是反相放大器和同相放大器之间重要的区别。在同相配置中，信号施加到运算放大器的输入端，该信号具有一个无限的输入电阻，从而信号源处没有电流产生。另一方面，在反相放大器中信号施加是通过如上所述的电阻组合，从源处产生了一个电流。最佳的结果是该电流应该有一个低输出电阻源驱动。

电流是：

$$I_{in} = \frac{V_{in}}{R_1} \tag{7-8}$$

这可以声明：

$$R_{in}\big|_{同相} = \infty \tag{7-9}$$

$$R_{in}\big|_{反相} = R_1 \tag{7-10}$$

输入电阻的不同在仪器放大器中起着非常重要的作用。

例 7-2 图 7-7 所示的电路中，$R_1 = 20k\Omega$，$R_F = 100k\Omega$，$V_{in} = 0.5V$，求 V_o。

解：

$$V_o = -\frac{R_F}{R_1}V_{in} = -\frac{100}{20}(0.5) = -2.5V \qquad \blacktriangleleft$$

调零和满量程电路 根据特殊的应用，传感器的输出信号可能需要举升到所需的水平。例如，一个压力传感器的量程是 $0 \sim 5000kPa$(绝对值)，灵敏度是 $0.001V/kPa$，并具有一个在 $0kPa$(绝对值)的输出 $1.2V$。如果该传感器用来测量一个压力范围为 $0 \sim 1000kPa$(绝对值)的压力，激发一个电压水平为 $0 \sim 5V$ 的 A/D 转换器，那么就需要对信号进行调制了。

这种情况如图 7-8 所示。为了提供 A/D 转换器所需的信号，y 轴截距及传感器输出的斜率要做出修改。对于斜率，考虑反相放大器的输出方程，从式(7-7)可知：

$$V_o = -\frac{R_F}{R_1}V_{in}$$

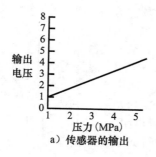

a) 传感器的输出

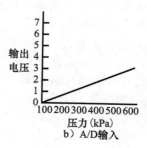

b) A/D输入

图 7-8

式(7-7)的形式是 $y = mx + b$(直线方程式),其中斜率就是右边 x 项的系数,如下式所示。

$$斜率(量程内) = -\frac{R_F}{R_1} \tag{7-11}$$

y 轴截距 b 可以通过向反相放大器添加一个第二输入获得,如图 7-9 所示。V_R 是常量参考电压,等于 y 轴截距的大小。输出可以通过考虑每一个输入并将其累加而得到,计算的结果如下:

$$V_o = -\left(\frac{R_F}{R_1}\right)V_{in} - \left(\frac{R_F}{R_2}\right)V_R \tag{7-12}$$

反相放大器的增益为 -1,增加一个反相放大器就能去除负的输出。该放大器的输出表达式如下:

$$V_o = \left(\frac{R_F}{R_1}\right)V_{in} + \left(\frac{R_F}{R_2}\right)V_R \tag{7-13}$$

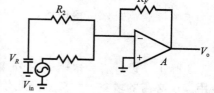

图 7-9 多输入反相放大器

作为一个调零和满量程的例子,接下来给出一个压力传感器和一个 A/D 转换器。假设 V_T 是压力传感器的输出,V_o 是放大器的输出,则传感器的输出为:

当 $p = 0$ 时,$V_T = 1.2V$,且 $V_o = 0V$。

当 $p = 1000kPa$(绝对值)时,$V_T = 1.2 + (0.001)1000 = 2.2V$,且 $V_o = 5V$。

考虑方程(7-11)中的斜率,

$$斜率 = \frac{\Delta V_o}{\Delta V_T} = \frac{5 - 0}{2.2 - 1.2} = 5 \frac{V}{V}$$

选择 $R_F = 10k$,那么对于放大器 $R_1 = 2k$,零点可能要通过方程(7-13)来设定。

$$V_o = \left(\frac{R_F}{R_1}\right)V_T + \left(\frac{R_F}{R_2}\right)V_R \tag{7-14}$$

代入 R_F 和 R_1,并使得 $R_2 = R_F$,则产生

$$V_o = 5V_T + V_R \tag{7-15}$$

当 $p = 0$ 时,式(7-15)变成 $0 = 5 \times 1.2 + V_R$,且 $V_R = -6V$。这和放大器的设计完全吻合。

仪表放大器 传感器的输出信号很少处于当前工作所需要的水平,所需的信号通常使用一种称为仪表放大器的通用放大器来获得。该放大器的增益可以通过加入一个单独的外接电

阻来精确地设定，它具有非常高的输入电阻，也具有在噪声的情况下放大小信号的能力。
图 7-10 所示为仪表放大器的示意图。

如图 7-10 所示，运算放大器 1 和运算放大器 2 是整个放大器的输入部分。运算放大器 3 是输出部分一个单位增益的放大器，它将输出信号转换到单个终端。图中所示的仪表放大器有两个输入，这对那些诸如应变片桥接电路的应用非常有用。电阻 R_G 是外接增益设置电阻。
设 $V_1 - V_2 = \Delta V_{in}$，且 $V_A - V_B = \Delta V_o$，则可以进行如下的分析：

由于保持基本关系 $V+ = V-$，通过增益设置电阻 R_G 的电流是：

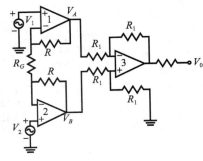

图 7-10　仪表放大器

$$I_G = \frac{V_{A_1} - V_{B_2}}{R_G} = \frac{\Delta V_{in}}{R_G} \tag{7-16}$$

运算放大器的输入电流是 0，I_G 必须通过电阻 R 和 R_G 流出，因此

$$\Delta V_o = IR = \frac{\Delta V_{in}}{R_G}(2R + R_G) = \left(1 + \frac{2R}{R_G}\right)\Delta V_{in} \tag{7-17}$$

求解该表达式，可得增益：

$$A = \left(1 + \frac{2R}{R_G}\right) \tag{7-18}$$

实际上，设计者为电阻 R 和外接电阻 R_G 选择电阻值以适应增益的要求。除了为给定的应用提供必需的增益，大多数商业化的仪表放大器也允许零设置。仪表放大器的特征是高输入电阻，并能在噪声存在时放大小的信号。

放大器肯定存在误差，诸如非线性误差、滞后误差和热稳定误差等。为仪表放大器设计的三个运算放大器的配置是一个非常受欢迎的设计，市面上已经存在具有这些特征的商业单元，其形式上表现为单块集成电路和模块化的单 IC 芯片。某些仪表放大器模块提供电源和表示 R_G 的数字编程电阻网络单元。由于这些单元的增益可以根据所连接的数据采集系统改变，所以又称之为可编程增益仪表放大器。

7.5　数据转换过程

实时环境下的数据采集系统，特别是使用微型计算机的，已经成为许多自动化制造环境中一个重要的需求。如果需要同时精确地监控多个数据，那么就必须有采样和保持设备，采样和保持设备用于保持每一个采集到的信号值，直到产生下一个脉冲。

在许多机电一体化应用中，传感器信号非常复杂，随时间变化的电压常被看作是许多不同频率和振幅的正弦和余弦波的组合，滤波过程去除部分频率的信号。某些噪声源罗列如下：

- 来自驱动器的噪声，如换向刷和继电器的触点。
- 导线的电磁干涉造成的噪声。
- 串音。

滤波用来从信号中去除某些频率波段，而使其他信号传递过去。低通滤波器具有一个波段，允许从 0 到某一水平的频率中所有频率的信号通过。高通滤波器具有一个通过的波段，允许从高于某一水平的频率，直至无限的所有频率的信号通过。而带通滤波器则减弱高频信号和低频信号，仅允许某一范围内的频率信号通过而不减弱。

在某些情况下，计算机使用一种称为多路分配器的设备同时从若干通道读取信息。多路分配器是一种开关设备，它能让每一个输入顺序采样，它还是一个数据选择器，只允许输入中的一个信号通过并到达输出端。如果需要控制实验，那么计算机必须提供模拟量或数字量的输出形式。数据采集系统需要使用模数转换器输入来自模拟量传感器感知的信息，并将数字信号发送给计算机系统。图 7-11 所示为一个使用多路分配器的模数变换采样和保持电路。

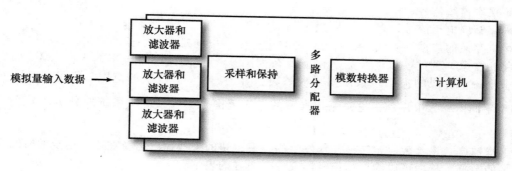

图 7-11　在模数转换环境下的多路分配器

如果所需的控制信号是模拟量（主要是控制阀和电动机），那么计算机的数字输出必须通过一个数模转换器处理。在一个计算机辅助过程控制系统中，过程控制动作指令告诉操作者，并显示在操作界面终端上。自动化的闭环过程控制系统需要感知到的数据必须处理后再决定控制动作，这个指令随后自动通过合适的驱动器来实施，主要的驱动器（除了步进电机和继电器）需要一个模拟量电压和电流来操作，因而需要将来自计算机的数字量二进制输出转换成一个模拟量输出。

实时接口处理所需的来自模数或数模转换器的数据。根据总体分析闭环控制系统，设计控制程序。在每一次取样阶段，都要执行控制算法。如果系统的带宽相对高，且采样和转换多个信号，那么必须要有高效的接口软件。

典型的控制程序可以使用高级语言、汇编语言，也可以使用可视化仿真语言来生成。在执行时间短而且非常关键的一些案例中，汇编语言非常有效。可视化仿真过程常用于实时的数据采集和控制的情况下，同时使用过程模型和传感器数据。在这些情况下，构建一些制造和工业过程的框图模型，并在一个环路的硬件和软件中使用。

7.5.1　模拟/数字转换器

虽然大多的传感器提供直接的信号输出，但很多传感器将一个动态变量转换成一个模拟量电信号，必须使用一个模数转换器（ADC）将一个模拟量电压转换成一个二进制的数字量，该过程称为数字化。

数字化　数字化是一个将连续的模拟信号打断成若干离散的台阶。转换是离散的，并在同一时间发生。模数转换器有两个端口，一个是模拟量，另一个是数字量。模拟量端包括一个全比例的参考电压(V_R)。模数转换器就在这一范围内操作。数字量端定义为寄存器的位的数目。一个 n 位的模数转换器输出 n 位二进制数,该过程包括三个功能:采样、数字化和编码,如图 7-12 所示。

模拟量输入 ──→ | 采样 | ──→ | 数字化 | ──→ | 编码 | ──→ 数字量输出

图 7-12　模数转换的功能

转换过程包括:
- 采样连续信号。
- 存储该电压信号,直到下一个采样。
- 将存储的数据转换成二进制数,通常由一个 n 位的二进制字长的输出。

将一个采样到的模拟信号数字化需要在范围 $0 \sim V_R$ 之间,对应于输入信号 V_x 的离散量,分配一个有限的振幅级数。如果模数转换器有一个 10 位字的范围,则可以表示1024 (2_{10})个不同的输入电压值。这样系统典型的电压范围是 10V,所以系统的分辨率就是 $\dfrac{10}{1024}$ V,约等于 10mV,产生的精度为 0.1%。

采样速度　该参数决定转换操作发生的频率。快的采样速度需要在一个给定的时间内获取较多的数据,从而可以给原始信号形成一个更好的表示。

分辨率　分辨率是 ADC 用来表示模拟量信号的位数。分辨率越高,被离散范围的数目就越大,从而可以测到的电压变化就越小。

图 7-13 所示为一个正弦波,以及由一个理想的 3 位 ADC 获得的数字图像。该 3 位的变换器(作为一个简单的例子)将模拟量范围分成 2^3 份,也就是 8 份。每一份表示 000~111 之间的一个二进制码。该 AD 变换器的分辨率就是位的数目,这些位用来近似地数字化表示输入的模拟量的值。可能的状态数目等于位的组合的数目,这个组合数目是由转换器来定的(也就是等于 2^n,其中 n 是位的数目)。很明显,数字化表示对于原始的模拟量信号来说,并不是一种好的表示方法,因为在转换过程中,信息已经失真了。如果将分辨率提升到 16 位,那么 ADC 的编码数从 8 上升到 65536,这样就可以获得模拟信号精确的数字化表示。

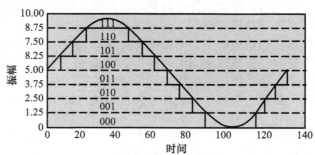

图 7-13　分辨率为 3 位的正弦波的数字化

由数字化过程产生的误差称为数字化误差。数字化误差可以大到半个数字化级间距。

$$数字化误差 = \pm \frac{1}{2}$$

举一个典型的例子，在一个 8 位的 AD 转换器中，数字化级的数目是 256，也就是 2^8。最大可能的电压信号范围是 $0\sim10\mathrm{V}$，所以分辨率就是 $\frac{10}{256}$ 或 $0.0391\mathrm{V}$，其数字化误差 = $0.0195\mathrm{V}$。同理，在一个 12 位的 A/D 转换器中，其参考电压为 10V，能够表示模拟量电压的范围是从 $0\sim10\mathrm{V}$ 之间的 2^{12} 个不同的二进制数值。

选择一个 A/D 转换器，主要的需求就是分辨率、所需的电压范围，以及转换速度。

$$V_X = V_R(b_1 2^{-1} + b_2 2^{-2} + \cdots + b_n 2^{-n}) \tag{7-19}$$

其中，V_X = 模拟电压输入；V_R = 参考电压；b_1，b_2，$\cdots b_n$ 是 n 位数字输出。

V_X 最小为 0，最大由二进制位的大小确定。对于 8 位的字长，$V_{max} = V_R(2^{-1} + 2^{-2} + 2^{-3} + 2^{-4} + 2^{-6} + 2^{-7} + 2^{-8}) = 0.9961V_R$。

分辨率 变换分辨率可由最小可能的变化区分，记为 $\Delta V = V_R 2^{-n}$（近似地），也是最小的可能输出的电压。例如，如果是 5 位的，参考电压是 10V，那么 $\Delta V = 10(2)^{-5} = 0.3125\mathrm{V/bit}$。

例 7-3 试找出将 6.434V 的输入电压通过一个参考电压是 10V 的 5 位 A/D 转换器转换而成的二进制数。

$$V_X = V_R(b_1 2^{-1} + b_2 2^{-2} + \cdots + b_n 2^{-n}) = \pm \frac{6.434}{10} = 0.6434$$

解： 使用连续的逼近方法，每一个乘法的结果将具有一个小数部分和一个整数部分，整数部分不是 0 就是 1，这就能确定该位是 0 还是 1。第一次乘法得到最高有效位（Most Significant Bit，MSB），而最后一次乘法得到最低有效位（Least Significant Bit，LSB）。

$$0.6434 \times 2 = 1.2868, b1 = 1$$
$$0.2868 \times 2 = 0.5756, b2 = 0$$
$$0.5756 \times 2 = 1.1512, b3 = 1$$
$$0.1512 \times 2 = 0.3024, b4 = 0$$
$$0.3024 \times 2 = 0.6048, b5 = 0$$

所以其输出为 10100_2。

例 7-4 确定一个转换器必须有多少位才能提供一个小于 0.02V 的增量输出，参考电压是 10V。

$$\Delta V = 0.02 = 10 \times 2^{-n}$$

解： 取对数

$$\log(0.02) = \log(10 \times 2^{-n})$$
$$\log(0.02) = \log(10) - n\log 2$$
$$n = \frac{\log(10) - \log(0.02)}{\log 2} = 8.96$$

$n = 9$ 就满足要求了。可以验证：$\Delta V = 10(2)^{-9} = 0.0195\mathrm{V}$。

例 7-5 一个由数字信号驱动的电动机，其速度变化率为 200 转/分/伏特，5V 时是最小 rpm，而 10V 时为最大 rpm。找出最小的速度字、最大速度字，以及每 1 个位的变化产生的速度变化。变换器的位数为 5 位，参考电压 15V，数字/模拟转换器如图 7-14 所示。

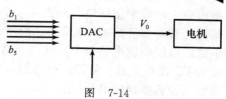

图 7-14

解：最小的速度是在 5V 的时候。

$$V_o = 5 = 15(b_1 2^{-1} + b_2 2^{-2} + \cdots + b_5 2^{-5})$$

$$0.3333 = (b_1 2^{-1} + b_2 2^{-2} + \cdots + b_5 2^{-5})$$

通过使用连续近似法，可得：

$$b_1 = 0$$
$$b_2 = 1$$
$$b_3 = 0$$
$$b_4 = 1$$
$$b_5 = 0$$

最小的速度输出 $= 01010_2$

最大的速度是在 10V 的时候。

$$V_o = 10 = 15(b_1 2^{-1} + b_2 2^{-2} + \cdots + b_5 2^{-5})$$

通过使用连续近似法，可得：

$$\text{最大的速度输出} = 10101$$

$$1 \text{ 个位的改变造成的电压变化} = \Delta V = V_{ref}(2)^{-n} = 15(2)^{-5} = 0.469V$$

$$1 \text{ 个位的改变造成的速度变化} = \Delta S = 0.469V \times 200rpm/V = 93.8rpm$$

采样间距 ΔT 基本上由所控制的系统的带宽确定。在典型的工业驱动系统中，惯性负载相对比较大，一般的带宽是 $10 \sim 100HZ$。使用采样原理，采样时间 T 大约需要在 $0.01 \sim 0.001$ 的级别。商品化的 A/D 转换器的采样速率高达几百兆赫兹。 ◀

量程 量程是指 ADC 所能数字化的最小和最大电压区间范围。DAQ 设备提供可选择的范围，所以该设备可配置以处理很多的电压水平。有了这个特性，你可以根据 ADC 的量程来匹配信号量程，发挥现有测量分辨率的优越性。

码宽 DAQ 设备现有的量程、分辨率和增益决定了最小的可测定的电压变化。这个电压变化表示数字化值的最不重要位（LSB）的值，通常也称作为**码宽**。理想的码宽可以通过计算获得，将电压量程除以增益，再乘以 2 的多少次方，次方数由分辨率中的位数确定。

模拟输入的关键考虑 虽然基本规格说明可能显示一个 DAQ 设备具有 16 位分辨率的 ADC 和 100kHZ 采样速率，但你不可能在 16 个通道上全速采样，并且获得全部的 16 位精度。例如，如今市场上有些产品写着 16 位 ADC，但实际上只能有不到 12 位的有效数据。在评估 DAQ 产品时，还要考虑微分非线性、相对精度、测量放大器的趋稳时间，以及噪声等。

趋稳时间 趋稳时间是指一个放大器、继电器或其他电路达到一个稳定的操作状态所需的时间。当以高的增益和高的速度在几个通道采样时，大多数的仪表放大器不会趋稳。这种情况下，仪表放大器很难追踪到输入信号的多路开关之间大的电压差。通常，增益越高，通道开关时间越快，仪表放大器趋稳越少。

噪声 DAQ 设备的数字化信号中出现的任何不想要的信号就是噪声。因为 PC 是一个噪声较大的数字化环境，所以在一个插入型设备上采集数据要由有经验的模拟电路设计师仔细设计布局多层的 DAQ 设备。简单地将一个 ADC、仪表放大器和总线接口电路放置在一个单层或双层印刷电路板上，往往会造成一个噪声非常大的设备。设计者可以使用金属屏蔽罩在 DAQ 设备上减少噪声，合适的屏蔽不仅需要加在 DAQ 的敏感的模拟电路部分，而且还要植入设备接地的夹层里。

触发器　许多 DAQ 应用需要根据一个外部的事件来启动或停止 DAQ 的操作。数字量触发器根据外部数字脉冲同步采集和产生电压，模拟量触发器通常用于模拟量输入操作，当一个输入信号到达一个特定的模拟电压水平和斜率极性时，启动或停止 DAQ 的操作。

另一个要重点考虑的是模拟量输入通道的数量。在多通道 A/D 系统中，处理器通过编程确定哪一个模拟量通道来转换序列中的下一个信号，当多个模拟量信号输入通道都要求转换时，A/D 转换器就要共享，或者采用多路选择方法在每一个通道上来顺序采样并转换成电压。

7.5.2　连续近似类型的 A/D 转换器

如图 7-15 所示的连续近似类型 A/D 转换器是一种比较普遍的 A/D 转换器类型。采用试错法估计输入 A/D 转换器的输入电压，该电压是需要转换的电压。时钟输出产生的脉冲以二进制形式记数，D/A 转换器将其转换成模拟电压，电压比较器用来比较时钟产生的电压和传感器的输入模拟电压。在这一类型的 A/D 转换器内，产生一系列的已知模拟电压，并和输入电压比较。当传感器获得的输入模拟电压等于时钟产生的电压时，时钟的脉冲就停止。输出的记数就表示从传感器得到的输入模拟量的等价数字量。

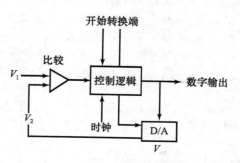

图 7-15　A/D 转换（连续近似转换）

图 7-16 所示的快闪类型的模数转换器速度非常快，该转换器由一组输入比较器组成一个输入，这些比较器并行作用，并且每一个比较器都有一个模拟输入电压。锁存的输出是数字化形式的。编码转换器包含一些组合逻辑电路，对模拟量输入电压来说，所有的这些比较器，如果哪个模拟电压大于参考电压，那么就产生一个高电平输出，而那些低于参考电压的就输出一个低电平。

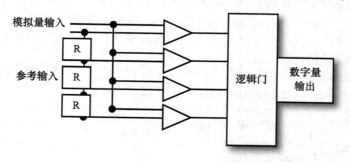

图 7-16　A/D 转换（快闪转换）

数模转换器将数字信号重新构建成时间连续的模拟信号，从而用来驱动或显示，有些用在机电一体化硬件领域的设施是模拟量设备（如电磁阀和液压阀）。为了用计算机驱动这些设备，计算机输出信号必须转换成模拟量信号。D/A 转换器类似于一个数字化控制的用于标定操作范围的电位计，D/A 转换器通常包含一个精确的参考电压、带有开关的不同权重的电阻网络，（这些开关根据数码系统里的字的变化响应而开闭），以及运算放大器。

使用软件技术的 D/A 转换需要由微机产生一系列脉冲来表示数字化信息，然后这些脉冲应用到一个电阻电容网络，将数字化数据转换成平均的 DC 信号。对于高速转换应用，这样的 DA 转换技术必须特殊设计，通过使用硬件来实现高速的转换单片 DA 转换器也常用在机电一体化设备中。

7.6 应用软件

为了使 DAQ 硬件能与计算机协调工作，需要有相应的应用软件。应用软件可以在 DAQ 硬件上直接注册，也可以用低级软件驱动软件包，以及 DAQ 硬件上开发一个高级的应用来注册来自硬件的数据。另外，还有一些商业应用软件（如 MATLAB、LabVIEW、VisSIM 等）提供一个界面来编写程序实现如下功能。

- 按所需的采样速度采集数据。
- 分析和显示采集到的数据。
- 将数据存储到磁盘或从磁盘中取出。
- 将不同的 DAQ 板集成到一个计算机上，并在同一个用户界面上使用不同的 DAQ 板的功能。

本书中讨论的应用软件有 LabVIEW 和 VisSIM，这些软件广泛应用于仿真和数据采集及控制平台。本章先介绍几个实验室的例子，而第 8 章则介绍几个工业应用案例。

7.6.1 LabVIEW 环境

LabVIEW 是实验室虚拟仪器工程工作平台（Laboratory Virtual Instrument Engineering Workbench）的英文缩写，也是一个图形化的编程语言，使用图标而不是语句行来创建应用。和文字编程语言如 C、Pascal 或 BASIC 不同，它们是由指令确定程序执行，LabVIEW 使用数据流编程，由数据流确定程序执行的先后顺序。

使用 LabVIEW，可以在一个图形环境下利用有效的用户界面开发程序。简化计算机和仪器仪表之间的交互任务，从而提供一种简单的方法来采集、存储、分析和传递数据。

LabVIEW 可以在运行微软 Window 的 PC 上、MAC OS 的苹果机、SUNSPARC 工作站，以及 HP9000/700 系列工作站上工作，创建的程序与所需创建的机器类型无关，所以程序可以在不同的操作系统之间传递。

虚拟仪器（Virtual Instrument，VI） LabVIEW 程序也称作虚拟仪器（VI），VI 具有三个主要部分：前面板、框图和图标连接器（如图 7-17 所示）。

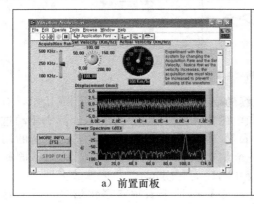
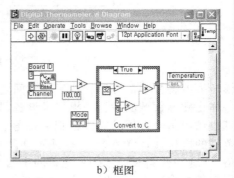

a）前置面板   b）框图

图 7-17 重力测量系统

前面板　前面板提供一个使用 VI 的用户界面，它模拟一个真实仪表的操作面板。通过前面板，用户可以控制程序、改变输入和观察结果输出。在 LabVIEW 环境下，输入称作控件（Control），输出称作指示器（Indicator）。

控件模拟仪表的输入机制，给 VI 的框图提供数据。指示器模拟仪表的输出机制，并显示框图所需的数据或产生的数据。前面板窗口有一个控件库和指示器库。控件包括旋钮、按钮、拨盘和其他输入机构。指示器包括图形、LED 指示灯和其他的输出显示。每一个前面板的控件或指示器都能在框图上找到相应的接线端。

框图　框图包含的源代码，也称作是 G 代码或框图代码，它是由图形代表示的控制前面板对象函数来创建的。框图窗口有丰富的函数库，控件、函数和指示器用线连接起来定义数据流。

基本的框图对象包括：

接线端　接线端表示控制或指示器的数据类型。前面板对象默认表示为图标接线端，但是也可以在前面板上配置控件和指示器显示为框图中的一个图标。接线端是前面板和框图之间交换信息的入口和出口。

节点　节点是具有输入和输出，以及在 VI 运行时执行运算的对象，它们模拟文本编程语言里的声明、算子符号、函数和过程。函数 Add 和 Subtract 就是两个节点的例子。

连线　数据在框图的对象间传输是通过连线来实现的。每一根连线只有一个数据源，但是你可以将该线连接到多个 VI 和函数来读取数据。

结构　结构是文本编程语言中的循环和 CASE 语句的图形表示。将它们用在框图中，实现反复执行代码块，以及有条件的执行代码，或按某一特定的顺序执行。

图标/连接器　图标/连接器用来将 VI 转入一个可以用作子过程的对象。图标表示 VI 框图中的其他 VI（如图 7-18 所示）。

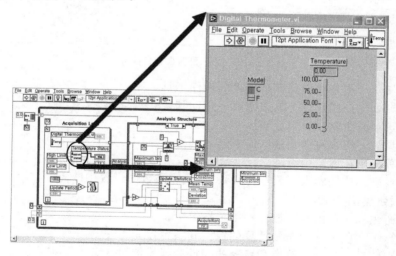

图 7-18　使用图标/连接器的框图

工具条　前面板和框图窗口都有一个工具条，工具条中有控制 VI 的控件按钮和状态指示器。

前面板工具条

- 运行按钮——点击此按钮就执行 VI。
- 中断运行——代替运行按钮，指示 VI 发生错误。点击此按钮列出错误信息。
- 继续运行——点击此按钮，继续执行 VI。
- 退出执行——当 VI 正在执行时，显示此按钮，按下就能停止 VI 的执行。
- 暂停按钮——本按钮暂停执行。如要继续执行，就需要再按一次此按钮。

框图工具条　这些是工具条上除了上述的按钮之外的其他按钮。

- 高亮执行——在调试时观察数据流。
- 单步进入——帮助步入循环、结构、函数或节点。
- 跳出程序——帮助步出循环、子 VI，或其他框图循环节点。

调色板　LabVIEW 使用图形化的浮动的调色板来帮助创建和操作 VI。三个调色板包括：**工具、控件和函数调色板**。你可以使用浮动的工具调色板里的工具来创建、编辑和调试 VI。

工具调色板（见图 7-19b）

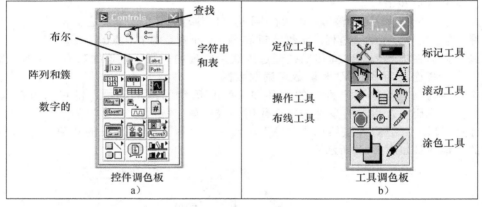

图 7-19　控制和工具调色板

- 操作工具——用来操作前面板控件的操作工具。
- 定位工具——使用定位工具来选择、移动和调整对象的大小。
- 标记工具——用它在标记上输入文字。
- 连线工具——用来将框图中的对象连接起来。
- 滚动工具——在窗口中滚动。
- 断点工具——使用断点工具在子 VI、连线和函数中设置中断点。

控件调色板（见图 7-19a）

- 数字子调色板——由数字控件和指示器组成。
- 布尔计算子调色板——布尔计算的控件和指示器。
- 字符串和路径——由字符串和路径的控件和指示器组成。
- 阵列和簇——由一组数据类型组成的控件和指示器。
- 列表和表格——为列表和表格设置的控件和指示器。
- I/O 子调色板——从系统的仪表和数据采集硬件上读取数据的控件和指示器。

函数调色板（见图 7-20）　框图是用函数调色板创建的，并只有在活动的框图窗口中才有效。

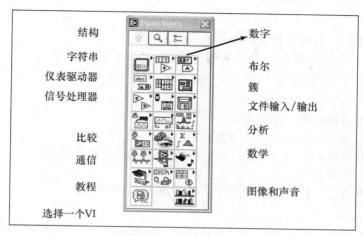

图 7-20　函数调色板

- 结构子调色板——由循环和顺序结构的编程控制结构组成。
- 字符串调色板——包含创建和操作字符串的函数。
- 字符串——包含创建和操作字符串的函数。
- 阵列调色板——包含创建和操作阵列的函数。
- 簇调色板——包含创建和操作簇的函数。
- 时间和对话框调色板——包含对话框窗口、定时和错误处理的函数。
- 数据采集调色板——执行模/数 I/O 信号调制的 VI。

LabVIEW 具有扩展的函数和过程库，这对大多数的编程任务有帮助，而无需使用传统编程语言常用的指针、内存分配和其他的编程问题。LabVIEW 还包含特定的应用编码库、如数据采集、GPIB、串行仪表控制、数据分析、表达和存储。分析库包含的函数有信号生成，有信号处理、滤波、窗口、统计、回归、线性代数和阵列算法。由于它本质上是图形，所以它输出的形式都是图表、图形和用户定义的图片。

过程

选择对象

- 当将工具定位在对象上面时，点击鼠标左键。
- 如要一次选择多个对象，则按住＜Shift＞键＋点击。
- 为了选择多个对象，点击并拖动一个虚线框包围住所要选定的对象。

移动对象

- 使用定位工具点击对象，将它拖动到指定的位置。
- 选择对象，按方向键移动，按下＜Shift＞＋方向键移动更快。
- 如要移动一组对象，则选择多个对象，并将它们拖到指定的位置。

删除对象

- 选择一个或多个对象，选择菜单 Edit(编辑)下的 Clear(清除)命令。
- 选择一个或多个对象，按 Delete 键。

复制对象

- 选择编辑菜单下的拷贝和粘贴命令。
- 选择对象，并按住<Ctrl>键，将其拖动到一个新的位置。
- 选择对象，将其拖动并丢到另一个 VI 中去。

标记对象

- 共有三个自由标记和 3 个拥有标记。
- 拥有标记归属于并随着特定的对象移动。
- 自由标记并不粘在任何物体上。可以独立创建、移动和处理它。
- 使用标记工具创建标记。
- 在任何地方点击，输入所要的文字，然后点击 Enter 按钮。

改变字体和大小

- 使用工具栏里的文字设置工具，你可以改变物体的字体、类型和尺寸。
- 字号(9~39)变小：<Ctrl>+<−>变大：<Ctrl>+<=>。
- 形式：正常、粗体、斜体等。
- 调整对齐：左对齐、居中及右对齐。
- 颜色。
- 字体：Times New Roman 等。

定位和删除

- 使用定位工具点击选择连线。
- 删除线，选择断开连线。
- 按下<Del>键。
- 从 edit 菜单下选择去除坏的连线。

7.6.2 LabVIEW 应用

例 7-6 来自光感应器的模拟量输入

本例观察从一个自光感应器获取一个输入的过程，如图 7-21 所示。

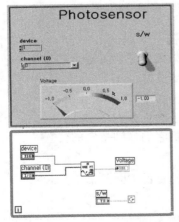

采样通道 VI

图 7-21 光感应器的前面板(例 7.6)

解： 由单点光感应器产生的电压通过一个 DAQ 设备处理，单点模拟量输入从输入通道读取该值。在数据采集调色板上找到的模拟量输入调色板，这里包含处理单点采集的 VI。模拟量输入 AI 采样通道 VI 就是用作单点采集的，也就是它将一个模拟信号的单个样品添加到一个特定的通道，并返回所测的电压。VI 的两个输入分别是：（1）带有 DAQ 设备号的设备；（2）指定模拟量输入通道号的通道。

例 7-7 使用 K 型热电偶的温度测量

温度是一个在标准刻度上、以度为单位表示的一个样本物质粒子的平均动能的测定措施。可以用许多不同的方法测量温度，而这些方法的设备费用和精确度都各不相同。热电偶是其中一个最常用的测定温度的传感器，因为它们相对便宜，而且精度高，可以在很大的范围内测定温度。

解： 无论何时，两个不同的金属接触，并且接触点产生一个小的开路电压作为温度的函数，就可以创建一个热电偶，这种热电电压被称作塞贝克电压，该电压和温度是非线性关系。然而对于微小的温度变化，电压可以近似成线性。

目前市场上已有多种热电偶，根据美国国家标准研究所的规定，不同类型的热电偶用大写的字母表示它们的组成。例如，K 型（**铬镍铝镍热电偶**）是最常用的通用热电偶，其灵敏度大约为 $41\mu V/℃$，不贵，在 $-200～+1350℃$ 范围内，有很多的探头可供使用。其他类型的热电偶包括 B、E、J、N、R、S 和 T。为了测量一个热电偶的塞贝克电压，你不能简单地将热电偶连接到一个电压表或其他的测量系统，因为将热电偶连接到测量系统的电线会产生额外的热电电路。因此有必要设置一些形式的温度参考来补偿处理这些不需要的寄生的冷接线电电路。最通用的方法就是使用直接读取温度传感器来测量在参考连接点处的温度，然后减去**寄生冷接线电压**。这个过程称为冷接线补偿（Cold Junction Compensation，CJC）。

这里讨论的例子使用了一个 K 型热电偶，并使用 NI cRIO 9004 和 NI 9211 I/O 系统交互。NI 9211 I/O 具有 10 个接线端，可分离的螺丝接头为四个热电偶输入通道提供连接点，还有一个内置的 CJC 传感器。图 7-22 所示为其前面板，图 7-23 所示为温度测量的框图。

FPGA前面板

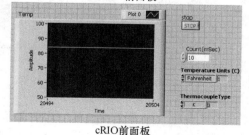

cRIO前面板

图 7-22 温度传感器的前面板（见例子 7.7）

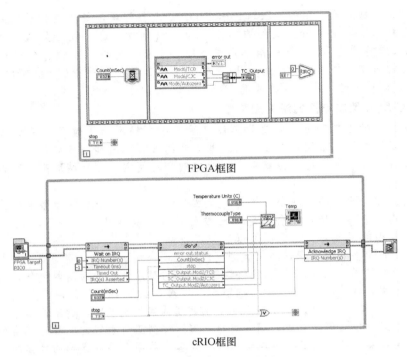

FPGA框图

cRIO框图

图 7-23　温度传感器的框图（见例 7.7）　◀

例 7-8　波形输入

在许多应用中，一次从一个点采集信息可能不够快速，并且，很难在每个点之间获得一个常量采样间距，因为采样间距关联很多因素：循环的执行速度、软件监控调用等等。使用 AI 波形采集 VI，你就可以多点采样、速度远大于单点 AI VI 采集所能达到的速度，并且 VI 还能接受用户定义的采样速度。

解： 如图 7-24 所示，本实验的模拟量输入通道连接了一个输出正弦波函数生成器。

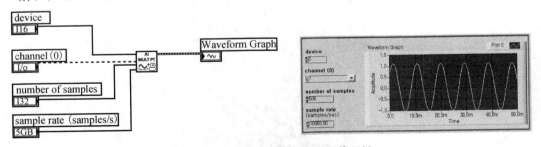

图 7-24　波形输入 VI 的框图和前面板　◀

例 7-9　使用应变片的重力测量系统

在应力或应变的情况下，应变片是一种重要的仪器。本例显示如何使用应变片来测量铝合金梁的位移-应力关系。这里两个应变片贴在了一根 15cm 长的铝合金梁的两边。将一个已知的重力施加到梁的末端，由于重力作用，梁存在变形，虚拟仪器 VI 监测应变片的应力信号，外接桥电路用来测量应变片，从电源外接的电压源用于应变片的激励电压。图 7-25a 所示为前面板，图 7-25b 所示为重力测量系统的框图。

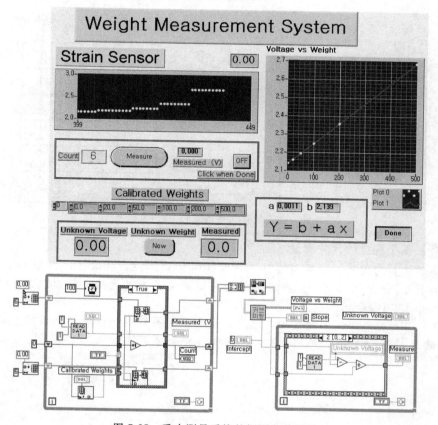

图 7-25 重力测量系统的框图和前面板

解： 首先，系统的标定通过使用 5 个不同的已知重力来完成，虚拟仪器 VI 采集了输入信号，并画出了重力和电压的关系图。标定后，用户试着将一个未知的质量块施加到系统，虚拟仪器 VI 显示质量块的重力大小。该实验提供了一个标定、曲线拟合和测量的例子。 ◀

例 7-10 使用 LabVIEW 测量表面质量

在制造精密零件的质量控制中一个重要的部分就是监测完成加工的零件的表面质量，更具体点，就是测量表面粗糙度。传统的测量技术通常需要和被测物体的表面接触，这样有可能会破坏已经加工好的表面。通过表面接触来评估表面粗糙度需要使用尖针设备，该设备在样本上划过以探测并记录下表面的不规则性。与使用尖针的接触检测方法相比，非接触式的光学技术可以提供同样的信息，但是速度更快，而且是非接触的、柔性的方式。

解： 一个非接触的激光探头可以提供被测表面的光学信号，探头包含一个激光发生器和一个光感应器，光感应器可以提供和表面质量数据成正比的校正电信号。

图 7-26 所示为使用该仪器的 LabVIEW 图，显示了测量表面粗糙度的虚拟仪器的前面板。

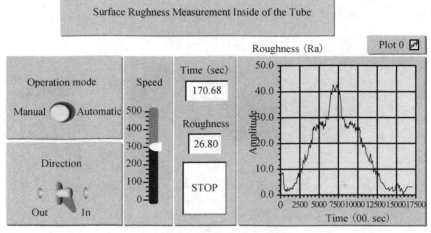

图 7-26　表面质量测量系统的 VI 操作面板图

例 7-11　基于视觉的尺寸测量

本例显示了如何使用视觉系统测量一个零件的尺寸。例如，选择一个塑料引线槽（建筑中放导线的管子）作为产品例子。需要测量的关键尺寸是槽的宽度，可以使用 LabVIEW 程序，以及一个 IMAQ 视觉模块。

解：图 7-27a 所示为程序的框图，使用数码相机获得的图形通过一个数据采集设备输入到 IMAQ 软件，然后使用 CLAMP 函数，这样就得到了两条边之间的距离。CLAMP 函数

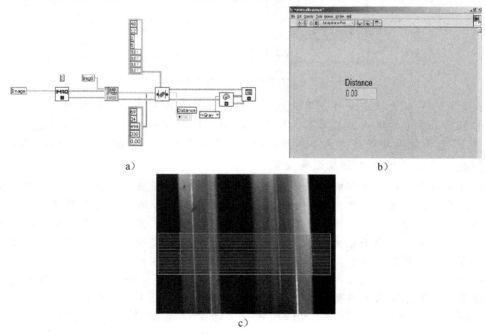

图 7-27　基于视觉的尺寸测量系统

在一个感兴趣的区域（region of interest）内，基于设定的参数测量了水平方向的距离，设定的参数包括测量的距离是水平的还是竖直方向的、图像对比度、线距等。VI 的前面板如图 7-27b 和 c 所示，给出了通过 IMAQ 软件处理过的数码图像，通过使用加强的感兴趣的区域（Region of Interest）得到了两条边之间的距离。　◀

例 7-12　使用霍尔效应传感器测量电动机轴的角向位置

理解硬件级和软件级的传感器输出信号调制是很重要的。第三章涵盖了霍尔传感器的结构明细，给出了霍尔传感器低电压输出信号是如何使用微分放大器进行放大，然后使用施密特触发器将线性的输出信号转换成数字信号。现在让我们使用 LabVIEW 创建一个逻辑，该逻辑从 PM DC 齿轮电动机（型号为：IG420049-SY3754）内置的霍尔传感器中获取数字信号，并将它转换成工程单位（弧度）。

解： 从第三章的讨论中得知，如果状态 A 或状态 B 发生变化，那么电动机则按同样的方向旋转，我们必须将电动机的位置记数增 1，否则如果电动机按相反的方向旋转，那么就将电动机的位置记数减 1。设电动机按逆时针方向旋转为正方向，如果状态 A 和前一个状态 B 不同，则就需要将计数器增加 1；如果状态 A 和前一个状态 B 相同，则就需要将计数器减 1。根据这种讨论，我们使用 LabVIEW 8.5 开发了 FPGA 逻辑来记数电动机轴的旋转，如图 7-28 所示。

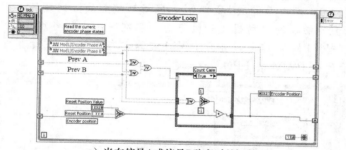

a) 当在信号A或信号B改变时的记数

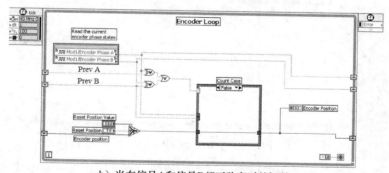

b) 当在信号A和信号B都不改变时的记数

图 7-28　电动机轴角向位移测量的框图

如图 7-28a 所示，无论何时状态 A 或者 B 发生改变（也就是当前状态 A 和前一个状态 A 不同），计数器"编码器位置"（Encoder position）根据当前状态 A 和前一状态 B，来增 1 或减 1。如果当前状态 A 和前一个状态 B 相同，那么计数器编码器位置（Encoder position）增 1，否则就减 1。图 7-28b 所示的计数器编码器位置（Encoder position）既不增 1，也不减 1，因为状态 A 或 B

没有改变。这个逻辑将用于第八章所述的 PM DC 电动机系统的实时接口。

例 7-13 PM DC 齿轮电动机位置控制系统的 PI 控制器的输出脉冲宽度调制（PWM）

　　根据电动机轴位置的测量值和目标值之间的误差，PI 控制器决定施加给电动机的电压。假设我们将使用一个常值电压源（24V DC），必须开发一些措施来调制电源。通过使用 NI cRIO 9004，以及面向 NI IO 9505 模块的 FPGA 逻辑可以实现。NI 9505 模块是一个全 H 型桥伺服电动机驱

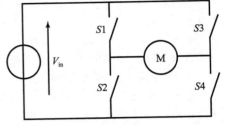

动，可以将一个电压以任意方向施加到 DC 电动机上。图 7-29 所示为基本的 H 桥电路（见图 7-29）。当开关 S1 和 S4 闭合，S2 和 S3 打开时，一个正的电压将被施加到电动机上。另一方面，打开 S1 和 S4 开关，闭合 S2 和 S3，电压就被反向了，使电动机反转。

图 7-29　H-桥接电路

　　解： NI 9505 IO 模块是一个内置的硬件逻辑，通过变量名 motor 和 drive direction 包含两个信号。如果变量 motor 的信号置为 1，那么将打开另一对开关 S1 和 S4，或者将打开另一对开关 S2 和 S3。如果变量 motor 的信号置为 0，那么四对开关全部打开。如果变量 drive direction 的信号置为 1，将打开开关 S1 和 S4，电动机按一个方向旋转。如果该信号置为 0，则打开开关 S2 和 S3，电动机按相反方向旋转。因此根据 PI 计算得出的正负电压，我们能够改变电动机旋转的方向。现在另一个任务就是改变施加给电动机的电压值。通过产生一个 PWM 信号，并且 PWM 波的占空比是由 PI 计算得出的电压值确定。图 7-30 所示为用于产生 PWM 的 FPGA 逻辑。

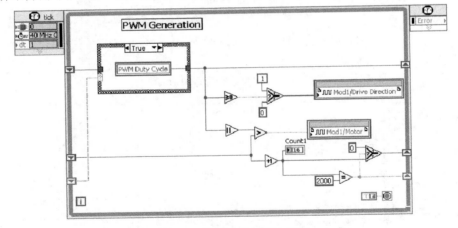

图 7-30　PWM 的 FPGA 逻辑

　　从图 7-30 可以看出，如果 PWM 波的占空比大于或等于 0，那么给变量驱动方向（drive direction）的信号设置为 1，否则设置为 0。NI cRIO 9004 FPGA 内置有 40MHZ 的时钟，因此图 7-30 所示的循环每 1/40MHZ＝25ns 就执行一次，所以每 25 纳秒计数器 Count 1 加 1，当计时器等于 2000 时，重新置 0。这样 PWM 的周期是 25 * 2000＝50μs。如果 PWM 占空比的绝对值大于计数器值，那么变量 Motor 设置为 1，否则设置为 0。

　　例如，如果 PID 计算一个 12V 的电压值，该电压值对应的 24V DC 电源的占空比是 50％，使用 1000 个滴答的计数器，使其达到最多 2000 次。变量 Motor 的值在前 25us 内设

置为 1,在剩余的 $25\mu s$ 变成为 0(也就是开关 S1 和 S4 被打开,开关 S2 和 S3 保持开 $25\mu s$,给电动机提供 24V 电压,按正的方向;在随后的 $25\mu s$ 内,所有的开关都是开的,并给电动机提供 0V 电压)。因此在整个周期 50us 内的电压为 $(24×25+0×25)/50=12V$。 ◀

7.6.3 VisSim 环境

VisSim 是一种基于框图的仿真语言,设计用来帮助(连续的和离散的)系统分析和设计、控制、数据采集和系统监控。由于 VisSim 的图形本质,不需要任何编程语言的经验。使用图形化编辑器就能将应用构建成基于时间的框图。框图可能包含几种类型的函数,如基本数学函数(算术、三角函数和代数)、布尔运算、积分、延时和查表。

构建应用后,该图可以经过一个指定时间阶段(时间范围)的仿真。在仿真过程中,该模型在一个巨大的 do loop 循环里执行,其中时间直接和循环计数器成正比。在循环的每一次迭代过程中所耗的时间量通常是个常数,称作 TimeStep(时间步)或简称仿真 Step(步)。图形可以按两种模式来仿真:仿真时间与实际时间。

在仿真时间方案里,模型中逝去的一秒并不是实际时间的一秒(实际时间是我们生活中的时间,用手表测定的时间)。模型中的速度是计算机处理器和模型复杂度的一个函数。例如,一个 AC 电动机的模型必须使用特别小的 TimeStep(通常是 0.1 毫秒)来解决,这样好像比实际时间走得慢好多。另一方面,一个飞机飞行轨迹的模型可以用一个相对大的 TimeStep,从而得出一个比实际时间还要快的方案。比实际时间快的仿真模型可以受迫仿真实际时间(通常这个选择是通过一个开关或标记来实现),只要在每一步加入一个固定的延时(等待时间)。

这种性能称为框架下操作,因为需要用来求解模型的时间少于实际时间。另一方面,仿真时间慢于实际时间的模型永远不能受迫按实际时间仿真,除非它们一开始就简化并快速运行。这种性能就称为超框架,因为需要用来求解模型的时间超过了实际时间。模型时间基准不能和实际时间同步,且会不断地落后于实际时间的时钟。

无论何时,将一个积分器或时间延时块用在一个模型中,你必须明白有一个潜在的危险,就是该模型会变得不稳定。有好多你可以做的事情来最小化潜在危险,但是首先就是通过一个例子来检测模型的稳定性。

考虑一个微分方程:

$$x_{k+1} = 0.5x_k \quad 且 \quad x_0 = 1 \tag{7-20}$$

方程(7-20)的几次迭代结果如表 7-2 所示。

从表 7-2 的结果可以看出,求解方案的一个封闭形式的表示可以如下创建

$$x_k = (0.5)^k x_0 \tag{7-21}$$

在方程(7-21)中,数字 0.5 称为一个极点(也称为一个特征根)。系统的响应速度或时间常量由系统的极点的值来控制。对于离散时间系统,当极点的幅值接近 1 时,响应速度变慢。当极点的幅值接近 0 时,响应速度变快。对于连续时间系统,当极点的实数部分接近 0,但仍旧保持负值时,响应速度变慢。当其变得大了,但仍旧保持负值时,响应速度变快。

稳定方程就是一个在受到**扰动**后返回一个有限的或有界条件的方程。将一个扰动施加到一个方程的方法是通过初始条件,如方程(7-21)的初始条件 $x_0=1$,随着 $k→∞$,x_k 趋于 0。

表 7-2 方程(7-20)的迭代结果表

k	x_k	x_{k+1}
0	1	0.5
1	0.5	0.25
2	0.25	0.125
3	0.125	0.0625
4	0.0625	0.03125

这就是一个稳态响应。现在把极点提高到一个值 2，任何非零初始条件下，方程(7-21)的几次迭代显示 x_k 值不断升高，这就是一个不稳定响应。

对于一个稳定的离散系统，所有系统的极点的值必须 <1。

一个通用的非线性微分方程如式(7-22)所示。

$$\dot{x}(t) = X(x(t), u(t))$$

其中

$$x(t) \equiv 状态 \quad 和 \quad u(t) \equiv 输入 \tag{7-22}$$

在某个特定时刻 t_1，方程(7-22)可以使用前述的泰勒级数展开法线性化。

$$\dot{x}(t) = Ax(t) + Bu(t); \quad A \equiv \frac{\partial X}{\partial x}\bigg|_{\substack{x=x(t_1) \\ u=u(t_1)}} \text{ 和 } B \equiv \frac{\partial X}{\partial u}\bigg|_{\substack{x=x(t_1) \\ u=u(t_1)}} \tag{7-23}$$

A 矩阵的特征根对应于系统的极点。当在计算机上求解一个微分方程时，它用常规的时间间隔点来求解，每一个时刻用一个 TimeStep 分开 Δt 秒。我们展示两种常用的离散近似法：前进欧拉法和后退欧拉积分法。下面将详述该方法的效果，以及如何为一个通常的方程（这里就用方程(7-23)为例）的稳定性选择 TimeStep。

使用前进欧拉法求解方程(7-23)。

$$x_{k+1} = x_k + \Delta T \cdot \dot{x}_k$$
$$x_{k+1} = x_k + \Delta T A x_k + \Delta T B u_k$$
$$x_{k+1} = x_k(I + \Delta T A) + \Delta T B u_k$$

未受迫响应：$x_{k+1} = (1 + \Delta TA)^k x_0$

稳定性需求：$|I + \Delta TA| < 1$

如果 A 是稳定的：$\Delta T < 0$，其中 $|A|$ 是最大极点 A 的实数部分。

使用后退欧拉法求解方程(7-23)。

$$x_{k+1} = x_k + \Delta T \cdot \dot{x}_{k+1}$$
$$x_{k+1} = x_k + \Delta T A x_{k+1} + \Delta T B u_{k+1}$$
$$x_{k+1} \approx (I - \Delta TA)^{-1} x_k + \Delta T (I - \Delta TA)^{-1} B u_k$$

未受迫响应：$x_{k+1} = (I - \Delta TA)^{-k} x_0$

稳定性需求：$|(I - \Delta TA)^{-1}| < 1$

如果 A 是稳定的：$\Delta T > 0$，其中 $|A|$ 是最大极点 A 的实数部分。

通常，人们处理稳定的 A 矩阵，意指所有的极都有负的整数部分。在这些情况下，前进欧拉法的稳定性依赖于和 A 的极点的值有关的 TimeStep 值。后退欧拉法并不受选择 TimeStep 值的影响，并且对于任何正的 TimeStep 值，都不能变成不稳定。

为了说明 TimeStep 值对方程稳定性的影响，考虑稳态常微分方程及其初始条件。

$$\dot{x}(t) = -5x(t) \text{ 和 } x(0) = 10 \tag{7-24}$$

设 Δt 为更新时间，前进欧拉方法按方程(7-25)来求解。

$$x_{k+1} = (1 - 5 \cdot \Delta T_d)x_k \tag{7-25}$$

这里的稳定性分析显示从方程(7-25)的前进欧拉积分近似法的稳定范围是 $0.4 \geqslant \Delta t > 0$。对于三个 Δt 值，0.41，0.40 和 0.30 的仿真结果如图 7-31 所示。仿真结果和预测结果一致，前进欧拉法在 $\Delta t > 0.40$ 就变得不稳定了，但在 $0.4 \geqslant \Delta T_d > 0$ 内仍旧保持稳定。

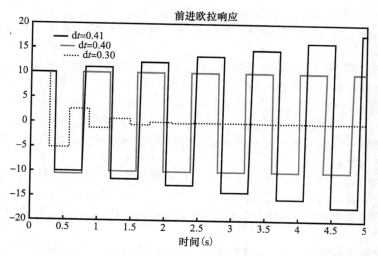

图 7-31　方程(7-26)前进欧拉法的结果

为实时操作配置 VisSim　这一部分解释如何使用一个或多个 GPIO 卡为实时操作配置 VisSim。假设 VisSim 和内插实时模块已经安装到计算机上了，图 7-32 所示为 VisSim 驱动器的设置对话框，下面解释各种设置的意义。

　　Analog Input Range：有效的模拟量输入范围。

　　Analog Output Range：有效的模拟量输出范围。

　　Base Address：输入/输出口寄存器地址，通过该地址驱动器命令驱动卡，通常设为 0×300(300 是十六进制)，其可配置的范围在 0×220 到 0×3FF。

　　Board Number：接受配置的输入/输出卡卡号，范围从 0~15。

　　Board Type：不同的卡类型。

　　Mux Settling Time(ms)：在有多路输入卡时，电压设置所需的趋稳时间，缺省是 4ms。

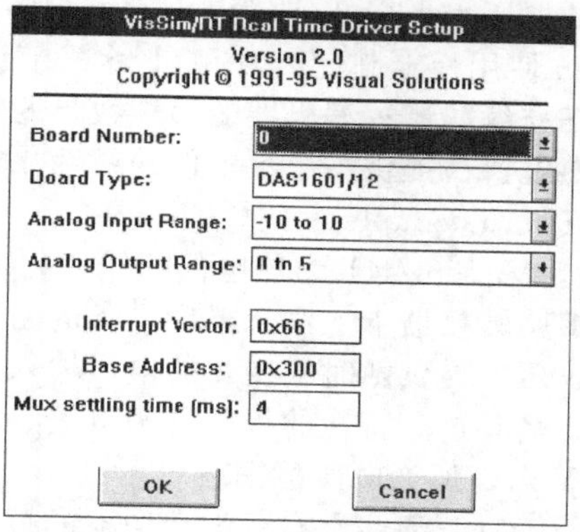

图 7-32　VisSim 驱动器的设置对话框

　　现在，VisSim rt-DataIn 和 rt-DataOut 模块激活了，必须单独进行配置后才能对卡上的模拟量、数字量或频率通道进行通信。rt-DataIn 模块用来读取输入通道。在 rt-DataIn 上方右击鼠标按钮，获得一个对话框，包含有通道配置参数，这个对话框如图 7-33 所示。下面解释各种设置的意义。

　　Board Number：设定板卡号。

　　Channel：必须对应于由 IO 板卡提供的螺旋接线端上的通道号的数字。VisSim 使用通道

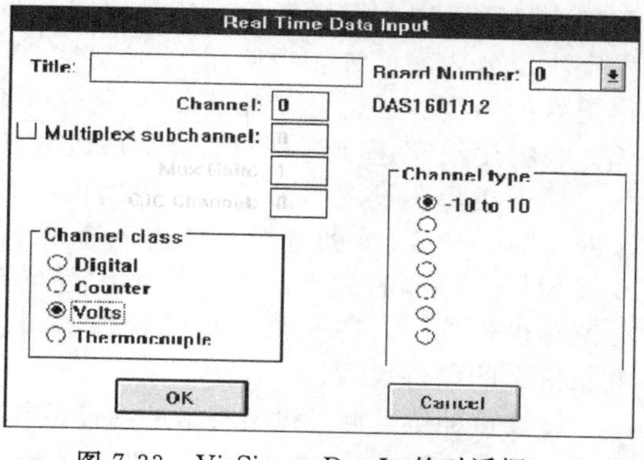

图 7-33　VisSim rt-DataIn 的对话框

0 作为第一通道，即使有些销售商提供的文档中描述的第一通道是 1 通道。

Channel Class：六种输入类型的一种：数字、电压、电流、正交编码器、热电偶和计数器。

Counter：提供一个高频脉冲记数输入。通过触发一个输入正弦波形的上升沿而产生脉冲，大多数计数器在溢出和重置之前可以近似记数 64000。在 VisSim 中，计数器的值在仿真的每一次时间步的结尾重置。如果累积到大于 64000 次，那么必须使用仿真菜单中的"Simulation Setup"命令来减少每一仿真步的大小。大多数板卡有至少一个计数器输入。当使用计数器通道时，特别需要注意将螺旋接线端子连接到信号源。多数板卡销售商再利用现成的数字通道作为计数器输入。

举个例子说明如何使用计数器。考虑一个传感器产生一个正弦信号，该信号的频率随流体速度的变化而变化，典型的频率范围是 1~10kHz。假设已经设定仿真步的大小为 0.1 秒，在一步仿真时间内发生的脉冲数可以通过将计数器值（rt-DataIn 块配置的计数器值）除以仿真时间步来计算。

电流：支持电流输出应用，设置范围从 4~20mA，在整个范围内提供一个 12 位的分辨率。

数字化：提供一个 ON/OFF 通道输入。当激活 Digital，输入就像一个电流槽一样工作。当数字化输入的电压水平变低了，电流从 5V 电源流到接地。当数字输入通道被激活，输入通道的电压水平变低（改为 OFF），大多数数字输入通道可以提供 10mA。对于数字量输入，VisSim 使用板卡制造商对 TTL 水平值说明的值。

正交编码器：编码器的回转数目的输出，这个参数只可用于 M5312 板。

热电偶：提供一个热电偶的线性化输入。热电偶产生一个和所测温度有关联的电压。当激活 Thermocouple 参数，Channel type 方框显示出不同类型的热电偶（B、E、J、K、R、S 和 T）。VisSim/RT 为热电偶的线性化提供一个冷接点补偿，使用 IO 板上的通道 7 来读取来自多路转接器卡上固态温度设备的温度进行温度补偿。

电压：提供随时间变化的电压输入。电压输入的范围对许多板子来说是可以用软件来设置的，具有这一特性的板子称为可编程增益板。如果你使用的是一块可编程增益板，并且激活了 Volt，那么电压范围就显示在 Channel Type 框的下面。典型的范围从 ±10~±0.01V 或更低。对于那些没有可编程增益的板子，输入电压范围通常使用自身 IO 板上的一个微开关来设置，相应的电压范围也显示在 Channel Type 框的下面，而且设为只读。电压通道通常称为 AD 通道，模拟量输入信号使用一个转换器转换成数字表示，转换器包括寄存器，其数字决定分辨率。许多板使用 12 位分辨率的转换器，但是某些板子使用更高的分辨率以获得更好的精度。通道分辨率正比于通道读取时间，通道分辨率越高，读取通道的时间就越长。在精度没有速度重要的场合，可以降低分辨率。

通道类型：设定通道类型。根据板可能的输入范围，通道类型是可变的。通道类型依赖于对 Channel Class 的选择。当数字量或计数器被激活，没有通道类型可以选择，通道类型缺省为一个内部的类型。在一个可编程增益板上，volt 被激活时，Channel Type 列出允许的范围供你选择。在一个不可编程增益板上，volt 被激活时，Channel Type 显示板上输入电压范围的硬件设置。

冷连接补偿通道：设定板卡的冷连接补偿。VisSim 使用板卡制造商对冷连接补偿的说明。通常，这个设为 0。如果在物理上改变了板上的冷连接补偿，请使用这个参数对软件进行同样的修改。Cold Junction Compensation 参数只有在 Channel Class 下的 Thermocouple 参数激活的情况下才有效。

多路子通道：连接到一个多路通道板上的单个多路通道。每一个多路板物理上连接 IO 板上所有的模拟量输入通道，采用菊花链连接它们。电路上每一个多路板只连接一个 IO 板输入通道。电路连接只连接一个模拟量输入通道，到底是哪一个，这依赖于多路板上的跳线设置。为了设置跳线开关，参考板子供应商提供的文档。当你激活了 Multiplex Subchannel 参数，则必须还要在旁边的 Multiplex Subchannel 文本框内输入子通道的数目。VisSim/RT 将多路子通道的数目发送给首四位数字输出通道，这个首四位数字输出通道是多路板卡用作定义多路子通道的，然后读取输入通道(不应该将数字通道用作其他目的)。

多路通道增益：在 VisSim/RT 读取多路信号时，指示施加在多路信号的增益。VisSim/RT 将信号除以增益。当改变了一个通道的 mux gain，在多路子通道上所有的增益都将改变。

标题：指示一个可选的、非运行的、用户定义的通道描述。所指定的标题显示在 VisSim 图的 rt-DataIn 块上。

rt-DataOut 模块是用来向输出通道写入数据的。在 rt-DataOut 上方右击鼠标按钮，获得一个对话框，包含有通道配置参数，这个对话框如图 7-34 所示。下面解释各种设置的意义。

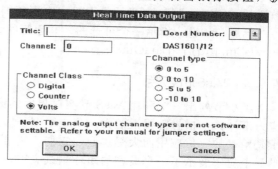

图 7-34　VisSim rt-DataOut 的对话框

Board Number：设定板卡号。

Channel：必须对应于由 IO 板卡提供的螺旋接线端上的通道号数字。VisSim 使用通道 0 作为第一通道，即使有些销售商提供的文档中描述的第一通道是 1 通道。

Channel Class：数字量、模拟量，或者脉冲发生器。

数字化(Digital)：提供一个 ON/OFF 通道输出。当激活 Digital 时，输出就像一个电流槽一样工作。当数字化输出的电压水平变低了，电流从 5V 电源流到接地。当数字输出通道激活了，输出通道的电压水平变低(改为 OFF)。大多数数字输出通道能够达到 10mA。对于实时数字量输出，产生的输入信号本质上是布尔的。与数字量通道的 ON 或 OFF 状态对应的电压服从 TTL 水平值。低是低于 0.7V，高是高于 2.5V。使用 ON 或 OFF 信号控制设备，数字化 IO 线特别有用。通道本身通常没有足够的功率来驱动。在这些情况下，将使用一个光电隔离的固态继电器。这些继电器由板供应商提供，并焊接在螺旋接线端子的仪表盘上。使用说明也由板供应商提供。光电隔离器有两个面：一面是低压，一面是高压。数字化 IO 通信使用低压的一边。将高压电源和设备通过高压的一边相连。可以使用数字化 IO 线进行高压 AC 或 DC 电压的切换。大多数供应商提供光电隔离模块，范围从 3A(电压为 AC 280V)到 45A(电压为 AC 650V)。

计数器(Counter)：输出高频方波。计数器输出利用板上的记数时钟，然后再利用现存的数字化 IO 通道。参考板子配备的文档，找出连线本通道的信息。通过计数器的帮助，数据采样速率可以高达 20kHz。作为一个例子说明计数器输出如何工作，考虑步进电机驱动控制系统。驱动器可以接收命令脉冲，从 0~5kHz 来调节速度。通过将一个范围为 0~5000

的滑块连接到 rt-DataOut 块，该块是为计数器输出而配置的，电动机速度可以在整个范围内调控。

  电压(Volt)：提供随时间变化的电压输出。电压输出的范围对许多板子来说是可以用软件来设置的。具有这一特性的板子称为可编程增益板。如果你使用的是一块可编程增益板，并且激活了 Volt，那么电压范围就显示在 Channel Type 框的下面。典型的范围从 $\pm10\sim\pm$ 0.01V 或更低。对于那些没有可编程增益的板子，输出电压范围通常使用自身 IO 板上的一个微开关来设置。相应的电压范围也显示在 Channel Type 框的下面，而且设为只读。电压通道通常称为 D/A 通道。模拟量输入信号使用一个转换器转换成数字表示。转换器包括寄存器，其数字决定分辨率。许多板使用 12 位分辨率的转换器，但是某些板子使用更高的分辨率以获得更好的精度。

  通道类型(Channel Type)：设定通道类型。根据板可能的输入范围，通道类型是可变的，通道类型依赖于对 Channel Class 的选择。当 digital 或 frequency 被激活，没有通道类型可以选择，通道类型缺省为一个内部的类型。当板卡不支持可编程范围或增益时，通道类型就会被设置成有 *File* 菜单中的 Real Time Config 命令指定的范围值。在一个可编程增益板上 volt 被激活，Channel Type 列出允许的范围供你选择。在一个不可编程增益板上 volt 被激活，Channel Type 显示板上输出电压范围的硬件设置。

  标题(Title)：指示一个可选的、非运行的、用户定义的通道描述。你所指定的标题显示在 VisSim 图的 rt-DataOut 块上。

7.6.4　VisSim 应用

  本小节列出三个利用 VisSim 实时界面的详细例子。第一个例子展示如何通过测量梁的应力来计算一根悬臂梁上的力。第二个例子描述实施一个步进电机的驱动系统。步进电机由于其精确的定位应用而大受欢迎，它们不需要反馈就能获得 AC 和 DC 伺服电动机的精度。第三个应用展示了一个典型的闭环测试应用。这个例子的衍生应用在制造和控制应用中非常的多。

  例 7-14　**悬臂梁力的测量**

  该系统是个数据采集系统。一个小型的钢制水平横梁一端固定安装，另一端自由运动。自由端受线性增加的垂直方向的力。将一个应变片附着在固定端，测试由于施加的力的作用而产生的应力大小。然后从应变片测力计的读数和横梁的特性来估算这个力的大小。

  图 7-35 所示为该横梁系统的简图，还有随着时间变化而逐渐增加的力 F 的关系图。用作惠斯通电桥应力计的传感器电阻的位置也在该图表示。

  解：四个对称位置匹配的应变片，每个都有一个计量因子 G，绑在悬臂梁的固定端。R_2 和 R_3 两个应变片绑在梁的下面，对于正的力 F，将受压应力。另外两个应变片 R_1 和 R_4 绑在梁的上面，对于同样的力的作用，将受拉应力。这四个应变片连接成一个惠斯通电桥，施加的

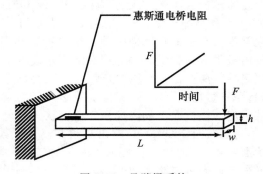

图 7-35　悬臂梁系统

一个电压为 V_s。电桥的输出电压用一个增益为 A 运算放大器放大，产生一个输出电压 V_o，该输出电压可以通过 GPIO 感知，电路图如图 7-36 所示。

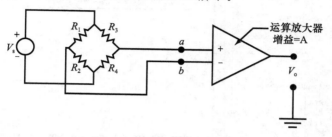

图 7-36 惠斯通电桥电路图

用 Advantech 711 GPIO 板的 8 个模拟输入通道中的一个来完成感知操作。使用下述的声明来调取板卡的 DOS TSR。

```
advtech-d711-b300
```

该声明调取卡驱动，设置卡的基本地址为 300（十六进制）。输出电压 V_o（梁的特征）和 F 之间的关系可以表示成如下。

$$F = \frac{w \cdot h^2 \cdot Y}{6 \cdot A \cdot V_s \cdot G \cdot L} \cdot V_o \tag{7-26}$$

其中，$w=2.5\text{cm}$；$h=0.25\text{cm}$；$L=30\text{cm}$；$Y=210\text{GPa}$，弹性杨氏模量；$A=10$；$V_s=12$；$G=2$。

使用 VisSim 创建一个应用程序来读取应变片的值，利用公式（7-26）来计算预估力的大小，并绘制出结果。测量在 100Hz 下进行了 10s。VisSim Simulation Setup 仿真设置如图 7-37 所示。

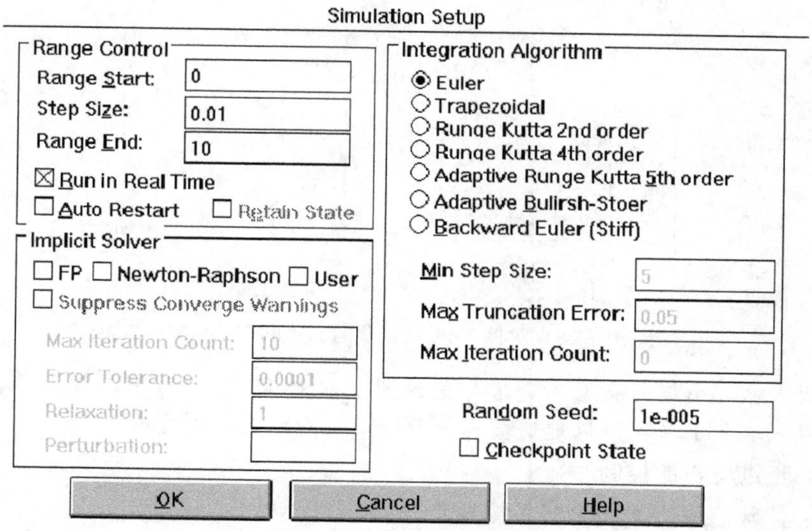

Simulation Setup

Range Control
Range Start: 0
Step Size: 0.01
Range End: 10
☒ Run in Real Time
☐ Auto Restart ☐ Retain State

Implicit Solver
☐ FP ☐ Newton-Raphson ☐ User
☐ Suppress Converge Warnings
Max Iteration Count: 10
Error Tolerance: 0.0001
Relaxation: 1
Perturbation:

Integration Algorithm
◉ Euler
○ Trapezoidal
○ Runge Kutta 2nd order
○ Runge Kutta 4th order
○ Adaptive Runge Kutta 5th order
○ Adaptive Bulirsh-Stoer
○ Backward Euler (Stiff)

Min Step Size: 5
Max Truncation Error: 0.05
Max Iteration Count: 0

Random Seed: 1e-005
☐ Checkpoint State

OK   Cancel   Help

图 7-37 VisSim 对例 7-14 悬臂量仿真的设置对话框

读出输入通道信号的应用程序，计算方程（7-26），并且画出预估的所施加的力的大小，单位为牛顿，如图 7-38 所示。

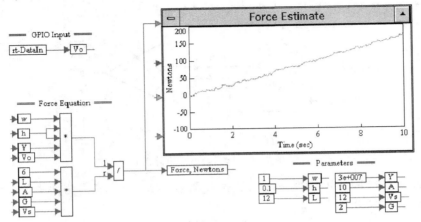

图 7-38　悬臂梁力估算的应用图

在这个图中 VisSim 变量使用广泛，以简化接线。在图的左下侧部分，所有需要的参数都被定义，并读取出来用有意义的变量名表示。力的方程在图的左下部分实施，而方程的输出由变量 Force、Newtons 来捕获，并画在图中。GPIO 的输入通道在图的左上角部分被读入变量 V_o。该 rt-DataIn 块的设置如图 7-39 所示。

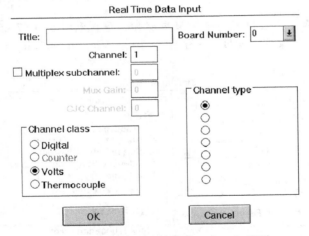

图 7-39　对例 7-14 悬臂量的 rt-DataIn 配置

用 711 板卡的 8 个模拟量输入通道中的通道 1 来和 V_o 信号通信，板卡号默认为 0，因为我们就使用一块 711 卡，所以通道类设置为 volt，表示是模拟量输入。◀

例 7-15　步进电机的控制

在步进电机驱动系统里有 5 个主要部件：

1. 步进电机
2. 步进电机驱动器
3. 电源

4. GPIO 卡

5. 应用程序

步进电机

大多数步进电机是 8 线电机，并通常配置在并行模式下运行。在本示例中将使用定向步进电机：8 线，1.2A，5Ω，1.8°/步，按并行方式连接。

步进电机驱动器

IB462 双极步进电机驱动器是一个斩波驱动器，能够驱动步进电机按全步 1.8°/步和半步 0.9°/步运行，这是一种低成本的驱动器，有一个开关跳线，允许步进电机完全脱离计算机。驱动器能使用的输入电压 40V DC，电流可高达 3.5A。驱动器的引脚位置如图 7-40 所示。

引脚说明：

Enable：(0/1) = (ON/OFF) = (开/关)。

Logic Ground：逻辑接地，在螺旋端子板上的数字接地。

H/F：(0/1) = (全步/半步)。

Step Clock：0-1-0 脉冲，在下降沿驱动电动机运动一步。

CW/CCW：转动方向 (1/0)。

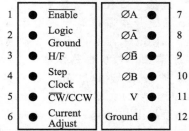

图 7-40 IB462 驱动器的针脚位置图

Current adjust：连接电源的接地，使用一个电阻来降低电机所用的功率。没有电阻的话，则施加到电动机上的电流高达 2A。

Phases A、Abar、B、and Bbar：(引脚 7 到 10)，按步进电机的安装说明连接。

V：电源输入电压 28V，3.5A

Ground：电源的接地，同样连接到针脚 6 (电流调节，current adjust)，通过一个电阻来限制电动机消耗的功率，没有电阻消耗的电流高达 2A。

针脚 1、3、4 和 5 都连接到螺旋端子板上，分别接数字通道 1、2、3 和 4。注意，这些端子必须接在每个数字通道的 IN 那一端，而不是 OUT 那一端。针脚 2 连接到螺旋端子板上的接地。电流调节 (针脚 6~12) 没有用电阻，它们允许整个 2A 电流通过电机，如果某个用了电阻，表 7-3 所示总结了一些典型的值。

表 7-3　电流-电阻关系表

电阻值 (欧姆)	相电流 (安培)	电阻值 (欧姆)	相电流 (安培)
133	0.5	1210	1.5
402	1.0	开路 (没有电阻)	2.0

电源

本应用中使用了一个通用的 28V、3.5A 的电源，电源有不同的范围和特征。

I/O 板卡

任何通用 I/O 板卡都能用来从计算机控制步进电机，用一个 Strawberry Tree ACPC-Jr 卡，带一个 T31 螺旋端子板。这个卡有 8 个模拟量输入和 16 个数字量 I/O。控制步进电机只需要四个数字量输出。螺旋接线端子的接线已经在前述的斩波接线章节提过。

解： 本应用程序的目的是将数字信号发送到四个通道，这四个通道用来驱动步进电机，以获得一些所期望的运动，应用程序在 VisSim 系统中编码，如图 7-41 所示。

在图 7-41 所示的右侧列出的四个实时数字量输出称为 Enable、Half/Full、Step Pulse 及 Direction Input。这四个中的每一个都是 rt-DataOut 块，内部配置成分别使用通道 1、2、3 和 4 的数字量，每一块的配置如图 7-42 所示。

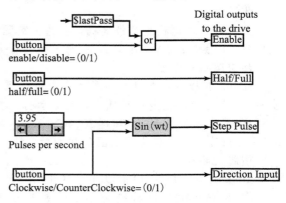

图 7-41 步进电机控制图

这里有四样东西需要注意：标题、板卡号、通道号和通道类别。由于本应用只用了一个 GPIO 卡，所以系统自动将极卡号设为 0。所有四个输出都是数字量，所以通道类型的选择按钮选 Digital。标题是出现在 rt-DataOut 块的文本。最后，通道号就是螺旋终端面板上的通道，所以必须确信在螺旋终端面板上将数字输出通道 1 连接到驱动器的 Enable 引脚，将数字输出通道 2 连接到驱动器的 Half/Full 引脚，将数字输出通道 3 连接到驱动器的 Step Pulse 引脚，以及将数字输出通道 4 连接到 Direction 引脚。

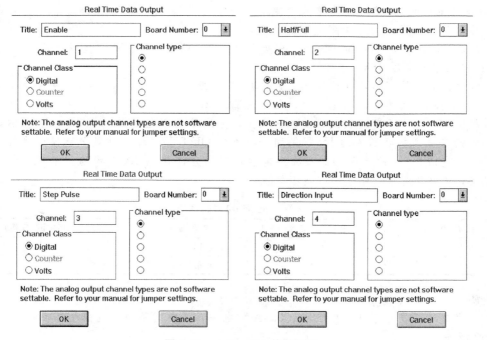

图 7-42 rt-DataOut 块的配置

如图 7-41 所示，变量 $lastPass 是 VisSim 的一个 read only 离散变量，该变量一直保持为 0，直到最后一个通过图时才变为 1。如果 VisSim 应用因某种原因中止了，那么它在图中则用来关闭驱动器的电源。

Step pulse 通道需要进一步的解释，在滑动块上的值指示电动机每秒转动的步数，在应用半步模式下，每一步对应于电动机轴转过 0.9°。

sin(wt)块实现两种功能：第一是计算 Step Pulse 波形，第二个是通过跟踪命令脉冲和方向计算电动机转过的距离(按角度)。sin(wt)块的内容如图 7-43 所示。

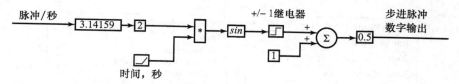

图 7-43 SIN(wt)复合块

Step Pulse 波形是通过创建一个正弦波，并用滑块值(脉冲/秒)来产生一个波形作为输入，并将该正弦波传递给一个继电器，该继电器的输出根据正弦的正负不是 1 就是－1。这里的＋1 和－1，信号是方波，并且重新设定在 0 和 1 的中间位置，只要将该值先加 1 然后除以 2。所得的信号就是施加到实时输出块的 Step Pulse 波形。

由于反馈通常不用于步进电机应用，所以必须集成 Step Pulse 波形来跟踪其移动的距离。距离算法也包含在 sin(wt)复合块内，如图 7-44 所示。

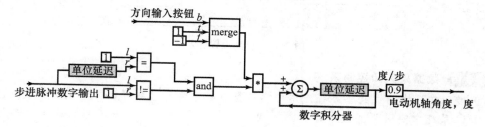

图 7-44 电动机轴转角计算

在 and 块左边的逻辑用来分离 *Step Pulse* 信号的下降沿，这是信号从 1 变为 0 的情况。当通过的值为 step pulse＝1，并且 current value＝0 时，and 的输出为真(1)。在 and 块右边的那个块是 multiply(乘法)块，用于分配一个运动方向的符号。Merge 块输出是 1 或－1，要根据 Direction 输入按钮的值(0 或 1)来定。在 multiply 块的右侧是一个用来求和有符号脉冲数的数字积分器，最后就是累积脉冲数转换成度数单位，对于半步模式下，使用 0.9°/步。

在 10 秒钟测试中的 Step Pulse 的信号和 Motor shaft Angle 信号的表现性能如图 7-45 和图 7-46 所示。

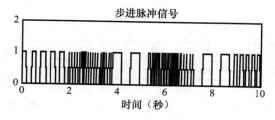

图 7-45 步进电机的脉冲信号性能

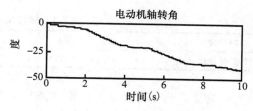

图 7-46 电动机轴转角性能

步进电机应用的设置信息如图 7-47 所示。选定了 Run in Real Time 的检查框，将应用模型的时间和实际时间设定为同步，模型将执行 10 秒的实际时间，并每隔 0.01 秒(100Hz)执行一次。Integration Algorithm 选择框只有在模型中含有连续积分器时才要关注。本例中所有的积分都是作为数字反馈环来实施的，所以这个积分算法的选择没有用。但是如果在模型中真有积分器，那么由于速度的关系，欧拉算法通常是实时应用系统的最佳选择。

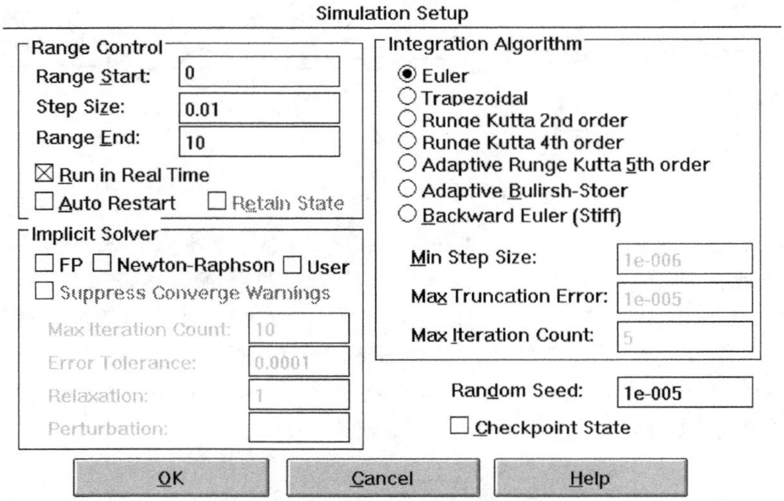

图 7-47　仿真设置屏幕

例 7-16　数据采集和控制系统

本例展示在压力测试装备系统应用中模拟量、数字量和计数器(频率)通道的使用。还展示了在 I/O 系统中使用两个板卡，虽然只有一个板卡是需要的。系统包括一个直接连接到一个空气压缩器的大的、单速度感应电机。压缩机的压力-流特征将通过实验来确定。GPIO 板有 5 个输出，一个数字量 ON/OFF 通道来控制电动机在 ON 和 OFF 模式，另外四个(数字量输出通道)控制一个步进电机来改变压缩机进气口的限制区域。在输入端，测量两个信号：电动机速度(使用附着在一个激光转速计上的记数定时器)和在压缩机内部的压力升降(模拟量电压通道)。由于空气流正比于面积乘以压力降的平方根，所以这可以作为 VisSim 应用程序的一部分来计算。利用下述关系：

- 步进电机转轴转角的范围是 0°～90°。在 0°时，压缩机的进气口关闭，在 90°时，压缩机的进气口完全打开，在两个极限值之间的比例关系通过实验来确定，总结如表 7-4 所示。

表 7-4　轴转角-开的百分比之间的关系

轴转角度	0	10	20	30	40	50	60	70	80	90
%开的程度	0	15.8	28.0	37.2	53.5	66.7	82.1	89.7	95.2	100

- 流量是从开的百分比和压力降信号来计算的，根据 $F = K(\%\text{开}) \cdot \sqrt{\Delta P}$，其中 K 是一个常量，用来将单位转换成立方英寸/分钟(cfm)。

测试过程最好能在一个较长的时间内运行，但是 VisSim 需要指定一个时间。由于测试时间不能预先知道，所以就使用一个比预期还要大的一个时间范围。本例中 VisSim 时间范围设置为始于 0，结束于 99999 秒，这应该足够了。时间步设为 0.25s(4Hz)。VisSim 设置如图 7-48 所示。

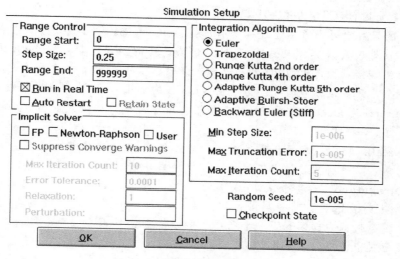

图 7-48　数据采集仿真设置屏幕

数据采集应用的 VisSim 模型如图 7-49 所示。

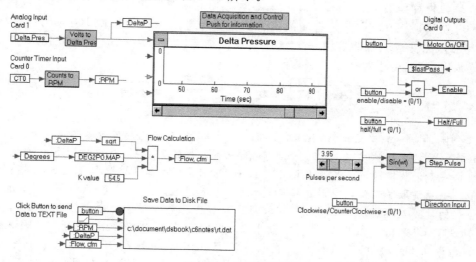

图 7-49　数据采集图

解：输入信号列在图的左边，输出信号列在图的右边。第一个输入信号是一个模拟电压输入，读入的是 Delta Pressure(压力降)。rt-DataIn 块在图中称为 DeltaPres。我们选择了一个 Edwards 590 型压力传感器来测量压力降。传感器的输出是一个范围在 0～10V 的模拟量电压信号。对应的比例是线性的，0V 对应于 0T，而 10V 对应于1000T。第二个 rt-DataIn

输入块是计数定时器，连接在一个激光转速计来测量电动机的速度。在这个应用中，选择了 LaserTach TEC 199LC 转速表。该单元很容易安装，只要将一个反光带贴在电动机的飞轮上即可。激光测试单元可以放置在 30 英尺之外，用手工调节将激光束集中到反光带上，输出一个 0～5V 的 TTL 脉冲信号，该信号通过螺旋接线端子上的数字量通道直接连接到 GPIO 卡的记数定时器(CT0 为第一个记数定时器，当然第二个记数定时器也可以用)上。获取 GPIO 卡上的记数定时器通常通过一个卡的数字 IO 通道。CBI 通用螺旋接线端子板是一个标记明晰、布局较大及方便接线的板子。根据 CBI 的操作手册，将 high 线连接到引脚 21，并将 low 线连接到低电位(llgrnd)引脚 7。该板提供了若干低电位接地引脚，所以你可以使用任何一个，只要最方便即可。为了在 VisSim 的 rt-DataIn 块中设置记数定时器，通道类型设为 counter，而 CT0 通道号设为 0。如果使用了第二个记数定时器，那么就要将 CT1 通道号设为 1 了。

通过 rt-DataIn 块进入 VisSim 图的数据是非工程单位(诸如伏特、安培或者数目)。在使用这些数据之前，必须将其转换成工程单位。这种操作有时称为换算，也是通过 VisSim 图中的两个 compound blocks(复合块)来完成的。一个复合块就是在它内部含有更多块，在 VisSim 图中用来封装细节和节省屏幕空间。为了进入一个复合块，在该块上右击鼠标键，若想跳出一个复合块的内部回到下一个高层次的块，则在屏幕上任意空的地方右击鼠标键。让我们来看本应用中使用的两个换算块。

第一个换算块，名叫 volts to Delta Press(电压-压力降)，接收一个传感器电压信号作为输入，该电压范围在 0～10V 之间，产生一个压力降信号，其单位为英寸汞柱(in Hg ⊖)。这个复合块的内容如图 7-50 所示。从左到右读，输入信号首先使用由传感器提供的线性比例(0V＝0T，10V＝1000T)从伏特转换成托。只要将电压值伏特乘以 100 即可。用 VisSim 的 gain 增益块来完成该操作。另一个类似的线性换算，使用一个增益 0.03937，用以将 T (托)转换成 in. Hg(英寸汞柱)。

图 7-50　伏特-压力降复合块

第二个换算块，称作 count to RPM(记数-转/分)，将来自记数定时器的脉冲输入信号转换成 RPM(转/分)。在描述本块之前，先要解释一下记数定时器操作。当 VisSim 通过一个 rt-DataIn 块将一个记数定时器信号读入图中，该 rt-DataIn 块的输出的是在 TimeStep 期间发生的记数数值。一旦读取了该值，定时器将重置为 0，重复过程开始下一个 TimeStep。记数定时器是有限位长的，可以**环绕**，只要你在达到极限之后连续记数。通常记数极限是 32000，但也会随板卡制造商而变化。本应用中，电动机名义上的速度是 3600rpm，由于 VisSim 中的 TimeStep 选为 0.25s，所以期望计数器在每一个 TimeStep 中数出 15 个数。为了防止环绕，TimeStep 绝对不可超过 32000/15＝2133 秒。有时还需要采集一个较长时间的记数值来光顺计数器信号。在本数据采集应用中，我们发现必须在一个 30s 的区间内平均记数来获得良好的 rpm 读数。我们本可以按 30s 的 TimeStep 运行整个图来获得这个结果，但是 30s 的更新时间将会变得太慢。Count to RPM 复合块的目的是在软件中**实现**这 30s 的更新特征，而该图还是按

⊖　1in Hg＝3386.39Pa。

0.25s 的时间间隔来运行。Count to RPM 复合块的内容如图 7-51 所示。

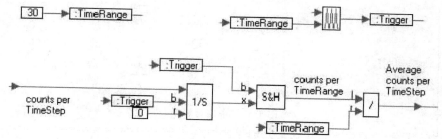

图 7-51 Count-RPM 复合块

使用变量将大大地简化图。在 Count to RPM 复合块中使用了两个变量"∶TimeRange"和"∶Trigger"。在变量名前面的冒号表示该变量的有效范围就在工作屏幕上。去掉冒号，变量就可以变成全局变量了。在块的左上角设变量∶TimeRange 为 30s。在块的右上角，变量"∶Trigger"定义成一个在一段时间内的单位高度 0 脉宽的序列，脉冲间的，时间设为TimeRange(30s)。块的下半部分做平均。信号 Counts per TimeStep 从左边进入，通过 1/S块积分。这是一个特别的积分器。其状态(累积值)可以重置，在外部将一个 1 信号施加到它的 b 输入(b 意思是布尔运算)。它所重设的值(这里是 0)，通过 r 输入(r 的意思是重设)来应用。积分实现和累加器或求和器相同的操作，所以积分器的输出就是所有发送给它的数的累积。积分器的输出将看上去像锯齿信号，在一个 TimeRange(30s)内线性地从 0 升高一个值。在 30s 处，积分器被重新设置为 0，也将其输出置为 0，该过程继续重复下一个 30s。S&H块是一个采样/保持块，当 b-input(布尔输入)为高电平(1)时，从 x-input 采样。使用采样/保持块在 30s 之前来捕捉积分器的输出，并保存为 counts per TimeRange 值。如果运行了上述的图，则可能不执行想要的功能，因为没法知道你要捕捉。我们需要向该图提供这个信息。一个简单的办法就是延迟一个 TimeStep(0.25s)并给积分器发送"∶Trigger"信号。结果就能提前采样/保持一个 TimeStep，那么问题就解决了。改进的 Count to RPM 如图 7-52所示。

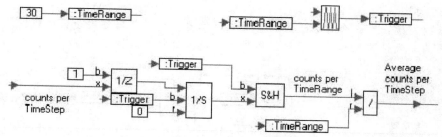

图 7-52 改进的 Counts to RPM 复合块

1/Z 块是一个单位延迟块。其工作方式和采样/保持块完全一样，除了在输出它的值之前等待一个 TimeStep。在实时应用中使用 Counts to RPM 块之前，应该按仿真时间测试一下。Counts per TimeStep 输入应该大约是 900，所以将使用一个常数 900 加上一些随机变量。我们将使用 VisSim 的高斯随机数发生器(Gaussian Random Generator)加一个均值为 0、标准偏差为 50 的正态分布的随机数。由于 Counts per TimeStep 必须是一个整数，所以只使用随机输出数的整数部分，测试图如图 7-53 所示。

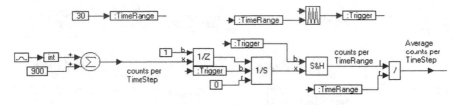

图 7-53 平均记数图

图 7-53 所示中的四个信号的性能如图 7-54 所示。

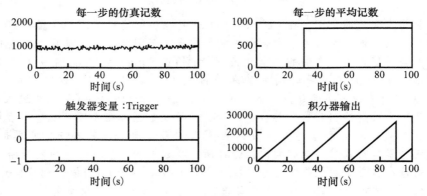

图 7-54 平均记数图信号响应

将传感器信号从原始数据转换成工程单位的过程到此完成了。有两个输入信号作为图中的 DeltaP 和 ": RPM"变量。在 5 个数字量输出中，最后四个用作步进电机的控制，这和前面的例子讨论的一样。最上面的数字量输出用来控制电动机的 ON/OFF 状态，前面提过，这个输出通道利用固态延时器来增强低压数字输出信号，从 TTL 范围(0~5V)到范围 0~230V，其中该电压是电动机所需要的高压电。事实上，所用的固态延时器在 VisSim 图中不会造成什么不同。

在屏幕的左边，有一个称为流体计算器的计算器。该计算器利用步进电机的轴转角和开百分比之间的非线性关系来计算通过压缩机的气流。计算器如图 7-55 所示。

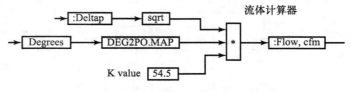

图 7-55 流计算过程

计算器使用三个变量": : DeltaP"和": Flow，cfm"以及 Degree。前两个是局部变量，用冒号开头，后一个是全局变量，在 sin(wt)复合块中用来产生 Step Pulse 命令给电动机。Degree 变量的计算在上一个步进电机的例子里讲过。标题为"DEG2PO. MAP"块是一幅映射(有时称为查询表)路线，映射路线基于一个排好序的输入输出数据表。当将一个输入发送到映射表时，就返回相应的输出。在 VisSim 中，线性插补和外延自动应用到这些映射中。本例中的映射数据通过 Windows Notepad 或 Wordpad 编辑器输入，而映射文件的内容如图 7-56 所示。

Degree	%开	Degree	%开
−1	0	50	66.7
0	0	60	82.1
10	15.8	70	89.7
20	28.0	80	95.2
30	37.2	90	100
40	53.5	91	100

图 7-56　数据采集例子的映射文件

第一栏包含独立（输入）变量信息，第二栏包含非独立（输出）变量信息。VisSim 映射文件也能用于单输入/多输出以及两个输入/多输出应用。映射外推基于映射的最后端点。你可以让 VisSim 不要外推映射，而用第一或最后一行的值来映射略微超出范围的自变量的值。我们通过在图 7-56 中加了 −1°和 91°两行，实现了这样的映射。

最后一个必须讨论的问题是如何在 VisSim 图中将数据存储到一个盘上。在图的左下角处，有一个区域的标题是 Save Data to Disk File。该区域如图 7-57 所示。

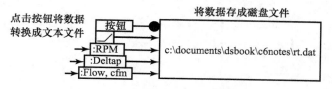

图 7-57　将数据存入磁盘的过程

大的块是一个 VisSim 输出块，其功能是将变量按列的格式写入一个磁盘文件（文件名写在 Export 块的上头，此处名字是 C:\document \dsbook \c6notes \rt. dat）。我们等一会儿讨论"button"（按钮）输入，先集中看 ramp（按秒计的时间）块和"：RPM"、"：DeltaP"以及"：Flow, cfm"变量。VisSim 图每隔 0.25s 就要执行（TimeStep=0.25），所以每一行数据在 025s 的时间间隔内会被写入磁盘。在第一列中是 ramp 的值，即时间，后面跟着第二、第三和第四列，分别是"：RPM"、"：DeltaP"以及"：Flow，cfm"变量。通常不需要这么频繁地写数据。你可以在数据输出的控制使用输出块的一个选择布尔输入。该选项可以在输出块里设置，因此右击进入该块，然后选择 External Trigger 选项。用蓝色圈起的布尔输入就会在输出块显示出来，你可以使用这个来控制你所输出的数据。当布尔输入是高电平（1）时，数据就每隔 TimeStep 秒输出一次，当布尔输入是低电平（0）时，没有数据输出。　◀

7.7　本章小结

本章介绍了计算机和真实世界通过传感器、驱动器和 GPIO 卡进行接口交互的过程。因为这种类型的系统是所有机电一体化系统的基础，所以列出了若干详细的例子。由于所选的编程环境，本章才有可能讲解这些完备的例子。基于 Windows 环境利用 LabVIEW 和 VisSim 软件来为实时应用编程。

参考文献

VisSim Users Guide, Visual Solutions Inc., MA, 1995.

Microsoft Windows Operating System Version 3.1 Users Guide, Microsoft Corporation, 1993.

Microsoft MS DOS Operating System Version 3.1 Users Guide, Microsoft Corporation, 1993.

Shetty, D., Campana, C., and Moslehpour, S., "Standalone Surface Roughness Analyzer" *IEEE Journal of Instrumentation and Measurement,* March 2009, Vol. 58, No.3 pp 698–706.

Shetty, D., Ramasamy, S., and Choi, S. "Non contact Visual Measurement System Integrating Labview with Matlab" *International Journal of Engineering Education*, Vol. 21, 2004.

LabVIEW: Advanced Programming Techniques (II) Rick Bitter, Motorola, Taqi Mohiuddin, Mindspeed Technologies, Matt Nawrocki, Motorola, Schaumburg, CRC Press, 2006.

案 例 分 析

本章收集了若干适合用于教学实验或工业应用的实例分析，共分成三部分。第一部分包括三个使用 LabVIEW 应用软件的综合案例，第二部分包括五个使用 VisSim 应用软件的案例，第三部分是数据采集和控制案例。

每一个案例分析均由三部分组成，**概述、元器件列表及实验**。**概述**部分描述案例的目标及相关信息。**元器件列表**列出了所有做该实验所必需的硬件(PC 和软件不包括在内)。**实验**部分描述实时接口、软件应用程序的开发，以及相应的结果。

8.1　综合案例分析

为了增强对机电一体化技术原理的认识，本小节介绍三个综合案例分析。第一个案例中，采用仿真和控制的方法展示一个质量块-弹簧-阻尼系统，另外两个例子展示传感器、监视器和控制器。数据采集系统包括如下四个通用部件：

1. 传感器和电源
2. GPIO 卡、螺旋接线端子和连接线缆
3. PC
4. 应用软件(如 LabVIEW、VisSim)

8.1.1　质量块-弹簧-振荡和阻尼系统——机电一体化技术演示实例

概述　许多实际系统可以用质量块-弹簧-振荡和阻尼系统来建模，因此把图 8-1 所示的系统称为机电一体化技术演示(Mechatronics Technology Demonstrator，MTD)系统。这里讨论如何建模和仿真一个质量块-弹簧-振荡和阻尼系统，通过实验取得的数据来验证所建模型的性能，并开发 PID 控制器来控制质量块的位置。

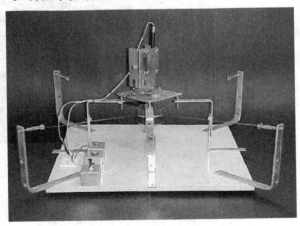

图 8-1　质量块-弹簧-振荡和阻尼系统—机电一体化技术演示系统

MTD 系统是一个由本书作者开发和优化的低成本的技术演示器。这是一个质量块-弹簧-振荡和阻尼系统，包含一个电磁力驱动器和一个非接触式位置传感器。建造该系统所需的元器件在大多数电子、五金和家用商店都可买到，适合用来学习机电一体化系统的关键元素，包括机械系统动态特性、传感器、驱动器、计算机界面和应用开发。MTD 系统可以构

建成两种形式，垂直的或水平的。垂直的配置如图 8-1 所示，能在较短的距离内提供较好的运动控制，而水平配置的系统则相反。

无论哪一种配置，MTD 中质量块的位置由位置传感器装置（Position Sensing Detector，PSD）测定。PSD 输出一个电压，该电压和照在它上面的光密度成正比。光源是类似于投影仪的激光器，并绑在 MTD 的基座上，瞄准一块附在质量块上的镜子。调节激光束直至反射光束照在 PSD 装置的中心，这时质量块是不动的，并处在正常的位置。当质量块在它的正常位置附近运动时，反射角就会改变，于是照射到 PSD 装置上的光密度也会改变，从而 PSD 输出的电压也会改变。

为了让质量块运动以及/或者激发阻尼，必须提供一个输入力，这里使用了音圈磁铁驱动器。磁铁从音圈中取出，直接黏附在质量块上。音圈则粘在 MTD 的基体上。给音圈通上电流，就会使磁铁产生垂直的或水平的运动，而运动的方向则取决于安装方向。将磁铁安装在音圈内对减少黏附绑定来说明很关键。传感器和音圈驱动器通过 GPIO 卡连接到基于计算机的可视化建模和实时仿真应用系统。

元器件列表 本案例分析所需的硬件元器件如表 8-1 所示。

表 8-1

1	位置灵敏度探测器（PSD）	5	支撑和锚
2	激光笔	6	激光器架
3	导电体	7	铝制传感器架
4	电源		

实验

建模和仿真 质量块-弹簧-振荡和阻尼系统的物理模型是基于如图 8-2 所示的机械图。依据牛顿运动定律，得：

$$f = M\ddot{x} + B\dot{x} + Kx$$

因此可得模型的传递函数为：

$$\frac{X(s)}{F(s)} = \frac{1}{Ms^2 + Bs + K}$$

其中，x＝质量块的位移；f＝作用在质量块上的力；M＝小车的质量；K＝等效的弹性系数；B＝等效的阻尼系数。

质量块-弹簧-振荡和阻尼系统的物理模型其响应可用 LabVIEW 来仿真。图 8-3 所示给出了开环系统的响应，系统参数如下。

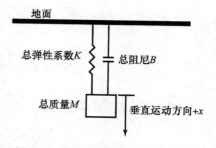

图 8-2 质量块-弹簧-阻尼系统的物理模型的机械图

质量： $M=1.5\text{kg}$
弹性系数： $K=15\text{N/m}$
阻尼系数： $B=0.15\text{kg/s}$
输入力： $f=4.5\text{N}$

从图 8-3a 可知，由于输入一个 4.5N 的力，质量块在初始的 50s 内在 0 和 0.6m 之间振荡，而后衰减为 0.3m。虽然系统是稳定的，可在初始阶段还是有振荡的。下面介绍一种 PID 控制器，其为系统计算向质量块施加一定的输入力，从而让质量块运动到目标位置。图 8-4a 所示为采用了 PID 控制后的闭环系统的响应，PID 控制参数如下：

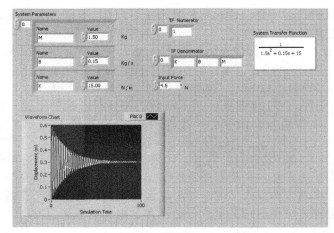

a）前面板

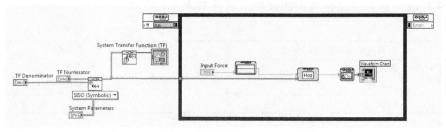

b）框图

图 8-3　质量块-弹簧-阻尼系统物理模型的仿真

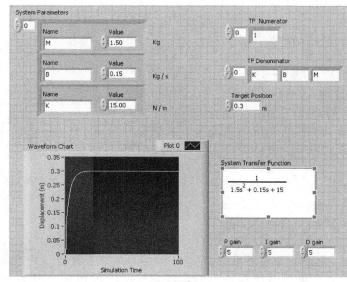

a）前面板

图 8-4　闭环系统的仿真

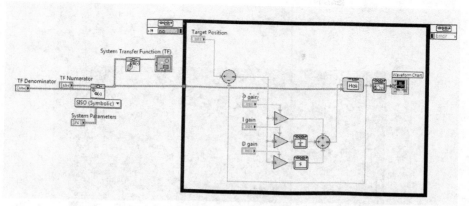

b）框图

图 8-4 （续）

比例增益 = 0.5
积分增益 = 0.5
微分增益 = 0.5

从图 8-4a 可知，使用选定的 PID 增益和系统参数，质量块可在 15s 内移动到目标位置。

MTD 的实时实施 使用 DAQmx vi 来实时实施 MTD，不需使用太多的内存就可以提供较短的响应时间，这对运动控制应用非常理想。图 8-5 所示是实施的框图。

（提示：参考 LabVIEW 的例子创建输入输出程序）

Help→Find Examples→Hardware Input and Output→DAQmx→Analog Measurements→Voltage

Help→Find Examples→Hardware Input and Output→DAQmx→Analog Generation→Voltage

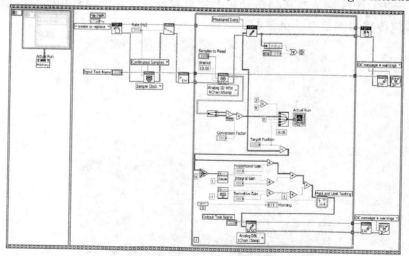

图 8-5　MTD 实时实施框图

图 8-6 所示为实施后的前面板，显示了 MTD 的输出（标为红色的是质量块的实际位置）和目标路径（标为蓝色的是质量块的理想位置）的对比（注：图中颜色并未标出）。

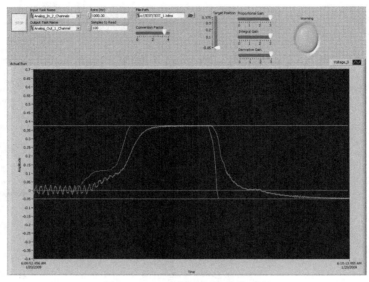

图 8-6　MTD 实时实施的前面板

8.1.2　永磁直流齿轮电动机（PM DC 齿轮电动机）的位置控制

概述　位置控制在很多应用中需要的一种常用任务，这些应用如：

1. **运输系统**——传送带、电梯平台、建筑技术、控制大门、风扇和泵。
2. **机器控制**——搬运机器、喂料设备和包装机器。
3. **物料运送系统**——分流器、智能传送机和门系统。
4. **包装**——包装机、堆垛机和拆垛机。

图 8-7 所示为一个永磁直流齿轮电动机的位置控制系统，电动机用作提升质量块的驱动器，而霍尔效应传感器测量电动机轴的转动位移。

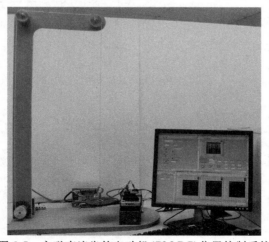

图 8-7　永磁直流齿轮电动机（PM DC）位置控制系统

元器件列表　本案例分析所需的元器件如表 8-2 所示，图 8-8 所示为实物图。

表 8-2

1	24V 直流电源	4	NI I/O 模块 9505
2	自带霍尔效应传感器的 PM DC 齿轮电动机	5	其他，导线、载重、滑轮、弹簧和装配工具
3	NI cRIO 9004		

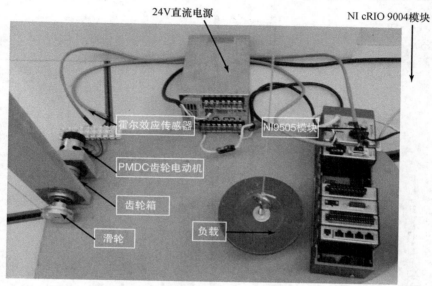

图 8-8 永磁直流齿轮电动机(PM DC)位置控制系统的硬件明细

实验

动态系统的实施 在第四章中讨论了如何获得 PM DC 齿轮电动机的传递函数或开环系统，这可以表示成如图 8-9 所示的框图。

第 6 章讨论了如何用单位负反馈来设计永磁直流齿轮电动机(PM DC)位置控制系统的 PI 控制器，如图 8-10 所示。

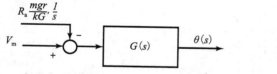

图 8-9 永磁直流齿轮电动机(PM DC)系统开环框图

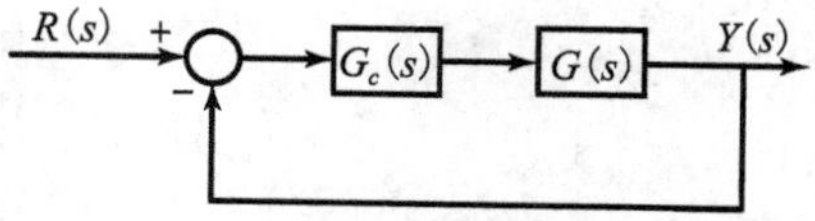

图 8-10 单位反馈系统

前面讨论的都是动态系统的仿真。本例考虑一个 ±24V 范围内的 PI 控制器的实际系统，图 8-11 所示为其框图，以及图 8-12 所示是在 LabVIEW 环境下的前面板。

图 8-13 所示为动态系统的响应比较图，其中一个是使用计算得出的 PI 值，另一个是使用调节的 PI 值，两者都在忽略系统的惯性和阻尼的条件下，以及两者都考虑系统的微小的惯性和阻尼的条件下。惯量 J 的单位是 $kg \cdot m^2$，阻尼 B 的单位是 $kg \cdot m^2/s$。从图 8-13 可以看出，在忽略系统的惯性和阻尼的条件下系统响应，按照计算的 PI 增益的值符合性能要求；然而也可以看出，系统响应在考虑微小的系统惯性和阻尼的条件下，不符合性能要求。因此必须调节 PI 增益，而采用调节的 PI 增益($P=0.75$，$I=9.5$)，以使系统响应即使在考虑微小的系统惯性和阻尼的条件下，动态系统的响应也符合性能要求。

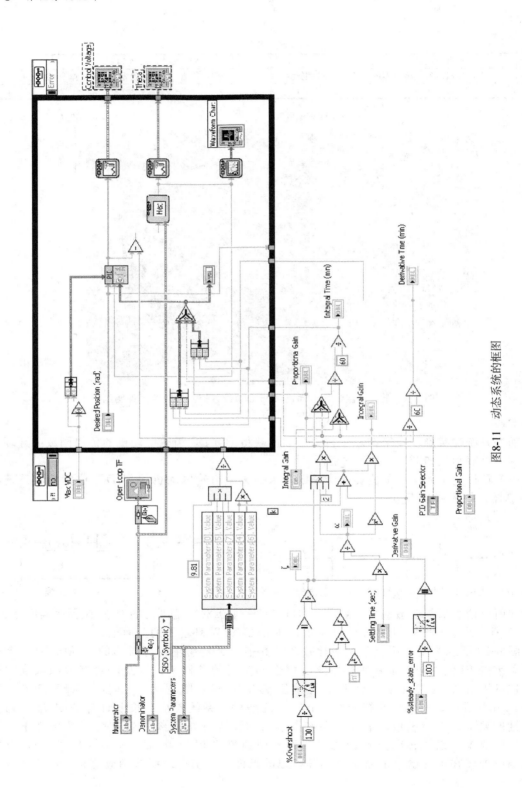

图8-11 动态系统的框图

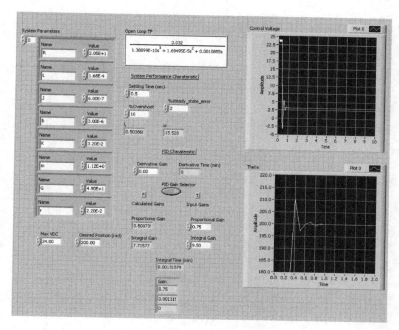

图 8-12 动态系统实施的前面板

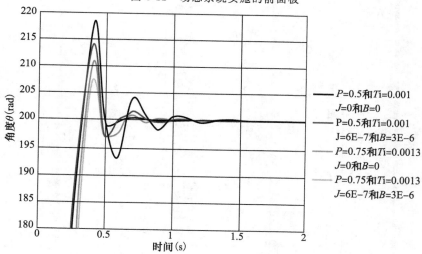

图 8-13 动态系统响应的比较图

下一部分将学习如何实施实际系统,并测试系统对调节的 PI 增益值的响应。实际系统的分析结果将和动态系统的结果比较,以检查数学模型和实际系统的相似程度。

实际系统的实施 实际系统的实施需要对霍尔传感器的输出信号进行信号调制,并基于 PI 控制器的输出数据,调制电动机的电源供给,这两者都在第七章里描述过,还包括为 PI 控制器创建逻辑,该控制器根据电动机轴的目标位置和测量到的轴的实际位置来计算驱动电动机的控制电压值。为 NI cRIO 9004 处理器创建了控制器的逻辑,如图 8-14 所示。

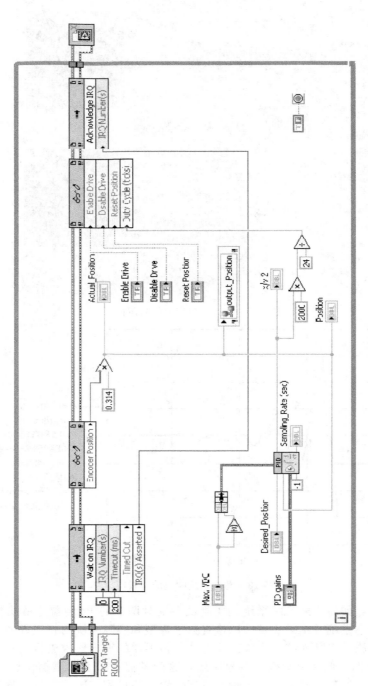

图8-14 PI控制器的框图

如图 8-15 所示，编码器位置也就是从 FPGA 逻辑获得的计数器输出，FPGA 统记电动机轴的角向位移乘以转换因子 0.314，将计数值转换成弧度。这是因为所用的内置霍尔传感器具有 10 极磁轮和电动机轴同轴，因此对于一个完整的电动机轴的转动，我们将获得 10/2＝5 个脉冲，而且每个脉冲对于正交编码器记数为 4，从而电动机轴每转一圈（也就是 2π 弧度将记数为 20 次）。将测出的电动机轴的角向位置和目标位置进行比较，然后根据两者的误差，PI 控制器在范围±Max VDC 中计算控制电压，这个控制电压乘以转换因子 2000/24 来将电压转换成占空周期（滴答声）。根据占空周期（滴答声）电源输入的电压就调制好了。

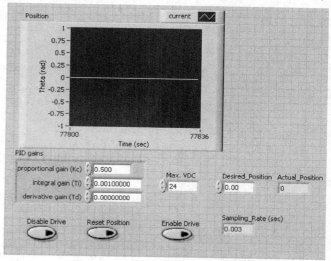

实际系统实施所要考虑的另一个因素是需要同步 PI 的输出和所测传感器的输出，也就是两者必须同时发生。图 8-16a 所示为 FPGA 逻辑，图 8-16b 所示为 cRIO 处理器的同步逻

图 8-15 PI 控制器的实施操作面板

辑。从图 8-16 可以看出，循环 1 在传递给循环 2 之前，将等待由变量 Count 所指定的时间。在循环 2 中有一个中断 IRQ，该中断将传递执行到循环 3，并等待从循环 3 传来的握手信号。在循环 3 中，将根据中断传来的电动机位置值执行 PI 计算，与此同时，将先前计算的 PI 值和一个握手信号传递给循环 2 中的中断。一旦 IRQ 中断接收到握手信号，则执行命令就被传递到循环 1，这样变量记数就能确定系统的循环速度（采样速度）。

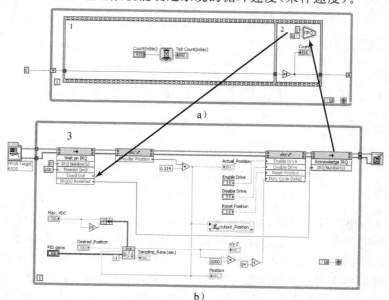

图 8-16 输入和输出数据的同步化

图 8-17 所示给出了完整的 FPGA 逻辑的框图，图 8-18 所示给出了实时系统实施的前面板图。

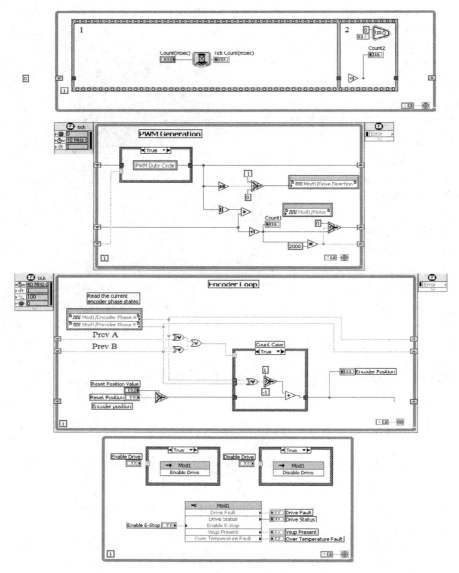

图 8-17　完整的框图

图 8-19 所示给出了针对计算的 PI 值和调节的 PI 值的实时系统响应的比较图。

从图 8-19 中可以看出，针对计算的 PI 值的实时系统响应具有一个小于 16％的阻尼率，而趋稳时间是 1.3 秒，针对调节的 PI 值的实时系统响应符合所有的性能要求。图 8-20 所示为针对调节的 PI 值的实时系统与动态系统响应的比较图，两者均考虑小的惯性和阻尼损失。

比较图显示了具有小的惯性和阻尼损失的动态系统响应与实时系统响应非常接近，伴随实时系统响应的微小振荡是由于负载被提起时弹簧的振动引起的。

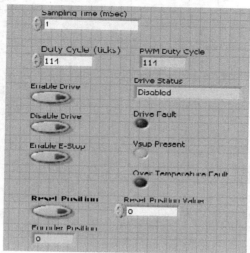

图 8-18 实时系统实施的 FPGA 逻辑的前面板图

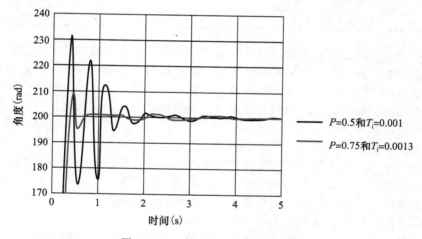

图 8-19 实时系统响应的比较图

8.1.3 温室的温度自动控制系统

概述 本项目的目标是开发一个自动控制系统来保证温室（如图 8-21 所示）内的温度总是保持在一个指定的值。一个电灯作为热源，一个变速的风扇调节温室内的温度，以及用一个热电偶监控温度。使用 LabVIEW 开发一个 PID 控制器作为系统的自动控制系统。热源可以根据所选定的温室内的温度进行开关，如果温度升高，并超过了设定的温度，那么变速风扇开启，这将降低室内温度。当室内温度接近设定的温度时，风扇的速度通过使用 PID 控制器来降低。如果电扇不能有效降低温室内的温度的话，系统还包括一个人工干预装置，并作为一个附加的预警的布尔逻辑电路来开关热源。

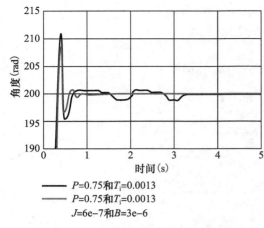

图 8-20　实时系统和动态系统响应的比较图

图　8-21

零部件列表

表 8-3

1	60 瓦灯泡	3	计算机上用的风扇
2	欧米嘎 K 型热电偶	4	Papst Oyster 2000

背景　一个有效的温室具有精确控制的温度，如果该温度太暖和或太冷，那么植物将不会成活，因此精确控制温室内的温度非常重要。本项目的目标是利用一个温室模型，利用一个灯泡模拟室内的热源，用一个可变速电扇来控制温度。

温度对植物的影响研究显示当植物暴露在白天的温度下，则生长得最快。白天的温度大约要比晚上的温度高 $5 \sim 8°$。

项目的目标是：

- 开发一个系统，使其能够精确控制温室内部的温度，不要超出太多。
- 开发一个系统，可以由人工干预和操作，但不要太频繁。
- 监控温室内部温度，并精确控制偏移温室指定的室内温度。
- 根据所需的冷却量，为变速风扇选择一个输入电压。
- 如果室内温度提升的速度超过了电扇所能调节的速度，通过使用布尔逻辑，切断热源的电源系统。

实验

机械系统装配和校核　使用有机玻璃、木材和中密度纤维板制造了一个温室原型系统，在构建该原型系统时，必须认真考虑如何放置热源(灯泡)和风扇，如图 8-22 所示。

将热电偶插入系统中，并校正。所用的热电偶是 K 型的，热电偶的顶端是真正探测热的部分。热电偶的顶端必须指向电灯泡，这样热量直接照射到热电偶上，而不是反射来的。灯泡和风扇也是实验的一部分。当温度走高并超过了指定的温度时，风扇就被驱动，提供冷的空气。一旦空气温度降低到所设定的温度时，电扇关闭。这个过程一直重复。

结果　如图 8-23 所示，控制系统能够跟踪温室内部的温度，并有效地操作变速风扇来保持温度在或接近于指定的温度。一旦初始的温度高点被降低，系统的操作温度就保持在

1℃，一个 LabVIEW 程序的前面板图如图 8-24 所示。所测的温度是典型的最佳状态，超程量误差接近 2.96，稳态操作误差为 0.1%。

图 8-22 温室的物理模型

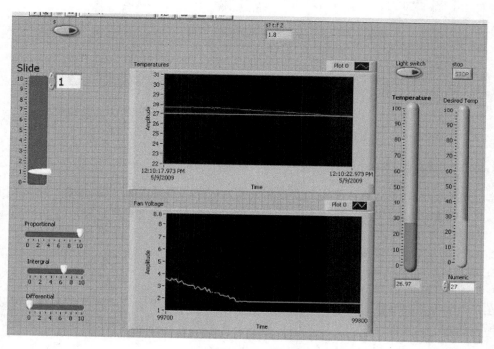

图 8-23 温室温度控制的前面板

分析和结论 结果表明，所作的实验符合希望的规定。电扇能够将温室的温度降到初始设定的温度，屏幕的下半部分显示了输入电扇的电压，如果温室的温度不能达到一个稳定状态，温度会提升并高于设定的水平，那么电扇就会打开。根据电扇的响应，电扇将会保持开启很长一段时间来保持温室的设定温度。系统还成功地保持在一个可接受的误差范围内，对每一个应用，PID 控制器都需要调节。随着温室容积的提升，系统的整体质量也提高了。在这种情况下，空气的体积变大了，因此它需要更大的努力来控制。系统内空气质量的增多也会降低系统的温度变化的速度。为了进一步精确控制系统，必须给 PID 控制器加入额外的特征。控制器还用来监测室内温度变化的速度，并提供一个预估的时间以防过度冷却。

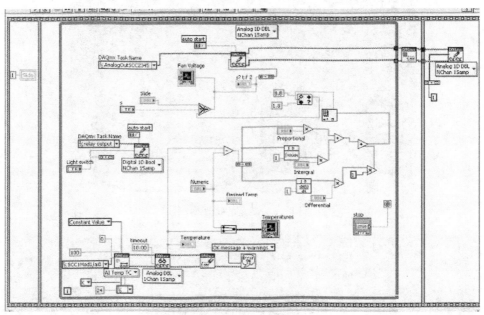

图 8-24   温室的框图

8.2   数据采集案例分析

本节将给出几个演示各种使用数据采集的实验，它们都是监控实验，输入的数据用来显示、校正或其他可能的用途。每一个数据采集系统包括四个通用部件：

1. 传感器及电源
2. GPIO 卡、螺旋终端面板和连接电缆
3. PC
4. 应用软件(例如 Windows、VisSim 或 LabVIEW)

在一个数据采集系统中是没有驱动器的，所有的案例都提供了零件列表。在大多数案例中选择零件时，费用是一个重要的因素，因此大多数的零件从大批量生产商那里选择。

8.2.1   交通桥表面材料测试

概述   本项目的目的是测试用作交通桥梁的梁材料的强度。许多年来，人们用桐油处理过的木头作为小桥的桥板。在这些桥中间，有些木头桥面铺上了**柏油**以形成一个永久的平滑表面。测试这些材料的强度非常困难，因为很难在粗糙的表面上贴上传感器。本实验将应变片贴在钢支架上，钢支架附着在木头梁上，来测量其变形。

零件列表　本案例分析所需的硬件材料如表 8-4 所示。计算机软件、Windows 和 VisSim/RT 并没有包括在这个列表中，并假设已经安装在 PC 上了。

实验　这里用来测试的梁是一个将六块独立的板用螺栓连接在一起而形成的复合梁。由于该复合梁粗糙的表面特性，应变片用环氧树脂贴在狗骨形状的铁条上。在环氧树脂硬化后，引线就固化在每一个应变片上了。

应变片信号的放大和平衡可以通过一个八通道的应变片调节器来完成。该设备接收应变片的输出（使用内部桥接电路）放大和调节后，产生一个 0～600mV 的输出信号，该信号送到 GPIO 卡的模拟量输入通道，以实现应用程序的功能。

一旦应用程序的数据连接创建后，就执行一个标定程序将模拟量输入电压转换成工程单位。为了标定，将一系列的负载加载到复合梁的顶端。这个负载通过一种 Instron 测试机施加到梁的中心，范围从 0～90kN。表 8-5 所示的读数就是记录下来的数据。

选定一个比例系数 0.4，将 VisSim rt-DataIn 值乘以该比例系数，可将该数据转换成从应变片读取的数据 V_{output}。然后应力可以按照下式计算。

表	8-4
1	2100 系统测量集团有限公司，8 通道应变片计和放大器系统
2	DC 电源
3	混杂的导线和粘胶
4	研华 812PG GPIO，以及螺旋接线端

表 8-5　校正结果

应变片输出/伏特	VisSim rt-DataIn 值
−0.4	−0.16
−0.2	−0.08
0	−0.002
0.2	0.078
0.4	0.161

$$\varepsilon = \frac{1}{\text{Gauge Factor}} \cdot \frac{1}{\text{Gain Factor}} \cdot (\#\,\text{Bridge Sides}) \cdot (V_{output}) \cdot (V_{excitation})$$

VisSim 应用程序如图 8-25 所示。

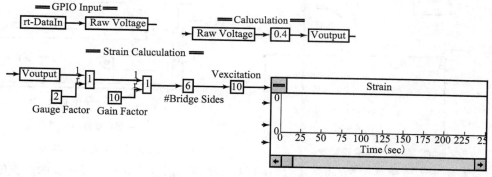

图 8-25　运输材料测试—应用图

rt-DataIn 块配置为一个模拟量通道，范围在 ±1 伏特之间。由于该应用对模拟量输入通道的可编程范围有要求，必须使用 812 卡。所用的 TimeStep 为 0.25 秒，时间范围设置为一小时。实验中使用了一台 386 SX PC 计算机。

本实验碰到的主要问题是产生了重复的结果，用来贴应变片的金属条作为天线，从弯曲梁所用的 Instron 测试机上接收了噪声信号，屏蔽和适当的接地可以减少这种效果，但还是需要认真考虑。

8.2.2 汽车应用的传感器标定系统

概述 本项目的目标是研究一种方法，能在测试单元自动标定用来感知柴油机排出阀运动的传感器。当前的标定方法是人工操作，其使用拨盘指示器测量阀的运动，手工将一个测量距离的传感器的输出电压输入到数据采集系统。这个过程不精确、费时间，而且很容易操作错误。

本实验有两个目标，第一，为测试单元运动传感器创建一个标定曲线，这里用的传感器是 Bently Nevada 7200 系列的 5mm 的接近开关；第二，定义在柴油机还在慢速转动时，使用本系统的一些要求。

零件列表 本例所需的硬件零件如表 8-6 所示。计算机软件、Windows 和 VisSim/RT 并没有包括在这个列表中，并假设已经安装在 PC 上了。

表 8-6

1	Bently Nevada 7200 系列的 5mm 的接近开关	3	混杂的导线和粘胶
2	DC 电源	4	研华 812PG GPIO，以及螺旋接线端

实验 本研究的第一个目的是使用数据采集系统来标定一个 Bently Nevada 7200 系列的 5-mm 的接近开关，该传感器的工作原理是涡流原理。将放大器的盒子连接到传感器上产生一个射频信号，该信号通过将探测头插入被检测材料，产生一个涡流。返回信号的能量损耗通过放大器盒子检测到，并调制成线性显示。图 8-26 所示为一个典型的装置。

传感器（探测头）安装在液压缸头顶部的一个空间内，其瞄准固定在阀顶部的目标。一个装有传感器的测试夹具在本实验中创建，测试装备如图 8-27 所示。

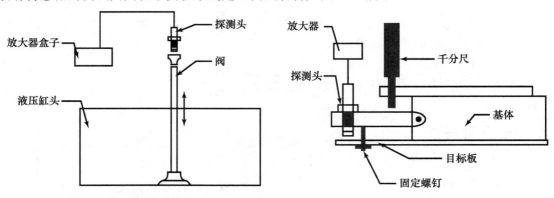

图 8-26　典型的传感器装置　　　　图 8-27　传感器测试

测试装备含有支承传感器（探测头）的导向架，探测头瞄准目标盘。探测头的垂直位置可以用一个螺丝刀手工调节，并用一个千分表用来做垂直测量。放大器的输出电压范围是 0～22V，这个电压对于输入 GPIO 卡太大了，于是用一个电压分配器来降低电压为 0～5V 的范围。该电路以及探测头和 GPIO 卡的连接图如图 8-28 所示。

一旦将该电路连接到计算机上，则应用图就建好了，标定过程也就开始了，移动千分尺 0.25mm，并在 VisSim 中将 rt-DataIn 的电压信号保存为一个文本文件（见第六章的 Notepad 文件例子）。该文件随后被编辑以包含**千分尺**的距离信息，至此标定过程完成了。

噪声问题并不影响本测试，因为电压值比较高，并且还使用了电压分配电路。对于一个慢速转动的柴油机，采用高速的采样速度，则不能使用本硬件系统实现。

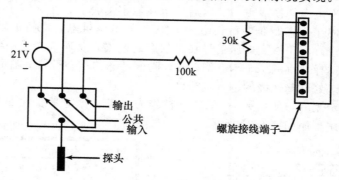

图 8-28　电路图

8.2.3　应变片称重系统

概述　本项目的目的是将应变片应用到称重系统中。本实验中，将创建一杆秤，类似于家用的秤，使用四个应变片、两个金属梁、一个 GPIO 卡、软件和 PC。为了降低成本，购买市场上现有的基于应变片的秤，然后将拆解后的部分零件用于实验中。

零件列表　本例所需的硬件零件如表 8-7 所示。计算机软件、Windows 和 VisSim/RT，并没有包括在这个列表中，并假设已经安装在 PC 上了。

表 8-7

1	Councelor Digiscale D300 电子秤	3	零星的导线和胶水
2	DC 电源	4	研华 812PGGPIO 卡和螺旋接线端子

实验　应变片是一种传感器，其将导线绑定在一安装平台上。随着拉力或压力施加到该平台上，导线的长度和电阻会发生变化。为了减少噪声，应变片通常配置成惠斯通电桥电路，该电路的输出电压是一个微伏级的电压，其和桥接电路中的应变片上所施加的力（重力）有关。这种关系一般用实验来确定，然后用其结果来标定。

本项目基于一个 Councelor Digiscale D300 电子秤，该电子秤就是用应变片来称量重力的。拆解该秤，并将应变片的输出作为一个模拟量电压输入发送到 GPIO 卡，然后写一个应用程序将微伏特的输入信号转换成一个重量值（根据标定的关系），结果为重量值显示在应用中的指示表上。Councelor Digiscale D300 电子秤的示意图如图 8-29 所示。

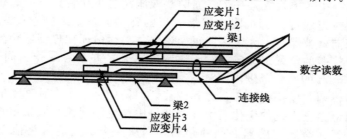

图 8-29　Councelor Digiscale D300 电子秤

在 Councelor Digiscale D300 电子秤中的四个应变片连接成桥接配置，由一个 9V 的电池供电。将电桥的输出电压转换成重力，然后显示在数字读表上。在本实验中，从四个应变片出来的连接线连接成一个惠斯通电桥，由一个 10V 的电压供电，电桥的输出连接到 812PG 卡的模拟量输入通道。由于输入电压信号在毫伏级的范围，从而选择了一个带软件程序增益的 812 卡，而不能选择便宜的 711 卡。812 卡有四个可选的增益范围，在最低的增益范围内也有足够的分辨率来处理毫伏级的输入信号。

刚开始构建标定表时，使用另一个 D300 秤作为参考。标定是线性形式，$y = m \cdot x + b$，包含这个标定的应用程序如图 8-30 所示。

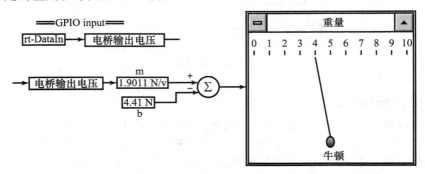

图 8-30　应变片称重系统的应用图

将 VisSim 的 TimeStep 设为 0.1，时间范围设为 1000s。当传感器信号在毫伏特级时，噪声变成了一个主要问题，该应用没有除外，在数据采集过程中出现了严重的噪声。在这种情况下，必须要有适当的屏蔽，并且也需要实施硬件滤波。

8.2.4　螺线管力—位移校正系统

概述　本项目的目的是用实验确定一个用来驱动液压阀的螺线管的力和位移的特征关系。

零件列表　本案例所需的硬件元件如表 8-8 所示。计算机软件、Windows 和 VisSim/RT 并不包含在列表中，并假设都已安装在应用 PC 上。

表　8-8

1	Chatillon DRC 100 数字测力计	4	Advantech 711 GPIO 卡和螺旋接线端子
2	DC 电源	5	Kaman KD2300 位移测量系统
3	零星的导线和安装		

实验　在本实验中，螺线管是一个三通两路液压阀的驱动装置。当螺线管被激活，它的两根柱塞装配件被拉进线圈，对抗附在球形封口的弹簧力。如果柱塞的拉引力超过了弹簧力，那么该阀的流向就被保持。为了保证正确操作，必须验证在想要逆转流向时螺线管产生的力大于弹簧力。柱塞的位置定义成相对于球封的打开，并参考称作间隙。在本实验中，拉进力将在 0~0.5mm 的间隙范围内测量。

给应用程序提供两个模拟量输入：力和位移。力使用一个附在柱塞上的枢轴装配件上的测力计。位移传感器根据阻抗的变化而由导电金属中产生的涡流来测量位移，阻抗的变化正比于螺线管线圈和导体金属传感器之间的距离，当从两个输入通道将信息读入到应用程序后，使用实验确定的线性关系将该信息转换成工程单位，其线性关系的形式是 $y = m \cdot x +$

b。对一个样本为 0.5mm 范围的应用程序图和测试结果如图 8-31 所示。

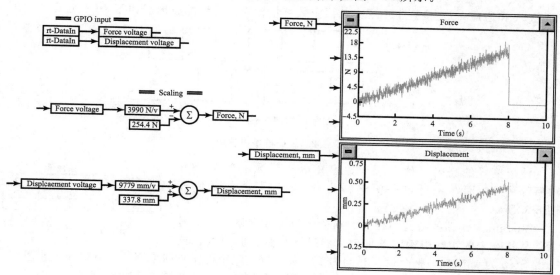

图 8-31　螺线管校正系统应用程序

起初，执行两点校正可以获得位移和力的比例常数。样本测试通过将柱塞放入间隙为 0mm 的线圈内部，当向螺线管线圈施加 20V 的电压时，柱塞的位置就会手动（用一个架子和小齿轮）移开到一个 0.5 的间隙。该实验中，StepTime 为 0.01，时间范围为 10s。

8.2.5　旋转光学编码器

概述　本项目的目的是验证一些最近的研究结果，指出应力遮挡和移植微运动是臀部整形植入失败的主要因素。将旋转光学编码器用作传感器来测定微旋转运动。

选择增量旋转光学编码器，有如下几个理由，包括简单、精确和可靠。旋转光学编码器广泛应用于机床、机器人和其他运动控制系统。根据对输出信号解码的方法，编码器可以提供（例如相对位移、方向、速度和位置）信息。旋转编码器分为两类：绝对编码器和增量编码器，绝对编码器对应于编码盘上的唯一位置并提供编好的二进制字，增量编码器为转动过程中碰到的每一根线提供简单脉冲。两种类型的编码器都包含有一个按某个模式刻蚀过的玻璃编码盘，光源向该编码盘投影，光电传感器在绝对编码器中检测那唯一的位置值，以在增量编码器中检测不透明和透明线的交变。

大多数增量编码器具有两个相位差为 90 度的输出通道，这种配置称作正交。如果使用数线方法，那么正交输出四倍于编码盘的分辨率。通过测量两个输出信号及其相互关系，将产生四个不同的独立条件。基于在这些条件之间的变换，可以计算其方向、数目（位移）和速度值。

零件列表　本案例所需的硬件元件如表 8-9 所示。计算机软件、Windows 和 VisSim/RT 并不包含在列表中，并假设都已安装在应用 PC 上。

表　8-9

1	1024 线惠普（HP）增量旋转光学编码器	3	零星导线和装备
2	惠普（HP）光电传感器	4	Advantech 711 GPIO 卡和螺旋接线端子

实验 增量旋转光学编码器具有一个半径为 11mm 的圆盘，编码器的两个数字量输出（通道 A 和通道 B）连接到 711 卡上的两个数字量输入。常见的波形图如图 8-32 所示。

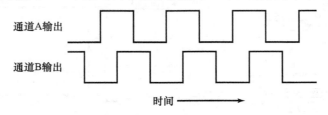

图 8-32　编码器输出波形

波形信号的高电平值对应于数字高电压读数，在 VisSim 中解释为 1，而一个低电平值解释为 0。四种可能的条件如图 8-33 所示。

通道	条件值			
	1	2	3	4
A	0	1	1	0
B	0	0	1	1

图 8-33　条件值

VisSim 应用图执行几项任务。在读入两个数字量输入信号后，从状态表的实施中确定条件值，然后计算数目和方向。按 TimeStep 为 0.001s，整个运行时间为 10s 来执行该应用程序。如果用的计算机速度比较慢，那么 TimeStep 必须提高以防止溢出。应用程序和测试 10s 的结果如图 8-34 所示。

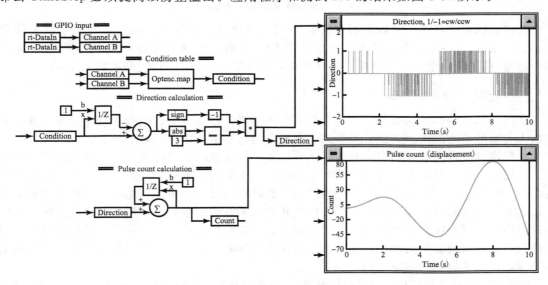

图 8-34　光学编码器应用图

使用一个二维的表查找路线来实施条件表逻辑，这在 VisSim 中称为 2D 图。图文件如图 8-35 所示。

图的 x 轴对应于通道 A 的输入，而 y 轴对应于通道 B 的输入。方向的计算是基于两个连续条件值之间的差别。如果当前条件值减去上一个条件值（它的前一个值）等于 -3，那么其方向就是 1 或者顺时针方向；如果差别是 $+3$，那么其方向就是 -1，或者是逆时针方向。方向的计算如图 8-36 所示。

图 8-35　条件表图文件

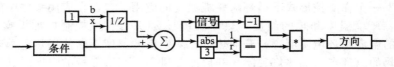

图 8-36　方向计算

前一个条件的值使用单位延迟块 1/Z 来计算,触发该块来运行每一个交互,该块的布尔输入为 1,另一个是条件值。条件差值的绝对值与 3 进行比较。当它等于 3 时,如果条件差值的符号是正的,那么方向就是−1;如果条件差值的符号是负的,那么方向就是 1。

对应于位移脉冲数,通过求和方向顺序来计算。将一个数字积分器用作该运算。脉冲记数计算如图 8-37 所示。

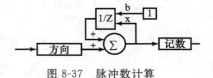

单位延时器块 1/Z 在图中保持上一个 Count 变量的值,该值就是通过变量 Direction 施加的脉冲数的累积。

图 8-37　脉冲数计算

8.3　数据采集和控制案例分析

本小节给出几个实验来演示各种数据采集和控制(DAC)系统的使用。除了数据采集系统所需的四个元件外,DAC 系统还要有驱动器。就像本章中数据采集部分的案例中一样,在选择驱动器时,成本费用依然是一个重要的因素。本节中所用的某些驱动器是从设备分销商那里买的,包括 Newark Electronics 和 OMEGA,而其他的则从家用电器中取出来。

8.3.1　陶瓷板的热循环疲劳

概述　本实验的目的是研究使用 DAC 来预估由于热循环导致的陶瓷板的疲劳失效。当前预估疲劳失效的方法不精确。陶瓷板首先由一个 1600℃ 的石英灯泡经过一段时间加热,该加热时间是一个历史信息。然后该陶瓷板在周围环境温度 24℃ 下冷却一段时间,该冷却时间也是基于历史数据的。刚刚提到的当前的方法是一个开环的方法,它利用历史数据来控制加热和冷却的时间长短。本实验利用一个闭环方法来求解同样的问题。该方法需要两个驱动器和一个传感器。陶瓷板加热通过驱动一个加热灯的开(ON)或关(OFF),而陶瓷板冷却通过驱动一个电风扇的开(ON)或关(OFF),让其吹进环境温度的空气。还需要一个热电偶来测量陶瓷盘的温度。

零件列表　本案例所需的硬件元件如表 8-10 所示。计算机软件、Windows 和 VisSim/RT 并不包含在列表中,并假设都已安装在应用 PC 上。

表　8-10

1	250w 热灯泡	6	温度显示用微伏输出到计算机(OMEGA)
2	2 速电扇	7	DC 电源
3	12V,15A 带有 12V 触发点的双向继电器	8	零星导线和装备
4	测试样本	9	Advantech PCL 812 GPIO 卡和螺旋接线端子
5	一个 K 型热电偶		

实验 开发一个在受控形式下循环陶瓷板温度的应用。包含在应用程序中的控制基于两个温度设置点：环境温度和热的温度，热的温度设为50℃。该控制按如下操作顺序执行：刚开始陶瓷板的温度是环境温度，打开加热灯，陶瓷板的温度不断使用热电耦来监控，直到其达到设定的热的温度点。加热灯关闭，开启冷却风扇。当陶瓷板的温度回到环境温度，电风扇关闭，然后再重复这个过程。

系统的示意图如图8-38所示。螺旋接线端子附着在GPIO卡上（本例中选用Advantech 812卡，因为它的模拟量输入的可编程增益范围）。数字量输出用来开关电风扇和加热灯，本系统的VisSim应用图如图8-39所示。

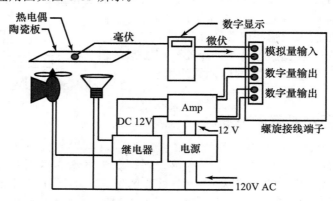

图8-38 热疲劳测试装置

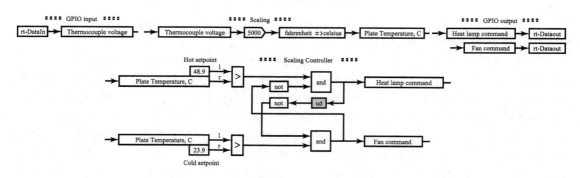

图8-39 热疲劳测试装备应用图

配置rt-DataIn块来读取模拟量通道，并配置两个rt-DataOut块作为数字量输出。在该应用中，热电偶的电压要转换成温度的工程单位（摄氏度，℃），在操作范围内使用一个转换因子5000。

控制器是基于逻辑的，其操作按如下说明。

● 当陶瓷板的温度低于热的温度设置点，加热灯是开的，电扇是关的。

● 当陶瓷板的温度高于冷却温度设置点，电扇是开的，加热灯是关的。

控制器实施后可以精确地满足这两个说明。为了消去在实施这些说明后产生的隐式循环，必须包含一个单位延迟，在图中表示为ud。如果消去一次，则就能跟踪到存在于两个and块之间的隐式循环。

陶瓷板的温度在跨越 60 分钟时间段里的一系列的温度循环如图 8-40 所示。

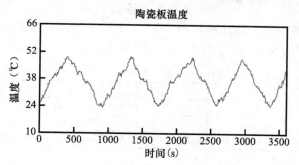

图 8-40　陶瓷板温度

操控电扇和加热灯动作的命令信号如图 8-41 和 8-42 所示。

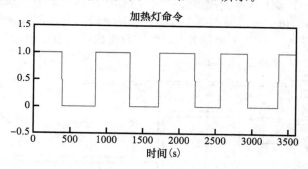

图 8-41　加热灯的命令

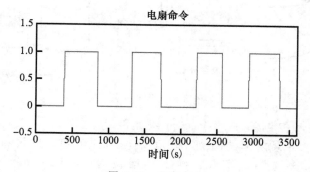

图 8-42　电扇命令

　　本例中所用控制器的一个重要特征是其对测量噪声的容忍度。通常，较多的噪声会出现在工作于低电压范围内的传感器信号。热电偶工作在极低的电压范围，并且它的读数中常常包含许多噪声信号。通常采用两种方式来去除噪声：外置硬件滤波器或降低处理算法的灵敏度，本例中采用的就是后一种方法。

8.3.2　PH 控制系统

　　概述　本实验的目的是为一个工业 PH 中和系统建模，该系统连续监控一种溶液的 PH

水平，并按需要作出调整来保持 PH 水平处于一个指定的点。实验需要一个测量 PH 值的传感器和一个控制设备的驱动器，该控制设备向溶液添加中和成分。

零件列表 本案例所需的硬件元件如表 8-11 所示。计算机软件、Windows 和 VisSim/RT 并不包含在列表中，并假设都已安装在应用 PC 上。

表 8-11

1	DC 电源	5	使用 TTL 信号控制开关的脉冲泵
2	零星塑料管和容器	6	固定速度的循环泵，不控制的
3	强、弱 pH 溶液	7	零星导线和装备
4	pH 探测头(饱和氯化钾 KCL 探测头、OMEGA)	8	Advantech PCL 812 GPIO 卡和螺旋接线端子

实验 图 8-43 所示为一个 pH 控制系统图。脉冲泵的电源也要出现在 pH 系统中，但是没有在图中显示出来。pH 探针部分浸没在溶液池内，将数据和 pH 计通信，pH 计在数字读数表显示 pH 值，并产生一个和所显示的数值对应的 TTL 电位输出信号，该模拟量电压信号将连接到 GPIO 卡来测定 pH 值。循环泵在整个实验中保持开着，其作用就是保持溶液池充分混合。脉冲泵是一个 ON/OFF 泵，使用 GPIO 卡上的数字量输出来远程控制。

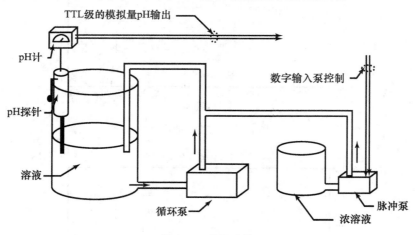

图 8-43 PH 系统

用于本数据采集和控制系统的 VisSim 图如图 8-44 所示。用于比例计算的 0.3 和 0.94 值需要来克服脉冲泵内部的阻力。由于泵作为一个综合的设备，所以控制器仅仅使用部分功能，通过多次测试实验，确定其增益为 3，TimeStep 为 1s，且时间长度为 240s。

pH 系统的起始溶液 pH 值为 7.3。20s 后在溶液池里倒入 20ml pH 值为 4.0 的溶液，造成一个干扰，这会快速降低池内溶液的 pH 值到 6.5，强碱性溶液具有 10.0 的 pH 值，过了大约 2 分钟，溶液的 pH 回到原来的值。

8.3.3 除冰温度控制系统

概述 有很多适合用来除去商用飞机提升面上的积冰的新方法，本实验就研究其中的一种。该方法采用热的发动机排出的热气来融化积冰。由于尾气太热而不能连续施加到飞机表面，所以本实验就研究一个系统来控制气流。

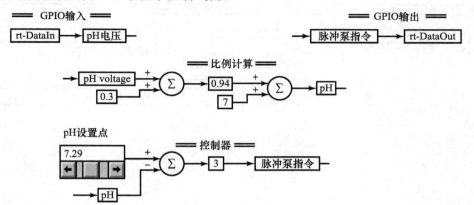

图 8-44　pH 系统的 DAC 算法

机翼使用一小块金属片代替，大约宽 15mm，长 30mm。将热电偶安装在金属板机翼下来检测温度。电吹风机用来模拟热的发动机尾气气流，并且瞄准靠近热电偶附近的机翼。电吹风机的电源则由一个 ON/OFF 开关电路来控制。

零件列表　本案例所需的硬件元件如表 8-12 所示。计算机软件、Windows 和 VisSim/RT 并不包含在列表中，并假设都已安装在应用 PC 上。

表　8-12

1	DC 电源	4	零星导线和装备
2	热电偶传感器（欧姆）	5	Advantech PCL 812 GPIO 卡和螺旋接线端子
3	12V 电吹风机		

实验　本实验所有的元器件都准备好了，除了用来开关电吹风机的晶体管开关，该开关电路是基于 DC 12V 单极双掷继电器，接触电流 70A，将来自 GPIO 卡的电压送往晶体管传感器，从而将 DC 12V 传递给继电器。

由于电吹风机能够处于 ON 和 OFF 两个状态，因此运用了一个滞后控制器，这种控制器（恒温器）在许多家用发热系统中常用，图 8-45 所示为系统应用图。

滞后控制块需要解释一下，该复合块的内容如图 8-46 所示。在本应用中，输入信号就是机翼的温度，On Value 设为 24℃，Off Value 设为 29℃。控制器按如下逻辑来开关（1 或 0）数字量输出（Output）。如果（Input＞On Value 或前一个输出 is on）和输入＞Off Value，Output 是 on，否则，输出是 Off。让我们走一遍该实施过程，设 On Value ＝ 85，Off Value＝75，向 Input 施加一个正斜率输入斜坡信号。在 Input 达到 On Value(85) 之前，输出保持 OFF。当 Input 超过了 On Value(85)，则 Output 变为 ON，并保持为 ON。在这个条件下，维持 Input 的斜率，并使之变为负，因此它将从当前值向零度降低。第一个条件执行后，Input＞On Value 结果为 false(0)，但是 OutputPV 信号仍旧保持 ON(1)，因为 Output 初始就是 ON。当 Input 降低到低于 Off Value 时，Output 最后变为 OFF。该过程如图 8-47 所示。

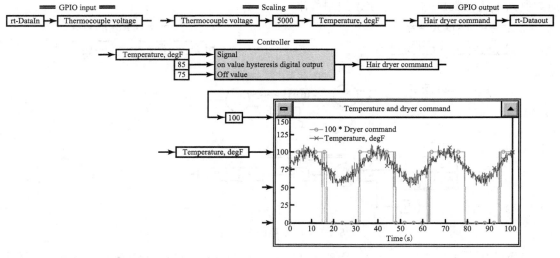

图 8-45　除冰应用图

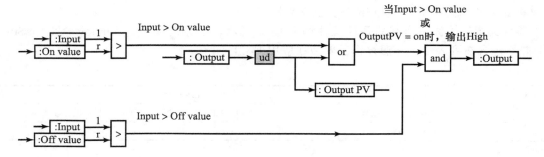

图 8-46　滞后控制

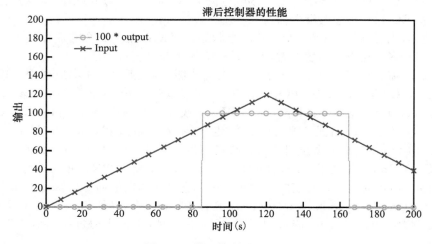

图 8-47　滞后控制器的性能

在本例中，On Value＝85，Off Value＝75。当 Input 达到 85 时，Output 变为 ON，当 Input 降低到 75 时，Output 变为 OFF。另一种有趣的方法来观察滞后就是通过一个输入对输出的 x-y 图，该图如图 8-48 所示。

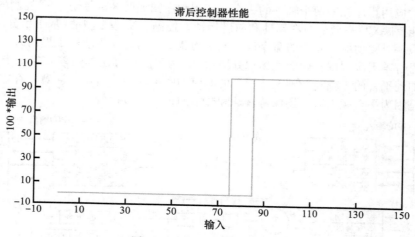

图 8-48　滞后输入-输出特性

8.3.4　CD 机的 SKIP 控制

概述　任何用过汽车便携式 CD 唱机的人都会碰到这样一种情况，由于在使用过程中 CD 机的振动而产生了 Skipping 的效果。如今许多 CD 系统采用的一个通用的**补救**方法称作纳米静态随机存储器，虽然这是一种有效的方法，但是极其昂贵。本项目开发另一种方法，使用一个倾斜传感器(在大多弹球机里用到的类型)、一个应用算法和机电驱动器。

零件列表　本案例所需的硬件元件如表 8-13 所示。计算机软件、Windows 和 VisSim/RT 并不包含在列表中，并假设都已安装在应用 PC 上。

表　8-13

1	DC 电源	4	零星导线和装备
2	弹球机倾斜传感器	5	Advantech PCL 812 GPIO 卡和螺旋接线端子
3	4 个磁感应驱动器		

实验　图 8-49 所示为一个弹球机倾斜指示器和驱动系统的图。倾斜传感器的工作原理是基于金属球完成一个电路，当这个球不在杯子底部的正中间时，电路是断开的。图示为倾斜指示器的侧视图，杯子底部的触点实际是四个分开的触点，两个是**前后倾斜**，另两个是左右倾斜。倾斜指示器的输出是一个二进制(数字量)的信号，其中 1 表示所有四个触点都接通，0 表示有一个或多个触点没接通，也就表示有倾斜状态存在。倾斜传感器的二进制输出修改后将产生四个单独的二

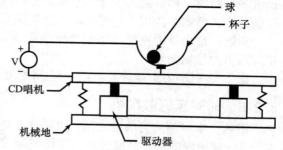

图 8-49　弹球机倾斜传感器及驱动器，侧视图

进制信号，其对应于四个倾斜方向（前、后、左、右）。将四个磁感应驱动器安装在 CD 唱机和结构接地之间。并通过应用程序连接到每一个对应的二进制触点。选择使用磁感应驱动器，是因为它功率需求低，通常低于 10V，当然也可以使用其他的低功率驱动器。

本实验的应用程序控制两个轴中的一个，应用程序图如图 8-50 所示。受控制的轴指定为 1 轴和 2 轴，能反映 CD 平台的左右运动和前后运动。控制算法是 1 型的（基于积分的）。为了防止驱动器超限，对驱动器 1 和 2 的命令设计成从动装置，当命令驱动器 1 提高时，就命令驱动器 2 下降。通过若干次测试，就能达到积分增益 1。为了测试算法的性能，将 1 个 1rad/s 正弦干扰信号施加到平台的 1 轴和 2 轴上，平台的响应如图中的图形所示。注意，存在大约 0.2 单位的死区，是因为平台倾斜时，还保持着球和数字通道 1 和 2 接触。

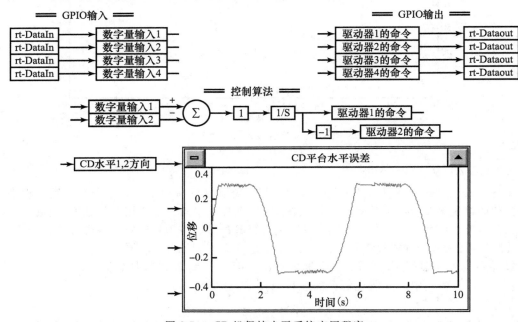

图 8-50　CD 机保持水平系统应用程序

8.3.5　实验室仿真火箭推力控制

概述　本项目的目标是控制实验室里的水推力系统，仿真火箭的推力控制。通过转动电动机来控制阀，调节流入喷嘴的水流来控制喷口的压力，使其保持在一个给定设置点的公差范围内，在喷嘴口的压力传感器提供比例积分（PI）控制系统的反馈。

实验　这个推力控制过程包含四个步骤，如图 8-51 所示，这四个步骤解决了控制喷嘴出口压力的控制问题。

图 8-52 所示为实验装置，图 8-53 所示为仿真结果。

8.3.6　时间延迟鼓风机

概述　本案例的目的是使用机电一体化建模和数据采集系统的方法来监测和控制一个跨度为 3m 管子内的空气温度分布。如图 8-54 所示，该系统设计成能让用户输入期望的温度，并保持输出温度，并考虑环境温度的变化。

零件列表

本案例所需的硬件元件如表 8-14 所示。计算机软件、Windows 和 VisSim/RT 并不包含在列表中，并假设都已安装在应用 PC 上。

理论　有两个热传递关系适用于本例，它们是**传导**和**对流**。鼓风机通过热空气产生热，热空气在管子里流动（对流），直到它到达管子的末端，那里温度探头通过和周围环境温度的交互而读出空气温度值，在管壁处热量传导到外面的空气（传导）。这些有关管子的材料和热传递的关系表示如下。

热传递模型：

$$q = h * A * (T_2 - T_1)$$

其中，q＝过程中传递的热量（kW）；h＝空气的热传导系数（kW/m^2 * K）；A＝热空气通过的横截面积（m^2）；T_1＝在热发生器附近位置的温度（K）；T_2＝比 T_1 略远一点位置的温度（K）。

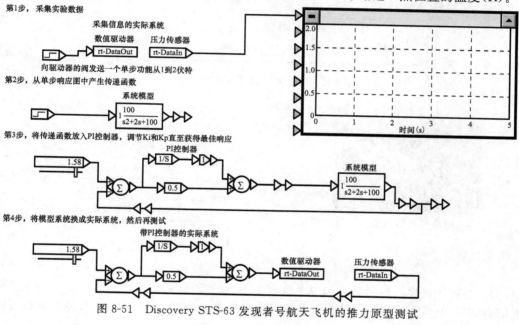

图 8-51　Discovery STS-63 发现者号航天飞机的推力原型测试

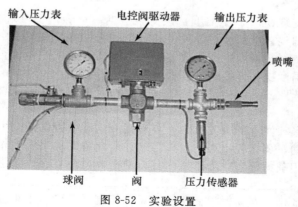

图 8-52　实验设置

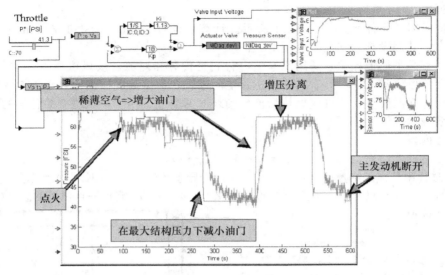

图 8-53 仿真结果

图 8-54 时间延迟鼓风机的实验安排

表   8-14

1	温度探测头
2	10 英尺管子
3	放大器
4	数据采集卡和螺旋接线端子

传导过程：

$$q = k * A * (T_2 - T_1)/t$$

其中，q＝过程中传递的热量（kW）；k＝管子材料的热传导系数（kW/m² * K）；A＝热空气通过的横截面积（m²）；T_1＝在热发生器附近位置的温度（K）；T_2＝比 T_1 略远一点位置的温度（K）；t＝材料的厚度（m）。

实验 将鼓风机安装在一个支架上，该支架包括一个金属支柱和一个平台来支承该支柱，然后将管子的一端放在上面。在鼓风机和管子的另一端之间又等距离放置了两个支承，以防止管子因重力而变形。将温度探头放置在带有测试管夹具的环形支承上，其距离管子的开口处约 1 英寸，该温度探头连接到 DA 板卡的输入。构建 VisSim 模型就可以系统化地监控系统，随着由探头读取的温度的上升或下降，根据设置的温度值，热鼓风机的电动机将补偿温度的下降和提高。

时间延迟是一个必须注意的重要因素，要看终端温度是否保持一个常数。如果有个时间延迟的传递函数的帮助，那么输出温度可以控制在所期望的输出温度相差 1 度范围内，这就可以允许对读表进行正确的标定。为了用户分析的需要，还要有一个将电压转换成温度的转换器。

该模型给操作者提供了在实时界面中实现系统控制，精确显示正在做的事情，以及系统的状态。在仔细分析系统之后，构建一个有效的 VisSim 和控制系统模型，使其能够产生一个有效的实际系统，该系统将调节 $3m$ 长的管子的温度保持在所期望的温度 1 度范围内。

8.4　本章小结

本章所讲述的案例分析面向一些在机电一体化系统设计过程中产生的通用界面和控制问题，这些问题包括传感器噪声、溢出以及和高压电、低压电的接口，使用查表（或图）的方法极大地简化了复杂非线性功能的实现，用于旋转编码器案例分析中求解正交信号变成条件数的二维图功能显得有点繁琐。

本章还介绍了作为一种控制机理的滞后的概念，在很多商品化设备中经常看到，如恒温控制系统、深井泵系统，以及防冻系统。滞后的核心内容先在热循环案例中介绍，在防冻温度控制案例中则讲解得更加完善。

习题

8.1　控制一个冷/热蓄水池的温度　设计一个系统来控制水的温度，这里的水来自两个蓄水池，通过混合阀混合。输出温度通过一个热敏电阻来测定，而热敏电阻的电压用作数据采集卡的一个模拟量输入，仿真返回水的温度。阀的位置由跨越电位计的电压读数来监控，仿真和控制程序决定阀的位置。阀的开启由一个 $0\sim5V$ 的输出电压来控制，热敏电阻是 $0\sim2.5V$。

8.2　螺纹紧固件的计算机监控自动扭矩扳手　设计一个自动扭矩扳手，用来紧固螺母到一个指定的值，扭矩范围是 $3\sim12$ N·m（$\pm2\%$误差）。使用一个带模拟输出的扭矩传感器，其范围$0\sim12$ N·m，电压为 $0\sim5V$。驱动执行是通过一个继电器控制的 DC 电动机驱动器。

8.3　倒立摆控制　设计一个单极倒立摆系统，由一个 DC 电动机驱动，并通过仿真软件控制。输入是倒立摆和垂直线之间的角度，并通过一个在倒立摆轴上的电位计来读数。用传感器来控制轨迹中点附近的车厢。

8.4　使用计算机界面的精密位置测量　设计一个基于 XY 工作台的位置控制系统，其运动由编码器测量。编码器的输出传输给界面，通过两个在 X 和 Y 方向的步进电机来驱动工作台，将一个编码器连接到一个滚柱丝杠，其位置反馈给软件来控制每一步的位置。

8.5　使用磁致伸缩传感器的主动振动控制　磁致伸缩材料具有独特的晶体结构，在磁场中能够产生高应变幅度。演示使用磁致伸缩驱动器来实施主动振动控制的可能性，研究驱动器的能力以获得运动、频率和幅度，这不可能通过现成的振动控制技术实现。

参考文献

Evans, Eva (2006). *Temperature Effect on Plants.* North Carolina State University. Online at http://www.ces.ncsu.eduldepts/hort!consumer/weather!tempeffect-plants.html.

Shetty, D., Campana, C., and Moslehpour, S., "Standalone surface roughness analyzer," *IEEE Journal of Instrumentation and Measurement*, March 2009, Vol. 58, No.3 pp 698–706.

Shetty, D., Eppes, T., Campana, C., Filburn, T., and Nazaryan, N., "New approach to the inspection of cooling holes in aero-engines," *Journal of Optics and Laser Engineering*, Volume 47, Issue 6, June 2009, Elsevier, 0143-8166, 2009.

Keshawarz, M. et. al and Shetty, D., "A Mechatronics Program as an alternative to separate programs in Electrical and Mechanical in Developing Countries," AC 2009–1589., Proc. ASEE Conference, Texas, June 2009.

D. Shetty and L. Manzione, *Trends in Smart Manufacturing and Mechatronics*, Presented at the 2009 ASME International Manufacturing Science and Engineering Conference (*MSEC*), Conference Proceedings, Purdue University, October 2009.

附　　录

数据采集卡

美国国家仪器(National Instruments NI)的 Lab-PC＋是一款低成本、多功能的适用于 ISA 接口计算机的 IO 卡。DAQPad-MIO-16XE-50 可以作为一个外接单元通过并行口和 PC 通信，支持模拟量、数字量和定时器信号，它具有连接到多路分配器的 16 个单端或者 8 个差分模拟量输入、一个 16 位 AD 转换器、一个缓存器和一个中央 DAQ-STC，这是一个系统时间控制器，有 8 个双向数字 IO 线连接到 DAQ-STC。实际连接到传感器和设备是通过一块可拆的螺旋接线端子。

NI 的 Lab-PC-1200 100 kS/s，12 位，8 模拟量输入，低成本、多功能。NI DAQPad-MIO-16XE-50 20kS/s，16 位，16 模拟量输入，多功能 IO。NI 的 Lab-PC-1200 和 Lab-PC-1200AI 也是低成本、多功能，适用于 ISA 接口计算机的 IO 卡。它们提供高达 100kS/s、12 位的性能，有 8 个单端或 4 个差分模拟量输入，数字量触发，三个 16 位，8MHz 记数/定时器，两个 12-bit 模拟量输出(仅对 Lab-PC-1200)，以及 24 位数字量 IO 线。你也可能想考虑使用 PCI-6025E，一个更新的 12-bit 的 PCI 设备，带有 16 个模拟量输入，按我们的要求而设计，Measurement Ready E 系列的架构，能在多个通道按 200kS/s 采样。

NI DAQPad-MIO-16XE-50 是一个高分辨率、多功能的、便携式的 DAQ 系统，其能通过 IBM PC/XT/AT 及兼容机的并行口通信。DAQPad-MIO-16XE-50 具有 16 个模拟量输入(AI)通道，因此你可以配置成 16 个单端的或 8 个差分输入，一个 16 位连续近似 ADC，两个 12 位 DAC 带有电压输出，一个常量电流源来为 RTD 和热敏电阻供电，8 线 TTL 兼容的数字量 IO(DIO)，以及 24 位记数/定时器，其带有定时 IO(TIO)。DAQPad-MIO-16XE-50 模拟量 IO 电路是完全可软件配置的和自整定的。

附表 A1-1 所示为一些最受欢迎的图形应用软件。

表　A1-1

名称	描述
LabTech notebook	含有分析功能的通用 DAC
Lab Windows	含有分析功能的通用 DAC
WorkBench PC	通用 DAC
SnapMaster	含有分析和显示功能的通用 DAC
Easyest	含有分析功能的通用 DAC
Unkelscope	高速 DA
SnapShot	高速 DA
Acquire	通用 DAC
Labview	含有分析功能的通用 DAC
Hyperception	含有分析和显示功能的高速 DAC

（续）

名称	描述
Matrixx	含有分析和显示功能的高速 DAC
Simulink	含有分析和显示功能的高速 DAC
Visual Designer	含有分析功能的通用 DAC
Xanalog	含有分析和显示功能的高速 DAC
VisSim	含有分析和显示功能的通用 DAC

表 A1-2　流行的 GPIO 卡

制造商	板卡的名字	制造商	板卡的名字
Advantech	PCL-711		CIO-DAC 16
Analog and Digital IO	PCL-7115		CIO-DAC 16-1
模拟量和数字量 I/O 口	PCL-718		CIO-DDA 06
	PCL-812	模拟量和数字量 I/O 口	CIO-DIO 24
	PCL-812PG		CIO-DIO 24H
	PCL-818		CIO-DIO 48
	PCL-818PG		CIO-DIO 48H
Data Translations	DTI-2811PGH		CIO-DIO 96
模拟量和数字量 I/O 口	DTI-2811PGL		CIO-DIO 192
Strawberry Tree	ACA0		CIO-PDIS 08
模拟量和数字量 I/O 口	ACPC	模拟量输入口	CIO-DAS 08
	ACJr		CIO-DAS 08/AO
Technology-80	M5312		CIO-DAS 08/AOH
MetraByte	DAC-02		CIO-DAS 08/AOL
模拟量和数字量 I/O 口	DAC-16		CIO-DAS 08-PGH
	DAS-08		CIO-DAS 08-PGL
	DAS-08/AO		CIO-DAS 16
	DAS-08/LT		CIO-DAS 16/330
	DAS-08/PGA		CIO-DAS 16/330i
	DAS-16		CIO-DAS 16/F
	DAS-16F		CIO-DAS 16/Jr
	DAS-1400		CIO-DAS 16/M1
	DAS-1600		CIO-DAS 48
	DDA-06		CIO-DAS 48 PGA
	PDISO8		CIO-DAS 1601/12
	PIO-12		CIO-DAS 1602/12
	PIO-24		CIO-DAS 1602/16
ComputerBoards	CIO-DAC 02	PCNCIA（笔记本）	PCM-DAC 02
模拟量输出口	CIO-DAC 08		PCM-DAC 08
	CIO-DAC 08-1		PCM-DAS 16

推荐阅读

电路基础（原书第5版）

作者：（美）Charles K. Alexander 等 译者：段哲民 等 ISBN: 978-7-111-47088-0 定价: 129.00元

　　本书是电类各专业"电路"课程的一本经典教材，被美国众多名校采用，是美国最有影响力的"电路"课程教材之一。本书每章开始增加了中文"导读"，适合用做高校"电路"课程双语授课或英文授课的教材。本书前4版获得了极大的成功，第5版以更清晰、更容易理解的方式阐述了电路的基础知识和电路分析方法，并反映了电路领域的最新技术进展。全书总共包括2447道例题和各类习题，并在书后给出了部分习题答案。

交直流电路基础：系统方法

作者：（美）Thomas L. Floyd 译者：殷瑞祥 等 ISBN: 978-7-111-45360-4 定价: 99.00元

　　本书是知名作者Folyd的最新力作，在国外被广泛使用。本书系统介绍了直流和交流电路理论，强调直流/交流电路基本概念在实际系统中的应用。全书丰富的实例，有助于学生的理解系统模块、接口和输入/输出信号之间的关系。书中实例使用Multisim进行仿真，并提出在模拟电路与系统和排除故障中存在的问题及解决方法。本书可作为电子信息、电气工程、自动化等电类专业的电路课程教材。

电路分析导论（原书第12版）

作者：（美）Robert L. Boylestad 译者：陈希有 等 ISBN: 978-7-111-45359-8 定价: 135.00元

　　本书是一本在国际上有着持续而广泛影响的优秀教材，深入浅出、通俗易懂，理论分析与工程应用相结合，体现教材面向工程教育的特色。书中例题讲解步骤详细、过程清晰，主要内容包括：电流与电压、欧姆定律、直流电路、网络定理、磁路、正弦交流电路、谐振、分贝与滤波器、变压器、脉冲波形和RC电路的响应、多相电路、非正弦电流电路，以及系统的端口分析等。本书可作为高等院校电路课程教材或教学参考书，尤其适合案例教学和工程应用型教学。此外，对工程技术人员和电路爱好者也具有重要的参考价值。

推荐阅读

模拟电路设计：分立与集成

作者：(美) Sergio Franco 译者：雷鑑铭 余国义 邹志革 邹雪城
ISBN：978-7-111-57781-2 定价：119.00元

本书是针对电子工程专业中致力于将模拟电子学作为自身事业的学生和集成电路设计工程师而准备的。前三章介绍二极管、双极型晶体管和MOS场效应管，注重较为传统的分立电路设计方法，有助于学生通过物理洞察力来掌握电路基础知识；后续章节介绍模拟集成电路子模块、典型模拟集成电路、频率和时间响应、反馈、稳定性和噪声等集成电路内部工作原理（以优化其应用）。本书涵盖的分立与集成电路设计内容，有助于培养读者的芯片设计能力和电路板设计能力。

CMOS数字集成电路设计

作者：(美) Charles Hawkins （西班牙) Jaume Segura （美) Payman Zarkesh-Ha
译者：王昱阳 尹说 ISBN：978-7-111-52933-0 定价：69.00元

本书涵盖了数字CMOS集成电路的设计技术,教材编写采用的新颖的讲述方法，并不要求学生已经学习过模拟电子学的知识，有利于大学灵活地安排教学计划。本书完全放弃了涉及双极型器件内容，只关注数字集成电路的主流工艺——CMOS数字电路设计。书中引入了大量的实例，每章最后也给出了丰富的练习题，使得学生能将学到的知识与实际结合。可作为为数字CMOS集成电路的本科教材。

复杂电子系统建模与设计

作者：(英) Peter Wilson （美) H.Alan Mantooth 译者：黎飞 王志功
ISBN：978-7-111-57132-2 定价：89.00元

本书分三个部分：第一部分是基于模型的工程技术的基础介绍，包括第1-4章。主要内容有概述，设计和验证流程，设计分析方法和工具，系统建模的基本概念、专用建模技术及建模工具等；第二部分介绍建模方法，包括第5-11章，分别介绍了图形建模法、框图建模法及系统分析、多域建模法、基于事件建模法快速模拟建模法、基于模型的优化技术、统计学的和概率学的建模法；第三部分介绍设计方法，包括第12-13章，介绍设计流程和复杂电子系统设计实例。